MATERIALHEFTE ZUR ARCHÄOLOGIE IN BADEN-WÜRTTEMBERG

REGIERUNGSPRÄSIDIUM STUTTGART – LANDESAMT FÜR DENKMALPFLEGE

MATERIALHEFTE ZUR ARCHÄOLOGIE IN BADEN-WÜRTTEMBERG

HEFT 79

„Wir fuhren hinaus und sahen Tausende von Knochen und Gebeinen. Wir untersuchten sie aufs genaueste und gewannen einen Haufen Wissen aus diesem Studium, ein Wissen, wie wir es niemals aus dem Studium von Büchern erlangt hätten."

Abd al-Latif (Arzt und Gelehrter in Bagdad, 1162–1231)

Zitat nach S. Hunke, Allahs Sonne über dem Abendland. Unser arabisches Erbe. Fischer TB (Frankfurt/Main 1990) 146.

2007

KONRAD THEISS VERLAG · STUTTGART

REGIERUNGSPRÄSIDIUM STUTTGART – LANDESAMT FÜR DENKMALPFLEGE

JOACHIM WAHL

Karies, Kampf und Schädelkult

150 Jahre anthropologische Forschung in Südwestdeutschland

2007

KONRAD THEISS VERLAG · STUTTGART

HERAUSGEBER:

REGIERUNGSPRÄSIDIUM STUTTGART – LANDESAMT FÜR DENKMALPFLEGE
BERLINER STRASSE 12 · D-73728 ESSLINGEN AM NECKAR

REDAKTION: GERHARD WESSELKAMP UND JOACHIM WAHL

Ich widme dieses Buch meinem Bruder Dr. Jürgen Wahl, einem Archäologen mit Leib und Seele, dem es leider nicht vergönnt war, sein wissenschaftliches Werk zu vollenden. Er hat mir seinerzeit den entscheidenden Impuls gegeben, mich mit alten Knochen zu beschäftigen.

Die Deutsche Bibliothek – CIP-Einheitsaufnahme

Ein Titeldatensatz für diese Publikation ist bei
Der Deutschen Bibliothek erhältlich.

Zum Umschlagbild:
Entwurf und Ausführung: kurt laurenz theinert; Bildvorlagen: Landesamt für Denkmalpflege.

Gesamtherstellung: *folio* · 79415 Hertingen · www.wesselkamp.de
Printed in Germany
ISBN 978-3-8062-2132-9
ISSN 1430-3442

Vorwort

Die anthropologische Forschung in Südwestdeutschland blickt auf eine lange Tradition, bedeutende Schlüsselfunde der Menschheitsgeschichte, spektakuläre Grabungsprojekte aus der gesamten Spanne der Ur- und Frühgeschichte sowie auf einige ebenso überregional wie international namhafte Forscherpersönlichkeiten zurück. Demnach gab es verschiedenste Anlässe, auf die sich der Untertitel dieses Bandes hätte beziehen können. So z. B. der 105. Geburtstag von Wilhelm Gieseler, dem Begründer des anthropologischen Instituts an der Universität Tübingen, die Bergung eines Neandertalerknochens, der in den 1930er Jahren ans Tageslicht kam und dessen Entdeckung sich zum 75 Male jährt, oder der fossile Schädel des Steinheimer Urmenschen, der vor rund 100 Jahren ausgegraben wurde. 150 Jahre nehmen Bezug auf die im Jahre 1850 erfolgte Berufung von Alexander Ecker an die Universität Freiburg und die seitdem ungebrochene Bedeutung von Vergleichssammlungen für wissenschaftliche Studien, sowohl auf dem Gebiet der Anthropologie als auch vieler anderer Disziplinen.

Die Idee, einen Sammelband zur Anthropologie herauszubringen, war im Jahre 1999 bei der Konzeption zur Umgestaltung der anthropologischen Abteilung gleichzeitig mit den Planungen zum Bau der Schifffahrtsabteilung des Archäologischen Landesmuseums Baden-Württemberg in Konstanz geboren worden.

Die vorliegende Publikation wendet sich in erster Linie an archäologisch und naturwissenschaftlich interessierte Laien. Aber auch Kolleginnen und Kollegen aus dem engeren und weiteren fachlichen Umfeld können manches bislang unveröffentlichte Detail entdecken. Einzelne Passagen lesen sich spannend wie Kurzgeschichten einer Kriminalanthologie, andere wie völkerkundliche Studien, Obduktionsberichte oder Krankheitsbulletins. Hinter allen stecken jedoch tatsächliche Lebensgeschichten sowie aus den Fundsituationen oder den Knochen selbst rekonstruierbare Geschehnisse.

Das angesprochene Fundmaterial stammt aus Baden-Württemberg. Doch die Berichte sind angereichert mit gelegentlichen Blicken über die Landesgrenzen hinaus, nicht nur zu unseren unmittelbaren Nachbarn, sondern auch in fernere Regionen und Zeiten.

Zu jedem Stichwort bzw. Fall finden sich Beschreibungen in Form von Text und/oder Abbildungen. Einzelne Teilaspekte können und sollen in diesem Zusammenhang jedoch nur angeschnitten werden. Weiterführende Hinweise sind den jeweiligen Literaturhinweisen zu entnehmen. Die Staffelung auf einer groben Zeitschiene erlaubt in jedem Abschnitt eine rasche Orientierung zur chronologischen Einordnung.

Dem Autor, Herrn Dr. Joachim Wahl, sind wir für die Erstellung des außerordentlich anschaulichen Manuskriptes sehr dankbar. Hierzu trägt auch die gute Ausstattung des Bandes bei, die durch namhafte Stiftungen realisiert werden konnte. Hierfür danken wir dem Hegaugeschichtsverein in Singen, der Fa. K. Storz in Tuttlingen sowie A. Stiegeler aus Konstanz. Für die sorgfältige Redaktion und die Betreuung der Herstellung danken wir dem *folio*-Verlag Dr. G. Wesselkamp.

Esslingen, im Mai 2007   Jörg Biel

Einleitung

Das menschliche Skelett besteht in der Regel aus 206 Einzelknochen, der Schädel inklusive Zungenbein alleine aus 29, die Arme und Beine jeweils aus 30 Einzelteilen. Dazu kommen im Idealfall 32 Zähne. Unter Ausnutzung aller heutzutage verfügbaren Methoden kann uns jedes Stück oder auch nur ein mikroskopisch kleiner Abschnitt davon über die Eigenschaften seines ehemaligen Trägers Auskunft geben.

Knochen geben uns Stütze und Halt. Der kleinste ist der ‚Steigbügel' im Mittelohr; drei Millimeter groß, wiegt er weniger als fünf Milligramm. Sein größter Gegenpart ist der Oberschenkelknochen, nicht selten einen halben Meter lang und so kräftig gebaut, dass er mehr als 500 Kilogramm tragen könnte. Rund 600 Muskeln bringen den ‚passiven Bewegungsapparat' in Aktion.

Knochen sind Fabrikations- und Lagerstätten. Im Mark der Röhrenknochen werden die roten und der größte Teil der weißen Blutkörperchen produziert. Erstere sind für den Sauerstofftransport zuständig, letztere unerlässlich bei der Immunabwehr. Als Depot für das Spurenelement Calcium ermöglichen sie Muskel- und Nervenfunktion sowie Blutgerinnung.

Knochen sind keine tote Materie. Sie bestehen aus mineralischen Bestandteilen (vorwiegend Calciumphosphat und -carbonat), Wasser (25 Gewichts- und 40 Volumenprozent) und organischen Komponenten (Eiweißbausteine mit einem hohen Kohlenstoff-, Stickstoff- und Sauerstoffgehalt), die u. U. nach Jahrtausenden noch nachweisbar sind.

Knochen werden zeitlebens umgebaut. Sie registrieren Wachstums- und Entwicklungsstörungen, Krankheiten, manchmal auch Hinweise auf die Todesursache ihres Trägers und speichern diese Informationen wie eine Chipkarte.

Die Anthropologie als ‚Lehre vom Menschen' beschäftigt sich *per definitionem* mit der ‚Variabilität der Hominiden in Raum und Zeit'. In diesen Komplex gehören Fächer wie Humangenetik, Prähistorische Anthropologie, Stammesgeschichte (Paläanthropologie), Primatologie und Industrieanthropologie sowie seit einigen Jahren ‚genderstudies' und Alternsforschung. Bevölkerungen, die man früher unter dem statischen Konstrukt der Typologie einer bestimmten ‚Rasse' oder ‚geographischen Subspezies' zugeordnet hat, lassen sich im Rahmen des heute gültigen Populationskonzepts zwar durch statistische Mittelwerte bezüglich bestimmter Merkmale, die infolge spezifischer ökologischer Anpassungsvorgänge auf unterschiedliche Genfrequenzen zurückgehen, charakterisieren, sind allerdings über die Zeit hinweg variabel.

Bezüglich des Methodenspektrums sowie ihrer Beziehungen zu Nachbarwissenschaften ist die Anthropologie ein interdisziplinäres Fach *par excellence*. Es bestehen enge Verflechtungen zur Medizin, Humangenetik, Soziologie, Psychologie, Philosophie, Völker- und Volkskunde, Ur- und Frühgeschichte, Archäologie, Bodenkunde, Geologie, Paläontologie und Zoologie. Zum Einsatz kommen dabei statistische Verfahren ebenso wie Laboranalysen oder moderne bildgebende und nicht-invasive, zerstörungsfreie Techniken. Die Interpretation und Deutung der Befunde gleicht nicht selten kriminalistischer Vorgehensweise.

Weitere Verknüpfungen ergeben sich u. a. zur Industrie und Arbeitswelt ebenso wie zur Philosophie und Gerichtsmedizin. So müssen z. B. die Höhe von Traktorsitzen, die Erreichbarkeit von Haltegriffen in der U-Bahn oder die Anordnung und Bedienbarkeit von Armaturen in Küche, Auto und Werkstatt entsprechend den Körperproportionen großer und kleiner Menschen konstruiert werden.

In den angelsächsischen Ländern längst institutionalisiert, wird die forensische Anthropologie bei uns erst von wenigen Spezialisten gutachterlich betrieben, obwohl sie Wesentliches zur Aufklärung rezenter Fälle beizusteuern vermag.

Danksagung

Ich danke dem Leiter des Landesamts für Denkmalpflege und Direktor des Archäologischen Landesmuseums Baden-Württemberg, Herrn Prof. Dr. Dieter Planck, sowie dem obersten Archäologen des Landes, Herrn Hauptkonservator Dr. Jörg Biel, für die Aufnahme dieser Fallsammlung in die renommierte Reihe der ,Materialhefte zur Archäologie in Baden-Württemberg'.

In diesen Dank an vorderster Stelle mit eingeschlossen seien auch die Sponsoren, die mit Spenden zur Realisierung dieses Bandes beigetragen haben: Herrn Alexander Stiegeler (Konstanz), Firma Karl Storz (Tuttlingen) unter geschäftsführender Leitung von Frau Dr. med. h.c. Sybill Storz sowie dem Hegaugeschichtsverein e.V. (Singen) mit dem Ersten Vorsitzenden, Herrn Kreisarchivdirektor Wolfgang Kramer.

Besondere Anerkennung gebührt daneben Herrn Dr. Gerhard Wesselkamp für seine stets souveräne und gleichermaßen konstruktive redaktionelle Betreuung sowie Herrn Dr. Claus Oeftiger für sein Engagement zur Verwirklichung des Buchprojekts.

Eine größere Zahl von Fundstücken wurde für dieses Buch erstmals fotografisch dokumentiert. Die notwendigen Aufnahmen dafür fertigte in gewohnt brillanter Weise Frau Manuela Schreiner vom Archäologischen Landesmuseum Konstanz.

Einen nicht unerheblichen Beitrag leistete Frau Ulrike Bause aus Kirchzarten. Ihre Zeichnungen verleihen verschiedenen Befunden ein eigenes Gesicht.

Zum Gelingen dieses Werkes haben zudem noch zahlreiche Personen mit Abbildungen, Literaturhinweisen, Ratschlägen, Anregungen, Kritik sowohl durch konkrete Mithilfe als auch gesprächsweise beigetragen. Ohne sie wäre es kaum zustande gekommen. Nachfolgend aufgelisteten Damen und Herren möchte ich daher ebenfalls ganz herzlich danken:

K.W. Alt (Mainz), J. Banck-Burgess (Esslingen), R. Baumeister (Bad Buchau), A. Beck (Konstanz), R.A. Bentley (London, GB), U. Berger (Aalen), C. Berszin (Konstanz), D. Bibby (Konstanz), R.-D. Blumer (Esslingen), M. Broghammer (Tübingen), E. Burger-Heinrich (München), A. Burkhardt (Basel, CH), J. Butenuth (Esslingen), N.J. Conard (Tübingen), A. Czarnetzki (Tübingen), W. Dauber (Tübingen), R. Dehn (Freiburg), R. Dick (Ubstadt), B. Dieckmann (Gaienhofen-Hemmenhofen), K.-D. Dollhopf (Tübingen), S. Doppler (München), Chr. Peek (Esslingen), R. Ekici (Konstanz), M.-L. Endele (Konstanz), M. Erne (Gaienhofen-Hemmenhofen), M. Filgis (Esslingen), I. Fingerlin (Freiburg i. Br.), W. Götz (Bonn), S. Golla (Freiburg), M. Graw (München), G. Grupe (München), M.N. Haidle (Tübingen), O. Häuser (Tübingen), M. Heid (Tübingen), J. Heiligmann (Konstanz), M. Held (Immenstadt), W. Henke (Mainz), A. Hensen (Heidelberg), F. Hilscher-Ehlert (Bonn), W. Hohloch (Tübingen), S. Hummel (Göttingen), Chr. Jacob (Heilbronn), H. Jastrow (Mainz), W. Joachim (Stuttgart), M. Kästner (Freiburg), H. Kaiser (Rastatt), M.N. Karcher (Freiburg), E. Keefer (Stuttgart), H.W. Kettner (Giengen a.d. Brenz), J. Klug-Treppe (Freiburg), C. Knipper (Tübingen), A. Knoblich (Tübingen), D. Komitowski (Heidelberg), S. Krais (Freiburg), W. Kramer (Konstanz), T. Kreß (Tübingen), S. Kurz (Tübingen), W. Lindemann (Tübingen), F. Löbbecke (Freiburg), B. Martin (Tuttlingen), M. Menninger (Tübingen), D. Muller (Chicago, USA/Mainz), A.G. Nerlich (München), A. Neth (Lauffen), N. Nicklisch (Mainz), B. Nowak-Böck (Esslingen), S. Oberrath (Tübingen), Z. Obertová (Tübingen), M. Oesterle (Gaienhofen-Hemmenhofen), St. Papadopoulos (Esslingen), Chr. Peek (Esslingen), D. Schabirosky (Tübingen), I. Pfeifer-Schäller (Aalen), J. Piech (Bamberg), I. Potthast (Konstanz), T.D. Price (Madison, USA), C. Pusch (Tübingen), P. Rau (Konstanz), H. Reim (Tübingen), M. Reuter (Xanten), R. Riens (Konstanz), W. Rosendahl (Mannheim), R. Röber (Konstanz), F.W. Rösing (Ulm), H. Rupp (Heidenheim), M. Schaich (Altenthann), Chr. Schatz (Konstanz), H. Schlichtherle (Gaienhofen-Hemmenhofen), L. Schmidt (Stuttgart), S. Schmidt-Lawrenz (Hechingen-Stein), B. Schorer (Rottenburg), D. Schulz (Bamberg), M. Schulz (Tübingen), F. Schweinsberg (Reutlingen), U. Seidel (Konstanz), M. Seitz (Rottenburg), K. Sieber-Seitz (Rottenburg),

H.-R. Sigrist† (Reutlingen), N. Speith (Tübingen/Bradford, GB), E. Stephan (Konstanz), I. Stork (Esslingen), M. Szebedits (Gailingen), B. Theune-Großkopf (Konstanz), I. Trautmann (Tübingen), T. Uldin (Aesch, CH), B. Urbon (Stuttgart), A. Usler (Giengen a. d. Brenz), B. Volkmer (Freiburg), S. Wahl (Aach), A. Wais (Stuttgart), F. Wippich (Konstanz), K. Wirth (Mannheim), U. Wittwer-Backofen (Freiburg), R. Ziegler (Stuttgart), A. R. Zink (Bozen, I).

Für unkonventionelle und spontane Kooperation danke ich dem Redaktionsbüro Wais & Partner in Stuttgart, dem Kreisarchiv Konstanz und der ArcTron 3D GmbH in Altenthann.

Weitere institutionelle Unterstützung erfuhr ich dankenswerter Weise durch das Deutsche Archäologische Institut Athen, die Römisch-Germanische-Kommission Frankfurt, das Rheinische Landesmuseum Bonn, die Reiss-Engelhorn-Museen Mannheim, das Kurpfälzische Museum Heidelberg, das Archäologische Landesmuseum Baden-Württemberg, das Staatliche Museum für Naturkunde Stuttgart, das Württembergische Landesmuseum Stuttgart, das Regierungspräsidium Stuttgart, die Referate Denkmalpflege der Regierungspräsidien Freiburg, Karlsruhe, Stuttgart und Tübingen, das Institut für Vor- und Frühgeschichte und Archäologie des Mittelalters sowie das Institut für Gerichtliche Medizin der Universität Tübingen und indirekt durch das Bundeskriminalamt Wiesbaden.

Last but not least danke ich meinem langjährigen Wegbegleiter Dr. Hans Günter König, Physiker am Institut für Gerichtliche Medizin der Universität Tübingen, für zahllose und ausgesprochen lehrreiche Diskussionen über traumatische Befunde an Skelettresten.

Joachim Wahl, im Sommer 2007

Inhaltsverzeichnis

I. Begraben für die Ewigkeit – oder bis die Archäologen kommen ...

Über die Hintergründe von Begräbnisritualen

1. Körper und Seele – Was bestimmt unser Verhältnis zu den Toten?

Kaum ein anderer Bereich der materiellen und geistigen Kultur einer Gesellschaft wird so konservativ gehandhabt wie das Bestattungswesen. Dabei verfolgen die Grabriten im Wesentlichen drei verschiedene Ziele, die – je nach mythologisch-religiösem Hintergrund unterschiedlich gewichtet – die typische Ambivalenz der Lebenden in ihrem Verhältnis gegenüber den Toten erkennen lassen.

An erster Stelle stehen Vorkehrungen, die dem Wohl des Verstorbenen dienen und für dessen Reise ins oder seinen Aufenthalt im Jenseits gedacht sind. Dazu gehören z. B. Kleidung, persönliche Ausrüstung wie Waffen, Schmuck, Arbeitsgeräte sowie Proviant, evtl. ein Wagen, Mobiliar oder auch der berühmte Charons-

pfennig, mit dem der Fährmann über den Totenfluss Styx bezahlt werden sollte. Im Grunde alles, was für ein standesgemäßes Leben nach dem Tode notwendig ist. Das Grab selbst als letzte Ruhestätte wird unter anderem auch zum Schutz des Körpers vor unbefugtem Zugriff durch Tiere, Feinde oder Grabräuber angelegt. Neben der Wegzehrung in Form von Fleisch- und sonstigen Speisebeigaben finden sich in manchen Kulturen ganze Tiere als Begleiter ins Totenreich, bevorzugt Hunde oder Pferde, die mit dem Besitzer zu Lebzeiten eng verbunden waren. Mancherorts mussten sogar Ehefrauen, Diener oder Sklaven ins Grab folgen.

Als zweites sind diejenigen Maßnahmen zu nennen, die den unmittelbaren Angehörigen und sonstigen Hinterbliebenen dienen sollen und, im Gegensatz zur erstgenannten Kategorie, in Form von Schutzvorkehrungen aus Angst vor dem Verstorbenen vollzogen werden. Hier-

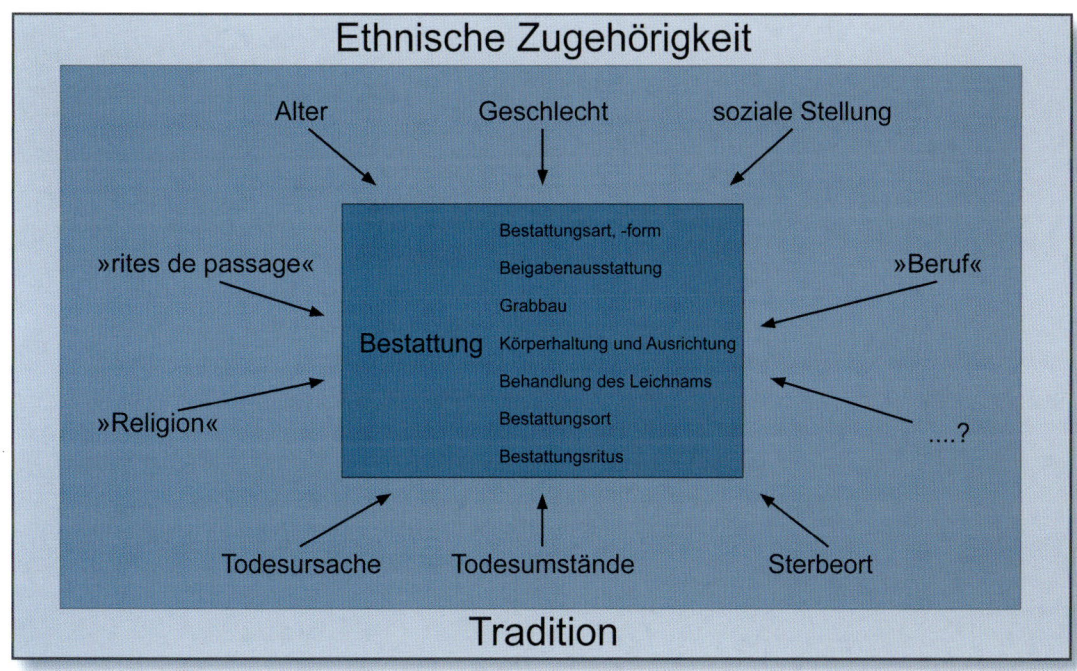

1.1: Schematische Darstellung der ‚Grundgrößen' einer Bestattung sowie evtl. modifizierend einwirkender Parameter.

her gehören insbesondere Unheil abwehrende Handlungen zur Beschwichtigung des (bösen) Geistes des Toten sowie Aktionen, die aus Furcht vor dessen Erscheinen als Wiedergänger oder ‚Zombie' durchgeführt werden. Beispiele dafür sind u. a. Beschweren des Leichnams mit Steinen oder Ästen, Bestattung in Bauchlage, Verschnürung oder Fesselung, Einäscherung oder – bei besonders ‚gefährlichen' Toten – auch Abtrennung des Kopfes und Deponierung desselben am Fußende, zwischen den Beinen oder anderswo, um ein Zusammenfinden der Teile zu erschweren.

Die dritte Funktion erfüllen Rituale, die den Verstorbenen weiterhin mit den Lebenden verbinden sollen. Auf diese Weise kann man sich dessen Erfahrungen und Fähigkeiten, eventuelle Verbindungen zur Götterwelt oder ins Totenreich zunutze machen oder sich auch nur seines Wohlwollens versichern. In diese Kategorie gehören z. B. Hausbestattungen, Bauopfer, Ahnenkult und Reliquienverehrung.

Ein wesentlicher, vielfach ausschlaggebender Faktor für die Behandlung eines Toten ist die Bedeutung, die ihm zu Lebzeiten innerhalb der Familie und Gesellschaft zukam, d. h. sein Ansehen, seine soziale Stellung. So kommt es auch innerhalb einzelner Ethnien, Dörfer oder Sippen zu deutlichen Unterschieden hinsichtlich der Grabsitten. Weitere Abweichungen ergeben sich womöglich nach dem Alter, Geschlecht oder Beruf des Verstorbenen, nach den Umständen seines Todes, der Todesursache oder dem Sterbeort. So mag eine unter der Geburt gestorbene Frau oder ein im Kampf gefallener Krieger evtl. einem speziell für derartige Fälle vorbehaltenen Ritual unterzogen werden. Entscheidend sind in der Regel jedoch die zugrunde liegenden Jenseitsvorstellungen der Gesellschaft.

Differenzierte Vorstellungen über das Vorhandensein einer Seele oder das Weiterleben nach dem Tode können in so grundverschiedene Bestattungspraktiken wie Einäscherung oder Einbalsamierung münden. Dass dabei die Verbrennung die schnellstmögliche Trennung von Körper und Seele ermöglicht, wäre eine der denkbaren Erklärungen. Prinzipiell aber gilt es, einen verwesenden Leichnam aus der Mitte der Lebenden zu entfernen, schon alleine, um Aasfresser fernzuhalten und üble Geruchsentwicklung zu vermeiden. Ob dies allerdings im Rahmen einer rasch durchgeführten Entsorgungsmaßnahme oder in Form eines aufwändigen Totenrituals geschieht, hängt wesentlich von den genannten Parametern ab.

1.2: Experimentelle Archäologie auf dem Gelände der römischen Villa rustica von Hechingen-Stein am 27. Juli 2001. Rekonstruktion eines Scheiterhaufens unter Verwendung von etwa 1,2 m³ Eichenholz – errichtet nach ethnologischen Vergleichsstudien. Verbrannt wurde ein 50 kg schweres Schwein. Die erreichte Maximaltemperatur betrug über 1000 °C.

2. Überlieferung und Repräsentativität – Ein Geflecht aus Vorhandenem, Fehlendem und Vermutetem

Das Grab fungiert in der Regel als Ort der Trauer. Gräber sind üblicherweise in ausgewiesenen Arealen angelegt oder bestimmten Institutionen zugeordnet. Daraus resultiert bei jeder Ausgrabung die Frage, ob die demographisch-soziologische Zusammensetzung der auf einem Bestattungsplatz angetroffenen Skelett-Individuen für die zugehörige Bevölkerung(sgruppe) repräsentativ ist. Es existieren mannigfache Beispiele dafür, dass von vornherein unterschiedliche Anteile von Männern, Frauen, Kindern und Erwachsenen verschiedener Altersgruppen, sozial Höherstehender, infolge Gewalteinwirkung oder Krankheit Verstorbener zu erwarten sind: Grablegen von Klöstern, im Kircheninneren oder Außenbereich, in Garnisonsstädten, bei Spitälern, Leprosorien oder Richtstätten, in Massengräbern nach Kriegen oder Seuchen.

Weitere Probleme bereiten die vom Totenritual sowie den Bodenverhältnissen abhängigen Erhaltungsbedingungen. Verschiedenartige taphonomische Prozesse und Bestattungspraktiken sind die Hauptfaktoren dafür, ob und was im Boden überdauert. Aus einzelnen Kulturen, die durch reichlich materielle Hinterlassenschaften charakterisiert sind, sind kaum Bestattungen überliefert, so z. B. von der Horgener Kultur (ca. 3400–2700 v. Chr.) oder der Michelsberger Kultur (ca. 4300–3600 v. Chr.). Von diesen können wir uns kein klares Bild über ihre Grabriten machen. Andere Epochen, wie beispielsweise das frühe Mittelalter, sind dagegen fast ausschließlich durch Grabfunde belegt, Siedlungsreste stellen eine echte Seltenheit dar.

Dem komplexen Phänomen der so genannten Sonderbestattungen ist in diesem Band ein eigenes Kapitel gewidmet.

Je weiter wir in die Menschheitsgeschichte zurückblicken, um so schwieriger wird es, aus den spärlichen Sachüberresten und Bodenbefunden auf die geistige Vorstellungswelt unserer Vorfahren zu schließen, die ihrerseits untrennbar mit den jeweiligen Grabriten verbunden ist. In diesem Zusammenhang sind ethnologische Untersuchungen von Bedeutung. Sie helfen uns, wenigstens ansatzweise zu verstehen, wie z. B. Schamanismus mit einem animistischen Weltbild einhergeht, oder wie für uns heutige

Mitteleuropäer emotional nur schwer nachvollziehbare Zeremonien interpretiert werden könnten. Alleine auf einer Insel Melanesiens sind über zwanzig Varianten bekannt, wie die Eingeborenen sich eines Toten entledigen.

Bevor der Mensch sesshaft wurde, war er nicht unbedingt gezwungen, den Körper eines Verstorbenen aktiv zu ‚beseitigen‘. Er konnte weiterziehen und den Leichnam seinem Schicksal überlassen. Aber auch Wildbeuter pfleg(t)en von Fall zu Fall ein kompliziertes Totenritual. So haben u. a. systematische Analysen an Skelettresten von Neandertalern interessante Details zutage gefördert. Ein großer Prozentsatz der Knochenfunde dokumentiert Praktiken, die mit Leichenzerstückelung, Entfernung von Weichteilen und Zerteilung der Knochen sowie anschließender gezielter Deponierung einhergehen. In zahlreichen Fällen kann lediglich von einer Entsorgung einzelner, d. h. exartikulierter Teile/Knochen ausgegangen werden. Ähnliches scheint bereits der späte *Homo erectus/ergaster* vor mehr als 300 000 Jahren mit ausgewählten Personen vollzogen zu haben. Daneben entwickelten sich zur Zeit des Neandertalers scheinbar auch Riten, die die Unversehrtheit des Leichnams zum Inhalt hatten. Es treten die ersten ‚regelrechten‘ Bestattungen auf. Rein statistisch gesehen, waren davon aber nur 6 % aller Individuen betroffen, und auch diese Befunde werden von einigen Spezialisten nicht als intentionelle Grablegen gewertet.

2.1: Anhäufung von Gefäßen, Menschen- und Tierknochen in einem Grabenkopf des Michelsberger Erdwerks vom ‚Hetzenberg‘ bei Heilbronn-Obereisesheim.

2.2: Streufund aus der ‚Wasserburg Buchau‘. Kalvarium eines 6–7jährigen Kindes mit Spuren stumpfer Gewalteinwirkung im Bereich des linken Hinterkopfs.

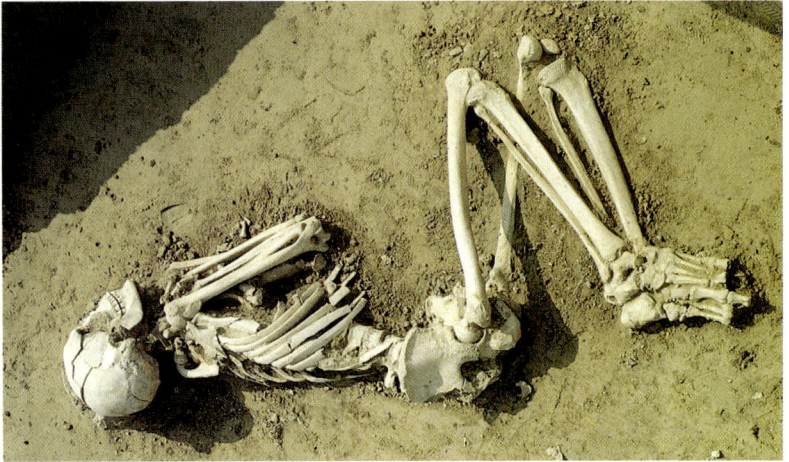

3.1 (oben): Bestattung eines Mannes aus dem bandkeramischen Gräberfeld vom ,Viesenhäuser Hof' in typischer Hockstellung.

3.2 (Mitte): Bestattung eines Mannes aus dem 11.–13. Jh. aus der Alten Pfarrkirche ,St. Martin' in Engen in gestreckter Rückenlage in einem Steinplattengrab.

3.3 (unten): Bestattung eines Mannes aus dem gemischtbelegten römischen Gräberfeld von Stettfeld in Bauchlage.

3. Wer, wie, wo? Totenhaltung, Grabform und Ausstattung liefern detaillierte Informationen

Als grundsätzlich unterschiedliche Bestattungsarten gelten die Körperbestattung und die Brandbestattung. Damit ist aber noch nicht der endgültige Verbleib des Verstorbenen bzw. seiner Überreste beschrieben. Sowohl der unversehrte Körper als auch das nach der Kremation verbliebene Knochenmaterial können entweder beerdigt, im Wasser oder Moor versenkt, (pulverisiert und) verspeist oder in Form einer ,Luftbestattung' ausgesetzt bzw. mit dem Wind ausgestreut werden. Man kennt die Aufbahrung der Toten auf Plattformen in Bäumen z. B. bei den nordamerikanischen Indianern aus Wildwestfilmen oder die so genannten ,Türme des Schweigens' bei den Parsen, einer persischen Religionsgemeinschaft, die im 8. Jahrhundert n. Chr. in Indien eingewandert ist. Dabei sorgen Raubvögel und Krähen für die Entsorgung der Weichteile, kleinerer und größerer Skelettpartien. Als Bestattungsorte kommen also nicht nur Erde, Wasser und Luft, sondern auch der menschliche oder tierische Körper sowie für Nachbestattungen jederzeit zugängliche Gang- oder Großsteingräber und andere Spezialeinrichtungen in Frage.

Verschiedene Grabarten lassen sich danach unterscheiden, ob der Platz überhügelt wird oder nicht, ob der Tote in einem Schachtgrab oder Schrein, einer Gruft, Holz- oder Felskammer beigesetzt wird, wobei die individuelle Ausgestaltung des Grabes erheblich variieren kann. Neben einfachen Erdgräbern stehen Totenbrett, (Baum-)Sarg, Steinkiste, -kammer, Pithos, Urne, Brandschüttung, -grube, Ziegelplattengrab usw. Als Sonderformen gelten z. B. die Mumifizierung, Ahnenschreine, in denen Pars pro toto Einzelteile des Verstorbenen verwahrt werden, Kenotaphe, die als Scheingräber Verschollener oder in der Fremde Gestorbener dienen, oder so genannte Traufkinder, die ungetauft unter dem Dachtrauf der Kirche beerdigt wurden, in der Hoffnung, das herabtropfende Regenwasser möge diesen Akt nachträglich bewirken. Die Möglichkeiten der Totenbehandlung sind derart vielfältig, dass sie sich nur schwerlich in einem kurzen Überblick zusammenfassen lassen.

Viele der genannten Vorgehensweisen wurden und werden in der Vorgeschichte sowie bei Naturvölkern zu mehrstufigen Bestattungsritu-

alen kombiniert, die ihrerseits im Detail für bestimmte Zeitstufen typisch sein können. Charakteristisch für einzelne Gruppen sind jedoch nicht nur Bestattungsart und Grabform, sondern auch die Totenhaltung und v. a. kulturspezifische Beigaben. Viele neolithische Kulturen sind nach speziellen Gefäßformen und -verzierungen benannt. Jeder kulturellen Einheit kommt die Verwendung bestimmter Materialien sowie die Ausstattung mit charakteristischen Waffen, Trachtbestandteilen und Gegenständen des täglichen Gebrauchs zu. Alles zusammengenommen liefert dann die entscheidenden Hinweise zur chronologischen Einordnung bzw. Datierung eines Grabfundes.

Bei Körpergräbern wird zwischen gestreckter Körperhaltung und Bestattung in Hocklage unterschieden. ,Hocker', mit dem Oberkörper meist in Seitenlage und mehr oder weniger stark angezogenen Beinen, sind typisch für steinzeitliche Gräber, kommen aber vereinzelt auch in jüngeren Epochen vor. ,Strecker' sind dagegen vom Mittelalter bis heute ausschließlich, jedoch nur selten in neolithischem Kontext anzutreffen. Bestattungen in Bauchlage werden in der Regel als Sonderbestattungen interpretiert. Bei den Schnurkeramikern beispielsweise wurden Frauen bevorzugt in links- und Männer meist in rechtsseitiger Hocklage beigesetzt, bei den Glockenbecherleuten sowie in der frühen Bronzezeit trifft man eher die umgekehrte ,bipolare geschlechtsdifferenzierte Totenlage' an. Doch Abweichungen von dieser Norm sind – auch innerhalb ein und desselben Gräberfelds – gar nicht so selten. ,Hockergräber' wurden verschiedentlich diskutiert als Bestattungen von Gefesselten (Angst vor Wiedergängern), Niederlegungen in Embryonalhaltung oder Grablegen, die im Winter angelegt worden sind, um bei gefrorenem Boden mit geringerem Arbeitsaufwand auszukommen. Heute wird allgemein die Interpretation als ,Schlafstellung' akzeptiert.

Als ebenso charakteristisch für bestimmte Zeiten und Regionen gelten bestimmte Beigaben(ensembles) hinsichtlich des Geschlechts der Verstorbenen: Spinnwirtel, Schmuck und Perlen sind typisch für Frauen, Waffen für Männer. Es soll aber auch schon Ausnahmen gegeben haben; und nicht nur von Steppenvölkern, sondern auch aus Europa sind vereinzelt Frauengräber mit Waffenbeigaben bekannt. Dasselbe gilt für Gegenstände in Miniaturform,

3.4 (oben): Bestattung eines ca. 40jährigen Mannes aus dem merowingerzeitlichen Friedhof von Wittendorf. Die Skelettreste eines zuvor beigesetzten Erwachsenen sind beiseite geschoben worden.

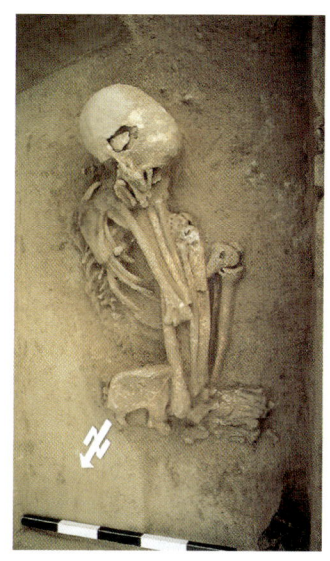

3.5 (Mitte): Bestattung einer älteren Frau aus dem Michelsberger Erdwerk von Bruchsal ,Aue' in extremer Hockstellung.

3.6 (unten): Gestörte Mehrfachbestattung von fünf Individuen aus dem urnenfelderzeitlichen Friedhof von Neckarsulm.

die nicht zwangsläufig als Kinderspielzeug zu deuten sind. In bestimmtem Zusammenhang könnte es sich ebenso um symbolische Gaben handeln. Hier treffen im Einzelfall das biologisch determinierte Alter und Geschlecht auf im jeweiligen kulturellen Kontext womöglich abweichende Definitionen des ‚sozialen Alters bzw. Geschlechts‘.

Neben Einzelgräbern wird zudem zwischen verschiedenen Formen von Doppel- und Mehrfachbestattungen, so genannten Superpositionen und Nachbestattungen unterschieden. Als letztes sei auf den Terminus ‚gemischtbelegt‘ hingewiesen, der sich auf Friedhöfe bezieht, auf denen gleichzeitig Körper- und Brandgräber angelegt wurden. Wir kennen solche Nekropolen z. B. aus der Römerzeit sowie dem frühen Neolithikum, und es stellt sich zwangsläufig die Frage, welcher Personenkreis warum diesem oder jenem Ritual unterzogen wurde.

3.7 (oben links): Bestattung eines 4–6jährigen Kindes aus dem Spitalfriedhof von Heidelberg. Der Oberkörper wurde mit einem Firstziegel abgedeckt. – 3.8 (oben rechts): In mehreren Schichten dichte Belegung auf dem Spitalfriedhof von Heidelberg (13.–15. Jh.). – 3.9 und 3.10 (unten links und Mitte): Zwei Brandgräber aus dem römischen Gräberfeld von Stettfeld: Links: Grab eines etwa 40jährigen Mannes mit zwei Gefäßbeigaben. Der Leichenbrand war möglicherweise in einem Holzkästchen o. ä. Behältnis aus vergänglichem Material deponiert worden. Mitte: Ursprünglich aus sechs kistenartig zusammengestellten Dachziegeln konstruiertes Grab einer spätadulten Frau. – 3.11 (unten rechts): Beschädigte Urne aus dem römischen Gräberfeld von Heidelberg-Neuenheim. Eine unverbrannt beigegebene Glasflasche, eine Öllampe sowie der Leichenbrand eines jugendlichen, eher männlichen Individuums befinden sich noch in situ.

Literatur

I.1

P. Ariès, Geschichte des Todes (³München 1987).

U. Schlenther, Brandbestattung und Seelenglauben (Berlin 1960).

J. Wahl, Zur Ansprache und Definition von Sonderbestattungen. In: Beiträge zur Archäozoologie und Prähistorischen Anthropologie. Forsch. u. Ber. Vor- u. Frühgesch. Baden-Württemberg 53 (Stuttgart 1994) 85–106.

A. van Gennep, The rites of passage (London-Henley 1977).

I.2

J. Biel, H. Schlichtherle, M. Strobel u. A. Zeeb (Hrsg.), Die Michelsberger Kultur und ihre Randgebiete – Probleme der Entstehung, Chronologie und des Siedlungswesens. Materialh. Arch. Baden-Württemberg 43 (Stuttgart 1998).

W. D. Haglund u. M. H. Sorg, Forensic Taphonomy. The Postmortem Fate of Human Remains (Boca Raton, London, New York, Washington 1997).

F. Horst u. H. Keiling (Hrsg.), Bestattungswesen und Totenkult in ur- und frühgeschichtlicher Zeit. Beiträge zu Grabbrauch, Bestattungssitten, Beigabenausstattung und Totenkult (Berlin 1991).

M. Illi, Wohin die Toten gingen. Begräbnis und Kirchhof in der vorindustriellen Stadt (Zürich 1992).

H. Ullrich, Le Moustier – eine Neuinterpretation des Neandertalerfundes von 1908. Ethnogr.-Arch. Zeitschr. 44, 2003, 337–355.

I.3

P. G. Bahn (Ed.), Tombs, Graves and Mummies. 50 Discoveries in World Archaeology (London 1996).

R. Gowland, Ageing the Past: Examining Age Identity from Funerary Evidence. In: R. Gowland u. C. Knüsel (Eds.), Social Archaeology of Funerary Remains (Oxford 2006) 143–154.

J. Müller (Hrsg.), Alter und Geschlecht in ur- und frühgeschichtlichen Gesellschaften. Univforsch. Prähist. Arch. 126 (Bonn 2005).

R. Philpott, Burial Practices in Roman Britain. BAR British Series 219 (Oxford 1991).

S. Ulrich-Bochsler, Von Traufkindern, unschuldigen Kindern, Schwangeren und Wöchnerinnen. Anthropologische Befunde zu Ausgrabungen im Kanton Bern. In: J. Schibler, J. Sedlmeier u. H. Spycher (Hrsg.), Festschrift für Hans R. Stampfli. Beiträge zur Archäozoologie, Archäologie, Anthropologie, Geologie und Paläontologie (Basel 1990) 309–318.

I. Trautmann u. J. Wahl, Leichenbrände aus linearbandkeramischen Gräberfeldern Südwestdeutschlands – Zum Bestattungsbrauch in Schwetzingen und Fellbach-Oeffingen. Fundber. Baden-Württemberg 28/1 (Stuttgart 2005) 7–18.

II. Zwischen Maßband und PCR –

Methoden der Prähistorischen Anthropologie

1. Einleitung

Bei Ausgrabungen treten menschliche Skelett-reste als Grabfunde, Streuknochen, Artefakte oder in kultischem Kontext zu Tage. Sie sind unmittelbare Überreste unserer Vorfahren und liefern uns eine Vielzahl von Informationen so-wohl über individuelle Schicksale als auch über die Lebensumstände zufälliger Populations-stichproben aus Raum und Zeit. Zudem sind sie Spurenträger verschiedenster taphonomischer Prozesse und im diachronen Vergleich Zeugen unserer eigenen Entwicklungsgeschichte.

Die Ausarbeitung methodischer Standards zur Beurteilung von Knochenfunden reicht weit in die Historie des Faches zurück. Dabei spielten und spielen die Anthropometrie und Morpho-gnose mit der Erfassung von Größen- und Form-merkmalen in wesentlichen Teilbereichen eine wichtige Rolle. Daneben kommen z. B. mul-tivariat-statistische Methoden, wie Diskrimi-nanzanalyse und Penroseabstand, zum Einsatz, epigenetische und odontologische Merkmale, die erste Hinweise auf genetische Beziehungen liefern, sowie moderne bildgebende Verfah-ren (Röntgen, Computertomographie) und his-tologische Untersuchungen zur Beurteilung krankhafter Veränderungen am Knochen. Sie erlauben u. a. detaillierte Aussagen zur Paläo-demographie, zu Ähnlichkeitsbeziehungen zwi-schen Individuen und Teilpopulationen sowie Differentialdiagnosen zur Morbidität.

Quasi als Quantensprung zu werten ist die ,Entdeckung' jahrringartiger Zuwachsringe im Dentin der Zahnwurzeln – zunächst bei Wild-tieren und dann beim Menschen –, die eine nach derzeitigem Wissensstand höchstmög-liche Genauigkeit bei der Bestimmung des Sterbealters einer Person zulassen.

In den letzten Jahrzehnten hat sich das me-thodische Arsenal innerhalb der Anthropolo-gie explosionsartig erweitert. Durch die stetige Verfeinerung biochemischer Analyseverfahren wie DNA- oder Isotopenanalysen eröffnen sich heute Möglichkeiten vormals ungeahnter Aus-sagekraft. Als Folge davon scheinen die konven-tionellen Untersuchungsansätze stark in den Hintergrund gedrängt. Sie gelten als weniger aussagefähig, unpräzise und überholt. Das mag für einzelne Parameter zutreffen, doch im Hin-blick auf die hohen technischen und finanziel-len Anforderungen der modernen Verfahren sowie die vielfach noch unzureichend geklär-ten Fehlerquellen und ausstehende Grundla-genforschung gebührt dem älteren Handwerks-zeug nach wie vor ein großer Stellenwert bei der konkreten osteologischen Arbeit.

Die Frage, welche Methoden in einem be-stimmten Fall zum Einsatz kommen, bedarf seit jeher einer kritischen Abwägung. Vielfach limitiert bereits der Erhaltungszustand der Kno-chenreste die Anwendung alternativer Vorge-hensweisen und die konventionellen Ansätze bleiben weiterhin aktuell, weil wesentliche an-thropologische Kriterien wie z. B. Schädelform, Körperhöhe, traumatische Ereignisse und Ver-schleißerscheinungen niemals aus dem Rea-genzglas zu klären sein werden. Dasselbe gilt für Gesichts- und Weichteilrekonstruktionen auf der Basis skelettaler Überreste, die uns hel-fen, eine Vorstellung vom Aussehen unserer Vorfahren zu bekommen.

Die ersten Versuche dazu gehen auf systema-tische Messungen von Weichteildicken an Lei-chen zurück. Daraus entwickelte der Pionier der Methode, M. Gerassimow, in der Mitte des vorigen Jahrhunderts ein Modellierverfahren, dessen Grundzüge auch heute noch in compu-tergestützte Anwendungen in der forensischen Praxis einfließen. Bei der Rekonstruktion eines Gesichts gilt es jedoch nicht nur die allfälligen Informationen zu Alter, Geschlecht, Körperbau, evtl. Seitenasymmetrien und Verletzungen zu berücksichtigen, die unmittelbar aus den Kno-

1.1: So genannte Hockerfacette am distalen Gelenkende der linken Tibia eines Bandkeramikers. Sie bildet sich aus bei häufig und über einen längeren Zeitraum eingenommener Hock-stellung.

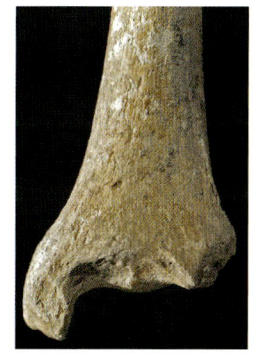

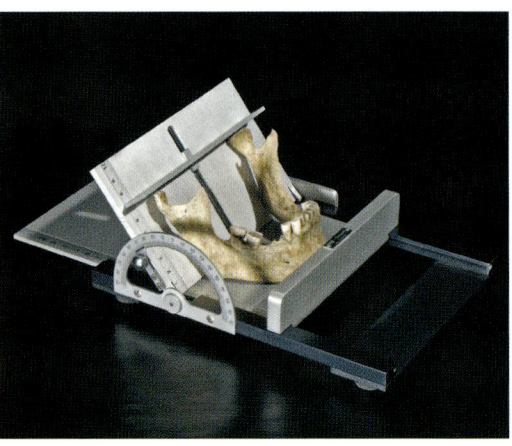

1.2: ,Mandibulometer' zur Ermittlung von Höhen-, Tiefen- und Winkelmaßen am Unterkiefer.

chen abzuleiten sind, sondern in hohem Maße auch das subjektive Ermessen des Bearbeiters im Hinblick auf nicht überlieferte Details wie z. B. Falten, Muttermale, Lippenform, Bartwuchs, Haaransatz, Haar- und Augenfarbe (siehe Kap. XIV.5).

Bei der Klärung von Vermisstenfällen ist den Gerichtsmedizinern durchaus bewusst, dass solche Nachformungen lediglich eine Imagination mit mehr oder weniger Ähnlichkeit zur konkreten Person darstellen. Mehr können wir auch bei derartigen Versuchen mit (prä)historischem Skelettmaterial nicht erwarten.

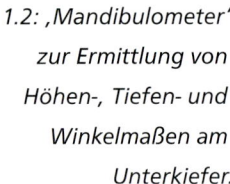

1.3: So genanntes GeneScan-Elektropherogramm zur Darstellung bestimmter Chromosomenabschnitte bei der DNA-Analyse.

2. Erhaltung und Präparation

Bodengelagerte Knochenreste treten uns nicht in einheitlichem Zustand gegenüber. Sie können aussehen wie frisch aus der Anatomie, elfenbeinfarben, hart, mit einer glatten, scheinbar intakten Oberfläche, komplett und bis in feinste Strukturen optimal erhalten, oder sie sind lediglich noch ein Schatten ihrer selbst, nurmehr als kaum wahrnehmbare Verfärbungen im umgebenden Sediment zu erkennen. Dazwischen existieren alle möglichen Übergangszustände: korrodierte, rissige, mürbe, faserige, verwitterte und mehr oder weniger stark fragmentierte Erscheinungsformen in allen nur denkbaren Farbnuancen zwischen weiß und schwarz, gelblich, erdfarben, rotbraun, grün- oder bläulich. Doch kann z. B. Schwarzfärbung alleine auf völlig un-

1.4 (links): Schädelreliquie aus der Kirche St. Moriz in Rottenburg a. N.
1.5 (rechts): Weichteilrekonstruktion auf dem Schädel einer etwa 30jährigen Alamannin aus VS-Schwenningen.

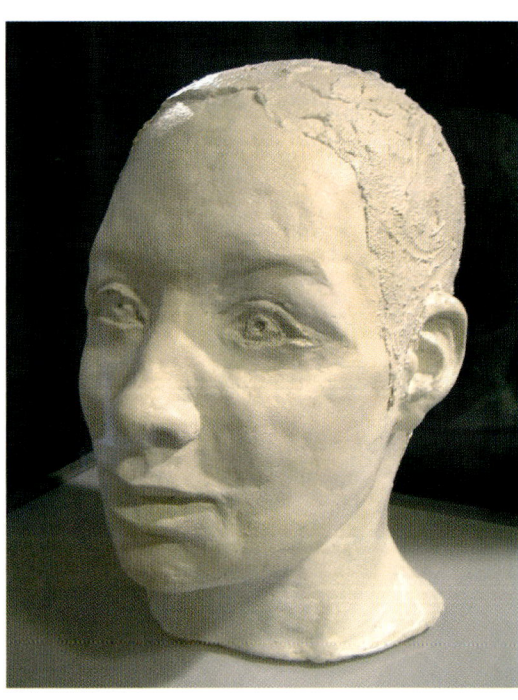

terschiedliche Einflüsse zurückzuführen sein: dauerfeuchtes Liegemilieu, stark manganhaltiges oder humoses Erdreich, Feuereinwirkung sowie eisen- oder kupferhaltige Gegenstände in unmittelbarer Nachbarschaft des Knochens. Die Ursachen von Verfärbungen sind in jedem Einzelfall ebenso zu klären, wie diejenigen, die eine Schädigung der knöchernen Konsistenz bewirkt haben.

Anders als erwartet, spielt dabei die Dauer der Liegezeit eine eher untergeordnete Rolle. Es kommt weniger darauf an, wie lange ein Knochen im Boden lag, als auf die chemischen und physikalischen Bedingungen, die in seiner Umgebung herrsch(t)en. Dazu zählen vor allem pH-Wert, Wassergehalt, Korngröße, Zusammensetzung und Dichte des Sediments. Von besonderer Bedeutung sind außerdem die Bodenart, d. h. ob es sich um ein kalkarmes oder stark kalkhaltiges Milieu handelt, sowie die Deponierungstiefe und Umgebungstemperatur.

Einen erheblichen Einfluss auf die Zersetzungsprozesse haben weiterhin der Pflanzenbewuchs, zahlreiche Bodenorganismen, grabende Kleinsäuger, in Erdhöhlen lebende Schnecken usw. So wachsen z. B. Pflanzenwurzeln bevorzugt an Knochen entlang, da dort das Erdreich durch die vorher vergangenen Weichteile etwas poröser ist, gleichzeitig ätzen sie den Knochen an und erschließen damit ein Reservoir an Calcium und anderen Spurenelementen. Derartiger Wurzelfraß kann bis zur völligen Zerstörung des Knochens führen.

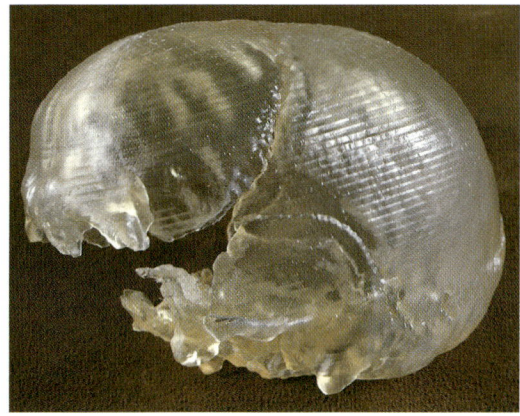

2.1 (oben): Nach computertomographischer Aufnahme mittels Lasertechnik aus Epoxydharz angefertigte Kunststoffkopie, so genannte Stereolithographie, des Trophäenschädels aus dem Michelsberger Erdwerk von Ilsfeld.

2.2 (unten links): Schädel eines (früh)adulten Mannes vom selben Fundort mit deutlichen Bissmarken durch Fangzähne eines Hundes in der rechten Schläfenregion.

2.3 (unten Mitte): Teil des linken Oberschenkelknochens und rechte Kniescheibe eines Erwachsenen aus dem Michelsberger Erdwerk von Bruchsal mit Verbissspuren.

2.4 (unten rechts): Durch Wurzelfraß partiell abgetragene Knochenoberfläche am Schaft der linken Fibula eines Erwachsenen.

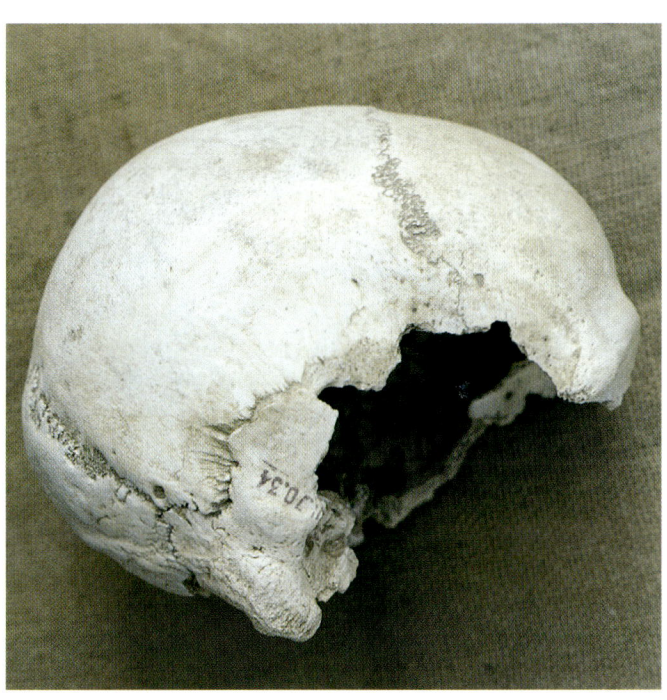

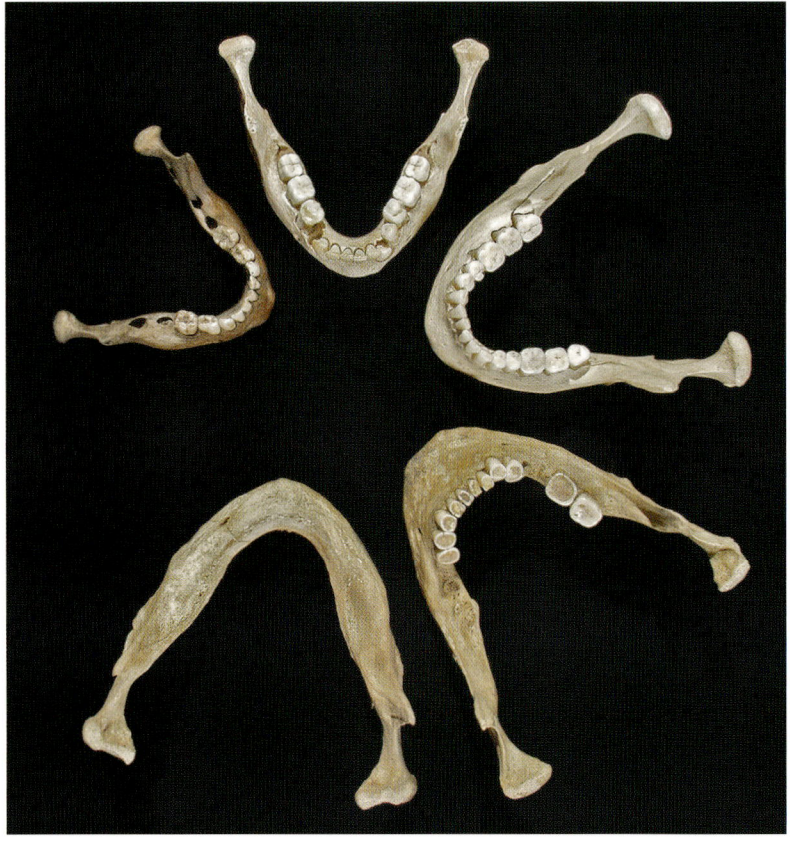

3.1: Unterkiefer in verschiedenen Alters-stadien. Im Uhrzei-gersinn: vollständiges Milchgebiss (ca. 3–4 Jahre), ‚Wechselge-biss' (10–11 Jahre), komplettes bleibendes Gebiss (20–25 Jah-re), fortgeschrittene Abkauung und intra-vitaler Zahnverlust (älterer Erwachsener) und so genannter Greisenkiefer (über 60 Jahre).

3.2: Oberschenkelkno-chen in verschiedenen Altersstufen. V. l. n. r.: Neonatus, Säugling (8–10 Monate), Kind (10–12 Jahre) und Erwachsener.

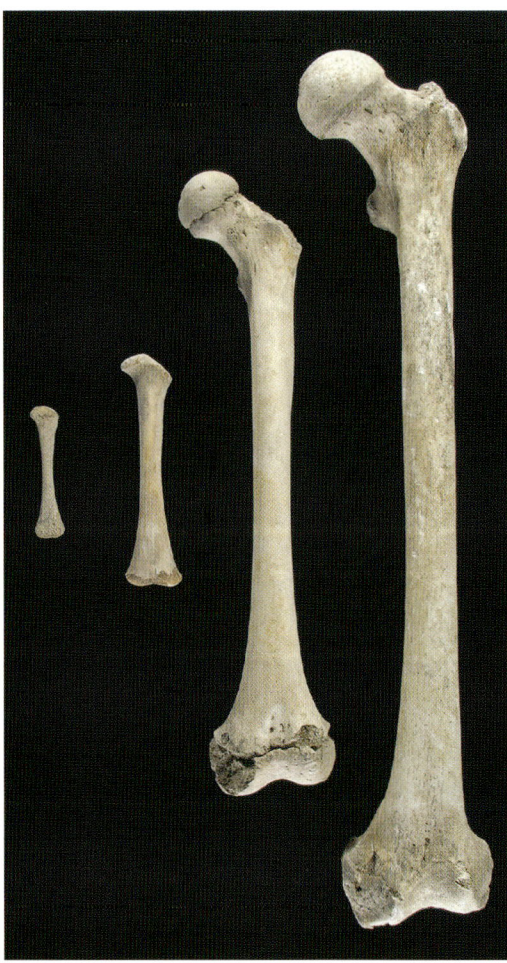

Typische Biss- und Nagespuren lassen sich dagegen bestimmten Tiergruppen zuordnen, Carnivoren wie Hunde oder Füchse, Schweinen, Mäusen o. ä. An gestörten Skelettpartien oder aus dem anatomischen Kontext verschleppten Knochenteilen sind nicht selten entsprechende Bissmarken zu erkennen. Die ultimative Zerstörung der Zusammenhänge erfolgt jedoch im Rahmen der Ausgrabung selbst. Es ist daher das vordringlichste Anliegen der Archäologen, die jeweilige Fundsituation so gut zu dokumentieren wie irgend möglich (siehe Kap. XIV.1). Entsprechend dem Erhaltungszustand muss das Knochenmaterial für die spätere wissenschaftliche Bearbeitung präpariert und evtl. gehärtet werden. Dabei geschieht die Reinigung meist ausschließlich unter Verwendung von Wasser, Pinsel und Bürste. Zum Kleben von Bruchstücken sowie zur Härtung kommen – je nach den Erfahrungswerten des Bearbeiters – unterschiedliche Stoffe in Betracht, wie z. B. Weißleim, Mehrkomponentenkleber oder Chemikalien mit flüchtigen Bestandteilen. Um zusätzliche Kontaminationen zu vermeiden, erfolgen Probenentnahmen für biochemische Analysen zweckmäßigerweise vor diesem Arbeitsschritt, an besten direkt aus dem in-situ-Befund.

3. Alt oder jung?

Die makroskopische Bestimmung des Sterbealters basiert bei Skelettresten von Kindern und Jugendlichen im Wesentlichen auf der Zahnentwicklung sowie auf messbaren Wachstumsvorgängen bis hin zum Epi- und Apophysenschluss einzelner Teilbereiche, bei Erwachsenen auf der Verwachsung der Schädelnähte, der Abkauung der Zähne, degenerativen oder atrophischen Veränderungen sowie der Verknöcherung knorpeliger Strukturen. Alle diese Kriterien geben grundsätzlich jedoch nur Auskunft über das biologische Alter des Betreffenden. Das tatsächliche, kalendarische oder chronologische Alter kann davon erheblich abweichen, da prinzipiell mit früh- und spätreifen bzw. mehr oder weniger stark körperlich beanspruchten Individuen zu rechnen ist. Zudem vermögen endogene und exogene Faktoren Alterungsprozesse zu beeinflussen, ohne dass diese in jedem Fall erkannt und benannt werden können. Die Altersangabe wird daher grundsätzlich mit einer dem jeweiligen Kriterium entsprechenden Fehlerspanne versehen,

z. B. für den Zahndurchbruch zwischen plus/minus 0,5 und 3 Jahre und für die Obliteration der Schädelnähte plus/minus 5 Jahre. Nach bisherigen Erfahrungen werden dabei Frauen und über Vierzigjährige altersmäßig am ehesten unterschätzt.

Weiterhin gilt zu beachten, dass sich das Symphysenrelief der Schambeinfuge infolge von Geburtsvorgängen bei Frauen stärker verändert als bei Männern und die Dichte und Ausdehnung der Spongiosa bei gleichalten Individuen auf Grund unterschiedlicher körperlicher Belastung oder Krankheit deutlich voneinander abweichen kann.

Degenerative Veränderungen und Abnutzungserscheinungen sind gleichermaßen eher schwache Indizien, da sie z. B. von der individuellen genetischen Disposition, Ernährungsweise, von evtl. vorhandenen Stoffwechselstörungen sowie spezifischen Aktivitätsmustern abhängig oder Sekundärfolgen von Verletzungen sein können. Eine in Relation zu anderen Kriterien verstärkte Zahnkronenabrasion könnte vielleicht auch auf stress- oder anlagebedingtes Knirschen (,Bruxismus'), erblich oder pathologisch dünneren oder weicheren Zahnschmelz, die Verwendung des Kauapparates als ,dritte Hand' oder das Vorkauen von Nahrung für Säuglinge während der Entwöhnungsphase zurückgehen.

Daneben kommen bei der Sterbealtersbestimmung vermehrt histologische Untersuchungsmethoden zum Einsatz, z. B. Dünnschliffe der Langknochenkompakta, die auf Umbauprozesse im Bereich der Osteonen u. a. Feinstrukturen abzielen. Als derzeit genauestes Verfahren zur Ermittlung des Individualalters gilt die Auszählung von Zuwachsringen im Zement von Zähnen des bleibenden Gebisses, die bereits bei 100facher Vergrößerung im Mikroskop zu erkennen sind und deren Anzahl ähnlich wie Jahresringe bei Bäumen (bei Jugendlichen und jüngeren Erwachsenen gut und bei älteren Erwachsenen mit einer etwas größeren Fehlerspanne) mit dem chronologischen Alter korreliert. Der physiologische Hintergrund dieser Ringbildung konnte bis heute noch nicht identifiziert werden. Diskutiert werden u. a. ernährungsbedingte, hormonelle oder jahreszeitenabhängige Einflüsse. Unterschiedlich breite Ringe werden mit individuellen Ereignissen wie Krankheiten oder Schwangerschaften in Verbindung gebracht. Einige Fachleute sehen in der mit zunehmendem Alter kontinuierlichen

3.3: Schädel eines jüngeren Erwachsenen mit offenen und eines älteren Erwachsenen mit teilweise verstrichenen Schädelnähten.

Anlagerung von Zahnzement eher eine körpereigene Maßnahme zur Verankerung der Zähne im altersbedingt schwindenden Alveolarknochen mit (zufällig) ,circaannualem' Rhythmus. Nach neueren Untersuchungen wird empfohlen, mehrere Zähne pro Individuum zu beproben und mindestens vier Schnitte pro Zahn

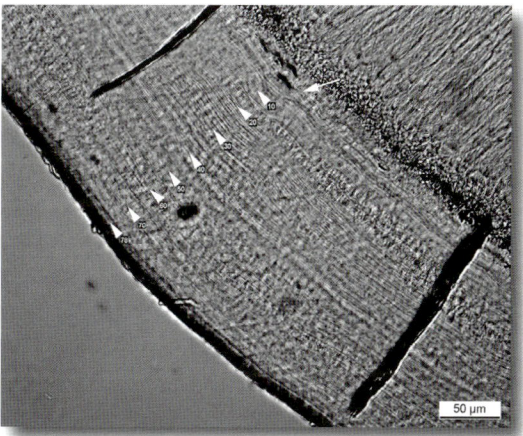

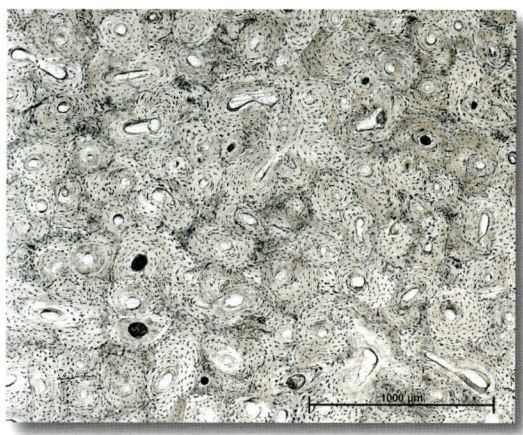

3.4: Histologische Altersbestimmung.
a) Nach der TCA-Methode (,tooth cementum annulation') an einem unteren Eckzahn eines 88jährigen. 78 Ringe plus 10 Jahre Durchbruchsalter.
b) Anhand der Mikrostrukturen im Kompaktaquerschnitt des Oberschenkelknochens: 49 Jahre alt. Es zählen die Anzahl der Osteone und Restosteone pro Messfläche.

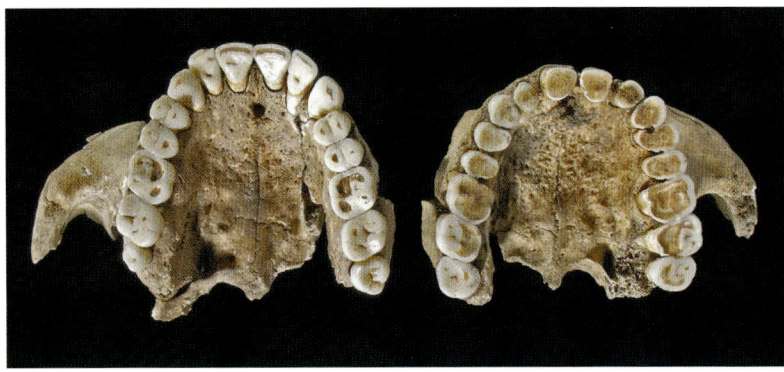

3.5: Oberkiefer eines jüngeren Erwachsenen mit geringer und eines älteren Erwachsenen mit starker Abkauung der Zähne.

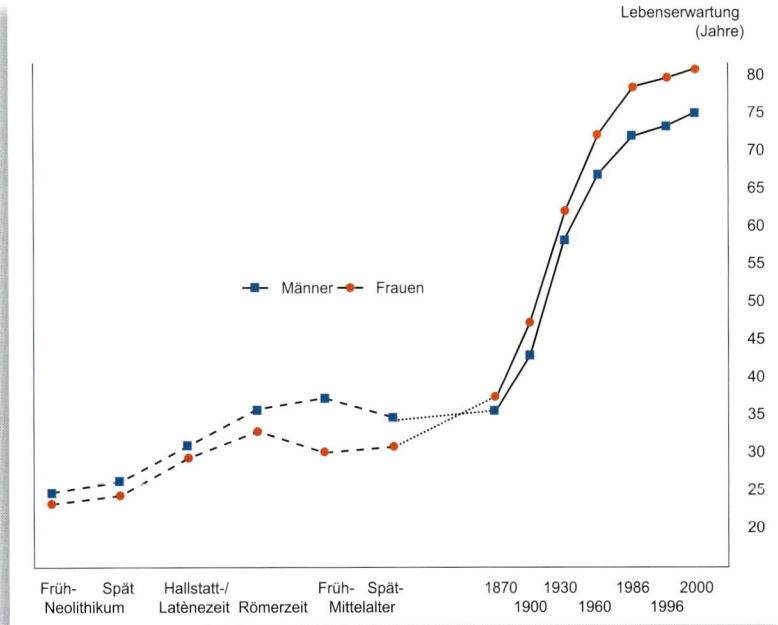

3.6: Entwicklung der Lebenserwartung in Südwestdeutschland seit dem Beginn der Sesshaftigkeit. Durchgezogene Linien basieren auf zeitgenössischen Aufzeichnungen, gestrichelte Abschnitte auf Berechnungen anhand anthropologisch untersuchter Skelettserien, punktierte Linien sind Schätzungen.

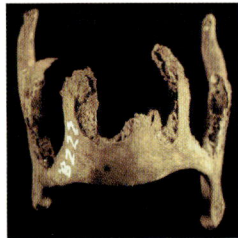

3.7: Teilverknöcherter Kehlkopfknorpel eines älteren Mannes aus dem Spitalfriedhof Heidelberg als Zeichen fortgeschrittenen Alters.

mehrfach auszuzählen. Trotz unbekannter Ätiologie scheinen Karies und Knirschen keinen, Parodontalerkrankungen allerdings durchaus einen Einfluss auf diese Ringbildung zu haben.

Eine grundsätzliche Unsicherheit besteht insofern, als alle heute verwendeten Kriterien zur Altersdiagnose an rezenten, also im Vergleich mit (prä)historischen Bevölkerungen akzelerierten Referenzgruppen erarbeitet wurden

und demzufolge nur unter Vorbehalt übertragbar sind. Mit der Akzeleration geht eine Vorverlegung der körperlichen Reife und damit eine Beschleunigung von Wachstumsvorgängen einher. Für eine Serie der römischen Kaiserzeit bis Völkerwanderungszeit aus Norddeutschland konnte z. B. nachgewiesen werden, dass der pubertäre Wachstumsschub damals im Alter von etwa fünfzehn Jahren erfolgte. Heute liegt er bei zwölf bis dreizehn Jahren.

Die Entwicklung der Lebenserwartung zeigt im diachronen Vergleich einen mehr oder weniger kontinuierlichen Anstieg von der Jungsteinzeit bis zum Frühmittelalter. Im Hoch- bzw. Spätmittelalter lässt sich ein gewisser Rückschritt erkennen, der am wahrscheinlichsten mit den deutlich schlechteren Lebensbedingungen in den Städten zu erklären ist. Danach folgt ein rapides Wachstum, das mit geringen regionalen Schwankungen bis heute anhält, bedingt durch optimale Ernährung und allgemein geringere körperliche Belastungen. Interessant ist weiterhin, dass die durchschnittliche Lebenserwartung der Frauen – in Folge von Schwangerschafts-, Geburts- und Kindbettrisiken – über Jahrtausende hinweg unterhalb derer der Männer lag. Erst mit der industriellen Revolution und damit einhergehend besserer medizinischer Versorgung kam die allgemein höhere biologische Vitalität des weiblichen Geschlechts zum Tragen. Für 2005 geborene Mädchen lag sie mit knapp 90 Jahren um fast sieben Jahre über derjenigen der Knaben.

4. Mann oder Frau?

Die Geschlechtsdiagnose an menschlichen Skelettresten ruht auf drei Säulen: dem metrisch fassbaren (Robustizitäts-)Unterschied zwischen den Geschlechtern, morphologisch abweichenden Formmerkmalen sowie molekulargenetisch nachweisbaren X- bzw. Y-chromosomalen Strukturen (DNA-Analyse). Die Extraktion und Vervielfältigung von DNA-Bausteinen aus bodengelagerten Knochen ist jedoch höchst kompliziert. Die Authentizität einer Sequenz ist stets zu hinterfragen, da Kontaminationen mit fremder Erbsubstanz nie ausgeschlossen werden können. In der forensischen Praxis sind daher mehrere Durchläufe und eine Analyse mindestens eines unabhängigen zweiten Labors üblich. Verunreinigungen können alleine schon durch das bei der Probenaufbereitung verwendete destillierte Wasser eingetragen werden. Aber auch unter Berücksichtigung aller Standards führt die DNA-Analyse nicht in jedem Fall zum Erfolg. Ätherische Öle, Phenole, Huminsäuren und ein feuchtes, warmes Liegemilieu wirken als Inhibitoren, und stärker erodiertes Knochenmaterial versagt häufig seine Kooperation, da keine genügend großen DNA-Bausteine mehr isoliert werden können. Unter Umständen lässt sich jedoch weniger degradiertes Erbgut aus dem Dentin eines Zahnes gewinnen, da es dort durch die Schmelzkappe der Zahnkrone gegenüber Einflüssen von außen besser geschützt ist.

Zur Geschlechtsbestimmung wie zum Nachweis direkter Verwandtschaft auf molekulargenetischer Basis ist die Erhaltung von Kern-DNA erforderlich. Mütterliche Abstammungslinien lassen sich über bestimmte Sequenzen der in jeder Zelle in sehr viel höherer Kopienzahl vorhandenen mt-DNA (Erbgut der Mitochondrien) detektieren. Besondere Aufmerksamkeit gilt hier der so genannten hypervariablen Region (‚HVR‘, bestehend aus 800 Basenpaaren). Zur endgültigen Identifizierung z. B. der Zarenfamilie waren daher beide Verfahren nötig. Die Angaben dazu, in wieviel Prozent der Fälle bislang bei länger bodengelagerten Knochen erfolgreiche DNA-Typisierungen durchgeführt werden konnten, schwanken zwischen 5 % und 30 %. Auch wenn manche Labors etwas optimistischere Zahlen (bis 50 %) mitteilen, muss ein Großteil der Individuen zwangsläufig mit konventionellen Methoden geschlechtsbestimmt werden. Bei historischen, spätmittelalterlich-(früh)neuzeitlichen Serien ist es gelungen, je nach Erhaltungszustand, bis zu zwei Drittel der Proben über X- oder Y-cromosomale Strukturen einem der beiden Geschlechter zuzuordnen. Doch ist der apparative und personelle Aufwand ziemlich hoch und die Erfahrung hat gezeigt, dass die morphologische Geschlechtsbestimmung bei ausreichendem Erhaltungszustand des Skelettmaterials (fast) immer korrekt war.

Die morphognostische Geschlechtsdiagnose beruht auf Formmerkmalen, insbesondere am Becken und am Schädel, die zwischen Männern und Frauen verschieden ausgeprägt sind, allerdings auch innerhalb der Geschlechter sowie regional und im diachronen Vergleich variieren. Dieser so genannte Geschlechtsdimorphismus kann je nach Populationsstichprobe größer oder kleiner sein. Die Formva-

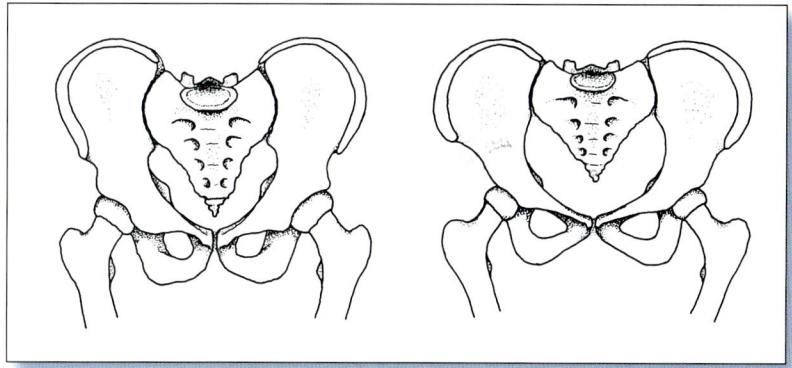

4.1: Männliches (links) und weibliches Becken im Vergleich. Das weibliche Becken ist niedriger, ausladender und besitzt einen weiteren, eher rundlichen Beckenausgang, das männliche ist höher, schmaler und das Kreuzbein stärker gekrümmt.

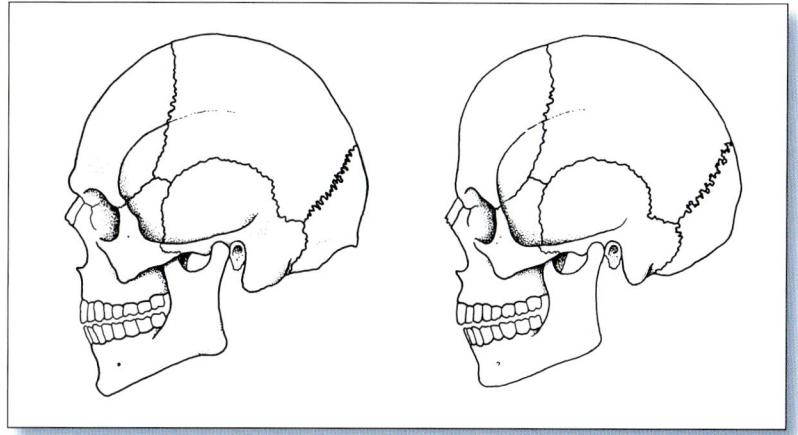

4.2: Männlicher (links) und weiblicher Schädel im Vergleich. Der männliche zeigt eine prominentere Überaugenregion, eine stärker fliehende Stirn, ein kräftigeres Kinn sowie deutlicher ausgeprägte Muskelansatzstellen im Bereich des Hinterhaupts, der weibliche ist dagegen graziler und weist eine mehr pädomorphe Form auf.

4.3: Grubige Vertiefungen im Übergangsbereich zwischen Darm- und Kreuzbein (sog. Sulcus praeauricularis) als geburtstraumatische Veränderungen am Becken einer Frau.

rianten beider Geschlechter überlappen sich in verschieden großen ‚Schnittmengen‘. Neben den visuell fassbaren Kriterien kommen Messungen zur Trennung der Geschlechter in Betracht. In einigen Fällen weisen bereits die Mittelwertvergleiche signifikante Unterschiede auf. Daneben werden v. a. Indizes und Diskriminanzfunktionen berechnet, die zum Teil auf kleinräumigen Messstrecken basieren und somit auch bei bruchstückhaftem Knochenmaterial noch hilfreich sind.

Unter allen Skelettelementen weist das knöcherne Becken die deutlichsten Unterschiede zwischen Männern und Frauen auf. Infolge seiner Funktion im Zusammenhang mit Schwangerschaft und Geburt ist das weibliche Becken insgesamt ausladender, niedriger und mit einem rundlicheren Beckeneingang versehen als das männliche. Im Detail lassen sich etwa ein Dutzend typischer Einzelstrukturen ansprechen, von denen einige in Kombination eine Trefferquote bis zu 95% erreichen. Erst jüngst wurden Daten einer weltweiten Studie an mehr als 2000 rezenten, geschlechtsbekannten Becken veröffentlicht. Die aus vier bis zehn definierten Messstrecken zu kalkulierende Diskriminanzanalyse liefert Fehlklassifikationen von weniger als 1%. Ihre Übertragbarkeit auf prähistorisches Skelettmaterial muss allerdings noch an größeren Stichproben geprüft werden.

An zweiter Stelle folgt der Schädel. Die Abweichungen zwischen den Geschlechtern sind hier im Wesentlichen robustizitäts- und muskelzugabhängig. Dazu zählen mehr als 20 Einzelmerkmale und Merkmalkomplexe, z. B. die Überaugenregion, Stirnneigung, Größe des Warzenfortsatzes oder Modellierung der Ansatzfläche für die Nackenmuskulatur sowie eine größere Zahl von Messstrecken. Die Rate von Fehlbestimmungen liegt hier zwischen 5 und 25%. Verwertbare Anhaltspunkte liefern ebenso das Felsenbein oder Messungen an Zähnen.

Auch das Extremitätenskelett weist Unterschiede zwischen den Geschlechtern auf. Weibliche Knochen sind durchschnittlich graziler, schlanker und kleiner und zeigen ein schwächeres Muskelmarkenrelief als ihre männlichen Gegenüber.

Für die morphognostische Geschlechtsdiagnose nichterwachsener Individuen stehen bislang nur wenige Anhaltspunkte am Felsenbein, Unterkiefer sowie Becken und Oberschenkelknochen zur Verfügung. Darüber hinaus kommen lediglich noch Maße des Milchgebisses in Betracht. Nach einer jüngeren Studie wiesen dabei am ehesten der Eckzahn und der erste Backenzahn des Oberkiefers einen metrisch fassbaren Geschlechtsdimorphismus auf. Die Befundung der Formmerkmale fällt, je nach Er-

fahrung des Bearbeiters, sehr unterschiedlich aus. Wie im Bereich der Weichteile entwickeln sich auch die sekundären Geschlechtsmerkmale am Knochen erst im Laufe der Pubertät in ihrer vollen Prägnanz.

5. Fremd oder verwandt?

Die Vermutung, dass zwei oder mehr Individuen miteinander verwandt sein könnten, ergibt sich nicht selten bereits aus dem Fundzusammenhang, bei Doppel- und Mehrfachbestattungen, abgesonderten Grabgruppen, Grablegen innerhalb oder im Umfeld eines Grabhügels oder wenn Grabbeigaben ‚vererbt' erscheinen. Anhaltspunkte von Seiten der Anthropologie waren zunächst visuell erfassbare Eigenschaften wie typognostische Gemeinsamkeiten, beispielsweise Details in der Ausformung des Hirn- und Gesichtsschädels, später Ähnlichkeiten in der Verteilung so genannter epigenetisch-odontologischer Merkmale (heute eher als ‚anatomische (Skelett-)Varianten' bezeichnet) wie multiple oder fehlende Gefäßdurchtrittsstellen, Schaltknochen, Nahtabweichungen, akzessorische Zahnhöcker, überzählige Zähne o. ä., die vorhanden oder nicht vorhanden und in verschiedenen Populationen in unterschiedlichen Häufigkeiten anzutreffen sind. Diese zum Teil sehr seltenen Merkmale treten bei verwandten Personen häufiger auf als im Durchschnitt der Bevölkerung. Ein ähn-

5.1: Schädeldach eines Erwachsenen mit Stirnmittelnaht (‚Metopismus') als Beispiel für ein so genanntes epigenetisches Merkmal.

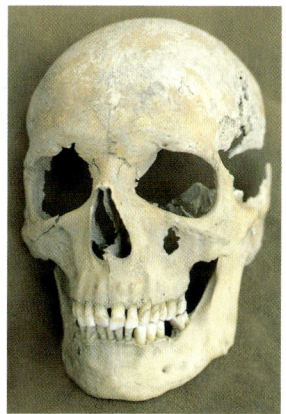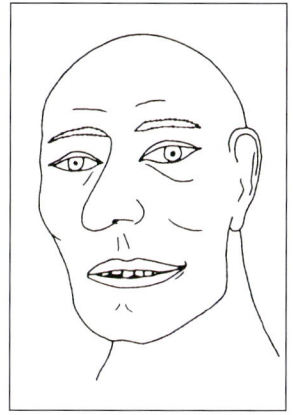

licher methodischer Ansatz basiert auf Röntgenbildern der Nasennebenhöhlen (Sinus frontalis, Sinus maxillaris), die auf Grund ihrer ausgeprägten Form- und Größenvariation auf familiäre Gemeinsamkeiten schließen lassen.

Phänotypische Ähnlichkeiten müssen nicht, können aber auf Verwandtschaft hindeuten. Mit Hilfe multivariater Rechenoperationen (z. B. Biodistanzanalyse) lassen sich entsprechende Dendrogramme erstellen, die den Grad der Ähnlichkeit zum Ausdruck bringen.

Der Durchbruch biochemischer Verfahren gelang jedoch mit der Einführung der so genannten Polymerase-Kettenreaktion (PCR), mit deren Hilfe auch kleine Bausteine originaler aDNA (ancient DNA) vervielfältigt werden können, und der Entwicklung spezieller Primer zu deren Typisierung. Damit ist der tatsächliche Beweis von Verwandtschaftsverhältnissen möglich. Bezüglich der Einsatzmöglichkeiten

dieser Methode gelten allerdings auch hier die bereits hinsichtlich der Geschlechtsbestimmung angeführten Einschränkungen. Weitere Probleme ergeben sich daraus, dass wir noch zu wenig über die Allelfrequenzen einzelner Merkmale bzw. die Häufigkeit bestimmter Sequenzpolymorphismen in bestimmten Abschnitten des Erbguts aus alten Zeiten wissen. Moderne Fragestellungen zielen tatsächlich weniger auf den molekulargenetischen Nachweis zum Geschlecht eines Individuums oder individueller Verwandtschaft, sondern auf populationsgenetische Beziehungen.

DNA-Analysen finden ebenso Anwendung bei der Klärung taxonomischer bzw. abstammungsgeschichtlicher Fragen. Sie wurden u. a. an Skelettresten von Neandertalern sowie aus der Jungsteinzeit oder dem Frühmittelalter erfolgreich durchgeführt. Demnach hätte der Neandertaler, wenn überhaupt, nur sehr we-

5.2: Schädel und Versuch einer zeichnerischen Weichteilrekonstruktion des 45–50jährigen Mannes aus der alten Pfarrkirche ‚St. Martin' in Engen, Grab 103. Mit seiner außergewöhnlichen Körperhöhe gehört er zu den spätestens aus der 1. Hälfte des 19. Jahrhunderts stammenden Engener ‚Riesen' (siehe S. 34).

5.3: „Familientreffen an einem Spätsommertag vor 38 000 Jahren". Neandertaler und anatomisch moderne Menschen lebten in Mitteleuropa über mehr als 10 000 Jahre neben- oder miteinander. Diorama in der Schausammlung der Reiss-Engelhorn-Museen Mannheim; Figurenrekonstruktionen W. Schnaubelt & N. Kieser, Wildlife Art/Breitenau.

nig zum Genpool des modernen Menschen beigetragen und die heutigen Mitteleuropäer würden nicht direkt von den Bandkeramikern abstammen. Doch liegen dazu bislang noch zu wenige einschlägige Ergebnisse vor, um diese Fragen endgültig beantworten zu können. Bei Vergleichen mit rezentem Material vermag man die Mutationsraten nur grob abzuschätzen.

6. Groß oder klein?

Die Körperhöhe ist zu über 90% genetisch programmiert, der restliche Teil der endgültigen Ausprägung hängt von der Ernährung sowie der körperlichen Belastung und Krankheitsgeschichte während der Wachstumsphase ab. Dabei ist v. a. tierisches Eiweiß förderlich für das Erreichen der optimalen Endgröße.

Die Berechnung der Körperhöhe basiert in der Regel auf der Korrelation der Länge einzelner

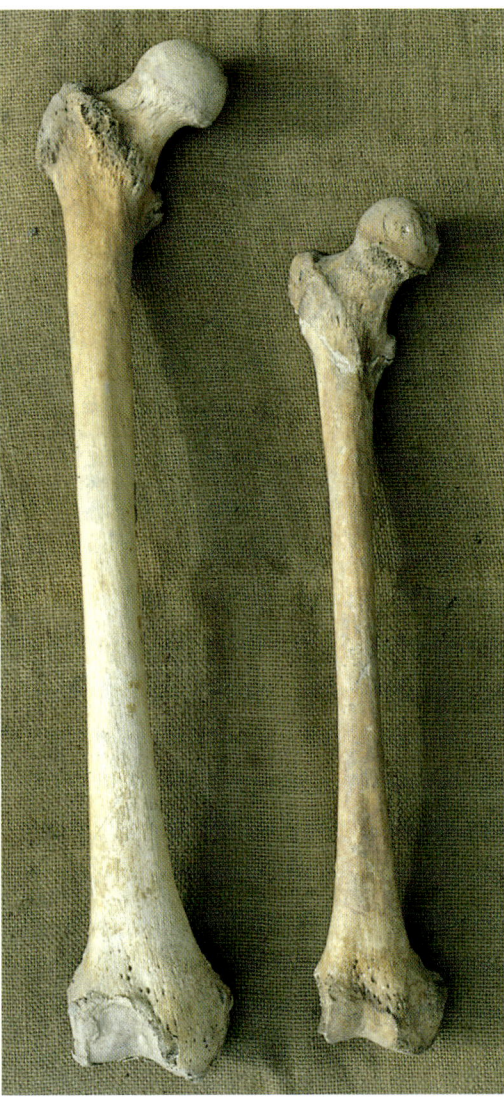

6.1: Der rechte Oberschenkelknochen des 45–50jährigen Mannes aus der alten Pfarrkirche ‚St. Martin‘ in Engen, Grab 103, im Vergleich mit demjenigen des zu Lebzeiten etwa 25 cm kleineren Mannes aus Grab 134. Ersterer war ca. 1,95 m groß und stammt, zusammen mit einigen anderen auffallend hochwüchsigen Männern, sicherlich aus derselben Familie.

langer Extremitätenknochen oder bestimmter Abschnitte davon mit der Körpergröße. Manchmal werden auch andere Skelettelemente herangezogen, wie Fußwurzelknochen oder Wirbel. Die Rekonstruktion der Höhe vom Scheitel bis zur Sohle hat aber aus mehreren Gründen tatsächlich nur den Stellenwert einer Schätzung. Erstens schwankt sie über den Tag hinweg, abends ist man auf Grund der Kompression der Bandscheiben etwa 2 cm kleiner als morgens; zweitens nimmt sie mit zunehmendem Alter ab, infolge von Involutionsprozessen wie Absinken des Fußgewölbes, nachlassender Elastizität der Zwischenwirbelscheiben und Osteoporose sind ältere Menschen kleiner als sie als jüngere Erwachsene waren. Diese Vorgänge setzen bei Frauen hormonbedingt mit etwa Mitte vierzig, bei Männern etwas später ein. Drittens sind die unterschiedlichen Körperproportionen von Männern und Frauen sowie verschiedener Populationen in Raum und Zeit zu berücksichtigen. Es gibt so genannte Sitzriesen mit relativ kurzen Beinen, oder man stelle sich z. B. einen Inuit neben einem Massai vor.

In diesem Zusammenhang sei auf ein interessantes Phänomen hingewiesen: Bei olympischen Sprintwettbewerben dominieren meist Sportler afroamerikanischen Ursprungs, bei Schwimmwettkämpfen treten diese dagegen kaum in Erscheinung. Nach Meinung von Experten hängt dies u. a. mit deren Körperproportionen zusammen. Ihre Unterschenkel und Unterarme sind in Relation zu den Oberschenkeln und -armen länger als bei ihren Kontrahenten aus Europa und anderswo. Ein Verhältnis, dass unter Berücksichtigung der Hebelgesetze für das Laufen vorteilhaft, beim Schwimmen jedoch nachteilig ist. Insofern sollten bei Individualbestimmungen zur Körperhöhe anhand (prä)historischer Skelettreste grundsätzlich eine Fehlerspanne angegeben und allzu exakte Angaben mit Argwohn betrachtet werden – es sei denn, es handelt sich um statistisch berechnete Mittelwerte. Eine Vielzahl entsprechender Messungen hat gezeigt, dass die Knochen der unteren Extremitäten enger mit der Körperhöhe korrelieren als die Armknochen, da letztere nicht unmittelbar zur Körpergröße beitragen.

Den oben genannten Unsicherheiten versucht man durch die Auswahl von Formelvorschlägen zu begegnen, die der zu untersuchenden Populationsstichprobe regional und chronologisch am nächsten kommt. So existieren z. B.

nach Geschlechtern getrennte Berechnungen für verschiedene Volksgruppen, Afroamerikaner, Asiaten, mitteleuropäische und nordamerikanische Weiße, akzelerierte und weniger akzelerierte Gruppen, die aber alle an rezenten und subrezenten Stichproben erarbeitet wurden und daher nicht ohne Einschränkung auf vorgeschichtliches Material übertragen werden dürfen. Gerade die Akzeleration ist jedoch ein nicht zu unterschätzendes Phänomen. So waren etwa 15jährige Heranwachsende in England Mitte des 18. Jahrhunderts noch über 25 cm kleiner als Gleichaltrige einhundert Jahre später.

Männer sind im Schnitt etwa zehn bis zwölf Zentimeter größer als die Frauen derselben Population. Das zeigt sich bereits bei deren Gegenüberstellung in steinzeitlichen Gesellschaften. Bei den Urmenschen war dieser Geschlechtsdimorphismus, wie bei den heutigen Menschenaffen, noch deutlich stärker ausgeprägt.

Bemerkenswert ist auch die sozialschichtenspezifische Verteilung der Körperhöhen. Vertreter höherer Sozialschichten sind regelhaft größer als Angehörige niedrigerer Stände. Hier spielen so genannte Siebungseffekte, u. a. das Partnerwahlverhalten, sowie unterschiedliche Ernährungsgewohnheiten und Arbeitsbelastungen eine entscheidende Rolle. Gegenläufige Ergebnisse deuten auf Vermischung mit fremdstämmigen, kleinwüchsigeren Personen hin. Ein solches Phänomen zeichnet sich z. B. für die Römerzeit in Baden-Württemberg ab. Wie bei der Entwicklung der Lebenserwartung hat die ungünstige Ernährungslage im Hoch- und Spätmittelalter auch bei der Körperhöhe einen zeitweisen Rückgang zur Folge. Als Ausnahme sind uns aus spätmittelalterlichen bis frühneuzeitlichen Grablegen im Umfeld der abgegangenen Pfarrkirche St. Martin in Engen eine Reihe ausgesprochen großwüchsiger Männer bekannt. Diese dürften sich aus einem engeren genetischen Umkreis rekrutiert und ihre Zeitgenossen deutlich überragt haben.

7. Gesund oder krank?

Pathologische Veränderungen an Zähnen und Knochen spiegeln lediglich einen kleinen Teil der Morbidität einer Population wider. Trotzdem ermöglichen sie aufschlussreiche Einblicke in die Lebensbedingungen (prä)historischer

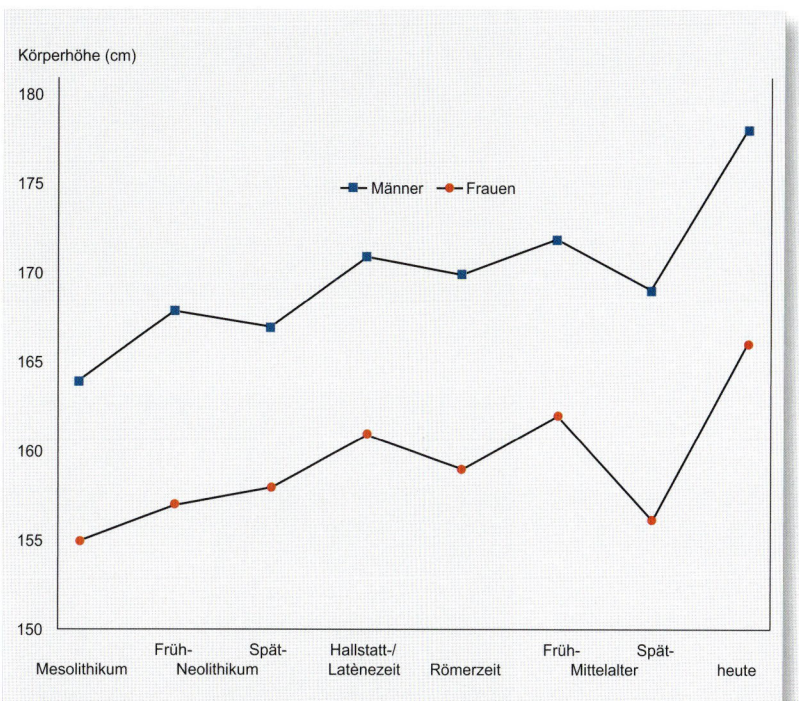

Bevölkerungen. Die meisten Krankheiten sind knochenstumm, d. h. sie hinterlassen keine Spuren am Knochen, manche nur indirekte Hinweise in Form von Wachstumsstörungen, Atrophien oder anderen Sekundärerscheinungen. Bei der Diagnose an inhumierten Skelettresten kommen alle, auch in der modernen Klinik üblichen bildgebenden Verfahren zum Ein-

6.2: Entwicklung der mittleren Körperhöhe bei Männern und Frauen in Südwestdeutschland von der mittleren Steinzeit bis zur Neuzeit (Angaben für das Mesolithikum basieren auf französischen Funden).

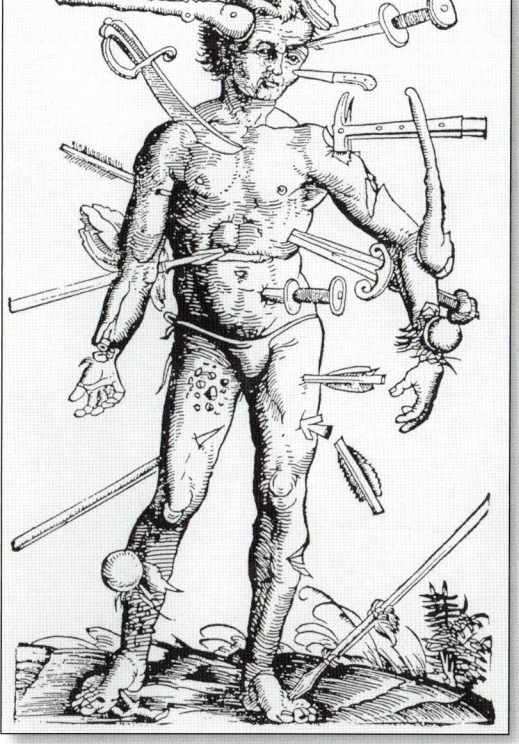

7.1: Der so genannte Wundenmann aus dem „Feldtbuch der Wundartzney" von Hans von Gersdorff (1517) mit zeitgenössischen Verletzungsursachen und möglichen Lokalisationen.

7.2: Knotig-streifige Knochenauflagerungen auf der Innenseite des Stirnbeins einer ca. 60jährigen Frau aus der ‚Dreifaltigkeitskirche' in Konstanz. So genannte Hyperostosis frontalis interna, verursacht durch eine Störung der Hormonproduktion der Hypophyse. Betroffen davon sind vorwiegend ältere Frauen.

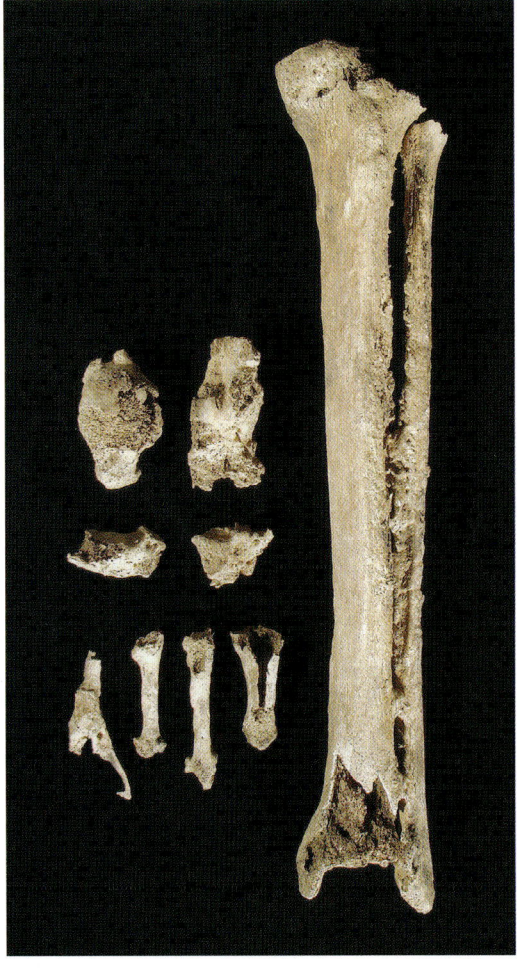

7.3: Verwachsung von Schien- und Wadenbein, verschiedenartige Knochenwucherungen, Deformationen und eine verheilte Fraktur als Folge einer massiven Quetschung des linken Unterschenkels und Fußes eines Alamannen aus Ulm-Böfingen.

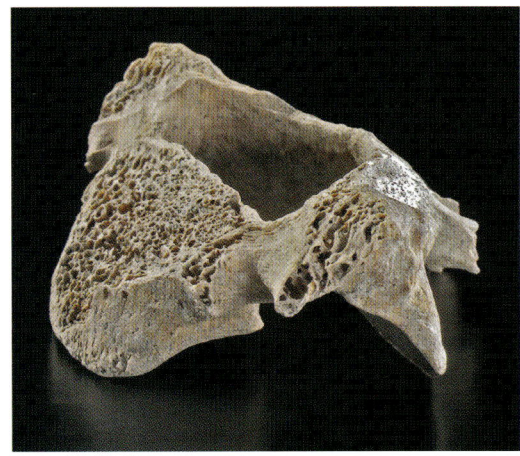

7.4: Vermutlich mit einem Richtschwert von hinten her durchtrennter Halswirbel eines 25–30jährigen Mannes aus dem Spitalfriedhof in Konstanz (15.–16. Jh.).

satz, ebenso die Histologie und neuerdings die DNA-Analyse, mit deren Hilfe es mittlerweile gelungen ist, die Erreger verschiedener Infektionskrankheiten im Knochen Verstorbener direkt nachzuweisen, so z. B. Tuberkulose, Lepra oder die durch Sandmücken übertragene, in Südeuropa, im Vorderen Orient und Asien vorkommende Leishmaniase.

Zu den am häufigsten diagnostizierten Befunden gehört erwartungsgemäß der Nachweis von Stressfaktoren auf Grund von Mangelernährung und Infektionskrankheiten, die sich z. B. in Form poröser Knochenauflagerungen im Bereich des Augenhöhlendachs (Cribra orbitalia), Wachstumsstörungen an den Schmelzkappen der Zähne (Schmelzhypoplasien) oder im Röntgenbild von Extremitätenknochen als horizontale Verdichtungslinien erkennbare Zonen (Harris-Linien; siehe S. 40) manifestieren. Lage und Ausprägung bestimmter Entwicklungsstörungen erlauben dann auch bei älteren Individuen noch eine Zuordnung, in welcher Wachstumsphase eine Mangelsituation eingetreten ist. Diese Prozesse stehen vielfach in unmittelbarem Zusammenhang mit Hypovitaminosen wie Skorbut und Rachitis oder unzureichender Versorgung mit bestimmten Spurenelementen, Proteinen und Mineralien, die wiederum den Boden für lebensbedrohende Erkrankungen bereiten und damit mitverantwortlich sein konnten für eine hohe Kindersterblichkeit.

Ebenso weit verbreitet sind Veränderungen im Bereich des Kauapparats sowie Verschleiß- bzw. Degenerationserscheinungen im Bereich der Wirbelsäule und Gelenke. Neben Entzündungen des Parodontiums, Anlagerungen von Zahnstein, Granulomen und Abszessen sind v. a. kariöse Defekte zu nennen sowie intravitale Zahnverluste, die meist ebenfalls auf Karies zurückgeführt werden können. Mit 2,5–2,8% liegt z. B. die Kariesmorbidität im frühen Neolithikum noch unter dem für endneolithische Gräber gefundenen Wert von 3,7%. In den nachfolgenden metallzeitlichen Epochen steigt dieser Anteil auf über 5%, im Frühmittelalter auf ca. 10% und heute liegt er bei einem Vielfachen davon. Hierbei spielen so unterschiedliche Faktoren eine Rolle wie die ererbte Härte und Dicke des Zahnschmelzes, Zusammensetzung der Nahrung, Nahrungszubereitung, das Quantum an Kohlehydraten und die Mundhygiene. Vor der Entdeckung der Antibiotika konnte unter Umständen alleine ein vereiterter Zahn zum Tode führen.

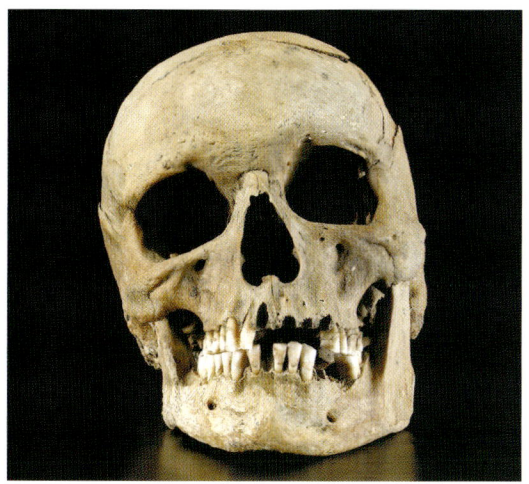

7.5: a) Schädel eines spätadulten Alaman-nen aus Bopfingen mit verheilter rechtssei-tiger Unterkiefer- und Jochbeinfraktur sowie unverheilter Hieb-verletzung am linken Scheitel- und Stirnbein. b) Detailaufnahme von links oben.

Degenerative Erscheinungen im Bereich der Wirbelsäule können auf ein höheres Alter hindeuten, aber ebenso auf eine übermäßi-ge körperliche Belastung des Betroffenen. Es handelt sich vorwiegend um Spondylose und Spondylarthrose in verschiedenen Stadien bis hin zu Blockwirbelbildungen. Ähnliches gilt für arthrotische Erscheinungen an den großen und kleinen Gelenken des Postkraniums. Sie reichen von diskreten Randleistenbildungen bis hin zu völligen Gelenkversteifungen (An-kylose).

Eine weitere Gruppe von Befunden stellen die Frakturen, Luxationen und sonstigen Traumata dar. Knochenbrüche sind oft in Fehlstellung, aber ohne übermäßige Kallusbildung verheilt (wurden also nur schlecht oder gar nicht ein-gerichtet und das betroffene Glied alsbald wieder belastet) und lassen sich in der Mehr-zahl auf Stürze, manchmal aber auch tätliche Auseinandersetzungen zurückführen. Über Art, Umfang und biomechanische Analyse des Frak-turverlaufs ist vielfach eine Rekonstruktion des Unfallgeschehens bzw. der ‚Täter-Opfer-Geo-metrie' möglich. Als Beispiele seien die Hüftge-lenksluxation bei einer Frau aus dem römischen Stettfeld oder der Fall eines Alamannen aus Aldingen genannt, der mit einem Schwert an-gegriffen wurde und bei dieser Attacke Verlet-zungen an Arm und Kopf erlitt.

Zudem lassen sich Befunde ansprechen, die auf entzündliche Prozesse wie Periostitis, Stoff-wechselstörungen und Tuberkulose oder gut-bzw. bösartige Tumoren zurückzuführen sind. Nicht selten problematisch erscheint dagegen die Abgrenzung zwischen krankheitsbedingten Veränderungen und postmortal bzw. während der Liegezeit im Boden entstandenen Erosions-defekten.

8. Demographie

Die Beurteilung demographischer Strukturen auf der Basis von Skelettresten beruht auf ei-ner Vielzahl unterschiedlicher Aspekte und Annahmen. Im archäologischen Kontext fehlen in aller Regel wesentliche Parameter, so dass entsprechende Kalkulationen stets mit großer Zurückhaltung und dem Bewusstsein erfolgen sollten, dass der vorliegende Datensatz nur un-zureichende Informationen liefert.

Im Idealfall steht ein komplett ausgegrabenes Gräberfeld zur Verfügung. Das ist jedoch die Ausnahme. In der Mehrzahl der Fälle werden nur Ausschnitte von Friedhöfen erfasst. Somit stellt sich zwangsläufig die Frage der Reprä-sentativität. Die Antwort darauf, ob das vor-liegende Kontingent die gesamte ehemalige Population widerspiegelt, hängt allerdings nicht ausschließlich von der Menge der do-kumentierten Grablegen, d. h. vom Prozent-satz der erfassten zu den nicht erfassten Be-stattungen ab, sondern ebenso vom Zustand der Knochenreste, der Zusammensetzung der auswertbaren Gräber sowie dem Belegungs-zeitraum der untersuchten Nekropole. Wenn nur wenige Geschlechtsdiagnosen möglich sind, erübrigt sich eine Gegenüberstellung der Geschlechter z. B. hinsichtlich ihrer Le-benserwartung. Wenn Männer, Frauen oder bestimmte Altersgruppen fehlen, könnte es sein, dass diese Personengruppen gerade in dem Teil ihre letzte Ruhestätte fanden, der nicht ausgegraben wurde. Und wenn das Grä-berfeld über viele Generationen hinweg ge-nutzt wurde, müsste sichergestellt sein, dass jede Belegungsphase hinreichend präsent ist. Ähnliches gilt für verschiedene Sozialgruppen, deren Vertreter sich möglicherweise nicht

7.6: Im Original gut 2 cm großer Blasen-stein einer etwa 30jäh-rigen Frau aus einem frühmittelalterlichen Grab von Bremgarten.

8.1: Von der Pyramide zum Pilz. Altersaufbau der Bevölkerung in Deutschland in den Jahren 1910, 1950, 2001 und geschätzt 2050.

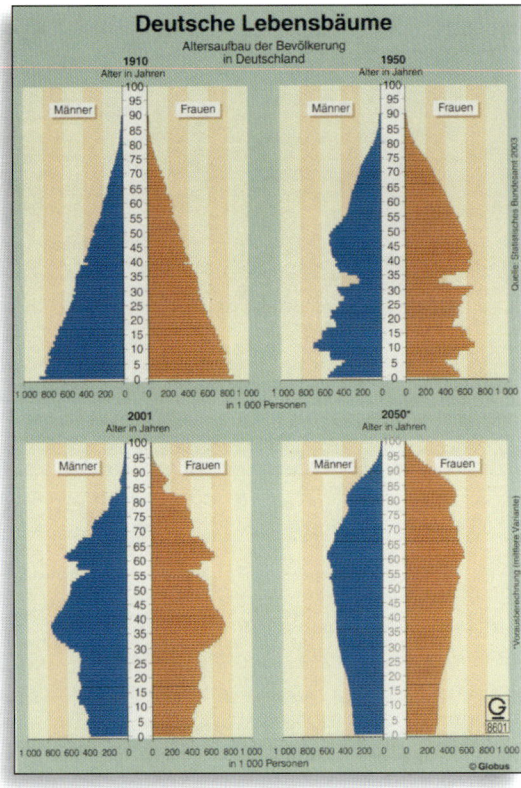

8.2: Entwicklung der Weltbevölkerung in den letzten 3000 Jahren. Nach neuesten Prognosen wird sie in 100 Jahren bei mindestens 13 Milliarden liegen.

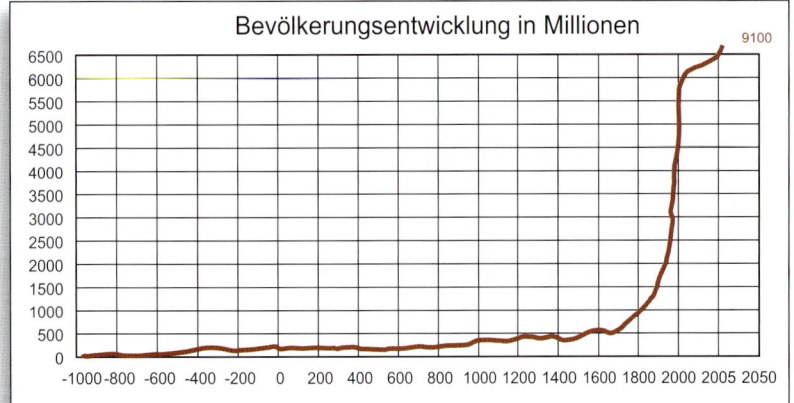

8.3 (rechts und Tabelle rechte Seite oben): a) Altersverteilung und b) Sterbetafel der 318 eingeäscherten Individuen aus dem römischen Friedhof von Stettfeld.

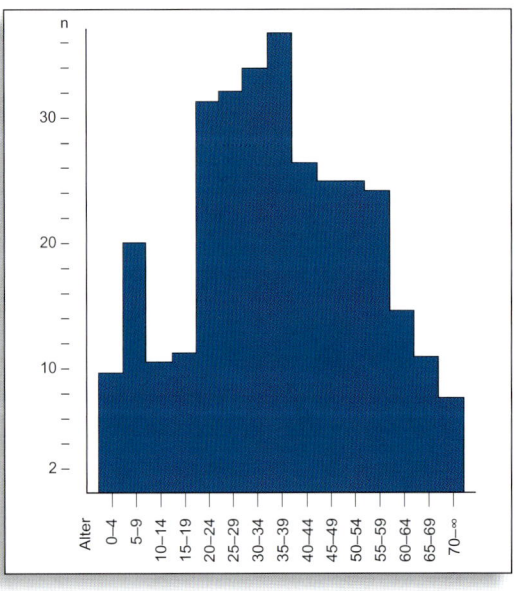

durchgehend anhand ihrer Beigabenausstattung zu erkennen geben.

Rein zahlenmäßig können vielleicht schon 30-50 Grablegen hinreichende Einblicke gewähren, wenn es sich um den Friedhof eines kleinen Weilers handelt, der evtl. nur von wenigen Generationen belegt wurde. Für eine größere Ansiedlung würde auch das Zehnfache davon kaum genügen, um statistisch relevante Daten zu liefern, wenn diese etwa über 200 Jahre bestand, verschiedene soziale Gruppen existierten und das Knochenmaterial schlecht erhalten ist. Hier ließen sich dann bestenfalls Tendenzen aufzeigen. Römische Städte z. B. verfügten meist über mehrere, gleichzeitig genutzte Friedhöfe entlang der Ausfallstraßen. Wenn lediglich ein Ausschnitt von einem davon zur Verfügung steht, wird deutlich, wie sehr wir unsere Aussagen relativieren müssen. Die Anzahl der ausgegrabenen und auswertbaren Bestattungen alleine sagt also vordergründig noch nichts aus über die Möglichkeiten einer Erfolg versprechenden demographischen Analyse. Berechnungen zur Siedlungsgröße beruhen darauf, dass alle Verstorbenen erfasst wurden oder ihre Zahl zumindest realistisch abgeschätzt werden kann. Das ist jedoch nur innerhalb grober Grenzen möglich. Hinsichtlich des angenommenen Belegungszeitraums setzen die Modellrechnungen üblicherweise voraus, dass Größe und Zusammensetzung der Bevölkerung über die gesamte Dauer hinweg unverändert geblieben sind. Damit werden aber kriegerische Auseinandersetzungen, Hungersnöte, Epidemien, Zu- und Abwanderungen oder ähnliche Ereignisse, die die Struktur der Bevölkerung erheblich beeinflussen können, außer Acht gelassen. Zudem wird regelhaft vorausgesetzt, dass das Verhältnis von Männern zu Frauen stets mehr oder weniger ausgeglichen war und der Anteil der Nichterwachsenen etwa die Hälfte aller Gräber betragen sollte. Erfüllen die konkret gefundenen Bestimmungsergebnisse diese Annahmen nicht, wird meist auf Sonderbestattungen und/oder ein Kinderdefizit geschlossen und der (vermeintliche?) Fehlbestand rechnerisch ausgeglichen. Pauschales Vorgehen führt jedoch unweigerlich zum Verwischen realer Unterschiede.

Neugeborene und Säuglinge sind tatsächlich fast durchweg unterrepräsentiert. Dass Verstorbene dieser Altersgruppen z. B. in der Römerzeit nicht immer regulär bestattet wurden, wissen wir von antiken Schriftstellern und aus

Altersklasse x	Anzahl der Gestorbenen D_x	relative Anzahl der Gestorbenen d_x	Über-lebende l_x	Sterbe-wahrschein-lichkeit q_x	gelebte Jahre L_x	Summe der noch zu lebenden Jahre T_x	Lebens-erwartung e_x
0–4	9,700	3,049	100,000	0,0305	492,3775	3684,425	36,8443
5–9	20,118	6,325	96,951	0,0652	468,9425	3192,0475	32,9243
10–14	10,523	3,308	90,626	0,0365	444,860	2723,105	30,0477
15–19	11,221	3,528	87,318	0,0404	427,770	2278,245	26,0914
20–24	31,283	9,835	83,790	0,1174	394,3625	1850,475	22,0847
25–29	32,011	10,064	73,955	0,1361	344,615	1456,1125	19,6892
30–34	33,911	10,661	63,891	0,1669	292,8025	1111,4975	17,3968
35–39	36,571	11,497	53,230	0,2160	237,4075	818,695	15,3803
40–44	26,339	8,280	41,733	0,1984	187,965	581,2875	13,9287
45–49	24,799	7,796	33,453	0,2330	147,775	393,3225	11,7575
50–54	24,832	7,807	25,657	0,3043	108,7675	245,5475	9,5704
55–59	24,084	7,572	17,850	0,4242	70,320	136,780	7,6627
60–64	14,400	4,527	10,278	0,4405	40,0725	66,460	6,4662
65–69	10,653	3,349	5,751	0,5823	20,3825	26,3875	4,5883
70–∞	7,641	2,402	2,402	1,0000	6,005	6,005	2,5000
	318,086	100,0				3684,425	

anthropologischen Untersuchungen. Daraus darf aber weder diachron noch überregional eine Regel abgeleitet werden.

In einer kürzlich durchgeführten Modellstudie konnte gezeigt werden, dass auch bei iden-tischen Ausgangswerten von Individuenzahl, Altersverteilung, Geschlechterrelation, Ge-burtenabstand und Belegungsdauer sehr un-terschiedliche Ergebnisse zum Fortbestand ei-ner Population zu erwarten sind. Im Rahmen einer so genannten Monte-Carlo-Simulation wurden die entsprechend ihrer Wahrschein-lichkeit zu erwartenden und zufälligen Ereig-nisse der Individualentwicklung jeder Person durchgerechnet: ob beispielsweise ein Mäd-chen oder ein Junge gezeugt wird, ob das Kind lebensfähig ist oder nicht, ob ein Erwachsener bereits in jüngeren Jahren oder vielleicht erst in hohem Alter stirbt und wie viele Kinder ge-

boren werden. Dabei kamen die spezifischen Risiken und ein Zufallsgenerator zum Einsatz. Die Ergebnisse schwanken v. a. innerhalb der ersten Generationen erheblich, die besagte Population kann aussterben, sich in ihrem Be-stand stabilisieren oder prosperieren. Und das, obwohl die bereits erwähnten, möglichen exo-genen Faktoren wie Hungersnöte o. ä. in dieser Simulation nicht zum Tragen kamen.

9. Nahrungsrekonstruktion

Hinweise auf die Ernährung (prä)historischer Bevölkerungen lassen sich zunächst durch die Auswertung von Tierknochen als Grabbeigaben oder im Siedlungsabfall, (inkohlten) Pflanzen-resten, Pollenanalysen oder durch die Untersu-chung überdauerter Speisereste in Silogruben oder Gefäßen direkt gewinnen. Indirekte Hin-weise liefern Mangelerscheinungen, die sich an Knochen oder Zähnen manifestieren, wie z. B. cribröse Veränderungen, Rachitis oder Wachs-tumsstörungen. Spezifische Abnutzungsspuren auf den Kauflächen der Zähne gehen auf harte oder weiche Nahrung zurück.

Eine Ansprache einzelner Nahrungskompo-nenten ist jedoch nur durch biochemische Analysen von Spurenelementen und Isotopen möglich, die im menschlichen Hartgewebe zu Lebzeiten eingebaut werden. Spurenelemente werden über die Nahrung, das Trinkwasser oder

8.3: b) Text siehe S. 38 unten.

9.1: Ausschnitt aus einem römischen Re-lief mit Fleischerladen aus Rom-Trastevere.

die Luft aufgenommen. Bezüglich ihrer Verweildauer und Konzentration in bestimmten Organen sowie Abhängigkeiten von Alter, sozialer Stellung und verschiedenen Krankheiten sei auf die einschlägige Literatur verwiesen. Besondere Aufmerksamkeit verdient u. a. das Element Strontium, das anstelle von Calcium in die Gitterstrukturen von Knochen- und Zahnschmelzmineralen eingebaut werden kann. Ein hoher Strontiumgehalt im Knochen gilt als Indikator für einen hohen Anteil pflanzlicher Nahrung. Erhöhte Zinkwerte bedeuten dagegen eine stärker auf tierische Komponenten wie Fleisch, Milch- und Milchprodukte ausgerichtete Ernährung. Durch ein Absinken des Zinkgehalts wurde bei Untersuchungen an Skelettresten von Säuglingen und Kleinkindern festgestellt, ab welchem Alter von rein tierischer Nahrung – wozu auch die menschliche Muttermilch gehört – auf eine Mischkost unter

mit letztlich auch eine pastorale oder sesshafte Lebensweise oder evtl. Handelsbeziehungen schließen. In einzelnen frühmittelalterlichen Nekropolen konnte jüngst eine Korrelation zwischen den nach konventionellen anthropologischen und archäologischen Kriterien als sozial höher stehend ausgewiesenen Personen mit einem höheren Nahrungsanteil tierischen Eiweißes gemessen werden. Allerdings ist auch bei der isotopischen Zusammensetzung von Stickstoff und Kohlenstoff mit diagenetischen Einflüssen zu rechnen.

Unterschiede in der Relation der Strontiumisotope $^{87}Sr/^{86}Sr$ in Knochen und Zahnschmelz liefern auch Hinweise darauf, ob eine Person in einer anderen geologischen Region aufgewachsen ist. Eine solche Schlussfolgerung ist möglich, weil der Zahnschmelz während der Kindheit gebildet wird und sich danach nicht mehr verändert, wohingegen das Knochen-

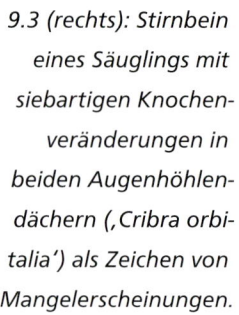

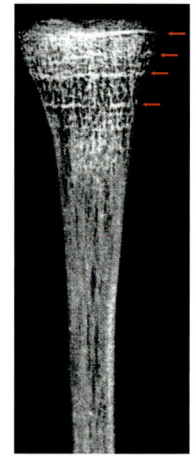

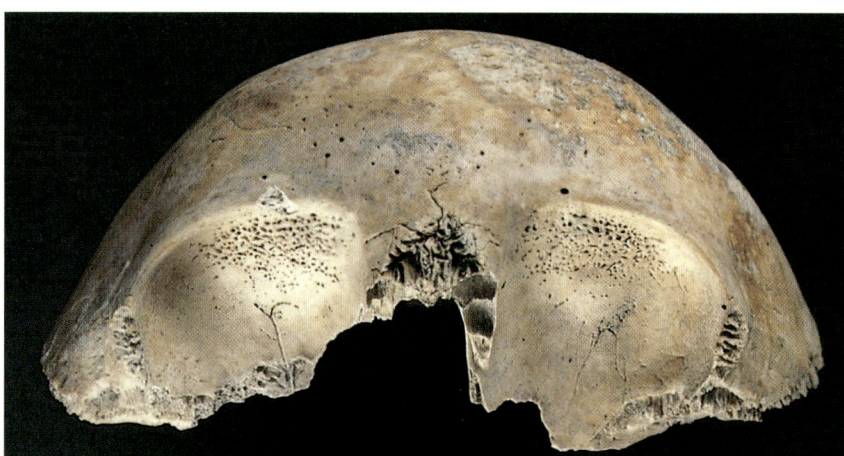

9.2 (links): Röntgenbild des proximalen Endes einer kindlichen Schienbeindiaphyse mit so genannten Harris-Linien. Die am deutlichsten ausgeprägten sind durch rote Pfeile markiert.

9.3 (rechts): Stirnbein eines Säuglings mit siebartigen Knochenveränderungen in beiden Augenhöhlendächern (,Cribra orbitalia') als Zeichen von Mangelerscheinungen.

Miteinbeziehung vegetabiler Anteile umgestellt wurde. Demnach sind die Kinder in früheren Zeiten vielfach erst im Alter von 2–4 oder mehr Jahren abgestillt worden. Der Aussagewert der Spurenelementgehalte als Nahrungsanzeiger ist allerdings in jüngster Zeit angezweifelt worden, da sich verschiedene Elemente unter bestimmten Milieubedingungen auch während der Diagenese, also postmortal, im Knochen an- bzw. abreichern können.

Spezielles Augenmerk gilt heute den Isotopenanalysen. Damit lässt sich z. B. aus den Verhältnissen der stabilen Isotope von Kohlenstoff und Stickstoff ($^{13}C/^{12}C$, $^{15}N/^{14}N$) aus dem Kollagen des Knochens über Massenspektrometrie auf bevorzugt terrestrische oder marine Nahrungsressourcen, die vermehrte Aufnahme so genannter C3- oder C4-Pflanzen, krankheitsbedingte Konzentrationsunterschiede und da-

material zeitlebens umgebaut wird. Dessen chemische Zusammensetzung ändert sich mit einer Umbaurate von 10 bis 30 Jahren entsprechend der lokal verfügbaren Nahrungskette. Nicht erkennbar sind jedoch Zuwanderungen aus Gebieten mit identischen Grundgestein, die womöglich weiter entfernt liegen. Auch eine vorübergehende Abwesenheit im Kindes- oder Jugendalter lässt sich nur detektieren, wenn mehrere Zähne desselben Individuums beprobt und analysiert werden.

10. Leichenbranduntersuchungen

Die Kremation ist nach der Körperbestattung die weltweit zweithäufigste Bestattungsform. Auch in Mitteleuropa lassen sich vom Neolithikum bis heute verschiedene Phasen und Kulturen ansprechen, in denen sie punktuell,

Verbrennungs-stufe	Färbung der Knochenreste	entsprechender Temperaturwert	Bemerkungen/Zustand der Knochenreste
I	gelblichweiß elfenbeinfarben	bis 200 °C	wie unverbrannter, frischer Knochen
	glasig	um 250–300 °C	erste Schrumpfung durch Wasserverlust (ca. 2%)
II	braun	um 300 °C	Beginn des Austriebs organisch gebundenen Kohlenstoffs
	dunkelbraun schwarz	um 400 °C	Verkohlung der organischen Knochensubstanz
III	grau blaugrau, taubenblau milchig hellgrau	um 550 °C	Kompakta manchmal innen noch schwarz
IV	milchig weiß mattweiß kreideartig	ab 650–700 °C	kreidig samtige, abreibbare Oberfläche (»kalziniert«) Kompakta innen manchmal noch grau ab ca. 750 °C kontinuierlich stärkere Schrumpfung
V	altweiß schmutzigweiß	ab ca. 800 °C	Knochen spröde, hart und fest (»versintert«) Auftreten typischer Hitzerisse je nach Bodenlagerung hellbeigefarben, weißlichgrau o. ä. maximale Schumpfung (25–30%), durchschnittlich 12% Spongiosa manchmal gelblich-ockerfarben

gleichrangig oder vorherrschend durchgeführt wurde – z. B. die späte Bronzezeit, die nicht zuletzt deswegen auch Urnenfelderzeit genannt wird, oder die römische Kaiserzeit, aus der alleine in unserem Raum tausende von Leichenbränden überliefert sind.

10.1: Die Zusammenhänge zwischen Färbung, Temperatur und Zustand der Knochenreste infolge Feuereinwirkung lassen sich in fünf Verbrennungsstufen beschreiben.

10.2: Knochenfragmente aus verschiedenen Leichenbränden des römischen Gräberfelds von Stettfeld mit Verbrennungsgraden zwischen Stufe II und V.

Die Untersuchung verbrannter Skelettreste stellt besondere Anforderungen an die Erfahrung des Bearbeiters. Auf Grund der thermisch induzierten Veränderungen wie Fragmentierung, Schrumpfung und Deformation des Knochenmaterials sind die Aussagemöglichkeiten

zwar eingeschränkt, doch lassen sich je nach Überlieferungsgrad und unter Ausschöpfung des heute bekannten Methodenspektrums trotzdem noch wesentliche Parameter bestimmen: Sterbealter, Geschlecht, Körperhöhe, krankhafte Veränderungen und epigenetische Merkmale. Dazu kommen die leichenbrandspezifischen Daten: Verbrennungsgrad, Gewicht, Fragmentierungsgrad und Repräsentanz sowie die Unterscheidung zwischen Menschen- und Tierknochen, die alle zusammen wichtige Anhaltspunkte zur Beschreibung des jeweiligen Bestattungsrituals liefern.

Aus Beobachtungen im Krematorium und nach Verbrennungsexperimenten lassen sich den Knochenresten über die Färbung, Konsistenz und Oberflächenbeschaffenheit makroskopisch bestimmte Temperaturstufen zuordnen. Im Hinblick auf die Schrumpfung des Knochens muss konstatiert werden, dass viele Leichenbrände kein homogenes Erscheinungsbild aufweisen und einzelne Skelettelemente verschiedene Verbrennungsgrade dokumentieren. So könnte ein Bearbeiter versucht sein, die niedrigeren Temperaturen ausgesetzten, also weniger geschrumpften und deshalb robuster wirkenden Partien einer zweiten Person zuzuschreiben, obwohl sie zu demselben Individuum gehören wie die stärker verbrannten und deshalb graziler erscheinenden Stücke.

Auf Grund der unvollständigen Überlieferung kommen bei Leichenbränden zur Bestimmung des Sterbealters verstärkt metrische Verfahren zur Anwendung. Zahnkronen erhalten sich bei höheren Temperaturen nur, wenn sie noch nicht durchgebrochen waren, und im Verwachsen begriffene Schädelnähte können hitzebedingt wieder aufplatzen und so ein niedrigeres Sterbealter vortäuschen. Die mittleren Wandstärken von Humerus, Radius und Femur sowie die Kalottendicke korrelieren jedoch bei Kindern und Jugendlichen eng mit dem Zahnbefund.

In der Mehrzahl der Fälle kann auch die Geschlechtsdiagnose bei Brandknochen nicht auf großräumige Formmerkmale zurückgreifen. Hier sind eher kleinere Abschnitte, wie z. B. der Warzenfortsatz, das Felsenbein, ein Randstück der Augenhöhle oder Fragmente aus der Nackenregion zu erwarten. Ergänzend steht wiederum die Metrik zur Verfügung, da Männer im Schnitt kräftigere Knochen aufweisen als Frauen.

Als weiterer Anhaltspunkt gilt die überlieferte Knochenmenge. Sie hängt von unterschiedlichen Faktoren im Rahmen der Bestattung, während der Liegezeit sowie bei und nach der Ausgrabung ab. Nichtsdestotrotz ist das Leichenbrandgewicht immer wieder Gegenstand ausführlicher Diskussionen. Unabhängig von den absoluten Werten steigen innerhalb einer genügend großen Stichprobe die Leichenbrandgewichte mit zunehmendem Alter an. Zudem sind, ebenso erwartungsgemäß, die männlichen Brände im Durchschnitt schwerer als die weiblichen. Die Angaben schwanken für moderne Krematoriumsbrände zwischen durchschnittlich 1840 und 2284 Gramm für Männer und zwischen 1540 und 1710 Gramm für Frauen. Bei vorgeschichtlichen Leichenbränden ist allerdings mit einem erheblichen Verlust zu rechnen. Die entsprechenden Mittelwerte liegen z. B. für das römische Stettfeld bei knapp 770 g bzw. 535 g.

Doppelbestattungen geben sich durch doppelte Teile, eine gewisse Repräsentativität beider Individuen, evtl. abweichende Verbrennungsgrade und/oder deutlich divergierende Hinweise zu Sterbealter und Geschlecht zu erkennen. Sie sind im Durchschnitt auch schwerer als Einzelbestattungen (in Stettfeld rund 1390 g). Problematisch ist ihre Abgrenzung gegenüber so genannten Leichenbrandverschleppungen – vereinzelte Teile einer zweiten Person, die bei der Verwendung von Ustrinen von der vorhergehenden Verbrennung stammen und versehentlich mit eingesammelt wurden.

Zur Schätzung der Körperhöhe kann bei Brandknochen lediglich auf die Durchmesser der proximalen Epiphysen von Humerus, Radius und Femur zurückgegriffen werden, die aber keineswegs immer erhalten sind. Auch epigenetische Merkmale lassen sich nurmehr punktuell ansprechen. Dasselbe gilt für pathologische Befunde. Angaben zur Morbidität oder zum ‚epigenetischen Profil' gehen demnach bei Leichenbrandserien kaum über eine Kasuistik hinaus.

Einer der schwierigsten Aspekte der Leichenbrandanalyse ist die Unterscheidung zwischen Menschen- und Tierknochen. Obwohl sich die Skelette verschiedener Säugerarten morphologisch deutlich voneinander unterscheiden, können einzelne Knochenabschnitte zu Verwechslungen führen. Partielle Ähnlichkeiten bestehen zwischen Mensch und Bär, insbesondere aber zwischen Mensch und Schwein. Was bei gut erhaltenen, unverbrannten Knochen kaum ein Problem darstellt, wird bei kleinstückigen und nicht selten deformierten Brandknochen zu einer echten Herausforderung. Ob es sich bei einem zweiten Individuum um ein Schwein oder einen Menschen handelt, wirkt sich allerdings hinsichtlich der demographischen Struktur und der Deutung von Bestattungspraktiken entscheidend aus. Im ersten Fall ist der Befund als Tier- oder Fleischbeigabe, im zweiten als Doppelbestattung einzustufen. Neben den morphologischen Kriterien kommen in diesem Zusammenhang auch histologische Merkmale zum Tragen, nach denen die Form, Anordnung und Größe der Osteone zur Differenzierung verschiedener Spezies herangezogen werden können (siehe Kap. XIV.3).

Literatur

II.1

St. Berg, R. Rolle u. H. Seemann, Der Archäologe und der Tod. Archäologie und Gerichtsmedizin (München, Luzern 1981).

D. Ferembach, I. Schwidetzky u. M. Stloukal, Empfehlungen für die Alters- und Geschlechtsdiagnose am Skelett. Homo 30, 1979, (1)–(32).

M. M. Gerassimow, Die Rekonstruktion des Gesichts auf dem Schädel (Moskva 1955).

R. R. Gerharz, Wildnis und Bildnis. Menschen der Frühzeit in unserer und in eigener Darstellung. In: Landschaftsverband Westfalen-Lippe (Hrsg.), Bilder früher Menschen. Archäologie und Rekonstruktion (Münster 1992) 59–79.

W. Henke u. H. Rothe, Stammesgeschichte des Menschen. Eine Einführung (Berlin, Heidelberg 1999).

B. Herrmann, G. Grupe, S. Hummel, H. Piepenbrink u. H. Schutkowski, Prähistorische Anthropologie. Leitfaden der Feld- und Labormethoden (Berlin, Heidelberg, New York 1990).

M. Y. Iscan u. R. P. Helmer, Forensic Analysis of the Skull (New York 1993).

R. Knußmann (Hrsg.), Anthropologie. Handbuch der vergleichenden Biologie des Menschen I/1. Wesen und Methoden der Anthropologie (Stuttgart, New York 1988).

C. S. Larsen, Bioarchaeologie. Interpreting behavior from the human skeleton. Cambridge Studies in Biological Anthropology 21 (Cambridge 1999).

E. Pucher u. J. Szilvássy, Überlegungen zur grafischen Weichteilrekonstruktion nach dem Schädel. Anthropologie (Brno) 34, 1996, 265–275.

II.2

I. A. Efremov, Taphonomy; a new branch of paleontology. Pan-American Geology 74, 1940, 81–93.

G. Grupe u. A. N. Garland (Eds.), Histology of Ancient Human Bone: Methods and Diagnosis (Berlin, Heidelberg, New York 1993).

W. D. Haglund u. M. H. Sorg (Eds.), Forensic Taphonomy. The Postmortem Fate of Human Remains (Boca Raton, London, New York 1997).

J. B. Lambert u. G. Grupe (Hrsg.), Prehistoric human bone. Archaeology at the molecular level (Berlin, Heidelberg, New York 1993).

II.3

D. Ferembach, I. Schwidetzky u. M. Stloukal, Empfehlungen für die Alters- und Geschlechtsdiagnose am Skelett. Homo 30, 1979, (1)–(32).

G. Grupe u. J. Peters (Eds.), Microscopic Examinations of Bioachaeological Remains – Keeping a Close Eye on Ancient Tissues. Documenta Archaeobiologiae 4 (Rahden/Westf. 2006).

M. Y. Iscan (Ed.), Age Markers in the Human Skeleton (Springfield 1989).

A. Kemkes-Grottenthaler, Kritischer Vergleich osteomorphognostischer Verfahren zur Lebensaltersbestimmung Erwachsener (Dissertation Mainz 1993).

D. I. Kertzer u. P. Laslett, Aging in the Past – Demography, society and old age (Berkeley, Los Angeles, London 1995).

A.-M. Mekota, Bruxismusbestimmung am Beispiel der frühmittelalterlichen Skelettserie von Knittlingen „ob Oberhofen" (Baden-Württemberg) (Diplomarbeit München 1997).

W. R. K. Perizonius, Closing and Non-closing Sutures in 256 Crania of Known Age and Sex from Amsterdam (A. D. 1883–1909). Journal of Human Evolution 13, 1984, 201–216.

N. Strott u. G. Grupe, Strukturauffälligkeiten des Zahnzementes von Bestattungen des ersten katholischen Friedhofs in Berlin (St. Hedwigs-Friedhof, Berlin-Mitte; 1777–1834). Anthrop. Anz. 61, 2003, 203–213.

U. Wittwer-Backofen, J. Gampe u. J. W. Vaupel, Tooth Cementum Annulation for Age Estimation: Results From a Large Known-Age Validation Study. Am. Journal Phys. Anthrop. 123, 2004, 119–129.

II.4

K. W. Alt, B. Riemensperger, W. Vach u. G. Krekeler, Zahnwurzellänge und Zahnhalsdurchmesser als Indikatoren zur Geschlechtsbestimmung an menschlichen Zähnen. Anthrop. Anz. 56, 1998, 131–144.

B. Bachmeier, C. Mauerer, A. Nerlich u. A. Zink, Molecular gender determination of osseous trauma lesions in Medieval to modern skeletal samples from South German ossuary. In: S. K. Manolis (Hrsg.), Program – Abstracts. 16th European Meeting of the Paleopathology Association, Santorin 28.08.–01.09.2006 (Athen 2006) 35.

H. Brandt, L. R. Owen u. B. Röder, Geschlechterforschung in der Archäologie. In: B. Auffermann u. G.-Chr. Weniger (Hrsg.), Frauen – Zeiten – Spuren (Mettmann 1998) 15–42.

J. E. Buikstra u. D. H. Ubelaker, Standards for Data Collection from Human Skeletal Remains. Arkansas Archaeological Survey Research Series 44 ([3]Fayetteville 1997).

S. K. Forschner, Die Geschlechtsbestimmung an der juvenilen Pars petrosa ossis temporalis im Kontext forensischer Identifikations-Untersuchungen (Dissertation Tübingen 2001).

E. F. Harris u. L. R. Lease, Mesiodistal Tooth Crown Dimensions of the Primary Dentition: A Worldwide Survey. Am. Journal Phys. Anthrop. 128, 2005, 593–607.

S. Hummel, B. Bramanti, Th. Finke u. B. Herrmann, Evaluation of morphological sex determination by molecular analyses. Anthrop. Anz. 58, 2000, 9–13.

P. Murail, J. Bruzek, F. Houet u. E. Cunha, DSP: A tool for probabilistic sex diagnosis using worldwide variability in hip-bone measurements. Bull. Mém. Soc. Anthrop. Paris n. s. 17, 2005, 167–176.

C. M. Pusch, M. Broghammer u. A. Czarnetzki, Molekulare Paläobiologie. Ancient DNA und Authentizität. Germania 79, 2001, 121–141.

H. Schutkowski, Zur Geschlechtsdiagnose von Kinderskeletten. Morphognostische, metrische und diskriminanzanalytische Untersuchungen (Dissertation Göttingen 1990).

G. Völger u. K. von Welck (Hrsg.), Die Braut. Geliegt – verkauft – getauscht – geraubt. Zur Rolle der Frau im Kulturvergleich. Bd. 1 u. 2, Materiliensammlung z. Ausstellung 26.07.–13.10.1985 (Köln 1985).

J. Wahl u. M. Graw, Metric sex differentiation of the Pars petrosa ossis temporalis. Internat. Journal of Legal Medicine 114, 2001, 215–223.

II.5

K. W. Alt, Odontologische Verwandtschaftsanalyse. Individuelle Charakteristika der Zähne in ihrer Bedeutung für Anthropologie, Archäologie und Rechtsmedizin (Stuttgart 1997).

K. W. Alt, P. Jud, F. Müller, N. Nicklisch, A. Uerpmann u. W. Vach, Biologische Verwandtschaft und soziale Struktur im latènezeitlichen Gräberfeld von Münsingen-Rain. Jahrb. RGZM 52, 2005, 157–210.

M. Balter, Ancient DNA Yields Clues to the Puzzle of European Origins. Science 310, 2005, 964 f.

A. Czarnetzki, Epigenetische Merkmale im Populationsvergleich III. Zur Frage der Korrelation zwischen der Größe des epigenetischen Abstandes und dem Grad der Allopatrie. Zeitschr. Morph. u. Anthrop. 64, 1972, 145–158.

L. Finke, U. Demel, K. Klinkhardt u. S. Nöther, Untersuchung epigenetischer Merkmale an völkerwanderungszeitlichen Gräberfeldern des Mittelelbe-Saale-Gebietes. Anthrop. Anz. 59, 2001, 309–330.

G. W. Gill u. St. Rhine (Eds.), Skeletal Attribution of Race. Symposiumsband d. Mountain, Desert u. Coastal Forensic Anthropologists. Maxwell Museum of Anthropology, Anthropological Papers 4 (Albuquerque 1990).

G. Hauser u. G. F. de Stefano, Epigenetic variants of the human skull (Stuttgart 1989).

B. Herrmann u. S. Hummel (Hrsg.), Ancient DNA. Recovery and Analysis of Genetic Material from Paleontological, Archaeological, Museum, Medical, and Forensic Specimens (Berlin, Heidelberg, New York 1994).

M. Scholz u. C. M. Pusch, Molekulargenetische Analysen zur taxonomischen Bestimmung des fossilen Schädelfragments aus Warendorf-Neuwarendorf. Anthrop. Anz. 58, 2000, 129–135.

II.6

S. Braunfels, G. Glowatzki, K, Herzog, F. Hiller, H. W. Jürgens, H. W. Müller, E. Röhm, H. Ruelius, Chr. Pieske, A. Schinz u. U. Unschuld, Der „vermessene" Mensch. Anthropometrie in Kunst und Wissenschaft (München 1973).

R. Floud, K. Wachter u. A. Gregory, Height, health and history. Nutritional status in the United Kingdom, 1750–1980 (Cambridge 1990).

K.-D. Gehring u. M. Graw, Körperhöhenbestimmung anhand des Femurs und von Femurfragmenten. Archiv Kriminologie 207, 2001, 170–180.

R. Penning, Rekonstruktion der Körpergröße aus den Maßen der langen Röhrenknochen. In: M. Oehmichen u. G. Geserick (Hrsg.), Osteologische Identifikation und Altersschätzung. Research in Legal Medicine 26 (Lübeck 2001) 139–154.

F. W. Rösing, Körperhöhenrekonstruktion aus Skelettmaßen. In: R. Knußmann (Hrsg.), Anthropologie. Handbuch der vergleichenden Biologie des Menschen I/1 (Stuttgart, New York 1988) 586–600.

J. Wahl, Kleine und große Leute im mittelalterlichen Engen. In: W. Kramer (Hrsg.), Engen im Hegau. Stadtgeschichte Band 3 (Stuttgart 2000) 39–58.

II.7

A. Beck, Röntgenstrahlen in der Archäologie. Bildgebende Verfahren bei der archäologischen Diagnostik (Konstanz 1996).

P. Carli-Thiele, Spuren von Mangelerkrankungen an steinzeitlichen Kinderskeletten (Göttingen 1996).

A. Czarnetzki, C. Uhlig u. R. Wolf, Menschen des Frühen Mittelalters im Spiegel der Anthropologie und Medizin. Begleitheft zur Ausstellung im Württ. Landesmuseum Stuttgart (Stuttgart 1983).

E. Künzl, Medizin in der Antike. Aus einer Welt ohne Aspirin und Narkose (Stuttgart 2002).

A. Nerlich, S. Marlow u. A. Zink, Molecular analysis of leprosy and tuberculosis on a skeletal series from a South German ossuary. In: S. K. Manolis (Hrsg.), Program – Abstracts. 16th European Meeting of the Paleopathology Association, Santorin 28.08.–01.09.2006 (Athen 2006) 95 f.

D. J. Ortner u. W. G. J. Putschar, Identification of pathological conditions in human skeletal remains (Washington 1981).

B. M. Rothschild, Advances in Detecting Disease in Earlier Human Populations. In: S. R. Saunders u. M. A. Katzenberg, Skeletal Biology of Past Peoples: Research Methods (New York, Chichester, Brisbane, Toronto, Singapore 1992) 131–151.

M. Schultz, Methoden der Licht- und Elektronenmikroskopie. In: R. Knußmann (Hrsg.), Anthropologie. Handbuch der vergleichenden Biologie des Menschen I/1 (Stuttgart, New York 1988) 698–730.

P. Stuart-Macadam u. S. Kent (Eds.), Diet, Demography, and Disease. Changing Perspectives on Anemia (New York 1992).

II.8

B. Herrmann u. R. Sprandel (Hrsg.), Determinanten der Bevölkerungsentwicklung im Mittelalter. Acta humaniora (Weinheim 1987).

A. E. Imhof, Lebenserwartungen in Deutschland vom 17. bis 19. Jahrhundert. Acta humaniora (Weinheim 1990).

St. Kölbl, Das Kinderdefizit im frühen Mittelalter – Realität oder Hypothese? Zur Deutung demographischer Strukturen in Gräberfeldern (Dissertation Tübingen 2003).

C. J. Kolman u. N. Tuross, Ancient DNA Analysis of Human Populations. Am. Journal Phys. Anthrop. 111, 2000, 5–23.

F. Langenscheidt, Methodenkritische Untersuchungen zur Paläodemographie am Beispiel zweier fränkischer Gräberfelder. Bundesanstalt Bevölkerungsforschung, Mat. Bevölkerungswissenschaft, Sonderheft 2 (Wiesbaden 1985).

M. Struck (Hrsg.), Römerzeitliche Gräber als Quellen zu Religion, Bevölkerungsstruktur und Sozialgeschichte. Arch. Schr. Inst. Vor- u. Frühgesch. Johannes Gutenberg-Universität Mainz 3 (Mainz 1993).

J. Wahl, Zur Ansprache und Definition von Sonderbestattungen. In: M. Kokabi u. J. Wahl, Beiträge zur Archäozoologie und Prähistorischen Anthropologie. Zum Andenken an Joachim Boessneck. Forsch. u. Ber. Vor- u. Frühgesch. Baden-Württemberg 53 (Stuttgart 1994) 85–106.

U. Wittwer-Backofen, Zur Paläodemographie des Neolithikums. Homo 40, Sonderheft Neolithikum, 1990, 64–81.

II.9

A. Czermak, A. Ledderose, N. Strott, Th. Meier u. G. Grupe, Social Structures and Social Relations – An Archaeological and Anthropological Examination of three Early Medieval Separate Burial Sites in Bavaria. Anthrop. Anz. 64, 2006, 297–310.

A. Fabig, Spurenelementuntersuchungen an bodengelagertem Skelettmaterial. Validitätserwägungen im Kontext diagenetisch bedingter Konzentrationsänderungen des Knochenminerals (Dissertation Göttingen 2002).

C. S. Larsen, Bioarchaeology. Interpreting behavior from the human skeleton (Cambridge 1999).

T. D. Price (Ed.), The Chemistry of Prehistoric Human Bone (Cambridge 1989).

T. D. Price, J. Wahl, C. Knipper, E. Burger-Heinrich, G. Kurz u. R. A. Bentley, Das bandkeramische Gräberfeld vom ‚Viesenhäuser Hof' bei Stuttgart-Mühlhausen: Neue Untersuchungsergebnisse zum Migrationsverhalten im frühen Neolithikum. Fundber. Baden-Württemberg 27, 2003, 23–58.

M. Rösch, Die Gärten der Alamannen. Bodenfunde zeigen ein neues Bild vom Pflanzenbau nördlich der Alpen. Denkmalpflege in Baden-Württemberg. Nachrichtenblatt der Landesdenkmalpflege 35/3, 2006, 166–171.

M. K. Sandford (Ed.), Investigations of Ancient Human Tissue. Chemical Analyses in Anthropology (Amsterdam 1993).

Chr. Schlott, Heute feiern – morgen hungern: Anmerkungen zur Ernährung im Mittelalter. In: A. Pfeiffer (Hrsg.), Vom Mammutfleisch bis zur Kartoffel. Vorgeschichte – Römer – Mittelalter. Ein Report zur Frühzeit unserer Ernährung. Heilbronner Museumsheft 15 (Frankfurt am Main 1992) 218–279.

H. Schutkowski, Neighbours in different habitats – Subsistence and social differentiation in early mediaeval populations of the eastern Swabian Alb. Anthrop. Anz. 58, 2000, 113–120.

II.10

M. Becker, H.-J. Böhle, M. Hellmund, R. Leineweber u. R. Schafberg, Nach dem großen Brand. Verbrennung auf dem Scheiterhaufen – ein interdisziplinärer Ansatz. Ber. RGK 86, 2005, 61–195.

P. Caselitz, Die menschlichen Leichenbrände des ältereisenzeitlichen Gräberfeldes von Godshorn. In: E. Cosack, Neue bronze- und eisenzeitliche Gräberfelder aus dem Regierungsbezirk Hannover. Materialh. Ur- u. Frühgesch. Niedersachsen A 26 (Hannover 1998) 177–216.

N. G. Gejvall, Cremations. In: D. Brothwell u. E. Higgs (Eds.), Science in archaeology (London 1963) 468–479.

B. Großkopf, Leichenbrand – Biologisches und kulturhistorisches Quellenmaterial zur Rekonstruktion vor- und frühgeschichtlicher Populationen und ihrer Funeralpraktiken (Dissertation Leipzig 2004).

B. Herrmann, Das Combe Capelle-Skelet. Eine Untersuchung der Brandreste unter Berücksichtigung thermoinduzierter Veränderungen am Knochen. Ausgr. Berlin 3, 1972, 7–69.

I. Kühl, Die Leichenbrände vom Brandgräberfeld auf der Düne Wissing, Gemeinde Haldern, Kreis Wesel (früher Kreis Rees) (Schleswig, Kiel 1979).

F. W. Rösing, Methoden und Aussagemöglichkeiten der anthropologischen Leichenbrandbearbeitung. Arch. u. Naturwiss. 1, 1977, 53–80.

J. Wahl, Erfahrungen zur metrischen Geschlechtsdiagnose bei Leichenbränden. Homo 47, 1996, 339–359.

J. Wahl, Bemerkungen zur kritischen Beurteilung von Brandknochen. In: E. May u. N. Benecke (Hrsg.), Beiträge zur Archäozoologie und Prähistorischen Anthropologie III (Konstanz 2001) 157–167.

III. Tausende von Generationen vor unserer Zeit –

Die ältesten Menschenfunde aus Südwestdeutschland

1. Der erste Baden-Württemberger – Ein mächtiger Unterkiefer beschäftigt die Spezialisten

Die Fossilgeschichte des Menschen ist in Südwestdeutschland nur schwach belegt. Umso bedeutender sind die wenigen Stücke allerdings in ihrem überregionalen Kontext und als facettenreiche Diskussionsgrundlage für Streitgespräche unter Fachkollegen.

Dieser Unterkiefer ist in doppelter Hinsicht der älteste unter den hier präsentierten Funden, sowohl von seiner chronologischen Einordnung als auch vom Auffindedatum her. Der ‚Senior‘ gehört in die Spätphase des Günz-Mindel-Interglazials, d. h. eine Zeit vor etwa 600 000 Jahren. In der so genannten Cromer-Warmzeit streiften Waldelefanten, Flusspferde, Hyänen, Säbelzahnkatzen und Bären durch lichte Mischwälder mit Nadelbäumen und Eichen. Dazwischen kleinere Gruppen von Menschen, bis zu 1,70 m groß und mit einem Gehirnvolumen von rund 1000 cm³, die bereits in der Lage waren, Feuer zu entfachen und bei der Jagd Stoßlanzen benutzten. Dieses Szenario liegt schätzungsweise 30 000 Generationen zurück. Eine schier unvorstellbare Dimension. Vergleicht man diese Zeitspanne mit einem 24-Stunden-Tag, würde das bedeuten, dass ein heute 60jähriger erst neun Sekunden vor Mitternacht geboren wurde.

Das Fundstück wird dem *Homo (erectus) heidelbergensis* zugeordnet, einem Menschentyp, der aus dem *Homo antecessor* hervorgegangen ist, der nach heutigem Erkenntnisstand seinerseits als letzter gemeinsamer Vorfahr von *Homo sapiens* und Neandertaler gilt. Es handelt sich um einen hervorragend erhaltenen, außergewöhnlich großen und massigen Unterkiefer, der von einem männlichen, ca. 20–30jährigen Individuum stammen soll. Wir kennen jedoch weder ein weibliches Pendant, noch wissen wir, ob der Zahnwechsel damals denselben Gesetzmäßigkeiten folgte wie heute. Als die Mandibula am 21. Oktober 1907 in einer Kiesgrube bei Mauer, südöstlich von Heidelberg, entdeckt wurde, waren alle 16 Zähne komplett vorhanden. Im Krieg verpackt und ausgelagert, brach man danach den Behälter gewaltsam auf. Dabei gingen die Kronen der beiden Prämolaren auf der linken Seite verloren.

Das markante Stück ist in seiner Form bis heute einzigartig. Wesentlich breiter, länger, mit einem kräftig entwickelten, auffallend breiten und steilen Unterkieferast sowie seinem flie-

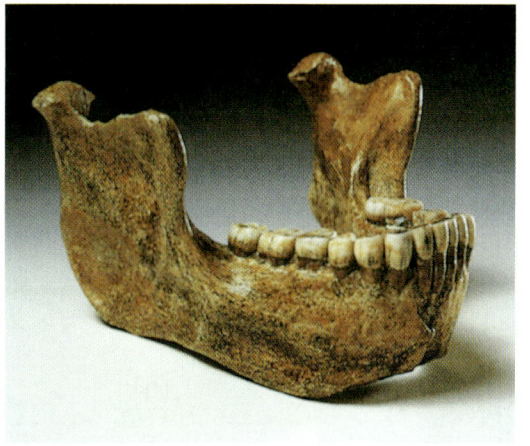

1.1: Der Unterkiefer des Homo heidelbergensis *ist mindestens 600 000 Jahre alt. Er stammt von einem eher männlichen Individuum und zeigt u. a. eine leichte Arthrose im linken Kiefergelenk.*

henden Kinn (sog. Negativkinn) versehen, liegen seine Form und Dimensionen außerhalb der Variationsbreite des rezenten Menschen, in einigen Abmessungen sogar über dem Neandertaler. Lediglich von wenigen Fossilien, wie z. B. dem Meganthropus aus Java, wird er in Teilstrecken übertroffen. Bei den Zähnen sind v. a. die Schneide- und Eckzähne größer als heutige Exemplare. Als weitere Besonderheiten sind eine arthritische Abflachung im Bereich des linken Kiefergelenks, Schmelzhypoplasien und entzündliche Erscheinungen am Alveolarknochen der Frontzähne festzustellen. Die Abkauung ist rechts stärker als links.

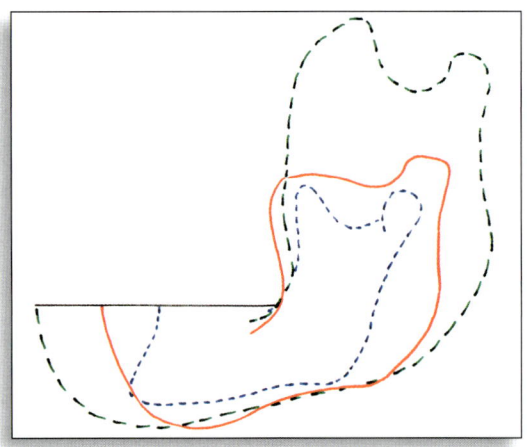

1.2: Profil des Heidelberger Unterkiefers (rot) verglichen mit dem eines männlichen Gorillas (grün) und eines rezenten Württembergers (blau) nach Gieseler 1974.

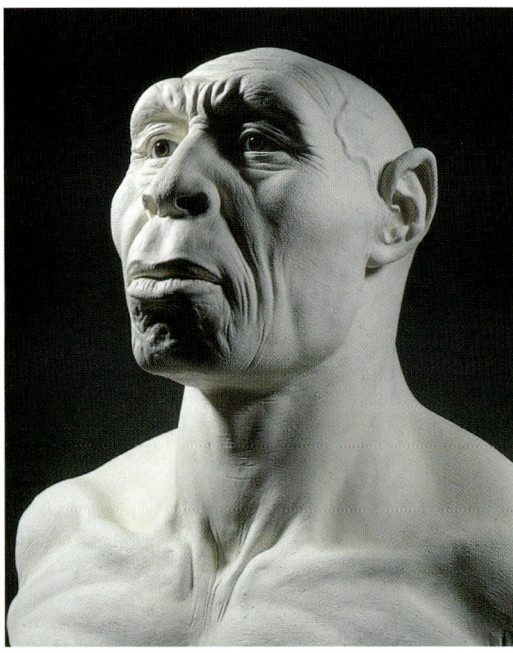

1.3: Weichteilrekonstruktion des „ältesten Baden-Württembergers" aus einer Kombination des Unterkiefers von Mauer mit einem Kalvarium des Pekingmenschen.
a) Mit neutraler Hautfarbe und ohne Behaarung.
b) Mit Vollbart und brünettem Kopfhaar. Wissenschaftl. Rekonstruktion W. Schnaubelt & N. Kieser, Wildlife Art/Breitenau.

Bei den gemeinsam mit dem Unterkiefer angetroffenen Tierknochen handelt es sich nicht um Beutestücke unseres Urahnen. Der Fundplatz liegt im Bereich einer ehemaligen Sandbank, auf der bei höherem Wasserstand offenbar gleichermaßen Körperteile toter Tiere und Menschen angeschwemmt und abgelagert worden waren. Den Titel ‚ältester Europäer' hielt er bis zur Entdeckung des Unterkiefers aus Dmanisi (Georgien) im Jahr 1991, dessen Alter auf etwa 1,8 Mio. Jahre geschätzt wird, sowie der ebenfalls in den 1990ern gefundenen Fossilien aus der Gran Dolina/Atapuerca (Spanien), die auf ca. 780 000 Jahre datiert und zusammen mit einem ähnlich alten Fundstück aus Ceprano (Italien) als Vertreter von *Homo antecessor* angesehen werden. Dem Fundstück aus Mauer, das heute allgemein als Typusexemplar des *Homo heidelbergensis* gilt, werden u. a. noch die etwas jüngeren Schädelfunde aus Arago (Frankreich) sowie Petralona (Griechenland) sowie ähnlich alte Exemplare aus Afrika zur Seite gestellt. Einige Paläoanthropologen sehen in ihm die erste Stufe der phylogenetischen Entwicklung zum Neandertaler, d. h. den ältesten Repräsentaten der „pre-Neanderthals".

2. Erschlagen oder postmortal beschädigt?
Diskussionen um den Urmenschen aus Steinheim an der Murr

Als der Schädel am Morgen des 24. Juli 1933 entdeckt wurde, ahnte niemand, dass er auch Jahrzehnte später noch heftige Kontroversen auslösen würde. Selbst heute sind sich die Experten weiter uneinig hinsichtlich der Typologie, Geschlechtsbestimmung und Taphonomie dieses außergewöhnlichen Fundes.
An diesem Tag war man in mittelpleistozänen Schottern bei Steinheim an der Murr, 20 km nördlich von Stuttgart, auf ein nahezu vollständig erhaltenes Kalvarium in rechter Seitenlage gestoßen. Es befand sich in schlechtem Zustand, war mürbe, zeigte deutliche Verwitterungsspuren und bedurfte aufwändiger Konservierungsmaßnahmen. Von dem Schädel fehlen die Jochbögen sowie Teile des Oberkiefers, der linken Schläfenregion und neun Zähne v. a. aus dem Frontbereich. Die in Fundlage nach oben gerichtete linke Seite und die Schädelbasis weisen zwar großflächige Defekte und Fehlstellen

auf, sind aber substanziell besser erhalten als die rechte Hälfte. Dazu kommt eine massive Stauchung der linken Seitenpartie.

Anhand der Begleitfauna wird der Schädel meistens in das Mindel-Riss- bzw. Holstein-Interglazial, um 250 000 Jahre, datiert. Er könnte allerdings auch deutlich älter sein. Während der zweifelsfrei herrschenden Warmzeit bestand die Umgebung aus Auewald und sumpfigen Flussniederungen. Dort lebten u. a. Waldelefanten, Waldnashörner, Riesenhirsche, Auerochsen und Wasserbüffel. Man darf annehmen, dass menschliche und tierische Kadaver sowie Skelettteile im Überschwemmungsbereich lagen, vom zeitweisen Hochwasser der Murr aufgenommen, transportiert und später flussabwärts einsedimentiert wurden. Steinwerkzeuge wie bei dem morphologisch vergleichbaren Fund von Swanscombe südöstlich von London, der mit Geräten der Acheuléen-Kultur vergesellschaftet war, liegen aus Steinheim nicht vor.

Vom Erstbeschreiber F. Berckhemer wurde der vergleichsweise grazile Schädel als *„Homo steinheimensis"* benannt. Bei einer geschätzten Schädelkapazität von etwa 1100 cm³ präsentiert er sowohl archaische Merkmale, wie deutlich abgesetzte Überaugenwülste, als auch modern anmutene Ausformungen wie ausgeprägte Wangengruben und eine eingezogene Nasenwurzel. Einige Fachleute sehen Affinitäten zum Neandertaler und bezeichnen ihn folglich als „Ante-Neandertaler", andere betonen durch den Namen *Homo (sapiens) steinheimensis* seine mögliche Ahnherrschaft zum modernen Menschen. Als „stage two"-Neandertaler wäre er in einer Abstammungslinie zwischen dem *Homo heidelbergensis*, dem „Prä-Neandertaler" und dem sog. klassischen Neandertaler zu sehen, wobei die einzelnen Gruppenbezeichnungen nicht von allen Spezialisten einheitlich verwendet werden.

Auf Grund der üblichen Kriterien zur Beurteilung des Sterbealters wird der Schädel übereinstimmend einem 20–30jährigen Individuum zugeordnet. Hinsichtlich der Geschlechtsdiagnose scheiden sich jedoch erneut die Geister. Das schwach reliefierte Hinterhaupt und die geringen Dimensionen galten lange Zeit als Belege für weibliches Geschlecht. In der jüngeren Literatur werden allerdings Merkmale (u. a. Form und Größe des Felsenbeins) angeführt, die eher für einen Mann sprechen würden. In Anbetracht des Alters und des Erhaltungs-

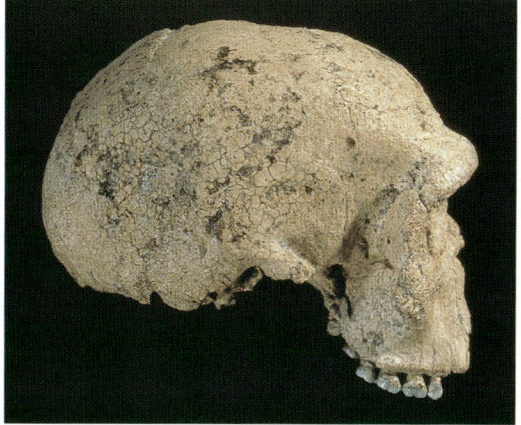

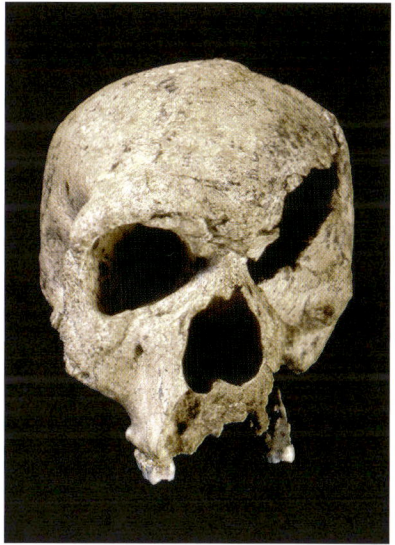

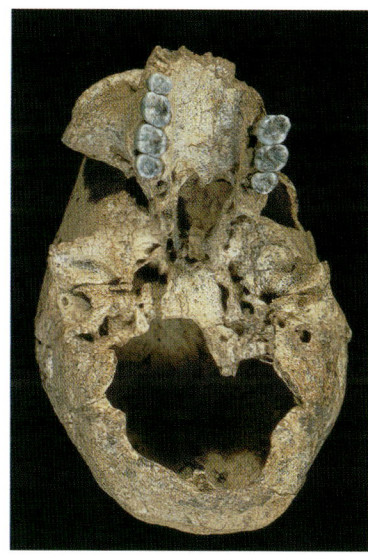

2.1: Der 250 000–300 000 Jahre alte Schädel von Steinheim a. d. Murr repräsentiert einen Vertreter der so genannten Ante-Neandertaler, die sich aus dem Homo heidelbergensis entwickelt haben. a) und b) rechte und linke Seitenansicht, c) und d) Frontal- und Basalansicht.

zustands dürfte indes eine DNA-Analyse zur endgültigen Klärung des Sachverhalts kaum Aussicht auf Erfolg haben.

Andere Eigenschaften, wie eine Körperhöhe von ca. 1,50 m, ein Körpergewicht von etwa 40 kg sowie der Vergleich mit einer heutigen Buschmannfrau, wie von einem der Bearbeiter vermutet, lassen sich dagegen alleine aus dem Schädel nur schwerlich ableiten. Sie stellen

2.2: Zwei verschiedene Lebendrekonstruktionen des Homo steinheimensis. *a) Von R. Kiwit (Ludwigsburg) nach Adam 2000. b) Computerrekonstruktion von W. Schnaubelt & N. Kieser, Wildlife Art/Breitenau. Die frühere Zuordnung des Schädels zum weiblichen Geschlecht ist heute wieder umstritten.*

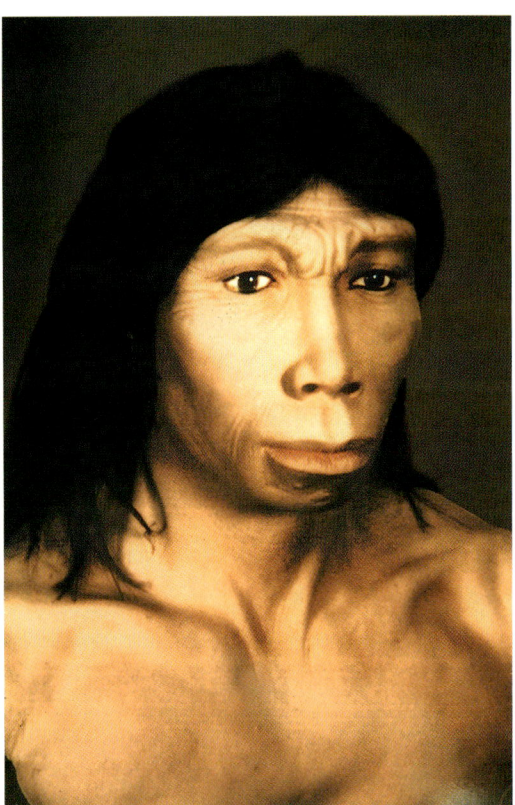

eher Schätzungen oder Annäherungswerte dar. Auch der Verdacht auf ein Meningeom, eine gutartige Geschwulst, die eine muldenförmige Vertiefung auf der Schädelinnenseite nahe der Scheitellinie hervorgerufen haben könnte, bedarf noch einer endgültigen diagnostischen Absicherung.

Ein weiterer Streitpunkt sind die großflächigen Lochdefekte des Steinheimer Schädels. Während einige ältere Autoren die Verdrückung und Impressionsfraktur im linken Scheitelbereich auf von Menschenhand gesetzte Trau-

matisierungen zurückführen und darin auch die Todesursache sehen, interpretieren andere dies, der Auffindesituation entsprechend, als Folge statischen Drucks von links her in Vertikalrichtung, d. h. als während oder nach der Einbettung des Schädels entstandene Läsionen. Verlauf und Profil der angrenzenden Frakturen sprechen auch nach jüngst durchgeführten Untersuchungen des Asservats eindeutig für eine postmortale Genese. Dasselbe gilt für die Schädelbasis. Die erweiterte Region um das Foramen magnum gilt Ersteren als Beleg für die intentionelle Eröffnung der Schädelbasis, um an das Gehirn zu gelangen. Letztere interpretieren diesen Befund eher als Abtragung, die – unter Hinweis auf die verrundeten, überschliffenen Ränder – durchaus während des Transports des Schädels im Wasser, d. h. ohne jegliches menschliches Zutun entstanden sein könnte. Dass eine gezielte Hirnentnahme nur bei ausgesuchten Persönlichkeiten erfolgt sei und es sich deswegen um eine getötete Schamanin handeln müsse, ist aus den Fakten nicht zu belegen und eher als phantasievolles Gedankenspiel zu werten.

In einen vergleichbar alten Zeithorizont gehören zwei Funde, die an dieser Stelle ebenfalls erwähnt werden sollen und gleichermaßen umstritten waren: Ein bereits 1978 gefundener und 1986 von A. Czarnetzki als „Homo erectus reilingensis" benannter Schädelrest aus Reilingen, bestehend aus den beiden Scheitelbeinen, dem Hinterhauptbein und dem rechten Schläfenbein, der nach neueren Vergleichsstudien eher neandertaloide Merkmale aufweist und – wie der Steinheimer – auch als „später archaischer Homo sapiens" bezeichnet wird, sowie zwei Zahnfragmente aus dem mittelpleistozänen Travertin in Stuttgart-Bad-Cannstatt, 1980 von E. Wagner ausgegraben, die einerseits als Eckzahnreste eines Edelhirsches, andererseits als von einem Menschen stammend diskutiert wurden. Untersuchungen der Schmelzprismen lieferten Belege für menschlichen Ursprung.

3. Ein Knochen mit Vergangenheit – Der Neandertaler aus dem Hohlenstein-Stadel

Der Hohlenstein mit seinen drei Höhlen ‚Bärenhöhle', ‚Kleine Scheuer' und ‚Stadel' liegt auf der rechten Talseite der Lone etwa mittig zwischen dem talaufwärts gelegenen Bockstein und dem talabwärts folgenden Vogelherd, die beide gleichermaßen bedeutende Fundstellen der Altsteinzeit sind. Im Bereich des Stadeleingangs stießen die Ausgräber 1937 in der so genannten Schwarzen Tiefschicht auf den isolierten Schaft eines fossilisierten rechten Oberschenkelknochens, dem beide Gelenkenden fehlten. Das Stück wird anhand mitgefundener Faunenelemente in das eem-/frühwürmzeitliche Mittelpaläolithikum, d. h. in eine Zeit vor etwa 120000–60000 Jahren, datiert.

Auf Grund typischer morphologischer Details wurde der Knochen schon bei seiner ersten Begutachtung einem Neandertaler zugeschrieben, eine Beurteilung, die bis heute Bestand hat. Er ist deutlich massiger als beim anatomisch modernen Menschen, besitzt teilweise kräftig entwickelte Muskelansatzstellen, ist auffällig gekrümmt und hat einen charakteristischen Querschnitt. Diese Eigenschaften sind als biomechanische Anpassungen an Bewegungsstress in schroffem Gelände bei gleichzeitig relativ großem Körpergewicht und starker Belastung hinsichtlich seiner Elastizität zu deuten. Wahrscheinlich stammt er von einem jüngeren erwachsenen, eher männlichen Individuum mit einer geschätzten Körperhöhe von etwa 1,60 m.

Die Bruchenden des Knochens sind verrundet und lassen Verbissspuren erkennen, die am ehesten von einem Carnivoren herrühren. Möglicherweise hat ihn eine Hyäne als Beute in den Bereich der Höhle geschleppt und die spongiösen Gelenkpartien bis auf den Metaphysenbereich abgenagt. Der Neandertaler wäre demnach nicht in der Höhle bestattet worden. Sein Leichnam könnte offen bzw. nur unzureichend verscharrt im Streifgebiet des Fleischfressers gelegen haben oder dessen Fängen unmittelbar zum Opfer gefallen sein.

Der äußerlich wenig spektakuläre Fund ist bis heute der einzige Beleg für einen Neandertaler aus Baden-Württemberg. Einige Zeit nach seiner Entdeckung verschwand er für mehrere Jahrzehnte aus dem Blickfeld der Wissenschaft und wurde erst vor 15 Jahren im Safe eines inzwischen verstorbenen Fachkollegen wiedergefunden. Seine vorläufig letzte Bleibe fand er danach im Museum in Ulm.

Die Stellung des Neandertalers im Stammbaum des Menschen wurde und wird seit 150 Jahren heftig diskutiert. Die namengebenden Skelettreste eines ca. 40jährigen Mannes waren zwar schon 1856 ans Tageslicht gekom-

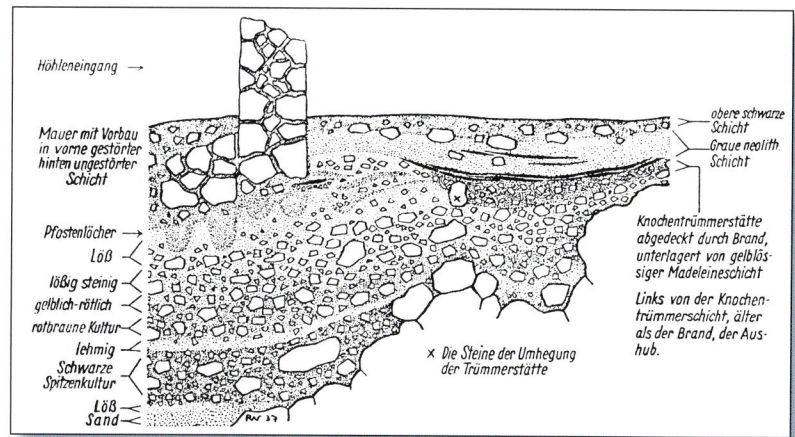

3.1: Schematisiertes Profil am Eingang der Stadelhöhle. Der hier beschriebene Knochen stammt aus der mit „Schwarze Spitzenkultur" bezeichneten Fundschicht.

3.2: Proximales Ende des Femurbruchstücks mit Nagespuren auf der Ventralseite.

3.3: Das fossilisierte Schaftfragment des rechten Oberschenkelknochens eines Neandertalers.

men, mussten aber jahrzehntelang gegen massive Widerstände namhafter wissenschaftlicher Kapazitäten um ihre Anerkennung kämpfen. Nachdem er uns (Homo sapiens) in den 70er und 80er Jahren des vorigen Jahrhunderts taxonomisch schon einmal im Rang einer Subspezies (Homo sapiens neanderthalensis) nahe gekommen war, wird er nach heutigem Forschungsstand wieder als eigene Art Homo neanderthalensis geführt. Er existierte über 200000 Jahre.

Unser Bild vom Neandertaler wird maßgeblich von Funden bestimmt, die den ‚klassischen Neandertaler', d. h. die jüngste und in ihren charakteristischen Merkmalen prägnanteste Form dieses Menschentyps repräsentieren, wie z. B. den bekannten ‚Alten von La Chapelle aux Saints' oder den Holotypus aus dem Neandertal selbst, der auf etwa 42000 Jahre datiert wird.

Der durchschnittliche europäische Neandertaler war relativ kleinwüchsig, hatte eine athletisch-muskulöse, gedrungene Gestalt und maß zwischen 1,55 m und 1,65 m. Nach derzeit gültiger Gliederung würde man ihn als ‚untermittelgroß' bezeichnen; sein kleinasiatischer Schwager konnte knapp 1,80 m groß werden. Kräftiger gebaute und weniger gekrümmte Rippen als beim modernen Menschen umschlossen einen breiten, ausladenden Brustkorb mit ungewöhnlich starker Brust- und Rückenmuskulatur. Seine Extremitätenknochen sind ro-

3.4: Beispiel eines klassischen Neandertalers. Weichteilrekonstruktion auf dem Schädel des ‚Alten von La Chapelle aux Saints' von J. H. Mc Gregor 1919.

3.5: a) Moderne Ganzkörperrekonstruktion einer Neandertalerin von W. Schnaubelt & N. Kieser, Wildlife Art/Breitenau. b) Portrait derselben Figur mit leicht veränderter Frisur und Lederbekleidung.

buster, insbesondere die Beinknochen kürzer und mit auffallend kräftigeren Gelenkenden versehen. Seine Hände und Füße waren größer und kräftiger als unsere. Besonders markant sind jedoch die Unterschiede im Bereich des Schädels. Er ist in Relation zum Körper größer, und seine Hirnkapazität übersteigt mit durchschnittlich 1520 cm³ deutlich diejenige des *Homo sapiens*. Für rezente europäische Männer liegt sie bei ca. 1450 cm³, für Frauen bei 1300 cm³. In der Seitenansicht zeigt der Neandertalerschädel einen ‚brotlaibförmigen' Umriss mit stark fliehender Stirn und einer Ausbuchtung der Oberschuppe des Hinterhauptbeins, die in Anlehnung an den von Damen getragenen Haarknoten französisch „Chignon" genannt wird. Zudem zeichnet er sich durch eine große Ansatzfläche für eine starke Nackenmuskulatur aus.

Das vorkragende Überaugendach sowie das fliehende Kinn sind quasi das ‚Markenzeichen' der Neandertaler. Die große Nasenöffnung darf man wohl auch in ihren Weichteilen als markantes Riechorgan rekonstruieren. Für lange Zeit wähnte man diese voluminöse Struktur als notwendig zum Anfeuchten kalter Luft unter arktischen Bedingungen. Nachdem aber auch die in subtropischen Verhältnissen lebenden vorderasiatischen Neandertaler eine ähnliche Gesichtsmorphologie aufweisen, handelt es sich womöglich doch nicht um ein ‚kälteadaptives Merkmal'. Hinsichtlich weiterer Details seiner Morphologie sei auf die weiterführende Literatur verwiesen.

Der phylogenetischen Bedeutung des Neandertalers sind die Wissenschaftler derzeit mit DNA-Analysen auf der Spur. Nachdem inzwischen weltweit mehr als 300 Exemplare seiner Art zumindest fragmentarisch überliefert und etwa ein halbes Dutzend davon molekulargenetisch untersucht sind, werden sicherlich bald nähere Erkenntnisse dazu vorliegen. Jüngste Daten schließen nicht aus, dass sein Erbgut vielleicht doch in unserem ‚versickert' sein könnte. Er lebte in Mitteleuropa immerhin mehr als 10 000 Jahre neben oder mit dem anatomisch modernen Menschen. Andere Hinweise bescheinigen dem Neandertaler im Vergleich zum *Homo sapiens* ein schnelleres Wachstum bzw. eine frühere Reifeentwicklung, was von einigen Spezialisten als Hinweis auf artliche Eigenständigkeit gedeutet wird.

Die Neandertaler gingen offenbar pfleglich mit Behinderten und Verletzten um. Dass sie ihre Toten zuweilen tatsächlich bestatteten, wird von verschiedenen Fachleuten wieder angezweifelt. Die in einigen Höhlen angetroffenen Skelette könnten auch von Personen stammen, die durch Felsstürze verschüttet wurden; die früher als Blumenbeigabe gewerteten Reste könnten auch später durch Mäuse in den Fundkontext eingetragen worden sein. Die Sprachfähigkeit des Neandertalers ist mittlerweile jedoch durch den Fund eines Zungenbeins eindeutig bewiesen, und dass er ein höchst erfolgreicher Jäger war, belegen zahlreiche Funde von Jagdwerkzeugen und Schlachtplätzen. Die Analyse stabiler Kohlenstoff- und Stickstoffisotope aus seinem Knochenkollagen lieferte klare Anhaltspunkte dafür, dass er das Gros seines Proteinbedarfs mit dem Fleisch von terrestrischen Pflanzenfressern deckte und als ‚top-level-Carnivore' anzusehen ist.

Nachdem die Neandertaler über lange Zeit als tumbe, inferiore Gestalten abgetan wurden, zweifelt heute niemand mehr daran, dass sie waren wie wir – nur ein bisschen anders. Ihre ‚Metamorphose' vom ehemals ‚vorzeitlichen Hinterwäldler' zum gleichwertigen Zeitgenossen ist perfekt.

4. Neue Diskussionen um die Schöpfer der Eiszeitkunst – Anatomisch moderne Menschen aus der Vogelherd-Höhle

Der Vogelherd bei Niederstotzingen-Stetten ob Lonetal im Kreis Heidenheim ist die älteste Fundstelle figürlicher Kunst weltweit. Er lieferte

eine Reihe höchst qualitätvoller Elfenbeinplastiken und -halbreliefs, u. a. Darstellungen von Mammut, Wisent, Löwe sowie einer anthropomorphen Gestalt, jüngst auch Teile einer Flöte aus Vogelknochen. Am bekanntesten ist jedoch eine kaum 5 cm große Pferdefigur, deren elegant geschwungene Formen und Natürlichkeit noch jeden Betrachter fasziniert haben. Diese Funde stammen aus bis zu 1,50 m mächtigen Siedlungshorizonten des Aurignacien.

In denselben Kontext wie die Kleinkunstwerke und damit in das frühe Jungpaläolithikum gehören nach der Fundsituation verschiede-

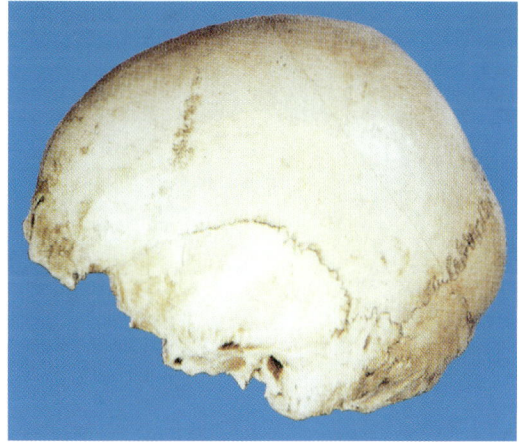

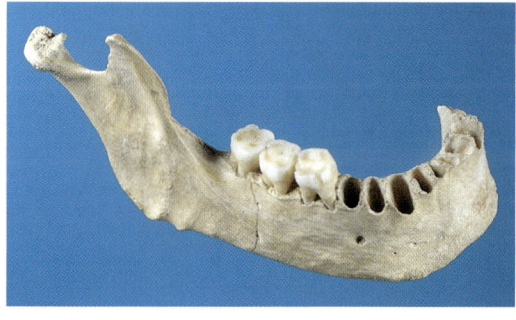

4.1: Eingang der Vogelherd-Höhle.
4.2: a) Hirnschädel und b) Unterkiefer des nach neuesten Datierungen neolithischen „Jungpaläolithikers" aus derselben Schicht wie die berühmten Tierfiguren.

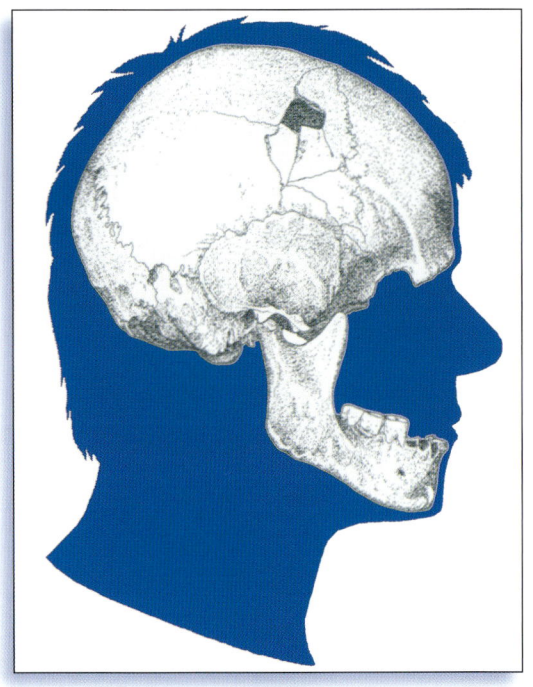

4.3: Rekonstruktion der Weichteilumrisse von ‚Stetten 1'.

4.4: Rekonstruktion eines jungpaläolithischen Homo sapiens *von W. Schnaubelt & N. Kieser, Wildlife Art/Breitenau.*

tierung dieser Stücke sind allerdings in letzter Zeit heftige Diskussionen entbrannt. Die jüngsten Radiokarbondaten weisen sie mit einem Alter von nurmehr 3900 bis 5000 Jahren als spätneolithisch bis frühbronzezeitlich aus. Aus derselben Schicht datierte Tierknochen entsprechen dagegen den Erwartungen. Nach den überlieferten Beschreibungen des Ausgräbers Gustav Rieck scheint auch an der stratigraphischen Zuweisung der Menschenknochen kein Zweifel zu bestehen. Lediglich der Schädel ‚Stetten 2' stammt nicht aus eindeutigem Zusammenhang. Es wäre demnach zu klären, wie deutlich jüngere Stücke ohne erkennbare Störung in ältere Schichten gelangt sein könnten. Unter Umständen müssten auch die neuen Daten noch einmal evaluiert werden, denn eine Kontamination durch zwischenzeitlich erfolgte Konservierungsmaßnahmen ist nicht gänzlich auszuschließen. Doch bis zum Beweis des Gegenteils haben sie Gültigkeit – auch wenn sie heftigste Kontroversen ausgelöst haben.

Bei der ersten anthropologischen Begutachtung wurde der hohe Längen-Breiten-Index, d.h. der eher untypisch breite Hirnschädel von ‚Stetten 2' hervorgehoben und im Vergleich zu bayerischen Funden eine Datierung ins Mesolithikum erwogen. In einer späteren Publikation heißt es zu ‚Stetten 1' u.a., dass dieser morphognostisch besser in die späte Jungsteinzeit passen würde. Das würde zwar mit den neuen Daten korrelieren, ist aber kein ausschlaggebendes Argument, denn für jede Zeitstufe muss prinzipiell mit einer gewissen Variationsbreite von Schädelformen gerechnet werden. Hinsichtlich der chronologischen Zuordnung der Funde besteht also reichlich Klärungsbedarf.

Die Brisanz der Datierung liegt darin, dass der unmittelbare Schichtzusammenhang nahe legt, der anatomisch moderne Mensch sei der Schöpfer der o. g. Kunstwerke. Sollten die Stettener Menschenknochen tatsächlich deutlich jünger sein, käme auch der gleichzeitig lebende Neandertaler dafür in Frage. Ihm hatte man bislang jegliche künstlerische Aktivitäten abgesprochen.

Dabei geht es insgesamt um sechs Skelettreste: den kompletten Hirnschädel sowie die zugehörige rechte Unterkieferhälfte eines etwa 40jährigen Mannes mit einer fraglichen Schlagverletzung im rechten Schläfenbereich, arthritischem Kiefergelenk, Zahnstein und fortgeschrittener Parodontose (Stetten 1), ei-

ne menschliche Skelettreste, die im Juli 1931 ausgegraben wurden. Sie wären demnach ca. 30 000 Jahre alt oder etwas älter. Um die Da-

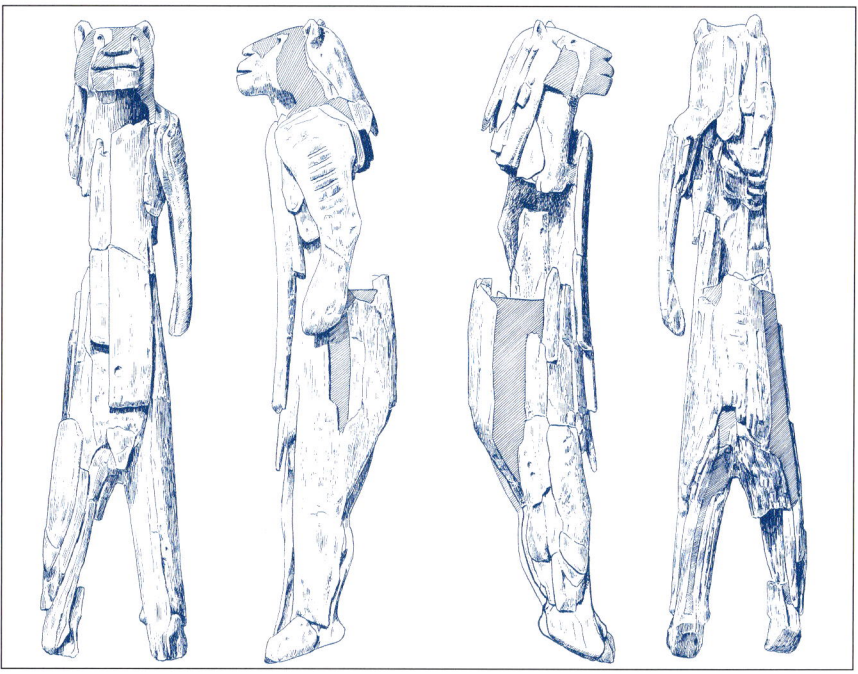

nen zweiten, weniger vollständig erhaltenen Hirnschädel eines 20–30jährigen Mannes mit Spuren eines Meningeoms in der Scheitelregion (Stetten 2), den rechten Oberarmknochen eines Erwachsenen (Stetten 3), zwei zum Block verschmolzene Lendenwirbel (Stetten 4) und einen Mittelhandknochen (Stetten 5). Obwohl die Knochensubstanz insgesamt gut erhalten ist, fehlt bei Stetten 1 und 2 der Gesichtsschädel. Dies könnte intentionell bedingt sein. Und dass bei dem Unterkiefer alle einwurzligen Zähne postmortal ausgefallen sind, geht am ehesten auf Umlagerungen zurück.

5. Skalpiert im Rahmen des Totenrituals – Menschliche Skelettreste aus dem späten Jungpaläolithikum

Die Burghöhle Dietfurt liegt an der oberen Donau bei Inzigkofen-Vilsingen, einem kleinen Ort im Kreis Sigmaringen. Dort fanden über Jahre hinweg Ausgrabungen statt, die Funde von der Altsteinzeit über die Urnenfelderzeit und römische Kaiserzeit bis ins Mittelalter zu Tage förderten. Unter diesen erregten v. a. die 1988 gefundenen menschlichen Skelettreste, ein Oberkiefer sowie Fragmente eines Hinterhauptbeins, große Aufmerksamkeit. Nach Radiokarbondatierungen haben sie ein Alter von ca. 12 500 v. Chr. Drei Jahre später kamen

unweit davon noch vier Fingerknochen zum Vorschein.

In dem nahezu komplett erhaltenen Oberkiefer steckten bei seiner Entdeckung noch zwei Backenzähne; 13 weitere, später eingepasste Zähne waren postmortal ausgefallen und lagen bis zu 30 cm tiefer im Sediment. Die verschlossene Alveole des ersten Prämolaren auf der rechten Seite zeigt, dass dieser bereits zu Lebzeiten des Individuums ausgefallen war. Die Weisheitszähne sind durchgebrochen, die Molaren insgesamt aber nur geringfügig abgekaut. Somit dürfte die Maxilla von einem jüngeren Erwachsenen stammen. Auffällig ist dagegen das extrem stark abgenutzte Frontgebiss. Die Zähne in diesem Bereich sind bis über die Hälfte der Zahnkrone plan abgeschliffen, die Pulpahöhle ist eröffnet und durch die Einlagerung von Sekundärdentin verschlossen. Die Frontzähne würden vom Verschleiß her ein deutlich höheres Sterbealter annehmen lassen. Auf Grund dieser Diskrepanz muss von einer intensiven Werkzeugfunktion der Frontzähne ausgegangen werden.

Weniger als 20 cm vom Oberkiefer entfernt fanden die Ausgräber sieben Kalottenfragmente, die sich zu einem unvollständigen Hinterhauptbein zusammensetzen ließen. Leider sind keine natürlichen Randstrukturen erhalten. So kann in diesem Fall das Sterbealter nicht näher eingeengt werden. Die Knochendicke weist jedoch auf einen Erwachsenen hin. Das Stück trägt im Bereich der Ansatzfläche

4.5: a) und b) Neandertaler oder anatomisch moderner Mensch. Wer schnitzte die über 30 000 Jahre alte Löwenkopffigur aus Mammutelfenbein, die im Hohlenstein-Stadel gefunden wurde?

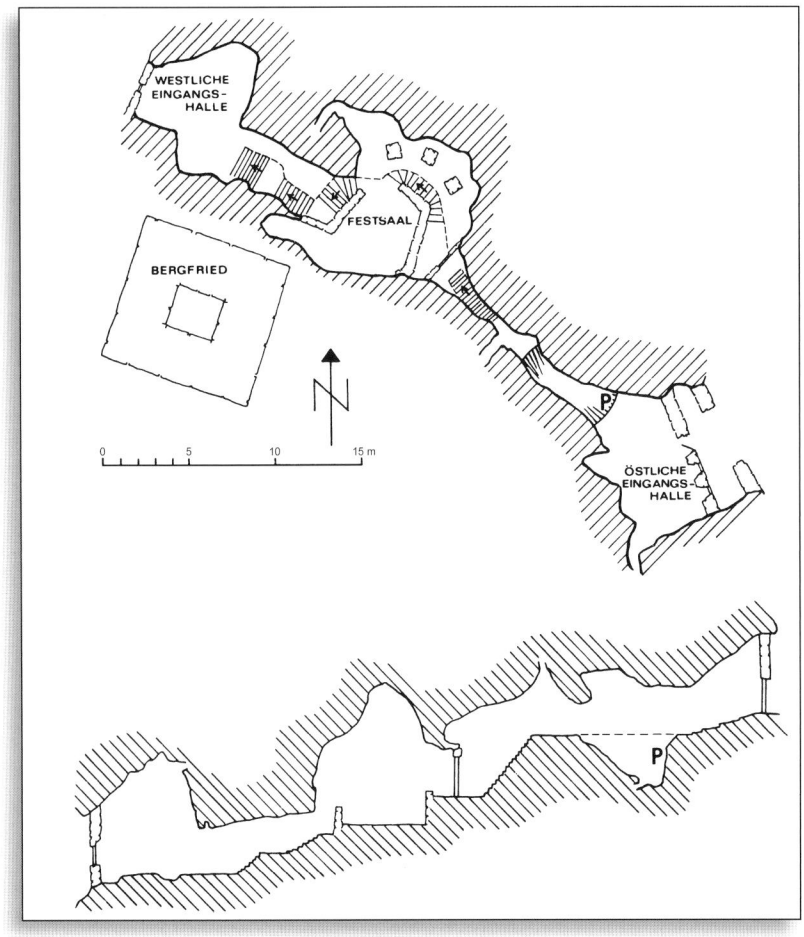

sein und werden entweder als Spuren einer Skalpierung oder Hinweise auf ein spezielles Totenritual, u. U. im Zusammenhang mit mehrstufigen Bestattungszeremonien, gedeutet.

Eine offizielle anthropologische Geschlechtsbestimmung liegt für beide Stücke noch nicht vor. Nach erstem Augenschein deuten jedoch die vergleichsweise großen mittleren Schneidezähne in Relation zu den wenig markanten Eckzähnen sowie die kaum profilierte Externseite des Hinterhauptbeins eher auf weibliches Geschlecht hin.

Die vier zusammen mit den vorgenannten Resten auf nur wenig mehr als einem Quadratmeter gefundenen Fingerglieder stammen auf Grund der verwachsenen proximalen Epiphy-

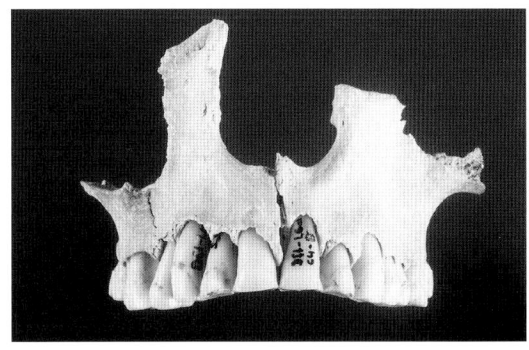

5.1: Grundriss und Profil der Burghöhle Dietfurt.

5.2 (links Mitte): Aus mehreren Fragmenten zusammengefügtes Bruchstück des Os occipitale.

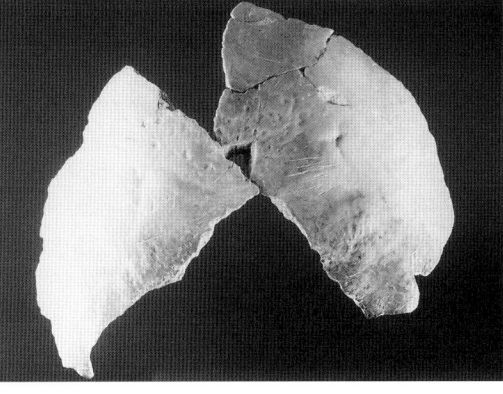

5.3 (links unten): Detailaufnahme des Hinterhauptbeins mit Schnittspuren.

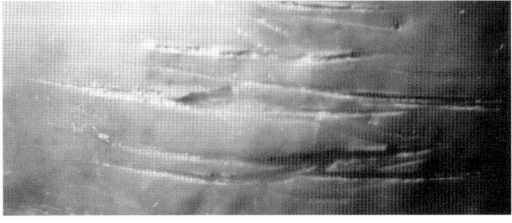

5.4 (rechts oben): Frontalansicht des Oberkiefers.

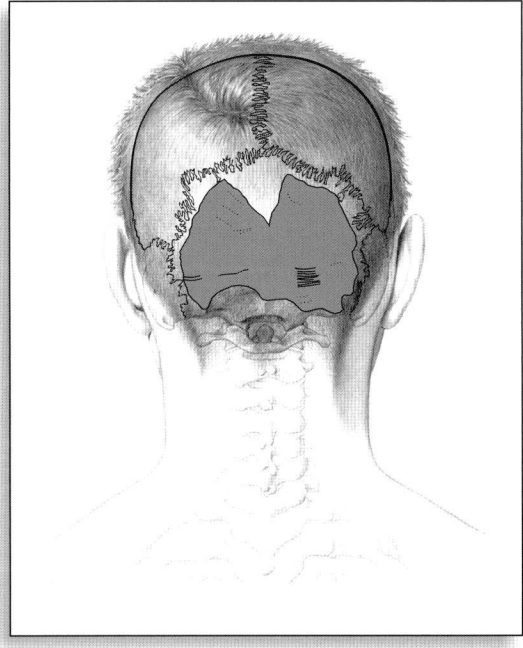

5.5 (rechts unten): Lage des Hirnschädelfragments und der Schnittmarken im Bereich des Hinterkopfes.

der Nackenmuskulatur mindestens zwölf horizontal angebrachte Schnittkerben zwischen sechs und 16 mm Länge, drei davon in Serie etwa auf Höhe der so genannten Hutlinie. Die Schnitte dürften mit einer Steinklinge peri-, wahrscheinlicher postmortal gesetzt worden

sen von einem jugendlichen oder älteren Individuum. Aus osteologischer Sicht spricht also nichts dagegen, dass alle Teile zur selben Person gehören. Der Datierungsunterschied von mehr als 200 Jahren zwischen Oberkiefer und Hinterhaupt könnte mit Problemen der Kalibration zusammenhängen oder messtechnisch bedingt sein. Letztlich wäre aber nur ein DNA-Test in der Lage, die Zusammengehörigkeit der Stücke zu beweisen. Wenn das gesamte Ensemble tatsächlich von *einer* Person stammt, stellt sich die Frage, ob und warum eine Selektion bestimmter Skelettelemente vorgenommen wurde und ob es sich um eine bewusste Deponierung oder im Rahmen von Erdarbeiten zufällig umgelagertes Material handelt.

6. Die Venus-Schnitzer vom Petersfels – Jungpaläolithische Skelettreste aus Höhlensedimenten

Wenn Menschenknochen in Höhlen gefunden werden, bedeutet dies nicht automatisch, dass es sich um Überreste ehemaliger Bewohner handelt. Sie oder Teile von ihnen könnten lediglich dort bestattet, im Rahmen von Kulthandlungen eingebracht oder von Tieren eingeschleppt worden sein. Aber nur in wenigen Fällen liefern taphonomische Belege eindeutige Anhaltspunkte in dieser Richtung.

Aus verschiedenen Höhlen Südwestdeutschlands sind menschliche Skelettteile überliefert. So z. B. Zahnfragmente aus dem ‚Geißenklösterle‘ und dem ‚Hohle Fels‘ bei Schelklingen, die dem Gravettien zuzuweisen sind, oder Bruchstücke von Extremitätenknochen und Schädelreste wiederum aus dem ‚Hohle Fels‘ bzw. der ‚Burkhardtshöhle‘ bei Westerheim, die ins Magdalénien gestellt werden. Darunter befinden sich auch immer wieder Teile von Kindern. Ebenfalls in die jüngere Phase des Jungpaläolithikums gehören Reste von mindestens vier Menschen aus der ‚Brillenhöhle‘ bei Blaubeuren.

Mit am längsten bekannt sind zwei Fundstücke aus dem ‚Petersfels‘ bei Engen, die bereits in den 1930er Jahren gefunden wurden. Dazu kamen gut vierzig Jahre später noch einmal drei Teile, die bei Nachgrabungen bzw. Schlämmarbeiten im alten Grabungsschutt entdeckt werden konnten und bislang noch nicht im detaillierten Vergleich publiziert sind. Im Einzelnen liegen vor: Die linke Oberkieferhälfte eines 4–5jährigen Kindes mit nahezu kompletter Bezahnung. Lediglich der erste Milchschneidezahn ist postmortal ausgefallen. Der auffallend große, erste bleibende Backenzahn war gera-

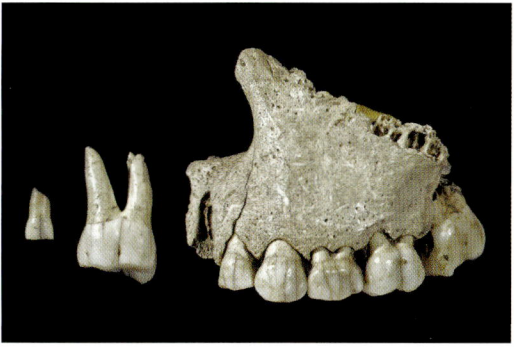

6.1: Eingang der Petersfels-Höhle (November 2006).
6.2: Die menschlichen Skelettreste aus dem Petersfels stammen von mindestens 2–3 Personen: a) Zahn- und Kieferreste, b) Fragmente von Schulterblatt und Schienbein.

de durchgebrochen. Er ist bei der damaligen Restaurierung etwas zu weit in Richtung Kauebene eingeklebt worden. Die vergleichsweise starke Abkauung des zweiten Milchschneidezahns sowie des Milcheckzahns im Vergleich zu den beiden Milchbackenzähnen zeigt, dass das Kind häufiger mit dem Abbeißen harter bzw. zäher Nahrung als mit deren Zermahlen

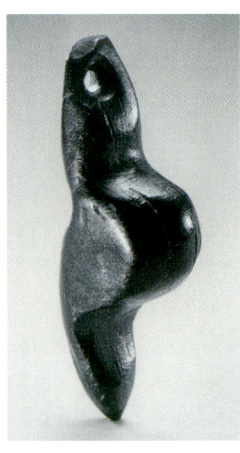

6.3: Die ‚Venus vom Petersfels' (im Brudertal bei Engen, Kr. Konstanz) wurde aus fossilem Holz geschnitzt.

beschäftigt war. Zudem lässt sich eine leichte Porosität im Bereich des Sinus maxillaris feststellen, die auf eine Entzündung der Nasennebenhöhlen zurückgeht, evtl. verursacht durch den Rauch des Lagerfeuers. Morphologische Details weisen auf altertümliche Formen hin. Ebenfalls aus der ersten Grabung stammt ein isolierter, erster unterer linker Backenzahn des bleibenden Gebisses. Ein Zahnarzt würde ihn als ‚36er' bezeichnen. Er ist kariesfrei, die Zahnhöcker sind allerdings deutlich abgenutzt. Er dürfte einem jugendlichen bis maximal 20–25jährigen Individuum zuzuweisen sein. Die starke Abrasion an den Berührungsflächen zu den ehemaligen Nachbarzähnen spricht auch hier für einen hohen Anteil harter Nahrungsbestandteile. Mehrere, schwach ausgebildete Querriefen auf dem Zahnschmelz gehen auf moderate, periodische Entwicklungsstörungen im Kindesalter zurück.

Beim dritten Stück handelt es sich um den Rest eines unteren rechten Milchschneidezahns. Seine Krone ist ebenso deutlich abgekaut. Die unregelmäßig resorbierte Wurzel zeigt jedoch, dass er im Laufe des Zahnwechsels quasi auf natürlichem Weg ausgefallen ist. Er stammt also nicht von einem Toten. Offenbar hat sich einstmals ein ca. sechsjähriges Kind in der Höhle aufgehalten.

Des Weiteren liegt das Fragment eines linken Schulterblatts vor. Die Ränder der Gelenkfläche sind möglicherweise durch Tierfraß beschädigt. Als anatomische Besonderheit ist eine muldenförmige Vertiefung an der Basis des Akromions festzustellen. Hinzu kommt ein

ca. 20 cm langes und aus rund 30 Einzelteilen zusammengesetztes Schaftbruchstück eines rechten Schienbeins. Beide Funde stammen von grazilen – nach F. Poplin eher älteren – Erwachsenen.

Eine stichhaltige morphologische Geschlechtsdiagnose ist für keines der fünf Skelettelemente möglich. Sie repräsentieren mindestens zwei bis drei Personen. Ob sich hinter einer von diesen der Schnitzer der bekannten Gagat-Venus vom ‚Petersfels' verbirgt, werden wir nie erfahren. Das Kleinod selbst ist im Rahmen einer von der Urzeit bis zur Moderne reichenden – im Volksmund „Peepshow" genannten – Präsentation von Frauenstatuetten im städtischen Museum Engen zu bewundern.

7. Spuren eines steinzeitlichen Opferrituals? Die mesolithische Kopfbestattung aus dem Hohlenstein-Stadel

Der ‚Hohlenstein-Stadel' ist eine der ergiebigsten Fundstellen zur Alt- und Mittelsteinzeit Baden-Württembergs. Von dort stammen der bereits angesprochene Oberschenkelknochen eines Neandertalers, die berühmte jungpaläolithische Löwenmensch-Statuette aus Elfenbein sowie die mittel- bis jungneolithische so genannte Knochentrümmerstätte, die Überreste von mindestens 54 Männern, Frauen und Kindern enthielt (siehe Kap. VII.2). Als weiteres ‚Highlight' für die süddeutsche Vorgeschichte ist ein anderer, bedeutsamer Fund anzusehen, eine Kopfbestattung, die nach neuesten ^{14}C-Messungen auf ein Alter von 7835 ± 80 Jahren vor heute, d.h. ins Spätmesolithikum datiert wird. Ihre besten Parallelen findet sie in den bereits Anfang des vorigen Jahrhunderts entdeckten so genannten Schädelnestern aus der ‚Großen Ofnethöhle' in Bayern. Dort waren in vergleichbarem Kontext insgesamt 33 Schädel von in der Mehrzahl nichterwachsenen Individuen aufgefunden worden, die erschlagen und anschließend enthauptet worden waren.

Der vergleichbar spektakuläre Fund vom Hohlenstein kam 1937 im Bereich des Höhleneingangs ans Tageslicht. Die Ausgräber stießen in einer nur 45 cm x 35 cm großen, aber rund 70 cm tiefen Grube auf drei Schädel sowie die zugehörigen Unterkiefer und Halswirbel in anatomischer Abfolge. Die Schädel lassen sich

7.1: Eingang zur Stadel-Höhle im Hohlenstein im Spätsommer 1998.

einem 25–30jährigen Mann, einer 20–25jährigen Frau sowie einem eineinhalb- bis zweijährigen Kind zuordnen. Sie sind in gleicher Ausrichtung mit Blick nach Südwesten, d. h. ins Innere der Höhle, aufrecht und eng beieinander deponiert worden. Die minimale Abrasion der Milchzähne zeigt, dass das Kind, wenn überhaupt, erst kurze Zeit vorher abgestillt worden war. Bestimmte anatomische Varianten sowie die Lage und Form der Stirnhöhlen weisen die drei als Kernfamilie aus. Die beiden Erwachsenen könnten ein und derselben maternalen Abstammungslinie angehören. Eine DNA-Analyse wurde bisher jedoch noch nicht durchgeführt.

Das Herausragende an diesem Fall sind hingegen diverse Hinweise auf martialische Gewalteinwirkungen sowie die Fundsituation selbst. An den jeweils untersten Halswirbeln der beiden Erwachsenen (vc 4 beim Mann und vc 5 bei der Frau) lassen sich v. a. auf der Vorderseite im Breich des jeweiligen Wirbelspaltes Schnittspuren von Silexklingen feststellen, die als eindeutige Belege dafür zu werten sind, dass die Köpfe seinerzeit noch im Weichteilverband vom Rumpf abgetrennt wurden. Die Halswirbel des Kindes (vc 1 bis 3) waren über mehrere Jahrzehnte verschollen und sind erst im Oktober 2003 wieder aufgefunden worden. Ihre neuerliche Inspektion bestätigte die Erstbeschreibung von W. Gieseler, dass sie keinerlei Spuren von Schneidewerkzeugen tragen. Beim Abtrennen des Kinderkopfes war demnach nicht bis auf den Knochen geschnitten worden.

Sowohl der Männer- als auch der Frauenschädel weisen zudem Schlagverletzungen im linken Stirn/Scheitelbereich auf, die zweifelsfrei auf Schläge mit einem stumpfen, harten Gegenstand (einer Keule o. ä.) zurückzuführen sind, der großflächig und mit großer Wucht aufgetroffen ist. Es finden sich typische zirkuläre und radiäre Frakturlinien, am Schädeldach des Mannes zusätzlich noch eine Perforation, die wahrscheinlich von einem kleineren (Ast-)Fortsatz der Keule herrührt. Das Kleinkind scheint dagegen auf eine andere Art getötet worden zu sein. Der Verlauf der Bruchkanten ist an diesem Schädel nicht eindeutig einer perimortalen Gewalteinwirkung zuzuschreiben. Die Dimensionen sowie die Ausgestaltung der Bestattungsgrube lassen einen beträchtlichen Arbeitsaufwand erkennen. Es muss mit speziellem Körpereinsatz verbunden und so von be-

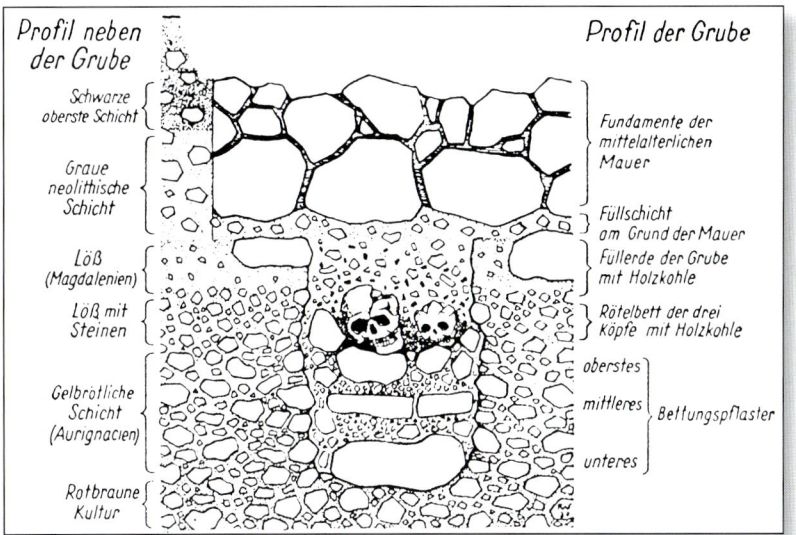

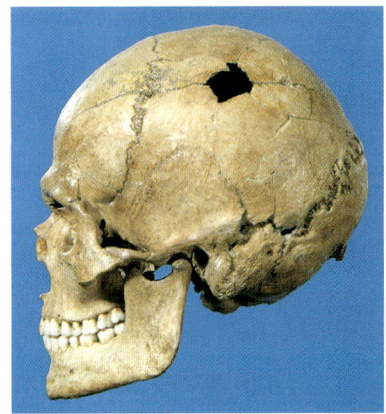
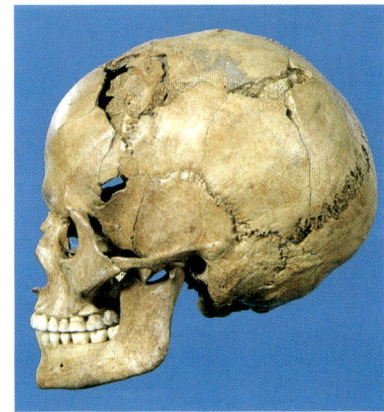

7.2: „Halbschematisches" Profil im Bereich des Höhleneingangs.

7.3: Die Mesolithische Kopfbestattung vom Hohlenstein-Stadel. Lagerekonstruktion der drei Schädel.

7.4: a) Schädel des 25–30jährigen Mannes und b) der 20–25jährigen Frau in linker Seitenansicht mit Lochdefekten, die auf großflächige stumpfe Gewalteinwirkungen zurückzuführen sind.

7.5: Hohlenstein-Stadel. a) Vierter Halswirbel des Mannes und b) fünfter Halswirbel der Frau mit deutlichen, durch die Verwendung von Silexklingen verursachten Schnittspuren auf der

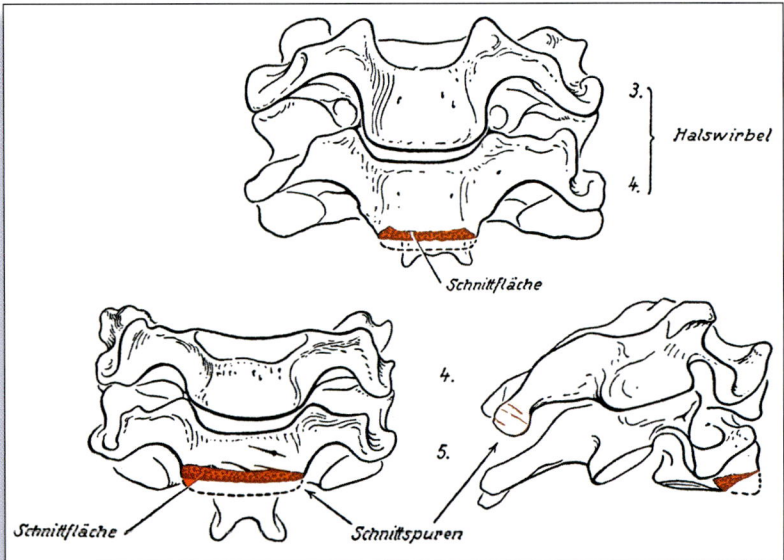

Ventralseite bzw. am Unterrand des Wirbelkörpers.
7.6 (Mitte): Lage der Schnittspuren an den Halswirbeln der beiden Erwachsenen nach Gieseler 1951.
7.7 (unten): Die Halswirbel des Kindes zeigen keinerlei Spuren von Gewalteinwirkung.

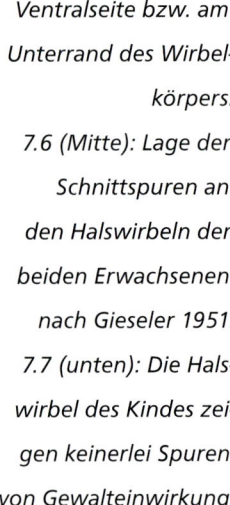
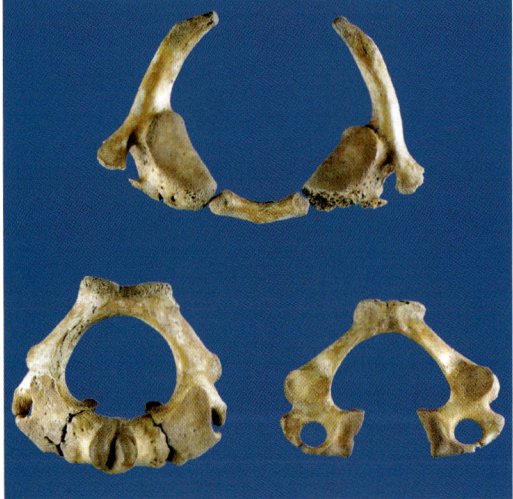

sonderer Bedeutung gewesen sein, eine derart enge und gleichzeitig tiefe Grube auszuheben und mit drei, voneinander durch kleinstückige Zwischenschichten getrennten ‚Bettungspflastern' aus größeren Steinen auszustatten. Erst auf die oberste Lage, ca. 40 cm unterhalb des seinerzeitigen Laufhorizonts, drapierte man die Köpfe, die ihrerseits in einer stark mit Holzkohle durchsetzten Rötelschicht angetroffen wurden. Die Umstände legen nahe, an einen rituellen Akt zu denken. Was mit den restlichen Körpern geschah, wissen wir nicht.

Aus mesolithischem Kontext seien noch drei weitere Altfunde genannt. Von der Doppelbestattung einer jungen Frau zusammen mit einem Neugeborenen aus der ‚Bocksteinhöhle' im Lonetal sind heute nurmehr die Knochen des Kindes erhalten. In Ablehnung der Datierung wurde die Dame seinerzeit von dem berühmten Rudolf Virchow als „Mammutmelkerin" abgetan. Das 1952 gemeldete kleinwüchsiges Skelett vom ‚Höhlesbuckel' in Blaubeuren-Altental war immerhin fast 10 000 Jahre alt. Davon sind heute lediglich noch spärliche Schädelreste überliefert.

Vergleichsweise vollständig liegen dagegen die Skelettelemente eines Kleinkindes aus dem ‚Felsställe' bei Ehingen-Mählen vor. Dort war in den 1970er Jahren die Bestattung eines etwa dreijährigen, kaum über einen Meter großen Individuums gefunden worden, dessen Knochen und Zähne Hinweise auf Mangelerscheinungen und Karies lieferten.

Literatur

III.1

K.W. Alt, W. Henke u. H. Rothe, Taxonomische Marginalien zum Dmanisi-Unterkiefer aufgrund dentalmorphologischer Vergleichsanalysen. In: M. Kokabi (Hrsg.), Beiträge zur Archäozoologie und Prähistorischen Anthropologie I (Konstanz 1997) 125–133.

K.W. Beinhauer, R. Kraatz u. G.A. Wagner (Hrsg.), Homo erectus heidelbergensis von Mauer. Kolloquium I. Mannheimer Geschichtsblätter N. F. Beiheft 1 (Sigmaringen 1996).

A. Czarnetzki, T. Jakob u. C.M. Pusch, Palaeopathological and variant conditions of the Homo heidelbergensis type specimen (Mauer, Germany). Journal Human Evolution 44, 2003, 479–495.

W. Gieseler, Die Fossilgeschichte des Menschen (Stuttgart 1974).

W. Henke u. H. Rothe, Paläoanthropologie (Berlin, Heidelberg, New York 1994.

J.-J. Hublin, Die Sonderevolution der Neandertaler. Spektrum d. Wissenschaft 1998/7, 56–63.

E. Probst, Deutschland in der Urzeit. Von der Entstehung des Lebens bis zum Ende der Eiszeit (München 1986).

A. Wieczorek u. W. Rosendahl (Hrsg.), MenschenZeit – Geschichten vom Aufbruch der frühen Menschen. Publikation der Reiss-Engelhorn-Museen 7 (Mainz 2003).

III.2

K.D. Adam, The chronological and systematic position of the Steinheim skull. In: E. Delson (Ed.), Ancestors: The hard evidence (New York 1985) 272–276.

K.D. Adam, Der vermeintliche Fossilbeleg eines Urmenschen aus mittelpleistozänem Travertin von Stuttgart-Bad Cannstatt. Stuttgarter Beitr. Naturkde. B, H. 125, 1986.

K.D. Adam, Der Homo steinheimensis von Steinheim an der Murr. In: W. Hansch (Hrsg.), Eiszeit – Mammut, Urmensch ... und wie weiter? museo 16, 2000, 138–149.

K.D. Adam, Der Steinheimer Urmensch im Streit der Meinungen! Ein Umdenken vonnöten? Beitr. Heimatkde. 63 (Steinheim an der Murr 2004).

A. Czarnetzki, The Fragment of a Hominid Tooth from the Holstein II Period from Stuttgart-Bad Cannstatt. Human Evolution 14, 2000, 175–189.

A. Czarnetzki, Ein archaischer Hominidencalvariarest aus einer Kiesgrube in Reilingen, Rhein-Neckar-Kreis. Quartär 39/40, 1989, 191–201.

A. Czarnetzki, E. Schwaderer u. C.M. Pusch, Fossil record of meningioma. The Lancet 362, 2003, 408.

W. Henke u. H. Rothe, Stammesgeschichte des Menschen (Berlin, Heidelberg, New York 1999).

H.G. König, J. Wahl u. R. Ziegler, Die Defekt- und Verformungsspuren am Schädel des Urmenschen von Steinheim an der Murr (Arb.titel). In Vorb.

J. Orschiedt, Zur Frage der Manipulationen am Schädel des ‚Homo steinheimensis‘. In: I. Campen, J. Hahn u. M. Uerpmann (Hrsg.), Spuren der Jagd – Die Jagd nach Spuren. Festschrift Hansjürgen Müller-Beck. Tübinger Monogr. Urgesch. 11 (Tübingen 1996) 467–472.

H. Weinert, Der Urmenschenschädel von Steinheim. Zeitschr. Morph. u. Anthrop. 35, 1936, 463–518.

R. Ziegler, Urmenschen. Funde in Baden-Württemberg. Stuttgarter Beitr. Naturkde. C, H. 44, 1999.

III.3

B. Auffermann u. J. Orschiedt, Die Neandertaler. Eine Spurensuche (Stuttgart 2002).

K. Harvati u. T. Harrison (Hrsg.), Neanderthals Revisted – New Approaches and Perspectives. Max-Planck-Institute Subseries in Human Evolution (Dordrecht 2006).

M. Kuckenburg, Der Neandertaler. Auf den Spuren des ersten Europäers (Stuttgart 2005).

M. Kunter u. J. Wahl, Das Femurfragment eines Neandertalers aus der Stadelhöhle des Hohlensteins im Lonetal. Fundber. Baden-Württemberg 17/1, 1992, 111–124.

J. Orschiedt, B. Auffermann u. G.-Chr. Weniger, Familientreffen. Deutsche Neanderthaler 1856–1999. Katalog zur Sonderausstellung im Neanderthal-Museum vom 19. März – 2. Mai 1999 (Mettmann 1999) 25–28.

I. Tattersall, Neandertaler. Der Streit um unsere Ahnen (Basel, Boston, Berlin 1999).

J. Wahl, Vom Stirn runzelnden Eskimo zum U-Bahnfahrer in Nadelstreifen – Das Erscheinungsbild des Neandertalers im Wandel der Zeiten. In: N. J. Conard, St. Kölbl u. W. Schürle (Hrsg.), Vom Neandertaler zum modernen Menschen (Ostfildern 2005) 27–38.

G.-Chr. Weniger, Der Mensch aus dem Neandertal. In: W. Hansch (Hrsg.), Eiszeit – Mammut, Urmensch ... und wie weiter? museo 16, 2000, 158–167.

R. Wetzel, Die Kopfbestattung und die Knochentrümmerstätte des Hohlensteins im Rahmen der Urgeschichte des Lonetals: Verhandl. Dt. Ges. Rassenforsch. 9, 1938, 193–212.

III.4

K. D. Adam u. M. A. Geyh, Zur Altersstellung der Homo-Funde aus der Vogelherd-Höhle bei Stetten ob Lonetal (Schwäbische Alb). Jh. Ges. Naturkde. Württemberg 161, 2005, 5–43.

N. J. Conard, P. M. Grootes u. F. H. Smith, Unexpectedly recent dates for human remains from Vogelherd. Nature 430, 2004, 198–201.

A. Czarnetzki, Zur Entwicklung des Menschen in Südwestdeutschland. In: H. Müller-Beck (Hrsg.), Urgeschichte in Baden-Württemberg (Stuttgart 1983) 217–240.

H. Floss, Die Vogelherd-Figuren und die Anfänge der Kunst in Europa. In: W. Hansch (Hrsg.), Eiszeit – Mammut, Urmensch ... und wie weiter? museo 16, 2000, 178–191.

W. Gieseler, Bericht über die jungpaläolithischen Skelettreste von Stetten ob Lonetal bei Ulm. Verhandl. Ges. Phys. Anthrop. 8, 1937, 41–48.

J. Hahn u. C.-J. Kind, Urgeschichte in Oberschwaben und der mittleren Schwäbischen Alb. Arch. Inf. Baden-Württemberg 17 (Stuttgart 1991).

E. Schmid, Die altsteinzeitliche Elfenbeinstatuette aus der Höhle Stadel im Hohlenstein bei Asselfingen, Alb-Donau-Kreis. Fundber. Baden-Württemberg 14, 1989, 33–118.

J. Weber, A. Spring u. A. Czarnetzki, Parasagittales Meningeom bei einem 32.500 Jahre alten Schädel aus dem Südwesten von Deutschland: Neue Erkenntnisse über den Umgang mit Krankheit in der Altsteinzeit. Dt. Med. Wochenschr. 127, 2002, 2757–2760.

R. Ziegler, Neandertaler – Schöpfer der Aurignacien-Kultur? Naturwiss. Rundschau 57, 2004, 634 f.

III.5

S. Anger u. A. Diek, Skalpieren in Europa seit dem Neolithikum bis um 1767 nach Chr. Bonner Hefte Vorgesch. 17, 1978, 153–240.

F. J. Gietz, Spätes Jungpaläolithikum und Mesolithikum in der Burghöhle Dietfurt an der oberen Donau. Materialh. Arch. Baden-Württemberg 60 (Stuttgart 2001).

W. Taute, Die Grabungen 1988 und 1989 in der Burghöhle Dietfurt an der oberen Donau, Gemeinde Inzigkofen-Vilsingen, Kreis Sigmaringen. Arch. Ausgr. Baden-Württemberg 1989, 38–44.

W. Taute, B. Gehlen u. M. Claus, Archäologische Untersuchungen 1990 und 1991 in der Burghöhle Dietfurt an der oberen Donau, Gemeinde Inzigkofen-Vilsingen, Kreis Sigmaringen. Arch. Ausgr. Baden-Württemberg 1991, 25–32.

H. Ullrich, Palaeolithic mortuary practices and burials: an anthropological approach. Proceedings XIII. Intern. Congress of Prehistoric and Protohistoric Sciences, Forli (Italia) 8.–14. Sept. 1996, vol. 2 (Forli 1998) 597–604.

III.6

G. Albrecht u. A. Hahn, Rentierjäger im Brudertal. Führer Arch. Denkmäler Baden-Württemberg 15 (Stuttgart 1991).

K. Gerhardt, Die menschlichen Überreste vom Petersfels. In: P. F. Mauser, Die jungpaläolithische Höhlenstation Petersfels im Hegau (Gemarkung Bittelbrunn, Ldkrs. Konstanz). Bad. Fundber. Sonderh. 13 (Freiburg 1970) 87–90.

W. Gieseler u. A. Czarnetzki, Die menschlichen Skelettreste aus dem Magdalénien der Brillenhöhle. In: G. Riek, Das Paläolithikum der Brillenhöhle bei Blaubeuren I. Forsch. u. Ber. Vor- u. Frühgesch. Baden-Württemberg 4/I (Stuttgart 1973) 165–168.

F. Poplin, Drei menschliche Knochenreste vom Petersfels. In: G. Albrecht, H. Berke u. F. Poplin (Hrsg.), Naturwissenschaftliche Untersuchungen an Magdalénien-Inventaren vom Petersfels, Grabungen 1974–1976. Tübinger Monogr. Urgesch. 8 (Tübingen 1983) 59–62.

III.7

A. Czarnetzki, Eine mesolithische Bestattung aus dem Felsställe bei Mühlen, Stadt Ehingen, Alb-Donau-Kreis. In: C.-J. Kind, Das Felsställe. Eine jungpaläolithisch-frühmesolithische Abri-Station bei Ehingen-Mühlen, Alb-Donau-Kreis. Forsch. u. Ber. Vor- u. Frühgesch. Baden-Württemberg 23 (Stuttgart 1987) 365–372.

D. W. Frayer, Ofnet: Evidence for a Mesolithic Massacre. In: D. L. Martin u. D. W. Frayer (Eds.), Troubled Times. Violence and Warfare in the Past (Amsterdam 1997) 181–216.

W. Gieseler, Anthropologischer Bericht über die Kopfbestattung und die Knochentrümmerstätte des Hohlensteins im Lonetal. Verhandl. Dt. Ges. Rassenforsch. 9, 1938, 218 f.

W. Gieseler, Die süddeutschen Kopfbestattungen (Ofnet, Kaufertsberg, Hohlestein) und ihre zeitliche Einreihung. Naturwiss. Monatsschr. ‚Aus der Heimat‘ 59, 1951, 291–298.

S. Haas, Neue Funde menschlicher Skelettreste und ihre Ergebnisse. In: J. Hahn u. C.-J. Kind, Urgeschichte in Oberschwaben und der mittleren Schwäbischen Alb. Zum Stand neuerer Untersuchungen der Steinzeit-Archäologie. Arch. Inf. Baden-Württemberg 17 (Stuttgart 1991) 37 f.

J. Wahl u. M. N. Haidle, Anmerkungen zur mesolithischen Kopfbestattung vom Hohlenstein-Stadel. Fundber. Baden-Württemberg 27, 2003, 13–22.

O. Völzing, Die Grabungen 1937 am Hohlestein im Lonetal Markung Asselfingen Kr. Ulm. Fundber. Schwaben N. F. 9, 1935–1938, 1–7.

IV. Von Adeligen, Minnesängern und Massengräbern –

Spektakuläre Grabfunde als Spiegel der Zeit

1. Sensation unter dem Frühbeet – Das Steinzeit-Massaker von Talheim

Eine der kuriosesten Geschichten der archäologischen Denkmalpflege in Baden-Württemberg ist die Entdeckung eines jungsteinzeitlichen Massengrabs im Hausgarten des Aussiedlerhofs der Familie Schoch bei Talheim in der Nähe von Heilbronn. Nichts ahnend hatten die Bauersleute unmittelbar über den Gebeinen ein Frühbeet angelegt. Jahrelang ernteten sie prächtige Salatköpfe. Das Blattgemüse gedieh so gut, dass es schon bald gegen die gläserne Beetabdeckung stieß. Um den Pflanzen mehr Raum zu schaffen, sollte im Frühjahr 1983 das Innere des mit Betonsteinen umgrenzten Gevierts tiefer ausgehoben werden. Erhard Schoch hatte kaum den Spaten angesetzt, da legte er einen menschlichen Unterkiefer frei. Er meldete seinen Fund im Rathaus, und wenig später rückten die Archäologen an. Niemand war darauf gefasst, dass hier ein Fall ans Tageslicht kommen würde, der die bis dato herrschende Lehrmeinung korrigieren sollte.

Die Ausgrabungen in Talheim dauerten insgesamt drei Wochen, begleitet von Nachtfrösten, Nebelschwaden und überbordenden Spekulationen bis hin zu Presseberichten über Kannibalismus im Neolithikum. Die zwischen den Skelettresten angetroffene Keramik deutete zwar unmittelbar auf das frühe Neolithikum, die bandkeramische Kultur hin, doch hätte der Fund auch jünger oder gar ein Fall für die Kripo sein können. Zwei direkt aus den Knochen gewonnene ^{14}C-Daten lieferten dann die Bestätigung, dass die menschlichen Über-

1.1: Ausschnitt aus dem bandkeramischen Massengrab von Talheim. 34 Männer, Frauen und Kinder sind in einer Grube am Rand einer Siedlung verscharrt worden.

1.2: Rekonstruktion zur Lage und Körperhaltung der Toten. Die Frauen sind mit brauner Farbe abgesetzt.

1.3: Schädelbruchstück eines Jugendlichen mit Spuren zweier unverheilter Gewalteinwirkungen im Bereich des rechten Scheitel- und Hinterhauptbeins: Eine unvollständig erhaltene, scheitelwärts geformte Lochfraktur sowie eine längliche Impressionsfraktur.

1.4: Occipitalansicht des Schädels eines erwachsenen Mannes, a) ohne und b) mit eingepasstem zeittypischem Steinbeil (Flachhacke). Derartige Hacken wurden üblicherweise zur Holzbearbeitung verwendet.

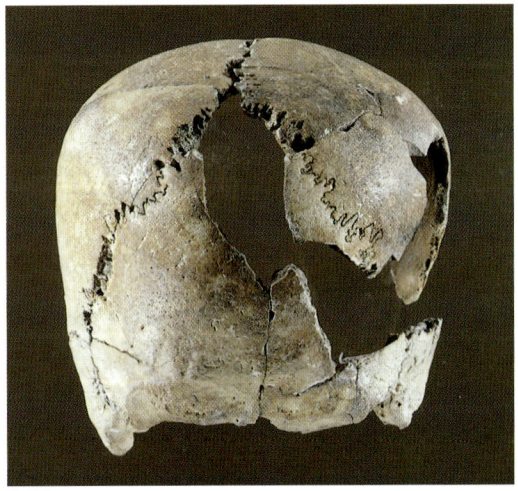

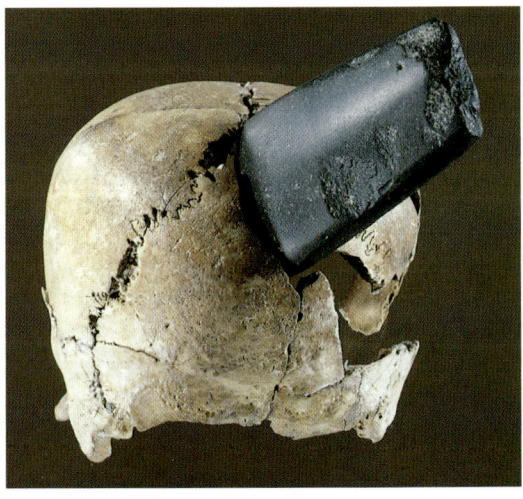

reste tatsächlich aus der Zeit um 5000 v. Chr. stammten.

In der auf 10–12 cm komprimierten Knochenschicht ließ sich nach und nach die Lage von 34 Personen rekonstruieren. Männer, Frauen und Kinder verschiedenen Alters lagen teilweise auf dem Bauch, mit bizzar abgeknickten Armen und Beinen, die einzelnen Körper ineinander verkeilt. Die Toten waren demnach nicht in der für die Jungsteinzeit üblichen Art pietätvoll in Schlafstellung beigesetzt, sondern regellos in eine Grube von etwa 1,5 m x 3 m geworfen worden.

Die anschließende anthropologische Untersuchung des Skelettmaterials zog sich über zwei Jahre hin, die Ergebnisse waren eine wissenschaftliche Sensation: Nach der Altersstruktur zu urteilen, handelte es sich offenbar um die komplette Einwohnerschaft eines kleinen Steinzeitdorfes. Die akribische Durchsicht ergab bei mehr als der Hälfte aller Personen unverheilte Hieb- und Schlagverletzungen am Schädel (darunter fünfmal drei oder mehr Defekte am selben Schädel), die nach forensischer Beurteilung auf Schläge mit dem Steinbeil, Pfeilschüsse oder stumpfe Gewalteinwirkungen zurückzuführen waren. Die meisten Verletzungen liegen im hinteren rechten Kopfbereich, die Opfer wurden also von hinten erschlagen bzw. erschossen – möglicherweise beim Versuch, zu fliehen. Als Todesursachen kommen v. a. Verbluten oder zentrales Regulationsversagen in Betracht. Da alle Individuen gleichzeitig beseitigt wurden, dürften diejenigen, deren Knochen keine erkennbaren Defekte aufweisen, an schwerwiegenden Weichteilverletzungen gestorben sein. Das Fehlen typischer Abwehrverletzungen zeigt, dass die Opfer keine nennenswerte Gegenwehr geleistet hatten.

Außer dem Fragment einer fraglichen Kalksteinperle in der Grabverfüllung wurden keinerlei persönliche Gegenstände wie Schmuckanhänger, Amulette oder sonstige Gerätschaften angetroffen. Die Toten waren vor ihrer Beseitigung ausgeplündert, wahrscheinlich sogar entkleidet worden. Das Fehlen jeglicher Spuren von Tierverbiss deutet zudem darauf hin, dass man sie rasch vergraben hatte. Die Täter wollten offensichtlich ihre Tat vertuschen. Vielleicht hatten sie es auf die Übernahme der vorhandenen Infrastruktur, Häuser, Vieh, Felder, Weiden, Vorräte usw. abgesehen.

Über die Lebensumstände der damaligen Zeit sind wir relativ gut informiert. Unsere Vorfahren waren erst einige Generationen zuvor sesshaft geworden. Nachdem in den 1990er Jahren ein ähnlicher Fund aus dem österreichischen Schletz bekannt wurde, wissen wir, dass in der jüngeren Phase der Bandkeramik auch andernorts die Ressourcen heiß umkämpft waren. Der Fund aus Talheim widerlegte allerdings zum ersten Mal die in der Fachwelt jahrzehntelang tradierte Meinung des per se friedlichen Landwirts und gilt in verschiedenen Publikationen als einer der frühesten Belege für Krieg.

Alles in allem sind in der Talheimer Skelettgrube drei Generationen vertreten. Das jüngste Individuum war ca. zwei, das älteste etwa 60 Jahre alt geworden. 18 Erwachsene stehen 16 Kindern und Jugendlichen gegenüber. Die Verteilung der anatomischen Varianten weist sie drei bis vier Abstammungslinien zu, wobei sich die Männer untereinander ähnlicher sind als die Frauen. Daraus könnte man schließen, dass die Frauen zur Familie des Mannes zogen. DNA-Untersuchungen liegen bisher noch nicht vor. Jüngst durchgeführte Analysen der Strontiumisotope lieferten allerdings Hinweise

darauf, dass zumindest drei der Erwachsenen von außerhalb zugewandert waren. Darunter befindet sich eine 20–30jährige Frau, deren Mutter nach einer Theorie von U. Eisenhauer vielleicht ursprünglich aus Talheim stammte, und die als Witwe, geschiedene Frau oder ,Ausreißerin' in ihr Heimatdorf gekommen sein könnte und damit vielleicht sogar als Auslöser für das Massaker in Betracht käme.

1.5 (oben): Rekonstruktion eines in Form einer Dechsel auf einem Knieholm mit querstehender Schneide geschäfteten Steinbeils (Schuhleistenkeil).

1.6 (daneben) Schädel eines etwa 2jährigen Kindes mit unverheilter Depressionsfraktur im Scheitelbereich.

1.7 (darunter): Schädel eines ca. 60jährigen Mannes mit verheilter Lochfraktur auf dem linken Scheitelbein und kleinerer, lediglich oberflächlicher Verletzung auf dem rechten Scheitelbein (Pfeil).

1.8 (unten): Projektion aller stumpfen (links) und durch Flachhacken verursachten Gewalteinwirkungen auf je einen Schädel in verschiedenen Ansichten.

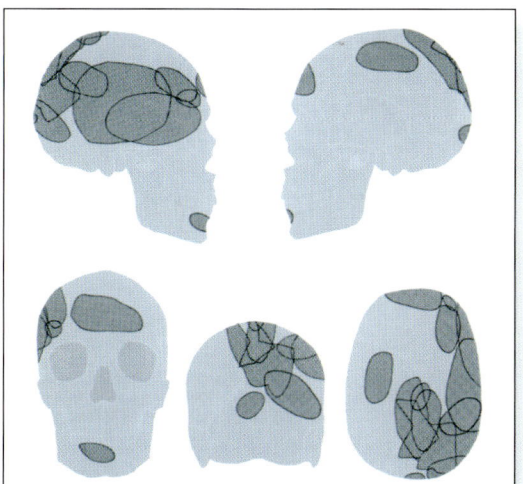

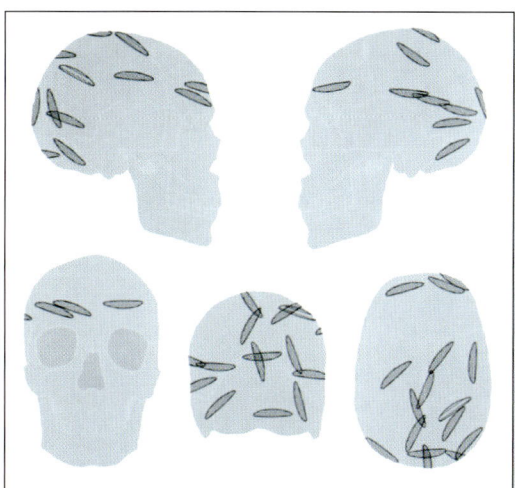

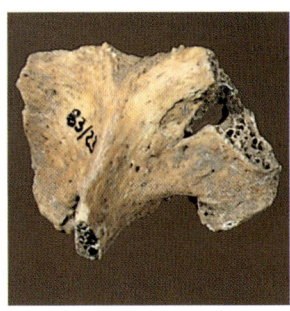

1.9: a) Rechts Dorsalansicht eines Brustwirbelbogens aus dem oberen Thoraxbereich mit Perforation durch einen Pfeilschuss, b) links mit eingepasster zeittypischer Steinpfeilspitze.

Andere Indizien erlauben indes noch zusätzliche Rückschlüsse auf das Geschehen: Die Spuren ihrer Steinbeile belegen, dass die Täter ebenfalls Bandkeramiker waren. Nach den Details zu urteilen, sind mindestens fünf bis sechs verschiedene Flachhacken, zwei Schuhleistenkeile, Pfeil und Bogen sowie eine unbekannte Zahl von Keulen oder anderen stumpfen Gegenständen zum Einsatz gekommen. Die Angreifer könnten in der Überzahl gewesen sein oder das Überraschungsmoment für sich gehabt haben. Der Einsatz von Fernwaffen deutet darauf hin, dass der Überfall bei ausreichenden Lichtverhältnissen stattgefunden hat.

Über die Herkunft und Motivation der Täter kann dagegen nur spekuliert werden. Es gab offensichtlich keine hemmenden Familienbande. Nach ethnologischen Vergleichen wären z. B. Kinder- oder Frauenraub, Blutrache o. ä. denkbar. Im Kollegenkreis werden auch alternative Deutungen des Szenarios diskutiert. Demnach wären die Talheimer womöglich nicht die Opfer gewesen, sondern hätten selbst eine Gruppe Gefangener getötet. In einem solchen Zusammenhang hätte man allerdings eine noch größere Gleichförmigkeit hinsicht-

1.10: Künstlerische Umsetzung des Talheim-Massakers von Tom Leonhardt aus dem Jahr 1986.

lich der verwendeten Waffen und Verletzungen erwartet.

Das Massengrab lag weniger als zwei Meter von der ehemaligen Baugrube des Schoch'schen Wohnhauses entfernt. Es hat nicht viel gefehlt, und es wäre beim Ausbaggern des Fundaments zerstört worden, ohne seine Geheimnisse preisgegeben zu haben. Der Fund hat auch Jahrzehnte nach seiner Entdeckung nicht an Aktualität und Interesse eingebüßt. Er lieferte das Vorbild für eine Reportage über die letzten Tage des berühmten Gletschermannes, die unter dem Titel ‚Eismann' im Dezember 1994 im japanischen Fernsehen ausgestrahlt wurde, war 2003 Gegenstand zweier TV-Reportagen und findet immer wieder Beachtung auch in internationalen Veröffentlichungen.

2. Erschlagen und gemeinsam beerdigt – Das Schicksal einer jungsteinzeitlichen Familie aus Heidelberg-Handschuhsheim

Die Michelsberger Kultur ist wie alle vorgeschichtlichen Kulturgruppen durch typische Keramik- und Geräteinventare charakterisiert. Obwohl in weiten Teilen Mitteleuropas nachgewiesen und seit langem bekannt, sind jedoch bis heute kaum detaillierte Siedlungsstrukturen oder größere Gräbergruppen gefunden worden. Das bekannteste Phänomen dieser Kultur sind die so genannten Erdwerke, meist Bergkuppen oder Geländesporne, die durch Wälle und Gräben gegen das Umland abgegrenzt waren und bis zu mehrere Hektar große Areale umfassten. Früher wurde angenommen, es könne sich dabei um Kultbezirke, Viehkrale, Herrensitze oder Fluchtburgen handeln. Nach dem momentanen Stand der Forschung sind sie eher als befestigte Siedlungen anzusehen. Zu einem solchen Erdwerk könnte das Grab gehören, das im Sommer 1985 in einer Kleingartenanlage am Ostufer des Neckars, westlich des Ortes Handschuhsheim, entdeckt wurde. In einer ca. 1,8 m x 1,6 m großen Grube fand man die Skelettreste von sechs Personen. Die Toten waren in West-Ost-Richtung und Hocklage mit mehr oder weniger stark angezogenen Beinen bestattet worden, vier in linker und einer in rechter Seitenlage. Das sechste Individuum, ein etwa einjähriges Kleinkind, wurde erst bei der Präparation des Knochenmaterials

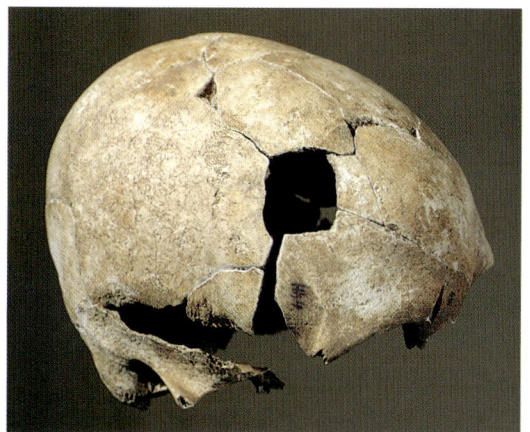

erkannt. Seine Körperhaltung ließ sich nicht mehr rekonstruieren.

Im Einzelnen können zwei Männer im Alter von 40(–50) und 50(–60) Jahren, eine junge Frau sowie ein 12–13jähriger Knabe, ein 4–5jähriges Kind und der bereits erwähnte Säugling angesprochen werden. Der Jugendliche hebt sich in zwei Punkten von allen anderen ab. Nur er trug persönlichen Besitz, eine Kette aus Tierzähnen, und er blickte als Einziger in die entgegengesetzte Richtung. Beides vielleicht Hinweise auf eine Sonderbehandlung auf Grund seines Status kurz vor der Pubertät.

2.1 (unten): die Mehrfachbestattung aus HD-Handschuhsheim umfasst sechs Individuen im Alter von etwa einem Jahr bis 50(–60) Jahren.

2.2 (links): a–c) Schädel des 40(–50)jährigen Mannes, der im Südteil des Grabes als

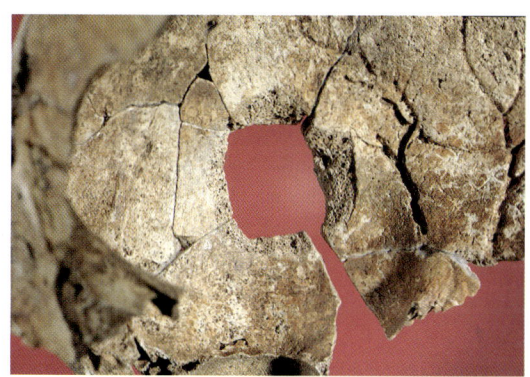

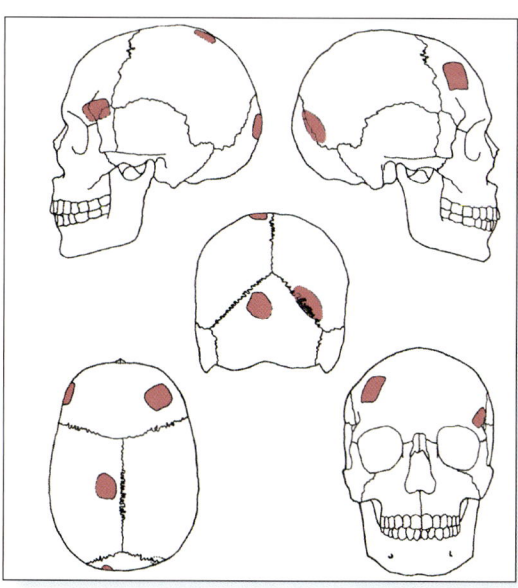

Die beiden Männer waren zwischen 1,60 m und 1,65 m groß. Sie repräsentieren einen ausgesprochen grazilen Typus. Die Frau erreichte etwa 1,57 m und liegt damit nahe am Mittelwert vergleichbarer Daten aus anderen Fundstellen. Unter Berücksichtigung der epigenetischen Merkmale lassen sich zudem bestimmte Verwandtschaftsverhältnisse vermuten. Demnach wären die 25–30jährige Frau und der frühmature Mann die Eltern des halbwüchsigen Knaben, der spätmature Mann der Großvater mütterlicherseits gewesen. Die Skelettreste, insbesondere die Schädel der beiden Jüngsten, sind zu schlecht erhalten, um sie diesbezüglich näher beurteilen zu können. Nachdem aber fraglos alle Personen gleichzeitig bestattet wurden, liegt es nahe, diese ebenfalls der beschrie-

linksseitiger Hocker niedergelegt wurde, mit geformter Lochfraktur im rechten Stirnbereich. Darunter: Innenansicht des Lochdefektes mit und ohne eingepasstem Imprimat.

2.3 (unten): Die summarische Projektion aller Schädeldefekte zeigt, dass dem Verletzungsbild keine Systematik zugrunde liegt.

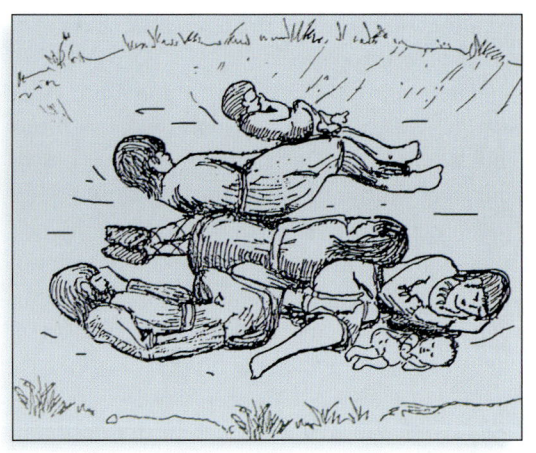

2.4: Idealisierte Rekonstruktion der Grablege nach B. Heukemes.

schen Steingeräten. Sie liegen unsystematisch verteilt und deuten daher, im Gegensatz zu dem Fund aus Talheim, auf ein Kampfgeschehen mit entsprechender Gegenwehr hin. Dass es bei der Auseinandersetzung in Handschuhsheim wahrscheinlich bekannte oder verwandte Überlebende gegeben hat, ergibt sich aus der Tatsache, dass die Opfer pietätvoll bestattet wurden.

3.1: Gestörte urnenfelderzeitliche Dreierbestattung aus Neckarsulm (Grab 22) mit zwei männlichen und einem Individuum fraglichen Geschlechts in Fundlage.

benen Familie zuzuordnen. Die Beziehungen der Toten scheinen sich auch in deren Lageposition zueinander widerzuspiegeln.

Besondere Aufmerksamkeit verdienen in diesem Fall erneut die zahlreichen Spuren traumatischer Ereignisse. An den Skelettresten der drei Erwachsenen sowie des Jugendlichen lassen sich insgesamt sieben unverheilte Verletzungen, die meisten am Schädel, lokalisieren. Es handelt sich durchweg um Defekte, die auf stumpfe Gewalteinwirkungen zurückgehen. Einzelne davon entsprechen in ihrem Querschnitt den für die Michelsberger Kultur typi-

3. Nur Männer ‚im besten Alter‘? Ein Sonderfriedhof der Urnenfelderzeit aus Neckarsulm

Bei der Prospektion für ein neu ausgewiesenes Industriegebiet im Süden von Neckarsulm wurde im Frühjahr 2001 ein spätbronzezeitliches Gräberfeld lokalisiert und innerhalb von vier Monaten komplett ausgegraben. Die Waffen und sonstigen Beifunde (Rasiermesser, Nadeln, Gürtelschließen und andere Trachtbestandteile) lassen sich nach typologischen Gesichtspunkten dem älteren Abschnitt der so genannten Urnenfelderzeit zuweisen. In dieser Periode herrschte eigentlich die Brandbestattung vor. Die Toten wurden eingeäschert und ihre knöchernen Überreste in Urnen meist in kleineren Friedhöfen beigesetzt. In den Neckarsulmer Gräbern fanden sich jedoch ausschließlich unverbrannte Skelette, einige vollständig im anatomischen Verband, in mehr oder weniger gutem Zustand, andere durch Grabräuber gestört und öfter in Mehrfachbestattungen nebeneinander liegend. Das Knochenmaterial selbst ist stark verwittert.

Insgesamt konnten aus 33 Gräbern 51 Skelettindividuen geborgen werden. Achtmal lagen zwei, dreimal drei und einmal sogar fünf Menschen zusammen in einem Grab. Damit hoben nicht nur die qualitätvollen Beigaben sowie die Größe der Nekropole, sondern auch die Beisetzung in Form von Körpergräbern diesen Fund gegenüber den bisher bekannten frühbronzezeitlichen Grabsitten als Sonderfall heraus.

Aber auch die anthropologische Untersuchung erbrachte Außergewöhnliches: Bei den Personen, deren Skelettreste eine morphologische Geschlechtsdiagnose erlauben, handelt es sich ausschließlich um Männer. Von fünf Individuen konnten keinerlei Überreste, nur spärlichste Knochen- oder Zahnkronenpartikel geborgen werden und lediglich bei acht Individuen besteht die Möglichkeit, sie evtl. als weiblich zu

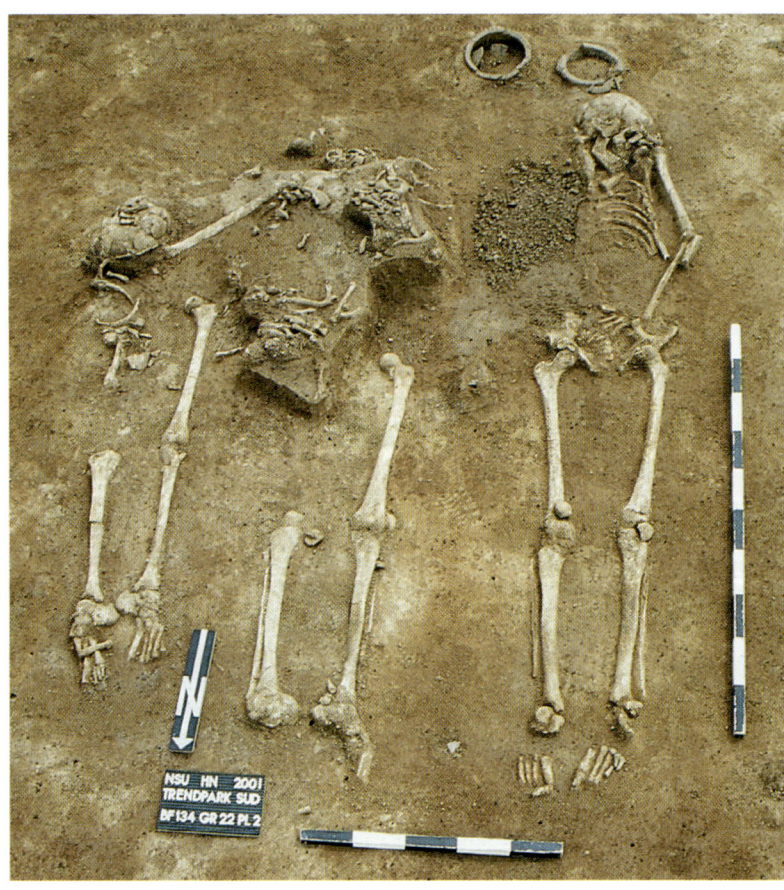

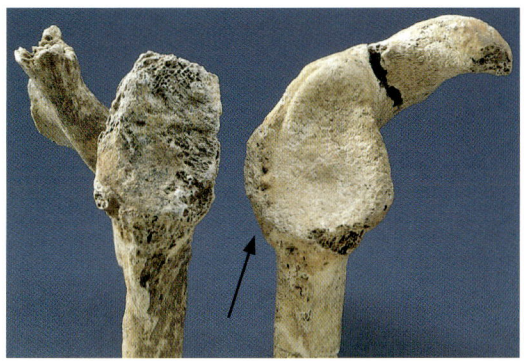

klassifizieren. Sie sind vergleichsweise klein und grazil, ihre Überreste schlecht erhalten und mit konventionellen Methoden nicht zu bestimmen. DNA-Analysen wurden bislang noch nicht durchgeführt, dürften in Anbetracht des maroden Erhaltungszustands auch wenig Aussicht auf Erfolg haben. Unter der Annahme, es handele sich bei den fraglichen Individuen allesamt um Frauen, würde sich daraus auch nicht annäherungsweise ein ausgeglichenes Geschlechterverhältnis ergeben. Da sie bezüglich verschiedener Indizes nicht vom übrigen Ensemble abweichen, könnten sie ebenso gut schwächere Männer repräsentieren und gelten bis auf weiteres als unbestimmt.

Weiterhin bemerkenswert ist die Altersverteilung der Bestatteten. Neugeborene, Kinder und jüngere Jugendliche fehlen ganz, das jüngste Individuum starb im Alter von etwa 16–17 Jahren, der älteste Mann wurde über 60 Jahre alt. Die überwiegende Mehrzahl der Verstorbenen findet sich in der Altersgruppe der 20–40jährigen. Zusätzliche Besonderheiten sind die mit kaum mehr als 1,72 m nur leicht überdurchschnittliche Körperhöhe, ein wenig markantes Muskelmarkenrelief sowie lediglich geringfügige Hinweise auf Wachstumsstörungen oder degenerative Veränderungen. Die vorliegende ‚Männertruppe' war demnach relativ gesund und nicht übermäßig körperlichen Belastungen ausgesetzt. Alle, deren distale Schienbeinenden erhalten waren, weisen so genannte Hockerfacetten auf, mindestens bei dreien können entsprechende Gelenkerweiterungen an den Femurköpfen festgestellt werden – ein Befund, der üblicherweise mit häufigem Reiten in Verbindung gebracht wird.

In der Zusammenschau weisen – neben den hochwertigen Beigaben – alle Anhaltspunkte darauf hin, dass hier Angehörige einer höheren Gesellschaftsschicht beigesetzt wurden, und zwar bevorzugt ‚Männer im besten Alter'.

3.2 (oben rechts): Der Schädel des ca. 30jährigen Mannes (Ind. 1) aus Grab 22 ist durch starken Erddruck auf eine Breite von weniger als 10 cm komprimiert.

3.3 (oben links): Die rechte Scapula des frühmaturen Mannes (Ind. 2) aus Grab 22 weist Knochenwucherungen auf, die infolge einer Luxation des Schultergelenks entstanden sind (Pfeil). Links Vergleichsstück von Ind. 3.

3.4 (links): Doppelbestattung zweier Männer aus Neckarsulm (Grab 12).

3.5 (unten rechts): Rechter Oberschenkelknochen des 25–30jährigen Mannes (Ind. 2) aus Grab 12 mit kantig berandeter Perforation in der Schaftmitte. Wahrscheinlich eine Sondagespur von Grabräubern.

3.6 (unten): Altersverteilung der in Neckarsulm Bestatteten.

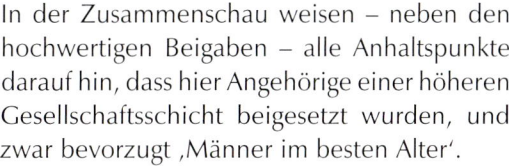

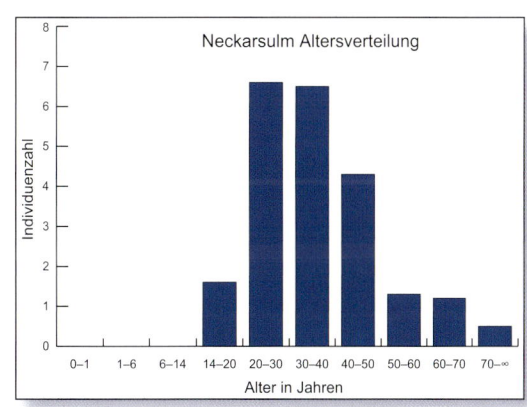

Für eine Sonderausstellung der Befunde in Heilbronn im Jahr 2002 wurde der treffende Titel „Geschlossene Gesellschaft" gewählt. Weitestgehend ungeklärt ist allerdings bis heute die Frage, woran die Männer gestorben sind. Hinweise auf Gewalteinwirkungen sind spärlich und uneindeutig, die bei vier Individuen ansprechbaren Perforationen und Einkerbungen am ehesten auf die Aktivität der seinerzeitigen Grabräuber zurückzuführen. So darf, speziell auch hinsichtlich der Mehrfachbestattungen, weiter spekuliert, evtl. an erwürgte oder durch Gifttrunk getötete Gefolgschaftskrieger oder Ähnliches gedacht werden.

4. Goldene Schuhe und ein Kessel voll Meet –
Der Keltenfürst von Hochdorf und die High Society seiner Zeit

Der stark eingeebnete Grabhügel, der 1978 bei Eberdingen, Kreis Ludwigsburg, gefunden wurde, war ursprünglich 6 m hoch und maß rund 60 m im Durchmesser. In seinem Zentrum stieß man auf eine etwa 5 m x 5 m große Grabkammer, die überaus reichhaltig mit erlesenen Gebrauchsgegenständen, u. a. einem riesigen Bronzekessel, einem mehrteiligen Trink- und Speiseservice, wertvollen Textilien und Fellen sowie einem von acht stilisierten Frauenfiguren getragenen, rollbaren Bronzesofa ausgestattet war. Zur persönlichen Ausstattung des Toten gehörten weiterhin ein goldener Halsreif, goldene Applikationen auf den Schuhen, ein kunstvoll gearbeiteter Dolch sowie Pfeil und Bogen. Diese Beigaben stellen einerseits einen beträchtlichen Materialwert dar und repräsentieren andererseits technische wie handwerkliche Meisterleistungen. Einige Gegenstände und Arrangements bescheinigen dem Verstorbenen allerdings nicht nur weltliche Macht, sondern kennzeichnen ihn ebenso als Funktionsträger im Rahmen ritueller Handlungen. Doch wer war die Person, die in der späten Hallstattzeit, ca. 540/530 v. Chr., an dieser Stelle so fürstlich beigesetzt wurde?

Die Skelettreste hatten während der Liegezeit im Boden stark gelitten, ihre Oberfläche ist rissig und stellenweise erodiert, der Schädel unter der umgeknickten Rückenlehne des Bronzebettes erheblich verformt. Trotzdem können alle für die Geschlechtsdiagnose wesentlichen Merkmale an Becken und Schädel beurteilt werden. Sie weisen gleichlautend und zweifelsfrei auf männliches Geschlecht. Die Bestimmung des Sterbealters ergab, dass der Mann

4.1: Rekonstruktion des Hochdorfer Fürstengrabs.

zwischen 40 und 50 Jahre und damit für seine Zeit überdurchschnittlich alt geworden war. Die mittlere Lebenserwartung lag damals bei knapp 31 Jahren.

Weitere Anhaltspunkte zum Erscheinungsbild des ‚Fürsten' lieferten die außergewöhnlich großen Extremitätenknochen mit ihren kräftigen Muskelansatzstellen. Bei der Erstuntersuchung war daraufhin eine Körperhöhe von ca. 1,87 m berechnet worden, die zweite Kalkulation ergab eine solche von rund 1,80 m, was ihn seine Zeitgenossen im Mittel immer noch um etwa zehn Zentimeter überragen ließ. Er war breitschultrig und muskulös – eine imposante Erscheinung, gerade so, wie man sich einen idealisierten Vertreter der aristokratischen Elite vorstellt. Einige Gelenke zeigen allerdings arthrotische Veränderungen, die entweder auf übermäßige Beanspruchung oder eine Stoffwechselstörung zurückzuführen sind. Sein Gebiss kennzeichnen stark abgekaute Zähne sowie entzündliche Reaktionen im Bereich der Alveolarränder (Parodontitis).

Der postmortal stark verdrückte Schädel des ‚Fürsten' wurde im Rahmen einer aufwändigen, nach konventioneller Methode durchgeführten Weichteilrekonstruktion abgeformt und dieser Abguss behutsam redeformiert. Danach ergab sich ein schmales, hohes Gesicht mit fast klassischen Zügen, das jedoch kaum mehr als eine Imagination sein kann. Das jüngst bekannt gegebene Ergebnis einer Vergleichsanalyse von mtDNA scheint unter knapp einem Dutzend vergleichbarer Fürsten-/Fürstinnengräbern und Nachbestattungen (Ludwigsburg ‚Römerhügel', Schöckingen, Hundersingen ‚Gießübel-Talhau' und Villingen ‚Magdalenenberg', weitere Grablegen aus Hochdorf und vom ‚Grafenbühl') auf Ähnlichkeiten mit dem nur wenige Kilometer entfernt beigesetzten Toten aus dem Zentralgrab vom ‚Grafenbühl' (Asperg, Kr. Ludwigsburg) hinzuweisen. Demzufolge wären beide zwar derselben mütterlichen Abstammungslinie zuzuordnen, was aber nicht bedeutet, dass sie unmittelbar verwandt sein müssen. Die vorliegende, 54 von 400 Positionen der so genannten hypervariablen Region II der mitochondrialen DNA umfassende Sequenz dokumentiert eine vergleichsweise häufige Variante.

Einen wesentlichen Punkt konnte die anthropologische Untersuchung aber trotz aller Bemühungen bis heute nicht klären: Die Todesursache des Hochdorfers bleibt fraglich.

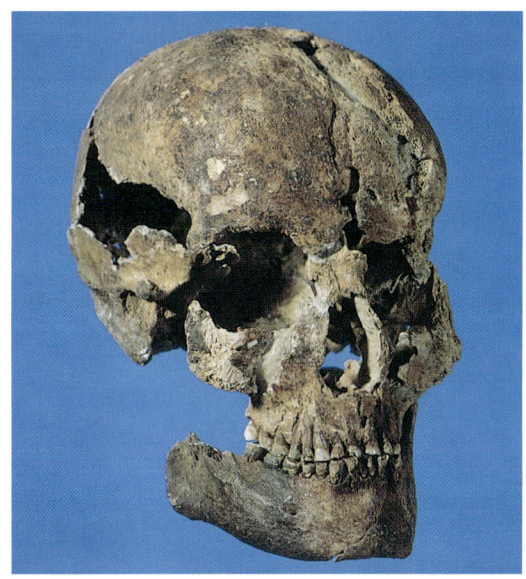

4.2: Der Schädel des Fürsten wurde infolge des Einsturzes der Grabkammer stark beschädigt und deformiert.

4.3: Rekonstruktion auf einem Abguss des Fürstenschädels durch A. Preuschoft-Güttler. a) Zwischenschritt nach Redeformation und erstem Weichteilauftrag. b) Resultat ohne Haare und mit neutraler Hautfarbe.

5. Fürstlicher Goldschmuck – Ein kleines Mädchen von der Heuneburg mit wertvollen Grabbeigaben

Das Geschlecht eines Menschen kann nach biologischen Kriterien („sex") oder, je nach Gesellschaft und Sozialstruktur, nach kulturellen Parametern („gender") definiert werden – ein Problem, dass v. a. bei der Ansprache und Interpretation geschlechtsspezifischer Beigaben(ensembles) eine Rolle spielt. Ein Beispiel derartiger Problemfälle sind z. B. die so genannten Weibmänner („berdache") bei verschiedenen nordamerikanischen Indianerstämmen, die männlichen Geschlechts sind, sich aber wie Frauen kleiden, benehmen und auch so behandelt werden. Dasselbe gilt im Prinzip ebenso für das Alter. In einigen Gemeinschaften werden Personen, die bestimmte soziologische Parameter erfüllen, als „soziale Erwachsene" bezeichnet, auch wenn sie das fortpflanzungsfähige Alter noch nicht erreicht haben. So können Grabbeigaben, die gemeinhin als Ausstattungsmerkmale von Kindern angesehen werden, z. B. Schnabeltassen, Klappern, Figuren und Gegenstände des täglichen Gebrauchs in Miniaturform, genauso in Erwachsenengräbern angetroffen werden, wie für Erwachsene typische Objekte bei Kindern. Letzteres lässt

sich am ehesten mit einem höheren Sozialstatus der Familie oder dadurch erklären, dass die Angehörigen den zu früh Verstorbenen bereits mit den Utensilien versahen, die er in seinem späteren Leben im Jenseits benötigen würde. Dementsprechend findet man z. B. in frühmittelalterlichen Friedhöfen nicht selten Jugendliche mit mehr oder weniger kompletter Bewaffnung. Dass jedoch Knaben bereits im zarten Alter von etwa sechs Jahren mit Waffen ausgestattet wurden, kommt in weniger als einem Prozent der Fälle vor. Als vergleichbar außergewöhnlich ist auch der Fund aus der Nähe der Heuneburg bei Herbertingen einzustufen. Nach heftigen Regengüssen im Oktober 2005 war im Bereich eines ehemaligen Grabhügels in der Flur ‚Gsöd' ein Stück einer mit Goldblech überzogenen Bronzefibel freigespült worden. Umgehend eingeleitete Nachgrabungen erbrachten auf einer lediglich 15 cm x 25 cm großen Fläche nicht nur den Rest der Fibel, sondern auch das paarige Gegenstück, zahlreiche Glasringperlen, mehrere kleine Bronzeringe, einen Armring, einen ‚Kettenschieber' aus Geweih sowie als absolute Highlights zwei aufwändig und filigran verzierte goldene Anhänger, die als Import aus dem Mittelmeerraum anzusehen sind – mithin eines der reichsten Gräber, die je aus der späten Hallstattzeit gefunden wurden. Die Dimensionen und sonstigen Details des Grabes selbst ließen sich unter dem Pflughorizont gerade noch erahnen, die Knochenreste der bestatteten Person waren infolge der bekannt aggressiven Bodenverhältnisse in dieser Region vollständig vergangen. Als einzige Anhaltspunkte blieben Schmelzkappen von insgesamt neun Zähnen erhalten. Sogar die Dentinanteile in ihrem Inneren waren bis auf minimale Reste verwittert. Bei den Zahnkronen handelt es sich um fünf Milchzähne und vier Zähne des bleibenden Gebisses, die nur geringfügig abgekaut sind bzw. zum Teil noch nicht durchgebrochen waren. Drei davon können als Oberkieferzähne, fünf als zum Unterkiefer gehörig und einer, von dem lediglich ein 3 mm großes Fragment vorliegt, nicht näher identifiziert werden. Nach dem Entwicklungsstand der Zähne zu urteilen, sind sie einem Kind von etwa 2–4 Jahren zuzuschreiben. Schmelzhypoplasien dokumentieren eine Entwicklungsstörung (Infektionskrankheit o. ä.) im Alter von 12 bis 18 Monaten. Die Zahngröße deutet tendenziell eher auf weibliches als männliches Geschlecht hin. Der mit maximal 5 cm angegebene Durch-

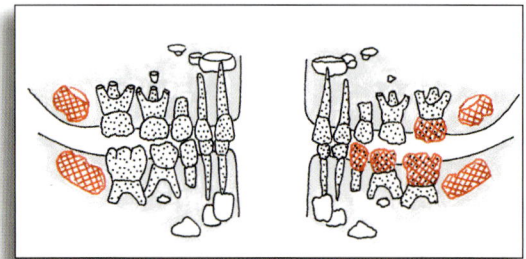

5.1: Schematische Darstellung zum Entwicklungszustand der Milch- und bleibenden Zähne eines 2–3jährigen Kindes (Milchzähne gepunktet, bleibende Zähne weiß). Die im vorliegenden Fall überlieferten Zahnkronen sind mit roter Schraffur hervorgehoben.
5.2: Schmuckensemble aus dem Grab des kleinen Mädchens.

messer des Armrings spricht ebenfalls für ein subadultes Individuum. Da jegliche Hinweise auf ein möglicherweise zweites Individuum fehlen, kann wohl davon ausgegangen werden, dass hier – wie typologische Vergleiche zeigen, gegen Ende des 6. Jahrhunderts v. Chr. – tatsächlich ein höchstens vierjähriges Mädchen mit ausgesucht wertvollen Schmuckbeigaben beigesetzt worden war, zweifellos ein Mitglied der herrschenden Fürstenfamilie.

6. Emanzipation in der Römerzeit – Das Ärztinnen-Grab aus dem Gräberfeld vom ‚Neuenheimer Feld'

Der kaiserzeitliche Friedhof von Heidelberg-Neuenheim erstreckte sich auf einer Länge von ca. 450 m beidseits der Straße Richtung Ladenburg (römisch: Lopodunum), das unter Trajan zum Verwaltungsmittelpunkt der ‚Civitas Ulpia Sueborum Nicrensium' erhoben worden war. Er wurde über mehrere Kampagnen hinweg, v. a. in den 1950er und 1960er Jahren, untersucht und barg etwa 1400 Gräber, in der überwiegenden Mehrzahl Brandbestattungen, die nach Ausweis der archäologischen Befunde in die Zeit von 80 bis 190 n. Chr. zu datieren sind. Seit 1999 erfolgt die Auswertung der Grabungen im Rahmen eines Gemeinschaftsprojektes der Deutschen Forschungsgemeinschaft, des Landesamtes für Denkmalpflege sowie der Stadt Heidelberg.

Bei dem unter der Bezeichnung 64/81 registrierten Befund handelt es sich um ein typisch rundlich-ovales, etwa 1,20 m x 1,10 m großes Brandgrubengrab mit verstreutem Leichenbrand. Doch die Beigaben weckten das besondere Interesse der Archäologen. Es fanden sich Reste von Grob- und Feinkeramik, u. a. von Terra-sigillata-Gefäßen, drei Einhenkelkrügen, zwei Öllämpchen sowie einer Amphore, eine Münze, eine größere Zahl von Eisennägeln, die wahrscheinlich bei der Konstruktion des Scheiterhaufens und der Totenbahre verwendet wurden, kleinere Nägel und Bleche aus Eisen oder Bronze, die als Beschläge eines oder mehrerer Holzkästchen dienten, Schuhnägel, zwei Schröpfköpfe aus Bronzeblech, eine bronzene Spatelsonde sowie Reste eines Glasgefäßes, verschiedener Gegenstände aus Tierknochen (z. B. ein Fingerring) und einer kleinen Schere. Die Accessoires stellen das Grab in die zweite Hälfte des 2. Jahrhunderts n. Chr.

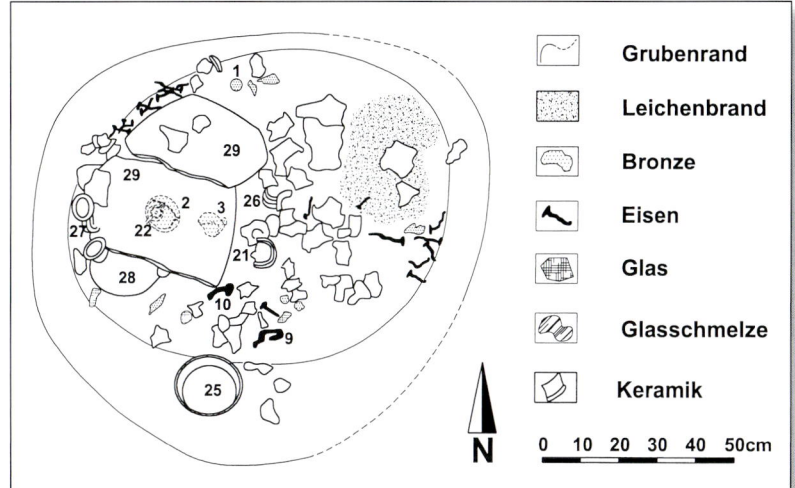

6.1: Umzeichnung des Brandgrubengrabs 64/81 aus HD-Neuenheim.

6.2: Die herausragenden Teile des Beigabenensembles aus dem Ärztinnengrab mit Schröpfköpfen, Öllampen und Gefäßen.

6.3: Schröpfköpfe als Kennzeichen antiker Ärzte und Chirurgenbesteck als spezielles Attribut eines Facharztes auf einem Weiherelief aus dem Asklepios-Tempel, Athen.

Einige dieser Utensilien könnten dem pharmazeutisch-kosmetischen Bereich zugeordnet werden, andere lassen sich zweifelsfrei als medizinische Gerätschaften ansprechen. Alleine die Schröpfköpfe galten, von den Griechen übernommen und vielfach auf Reliefs abgebildet, als symbolische Insignien der Ärzteschaft.

Mehrteilige Spatel-Sets sind z. B. auch aus Pompeji überliefert. Damit schien erwiesen zu sein, dass es sich um das Grab eines Arztes handelte. Die anthropologische Untersuchung des Leichenbrandes ergab jedoch, dass es eine weibliche Vertreterin dieser Berufsgruppe war. Von den insgesamt 90 g verbrannter Knochenreste, die bei der Ausgrabung 1964 asserviert wurden, konnten immerhin knapp 80 g als menschlich identifiziert werden. Diese stammen von einem etwa 30–35jährigen, ausgesprochen grazilen Individuum. Auch wenn keine ‚zwingenden‘ Geschlechtsmerkmale erhalten sind, weisen die innerhalb der Gesamtserie möglichen Vergleiche hinsichtlich Robustizität, Maße und Muskelmarkenrelief mit einiger Wahrscheinlichkeit auf weibliches Geschlecht hin. Die Reste zeigen keinerlei degenerative Veränderungen, aber Anzeichen einer verheilten Knochenhautentzündung. Der Leichnam war mit einer Temperatur zwischen 650° und um/über 800 °C eingeäschert worden.

Es ist dies erst der fünfte Nachweis einer Frau im Arztberuf aus einem römischen Grabbefund. Die anderen vier sind aus Südspanien, Belgien bzw. den Gräberfeldern von Wederath-Belginum sowie dem schweizerischen Vindonissa überliefert. Eine Spezialisierung lässt sich indes für die Heidelberger Ärztin aus ihrem Geräteensemble nicht ableiten, sie dürfte allgemeinpraktisch tätig gewesen sein.

Die archäozoologische Untersuchung der mitgefundenen Tierknochen ergab Teile eines jungen Schweines und eines Vogels (wahrscheinlich Huhn), die als Speisebeigaben zu deuten sind, und einen Zehenknochen eines kleinen Hundes, der als ‚Schoßhund‘ angesprochen werden kann. Hunde werden auf römischen Reliefs nicht selten als Begleiter von Ärzten dargestellt.

7. Ein adeliger Sänger mit Parodontose – Sensationelle Holzfunde aus dem merowingerzeitlichen Trossingen

Als im Herbst 2001 die Ausgrabungen am Westrand des bereits seit dem 19. Jahrhundert bekannten frühmittelalterlichen Friedhofs von Trossingen begannen, konnte niemand voraussehen, dass diese Notbergung im Vorfeld von Bauarbeiten für eine Tiefgarage eine

7.1: Die Skelettreste des 35–40jährigen Mannes aus Trossingen, Grab 58, sind infolge postmortaler Verlagerungen zur rechten Seite hin verschoben.
7.2: Detailfoto des Skeletts in Fundlage mit Kartierung einzelner Fundpositionen im Bereich der linken Oberkörperregion.

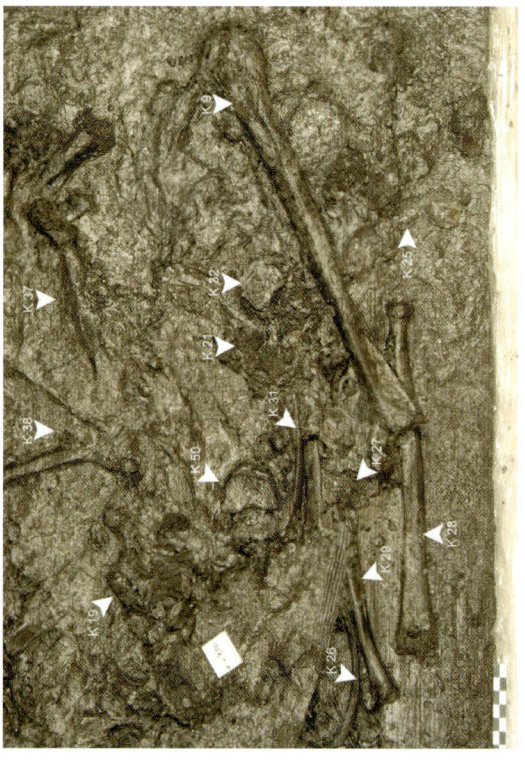

archäologische Besonderheit ersten Ranges zu Tage fördern würde. Die speziellen Feuchtbodenverhältnisse hatten dazu geführt, dass in einzelnen Gräbern hölzerne Einbauten wie Baumsärge o. ä. erhalten geblieben waren. Aller Augenmerk richtete sich jedoch schon bald auf das außergewöhnlich tief angelegte Grab 58. Hier kamen Holzfunde zum Vorschein, die ihresgleichen suchen.

In eine Kammer aus Holzbohlen war ein Giebelbett mit gedrechselten Eckpfosten gestellt worden. Darauf hatte man, auf einem Polster aus Pflanzen ruhend, einen Toten niedergelegt, der auf Grund seiner reichen Ausstattung zweifellos als Angehöriger der Adelsklasse angesprochen werden kann. Die Bestattung fand nach dendrochronologischen Daten im Sommer des Jahres 580 n. Chr. statt.

Neben Resten der Bekleidung – immerhin mehr als ein halbes Dutzend verschiedene Textilstrukturen und Lederbänder als Saumborten – und Waffen, u. a. eine Spatha mit Scheide sowie eine über 60 cm lange Lanzenspitze, deren Haselholzschaft vor der Beisetzung zerbrochen werden musste, damit das Stück ins Grab passte, fanden sich Metallteile und ein Feuerstein, die wahrscheinlich in einem Beutel am Gürtel aufbewahrt waren, ein Knochenkamm sowie zahlreiche Gegenstände, die meist aus Ahorn- oder Eschenholz angefertigt waren: ein Stuhl, ein dreibeiniger Tisch, eine Trinkflasche und Essgeschirr. Ein Sattelbogen wies den Toten als Reiter aus. Am spektakulärsten war jedoch eine hölzerne Leier, die bis auf die Saiten vollständig erhalten und beidseitig mit kunstvollen Ritzverzierungen dekoriert war. Darunter Darstellungen von Kriegern, die mit Lanze und Schild ausgerüstet sind und interessante Details zur Haar- und Barttracht der Zeit erkennen lassen. Das Instrument lag unter dem linken Arm des Toten.

Die Knochenreste sind vollständig und in Anbetracht des feuchten Liegemilieus relativ gut erhalten, jedoch teilweise stark zerdrückt bzw. deformiert. Die Gelenkenden einiger Langknochen sowie der Hirn- und Gesichtsschädel können nicht mehr rekonstruiert werden. Besonders gelitten haben die zu den so genannten Plattknochen gehörigen Skelettelemente (Schulterblätter, Rippen und Becken). Das gesamte Skelett erscheint zur rechten Seite hin verrutscht und gestaucht. Einzelne Bereiche haben sich offensichtlich nach der Auflösung des Muskel- und Sehnenverbands verlagert. So

sind z. B. die Extremitätenknochen der rechten Körperhälfte um ihre Längsachse verdreht und kleinere Partien, wie Hand- und Fußknochen, weiter entfernt von ihrer ursprünglichen anatomischen Lage angetroffen worden. Dies lässt sich darauf zurückführen, dass die Grabkammer zeitweise unter Wasser stand, die Knochen aufgeschwommen sind und sich dann beim Absinken des Wasserspiegels dort absetzten, wohin sie dümpelnd verdriftet waren.

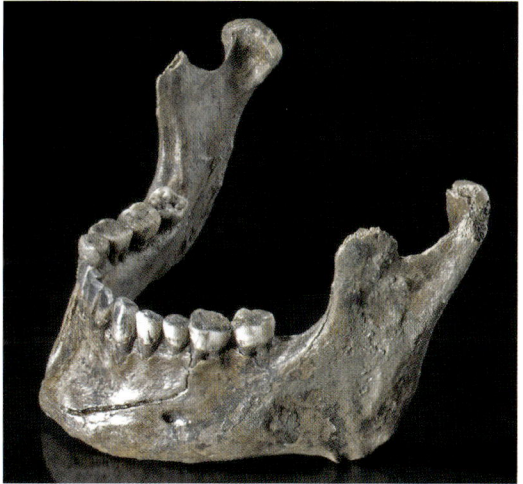

Die anthropologische Untersuchung des Skelettmaterials erbrachte interessante Details zur Identität des Toten. Es handelt sich um die sterblichen Überreste eines Mannes von ca. 35–40 Jahren. Er war etwa 1,80 m groß, eher schlank, nicht besonders robust und Rechtshänder. Die Muskelansatzstellen der Arme sind kräftiger ausgebildet als diejenigen der Beine. Die Abkauung seiner Zähne ist altersgemäß, die Frontzähne des Unterkiefers stehen in leichter Fehlstellung, mindestens ein Weisheitszahn ist nicht angelegt. Das gesamte Gebiss zeigt Anzeichen fortgeschrittener Parodontose und starke Zahnsteinablagerungen, allerdings keine Karies. Dazu kommen ein leichter Über-

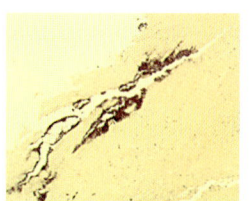

7.3: Im separat eingegipsten Schädel erhaltene Gehirnreste in situ in linker Seitenlage.

7.4: Histologischer Schnitt durch die Hirnmasse mit Relikten ehemaliger Blutgefäße.

7.5: Der Dünnnschnitt durch die Wurzel des zweiten Prämolaren oben links lässt deutliche Verwitterungszonen erkennen. Die Auszählung der Ringe (TCA) addiert mit dem Durchbruchsalter ergibt ein Sterbealter von 41 Jahren.

7.6: Der Unterkiefer des Leierspielers nach seiner Restaurierung.

biss sowie diskrete Schmelzhypoplasien, die auf vorübergehende Mangelsituationen oder Infektionskrankheiten im Kindesalter zurückgehen. An einigen Gelenken können minimale arthrotische Randleisten festgestellt werden. Nach Absprache mit dem Anthropologen sind die Skelettreste im Rahmen der textilkundlichen Bearbeitung sukzessive in einzelnen Partien abgetragen und dokumentiert worden. Sie wurden in 68 separaten Fundeinheiten geborgen. Besonders ins Blickfeld geriet dabei der zunächst unscheinbare Fundkomplex K 48. Es waren Glieder des rechten Daumens, die noch in einem Fingerling aus Leder steckten. Nach Abgriffsspuren auf der Leier wissen wir, dass sie mit der linken Hand gehalten und mit der rechten gespielt wurde.

Die Feuchtbodenerhaltung überlieferte ein weiteres interessantes Detail: Das stark komprimierte Gehirn des Mannes. Es wird derzeit von Neuropathologen an der Universität München untersucht. Jüngst initiierte Analysen der Strontiumisotopen sollen zeigen, ob er in der Region um Trossingen geboren und aufgewachsen oder aus der Fremde zugewandert war. Die Pollenanalyse von Getränkerückständen in seiner Feldflasche offenbarte, dass er mit Honig versetzes Gerstenbier zu schätzten wusste.

8. Ein unscheinbares Knochenhäufchen aus Hessigheim – Der erste eindeutig merowingerzeitliche Leichenbrand Südwestdeutschlands

Die Ausgrabungen im Bereich der merowingerzeitlichen Nekropole von Hessigheim, Gewann ‚Muckenloch‘, im Kreis Ludwigsburg gestalteten sich zunächst unspektakulär. Einzig bemerkenswert waren einige späte Steinkistengräber sowie die teilweise sehr gute Erhaltung des Skelettmaterials. Im Frühjahr 2006 begonnen, waren nach wenigen Monaten über einhundert Gräber geborgen worden. Im November des Jahres hatten die Archäologen bereits mehr als 150 Grablegen erfasst. Darunter fanden sich dann doch einige archäologische Preziosen: u. a. ein Skelett mit Goldblattkreuz, das bislang nördlichste des alamannischen Verbreitungsgebiets, und das Grab einer hochgestellten Frau aus dem 6. Jahrhundert, die mit einem Klapphocker ausgestattet war, dem einzigen seiner Art aus der Merowingerzeit. Aufgrund des

vorliegenden Fundspektrums lässt sich der Belegungszeitraum des Friedhofs insgesamt vom frühen 6. bis ins 8. Jahrhundert eingrenzen. Alles in allem wurden bis zum Abschluss der Kampagne Ende 2007 ca. 250 von geschätzten maximal 350 Bestattungen gefunden.

Spezielle Aufmerksamkeit beim Ausgrabungsleiter, der im Laufe seiner Tätigkeit bereits tausende frühmittelalterliche Befunde gesehen hatte, erregte zudem Grab 136. Dort war zu Füßen eines mit Lanze, Schild, Spatha, Sax und dreiteiliger Gürtelgarnitur ausgerüsteten Individuums ein ca. 25 cm x 20 cm großes Häufchen mit verbrannten Knochenresten niedergelegt worden, dessen klarer, aber unregelmäßiger Umriss auf einen vergangenen Behälter aus Stoff, Leder oder anderem organischen Material schließen ließ. Der erfahrene Blick des Ausgräbers erkannte in einem der Fragmente ein menschliches Schlüsselbein. Es würde sich damit um eine birituelle Doppelbestattung handeln.

Die anthropologische Untersuchung der Brandreste brachte die Bestätigung, dass diese tatsächlich menschlichen Ursprungs sind – der erste sicher nachgewiesene Leichenbrand der Merowingerzeit in Baden-Württemberg! Die Einzigartigkeit dieses Falles erklärt sich daraus, dass auch aus anderen Bundesländern bislang nur sehr wenige Befunde dieser Art bekannt wurden, so z. B. ein 4–5jähriges Mädchen zusammen mit einem verbrannten Kind in einem Holzkammergrab zum ersten Vorgängerbau unter dem Frankfurter Dom sowie drei Brandgräber aus Schretzheim in ‚bayerisch Schwaben‘. Die hessigheimer Brandknochen wiegen ca. 370 g. Uneinheitliche Färbung und Konsistenz weisen auf eine Expositionstemperatur zwischen 500° und 800 °C hin. Mehr oder weniger alle Körperregionen sind repräsentiert, lediglich Zahnreste können nicht nachgewiesen werden. Die Schädelnähte sind noch nicht obliteriert, alle vorhandenen Epi- und Apophysen verwachsen. Zusammen mit der histologischen Beurteilung des Kompaktaquerschnitts der Femurdiaphyse ergibt sich daraus ein Sterbealter von etwa 30 Jahren. Außer Porosierungen im Bereich des Schädeldaches (Cribra cranii) sind nur geringfügige degenerative Veränderungen an Wirbeln und Gelenken zu verzeichnen. Relativ robuste Knochen, mittleres Muskelmarkenrelief und zwei Beckenmerkmale sprechen für männliches Geschlecht. Aus dem Durchmesser des Radiuskopfes kann eine Körperhöhe von knapp 1,75 m geschätzt werden. Bei besagtem Schlüsselbeinfragment handelt es sich um ein hitzebedingt tordiertes Rippenbruchstück. Zwischen den Leichenbrandresten wurde ein ca. 2 cm x 2 cm großer, aus Tierknochen geschnitzter, flach pyramidenförmiger und zentral durchbohrter ‚Knopf' gefunden, der vom Archäologen als Accessoire der Waffenausstattung gedeutet wird. Türkisfarbene Verfärbungen an einigen Knochenstücken könnten auf die (vorübergehende) Lagerung in der Nähe kupferhaltiger Gegenstände zurückgeführt werden.

Die Skelettteile der unverbrannt beigesetzten Person befinden sich leider in erbärmlichem Zustand. Sie belegen ein ausgesprochen aggressives Liegemilieu, sind stark verwittert, rissig, verdrückt und weisen nur noch partienweise die originale Knochenoberfläche auf. Vom Schädel sind lediglich Fragmente der Kalotte, beider Schläfen- und Jochbeine, des Ober- und Unterkiefers sowie Reste von insgesamt zwölf Zähnen überliefert. Daneben vom Postkranium nur Schaftbruckstücke der Ober- und Unterarmknochen, beider Femora, Tibiae und der linken Fibula.

Trotzdem lässt sich aus dem vorliegenden Material noch mit hinreichender Sicherheit auf einen relativ kräftigen, etwa 40jährigen Mann mit einer geschätzten Körperhöhe vom ca. 1,69 m schließen. Des Weiteren sind Zahnstein, Karies und intravitaler Zahnverlust mindestens eines oberen Backenzahns sowie als anatomische Besonderheit eine persistierende Stirnnaht (Metopismus) festzustellen. Zwei oberflächliche, das Schädeldach nicht perforierende Defekte, Spuren scharfkantiger Gewalteinwirkungen oberhalb des linken Stirnbeinhöckers sowie auf dem linken (?) Os parietale können wohl nicht auf eine tätliche Auseinandersetzung zurückgeführt werden, sie dürften eher als Grabungsbeschädigungen zu deuten sein. Die marode Erhaltung der Knochenreste verhindert ihre eindeutige Ansprache. Auf Grund der großen Grabtiefe sind allerdings Pflugspuren als Erklärung auszuschließen.

Die gemeinsame Grablege zweier in unterschiedlichem Ritus behandelter Männer im besten Alter lässt viel Raum für Spekulationen. Eine Deutung könnte sein, dass der jüngere während eines Aufenthalts in der Fremde zu Tode kam, aus Gründen der einfacheren Überführung vor Ort eingeäschert und nach dem Rücktransport gemeinsam mit seinem ehemaligen Gefährten beerdigt wurde.

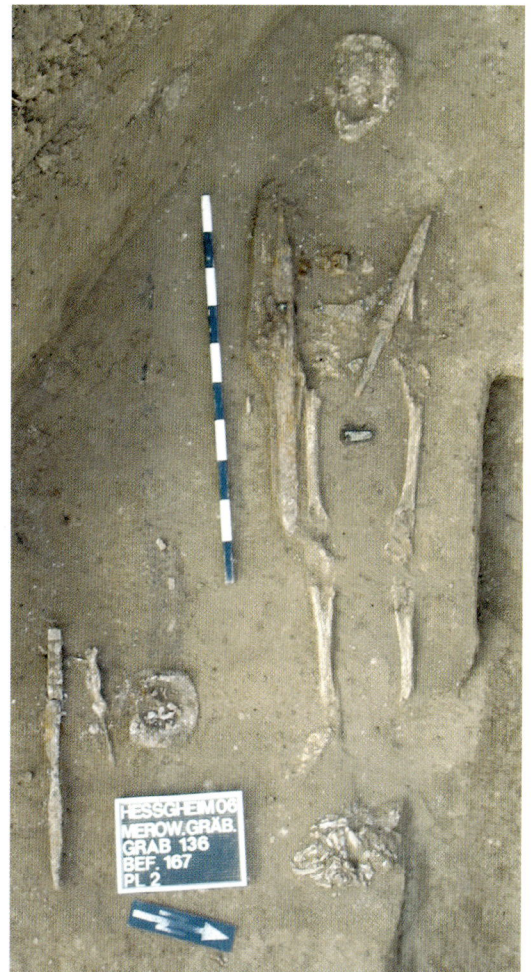

8.1 (oben): Grab 136 aus Hessigheim in Fundlage.

8.2 (Mitte): Detailaufnahme der Leichenbrandkonzentration am Fußende des Grabes.

8.3 (unten): Ca. 17 mm x 8 mm großer, oberflächlicher und eher post- als perimortal entstandener Defekt am linken (?) Scheitelbein des unverbrannt beigesetzten Mannes.

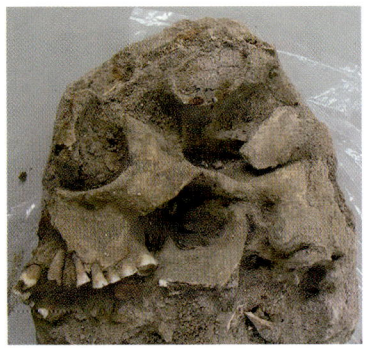 

9.1: Die Wasserleiche aus Mannheim-Seckenheim. Im Profilschnitt ist die an-steigende Uferböschung des ehemaligen Neckarflussbetts zu erkennen.

9.2: a) Schädelreste vor der Präparation, b) Fundlage der Perle in situ.

9. Nach zweieinhalb Jahrtausenden geborgen – Eine eisenzeitliche ‚Wasserleiche' aus dem fränkischen Gräberfeld von Mannheim-Seckenheim

Der frühmittelalterliche Friedhof von Mannheim-Seckenheim ‚Bösfeld' wurde bereits vor einhundert Jahren durch den ‚Mannheimer Altertumsverein von 1859' entdeckt, danach gelegentlich angeschnitten, aber erst in jüngster Zeit systematisch erforscht. Bis 2004 konnten insgesamt mehr als 700 Grablegen ausgegraben werden, die – zu einem größeren Teil ungestört – nicht selten reich und mit qualitätvollen Beigaben ausgestattet sind. Besonders erwähnenswert ist auch, dass in einer Entfernung von ca. 500 m südöstlich des Friedhofs die wahrscheinlich zugehörige Siedlung des 6. bis 8. Jahrhunderts n. Chr. lokalisiert werden

9.3: Typische Lokalisierungen von Treibverletzungen an Stirn, Handrücken, Knien und Zehenoberseite bei einer bäuchlings im Wasser treibenden Leiche.

konnte. Vergleichbares in ähnlicher Größenordnung war aus unserer Region bislang nur mit dem über 1300 Bestattungen umfassenden Gräberfeld von Lauchheim im Ostalbkreis bekannt.

Bei den Ausgrabungen durch die Abteilung ‚Archäologische Denkmalpflege und Sammlungen der Reiss-Engelhorn-Museen Mannheim' kam im Juni 2003 das mehr oder weniger vollständige Skelett einer Frau in ungewöhnlicher Körperhaltung ans Tageslicht. Sie lag auf dem Rücken, mit gerade gestreckten, leicht gespreizten Beinen, der rechte Arm ebenfalls gestreckt und nach oben seitwärts weisend; vom linken Arm waren nur noch wenige Teile vorhanden. Erst beim Präparieren der Skelettreste stieß man in der Halsregion auf den einzigen Begleitfund, eine Bernsteinperle. In Anbetracht der Totenhaltung war offensichtlich, dass es sich nicht um eine reguläre Bestattung handelte.

Geoarchäologische Untersuchungen lieferten dazu entscheidende Hinweise. Der Leichnam fand sich im flachen Uferböschungsbereich einer ehemaligen Neckarschlinge. Der Körper war dort ins Wasser gefallen, geworfen oder angeschwemmt und rasch eingebettet worden. ^{14}C-Datierungen an Sediment und Knochen belegen, dass die Frau im Jahre 633 ± 100 v. Chr. zu Tode kam und der Neckar dort auch letztmalig in der Eisenzeit geflossen ist. Jüngere Lehmablagerungen gehen auf Überschwemmungen zurück, bei denen das Hochwasser die alten Rinnen nutzte. Die Tote ist damit der mittleren bis späten Hallstattzeit zuzuordnen. Zur Zeit der Besiedelung im frühen Mittelalter waren die ehemaligen Neckarschlingen verlandet.

Ob die Frau, deren Sterbealter mit ‚spätadult bis matur' (30–60 Jahre) angegeben wird, tatsächlich ertrunken ist, lässt sich nur vermuten. Hinweise auf eine andere Todesursache liegen nicht vor. Schleifspuren am Knochen, die auf einen längeren Transport durch Treiben im Wasser zurückzuführen wären, sind ebenfalls nicht erkennbar. Da Wasserleichen meist mit dem Gesäß nach oben treiben, fänden sich

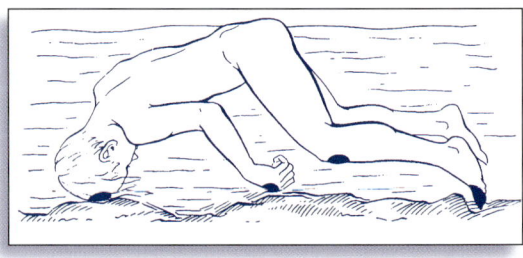

diese typischerweise im Stirn- und Kniebereich sowie an Händen und Füßen. Seltener sind in der gerichtsmedizinischen Literatur auch Fälle von Treiben in Rückenlage beschrieben worden.

Die Tote, registriert als Skelettfund Nr. 305, weist relativ stark abgekaute Zähne auf. Alleine nach diesem Kriterium wäre sie etwa 40–50 Jahre alt geworden. Sie war etwa 1,50 m groß, hatte fünf kariöse Zähne im Oberkiefer, Zahnstein und verformte Mittelfußknochen, die auf eine Fehlstellung der Füße hinweisen. Ihr Schädel ist postmortal deformiert und nur in Teilen rekonstruierbar, das restliche Skelett lagerungsbedingt nur mittelmäßig erhalten.

10. Reformator und Stammvater berühmter Persönlichkeiten – Die letzte Ruhestätte von Johannes Brenz in der Stuttgarter Stiftskirche

Johannes Brenz starb im Jahr 1570. Seit seiner letzten Umbettung 1955 ruhte der Schrein, in dem seine sterblichen Überreste sowie die des ihm später aus ökumenischen Gründen beigeordneten Jesuitenpaters Eusebius Reeb aufbewahrt wurden, unter der Kanzel der Stuttgarter Stiftskirche. Nachdem dieser Behälter im Sommer 2000 bei tiefgreifenden Umbaumaßnahmen stark beschädigt worden war, entschloss man sich, ihn zu öffnen, die Gebeine zu exhumieren und vor ihrer Wiederbestattung einer wissenschaftlichen Untersuchung zuzuführen. Bei dem Schrein handelte es sich um eine mit Zinkblech ummantelte und ausgekleidete Kiste aus Eichenholz, die durch ein Querbrett in zwei Kammern unterteilt war. In Kammer A fanden sich ein nahezu vollständig erhaltener Hirnschädel eines etwa 70jährigen Mannes, ein Unterkiefer mit massiven Zahnsteinablagerungen an den Zahnhälsen, der einem Mann von rund 40 Jahren zuzuordnen ist, 18 meist fragmentarisch erhaltene Knochen des Postkraniums von mindestens zwei Erwachsenen und einem Jugendlichen sowie vier Skelettteile von Tieren (Schwein, Rind und Schaf/Ziege). Ein rechter Oberschenkelknochen und eine wahrscheinlich zugehörige rechte Beckenhälfte weisen Perforationen auf, die eine ehemalige Befestigung auf einem Holz(brett) o. ä. nahe legen. Vielleicht waren sie einst als Reliquien präsentiert worden. Die Tierknochen sind da-

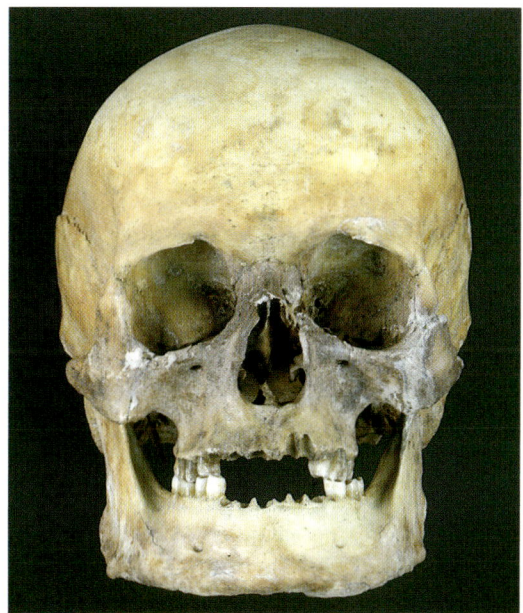

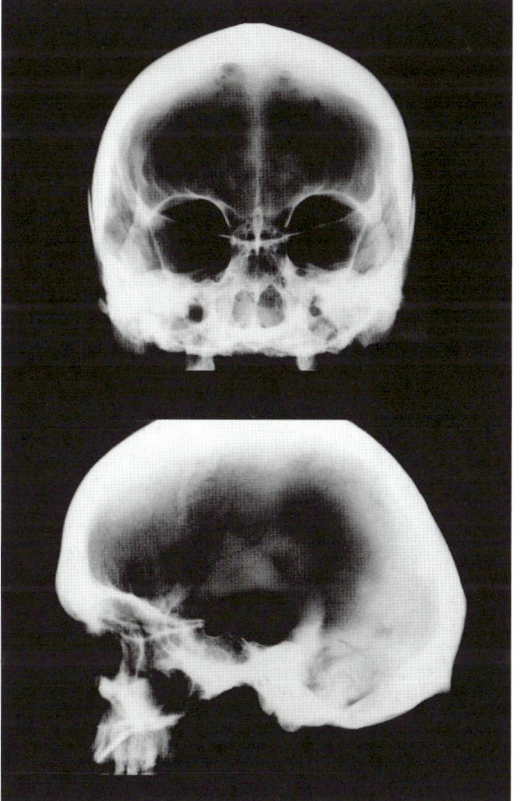

10.1: Der Schrein mit den sterblichen Überresten von Johannes Brenz und Eusebius Reeb. Oben links (a) vor und rechts (b) nach seiner Öffnung am 17. August 2000.
10.2: Der Schädel von Johannes Brenz ist nahezu komplett überliefert. Die fehlenden Zähne weisen auf eine wenig sorgfältige Handhabung der Skelettreste während der Umbettung hin.
10.3: Im Röntgenbild sind massive Verdickungen im Bereich des Schädeldachs und der Schädelbasis erkennbar.

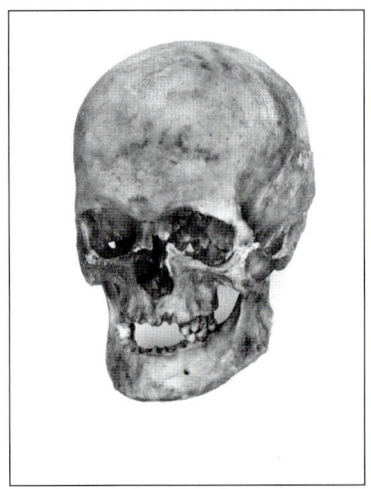
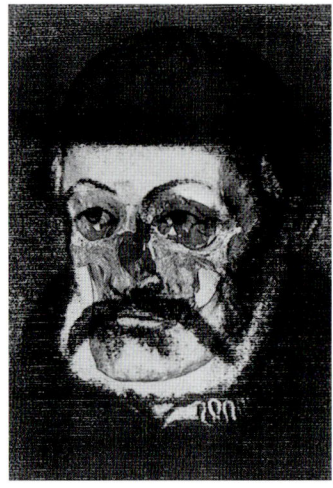

10.4: a) Der Schädel von Johannes Brenz, b) aus der Kombination von a) und c) entstandene Superimposition, c) Das 1584 in Öl gemalte Portrait aus dem Epitaph der Stuttgarter Stiftskirche.

gegen als typische Schlacht- und Speiseabfälle zu deuten. Ihre Anwesenheit dürfte der anatomischen Unkenntnis derjenigen zuzuschreiben sein, die einstmals für die Umbettung der Gebeine zuständig waren.

In Kammer B wurde ein fast komplett erhaltener, postmortal leicht deformierter Schädel angetroffen. Kleinere Beschädigungen und 13 fehlende Zähne gehen auf eine oder mehrere Umlagerungen zurück. Sein männlicher Träger war deutlich über 60 Jahre alt, hatte einen Überbiss sowie eine kräftige Nacken- und Kaumuskulatur. Besonders auffallend war das außergewöhnliche Gewicht des Schädels. Obwohl mit einer Schädelkapazität von 1540 cm^3 eher einen mitteleuropäischen Durchschnittswert repräsentierend, bringt er insgesamt 1119 g auf die Waage und liegt damit fast 400 g über dem in der Literatur angegebenen Mittelwert für deutsche Männerschädel. Dies sowie knöchern eingeengte Nervenaustritte im Bereich der Schädelbasis gaben Anlass zu einer näheren Examination. Dabei traten sowohl im Röntgenbild als auch in der computertomographischen Darstellung auffällige Verdichtungen und Verdickungen des Knochens zutage, die auf ein Krankheitsbild zurückzuführen sind, das ‚Morbus Paget' genannt wird und dessen Ursachen bis heute noch ungeklärt sind.

Dieser Schädel konnte schließlich mit Hilfe der in der Gerichtsmedizin bekannten Methode der Superimposition unter Verwendung eines Portraits als derjenige von Johannes Brenz identifiziert werden. Eine chemische Analyse ergab zudem eine leicht erhöhte endogene Bleibelastung, die womöglich auf die damals übliche Verwendung von Bleiacetat (‚Bleizucker') zur geschmacklichen Aufbesserung sauren Weins zurückzuführen ist.

Konsequenterweise müsste der Schädel aus Kammer A Eusebius Reeb zugeschrieben werden, dessen Gebeine nachweislich erst im Jahre 1637 hinzugefügt worden sind. Alles in allem waren in dem Schrein jedoch menschliche Überreste von mindestens vier, vielleicht fünf oder noch mehr Personen enthalten.

Johannes Brenz war Zeitgenosse von Martin Luther und steht als Reformator in einer Reihe mit Philipp Melanchthon und Andreas Osiander. Er ist 71 Jahre alt geworden, war zweimal verheiratet und hatte neunzehn Kinder. Zu seinen Nachfahren zählen so berühmte Namen wie Hermann Hesse, Ludwig Uhland, Wilhelm Hauff und Richard von Weizsäcker. Die für das radiologisch festgestellte, massive hyperostotische Wachstum charakteristischen Symptome wie Schwerhörigkeit sowie starke Einschränkungen des Seh- und Gehvermögens sind tatsächlich von ihm überliefert. Gegen Ende seines Lebens erlitt er einen Schlaganfall und musste getragen werden.

Kurz vor der Neueröffnung der umgebauten Stiftskirche wurde das gesamte Knochenensemble im Frühjahr 2003 in einem neuen Schrein an alter Stelle wiederbestattet.

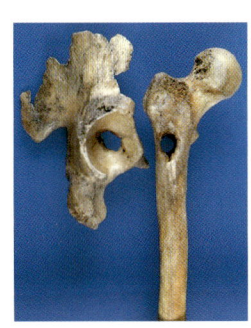

10.5: Der perforierte rechte Oberschenkelknochen und die zugehörige Beckenhälfte aus Kammer A. Beide Stücke waren vor ihrer Deponierung im Schrein mit starken Eisennägeln oder -bolzen befestigt gewesen.

11. Ein Lebemann mit militärischem Rang – Die Grablege von Hauptmann Ernst Magnus von Breitwitz in Giengen a. d. Brenz

Es ist für Anthropologen und (Medizin-)Historiker ein seltener Glücksfall, wenn historische Persönlichkeiten exhumiert werden, über deren Leben und Sterben zeitgenössische Schriftquellen erhalten sind. So lassen sich mit modernen medizinischen Methoden oft noch zusätzliche Erkenntnisse über die besagte Person und ihre Zeit gewinnen. Dass es sich um einen solchen Fall handeln würde, war nicht abzusehen, als in der dritten Juliwoche 1986 bei Renovierungsarbeiten im Chorbereich der evangelischen Stadtkirche von Giengen an der Brenz der Bagger in eine längst vergessene Gruft einbrach. Es handelte sich um eine Ost–West ausgerichtete, rechteckige, aus Ziegelsteinen gemauerte und mit einem Tonnengewölbe versehene Grabkammer, in der ein Holzsarg stand. In den Innenputz der Gruft war die Jahreszahl 1692 eingeritzt worden. Den Ausschlag für die Identifizierung gab dann der für dieses Jahr unter Nummer 22 registrierte Eintrag im Kirchenbuch:

„Die 6. Maj. Freytag nach Ascensionis Chisti Mittags um 11 uhr wurde im Chor der Pfarrkirche hinter dem vordern Altar begraben: Der Hochwol Edelgeborne Herr, Herr Ernst Magnus von Breidiwitz, Erbherr auff Mittel Seyda, ... deß Herrn General Feldmarschalls von Schöning Dragoner Regimente, gewesener Hauptmann ..." Dabei ist die Schreibweise „Breidiwitz" die schwäbische Version des in seinem sächsischen Herkunftsort korrekterweise „Braitwiß" lautenden Familiennamens. In der Kapitelüberschrift wird die hiervon abgeleitete heutige Form verwendet.

Der Sarg war aus 2,5 cm starken Eichenholzbrettern zusammengenagelt und am Kopf- und Fußende mit je einem Tragering versehen worden. Es handelte sich um einen so genannten Truhensarg, ohne Giebel und nur mit einem flachen Brett abgedeckt, wie er für Leichentransporte Verwendung fand. Darin lag der Tote in gestreckter Rückenlage mit im Beckenbereich übereinander gelegten Händen auf einer mehrere Zentimeter dicken Schicht aus gehäckselter Spreu, dazwischen eine Lage Seidenstoff in Leinenbindung. Er war bekleidet mit einem bis über die Knie reichenden, offenbar extra für die Bestattung angefertigten Hausrock aus Rohseide mit weiten Ärmeln und auf der Vorderseite aufgenähten Schmuckschlaufen, einer ungesäumten Rundkappe aus demselben Material sowie getragenen ledernen Spangenschuhen mit so genannten Carré-Spitzen, über den Spann vorgezogenen Laschen und hohen Absätzen, wie sie zu dieser Zeit in Mode waren.

Aus dem Kirchenbuch erfahren wir noch, dass er unverheiratet war, aber mit seiner Köchin „..., die seine Concubin und Beyschläfferin ... gewesen ..." zwei uneheliche Kinder hatte, in

11.1: Ernst Magnus von Breitwitz ist am 6. Mai 1692 um 11 Uhr in der Stadtkirche von Giengen a. d. Brenz beigesetzt worden. Beim Ablassen in die Gruft hat sich der Sarg verkantet. Links (a) Fundsituation, oben rechts (b) Abdruck des Sargdeckels im Wandverputz.

11.2: Der Schädel des 46jährigen sächsischen Rittmeisters (unten Mitte).

11.3: Linke und rechte Elle im Vergleich. Die krankhafte Verdickung geht wahrscheinlich auf eine ossifizierende Osteomyelitis oder Syphilis zurück.

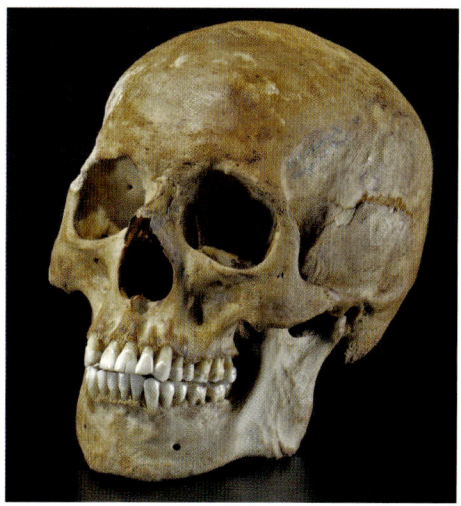

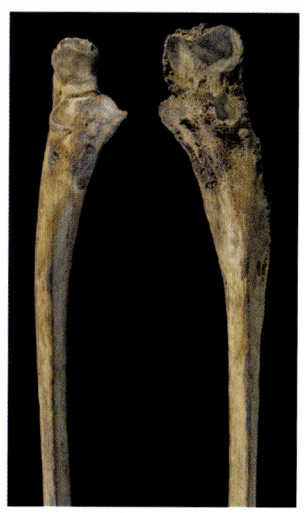

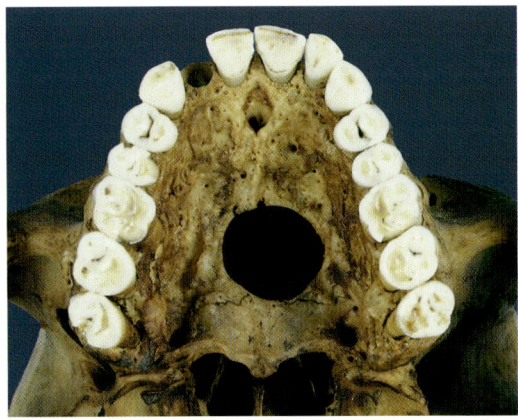

11.4: Eine große, rundliche und glatt berundete Perforation im knöchernen Gaumen.

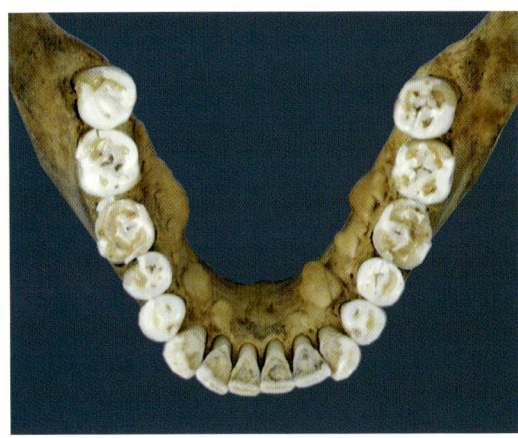

11.5: Kräftig ausgebildete Knochenwülste auf den Innenseiten des Unterkiefers als seltene anatomische Besonderheit (sog. Torus mandibularis).

Die anthropologische Untersuchung der Skelettreste bestätigte mit zweifelsfrei männlichem Geschlecht, höherem Sterbealter und krankhaften Gelenkveränderungen die über den sächsischen Rittmeister bekannten Daten. Die Verwachsung der Schädelnähte ist indes weiter fortgeschritten als zu erwarten wäre. Eine solchermaßen beschleunigte Verknöcherung könnte mit dem festgestellten Krankheitsbild zusammenhängen. Elle, Schien- und Wadenbein der linken Seite sind aufgetrieben; ein Befund, der am ehesten auf sklerosierende Osteomyelitis zurückzuführen ist. Auch Syphilis ist nicht auszuschließen. Des Weiteren lassen sich eine altersgemäße Zahnkronenabrasion sowie Anzeichen von Parodontitis diagnostizieren, ebenso eine rundliche Perforation des knöchernen Gaumens, möglicherweise als Zyste zu interpretieren, die zu Lebzeiten wohl mit Schleimhautgewebe bedeckt war. Als seltene anatomische Besonderheit sind kräftig ausgebildete Knochenwülste auf der Innenseite des Unterkiefers festzustellen (sog. Torus mandibularis). Aus der Länge seiner Extremitätenknochen kann eine Körperhöhe von etwa 1,75 m geschätzt werden. Herr von Breitwitz war demnach etwas größer als der Durchschnittsmann seiner Zeit.

Seine Überreste sind en bloc geborgen worden und lagerten für mehr als zehn Jahre im Keller der Giengener Schulturnhalle. Seine Grablege sollte im Rahmen einer musealen Präsentation rekonstruiert und sein Gewand für die Nachwelt erhalten werden. Beides ließ sich nicht verwirklichen. Die Lederschuhe sind heute im Archäologischen Landesmuseum in Konstanz zu bewundern, die Knochen seines pathologisch verdickten linken Unterschenkels im Museum im ehemaligen Rathaus von Giengen-Hürben ausgestellt. Das restliche Skelett wird in der osteologischen Vergleichssammlung des Landesamts für Denkmalpflege aufbewahrt.

seinen letzten Jahren schwer unter Chiragra und Podagra (Hand- und Fußgicht) litt und im benachbarten Neresheim am Sonntag, den 1. Mai 1692, frühmorgens im Alter von 46 Jahren verstorben war. Auf Grund seiner Konfession oder infolge seines Lebenswandels durfte oder sollte er dort aber nicht bestattet werden. So sorgten Freunde für seine Überführung nach Giengen, eine standesgemäß aufwändige Bestattungszeremonie sowie den raschen Bau der Gruft, indem sie den dortigen Ratsherren eine beträchtliche Spende aus dem stattlichen Vermögen des Verstorbenen in Aussicht stellten. Doch die Giengener blieben bis heute auf dem größten Teil ihrer Kosten sitzen.

Literatur

IV.1

K. W. Alt, W. Vach u. J. Wahl, Verwandtschaftsanalyse der Skelettreste aus dem bandkeramischen Massengrab von Talheim, Kreis Heilbronn. Fundber. Baden-Württemberg 20, 1995, 195–217.

R. A. Bentley, J. Wahl, T. D. Price u. T. C. Atkinson, Community structure in early Neolithic Germany: Isotopic and skeletal evidence. Antiquity, in Vorber.

P. Bogucki, The Talheim Neolithic Mass Burial. In: P. G. Bahn (Ed.), Tombs, Graves and Mummies. 50 Discoveries in World Archaeology (London 1996) 48 f.

U. Eisenhauer, Jüngerbandkeramische Residenzregeln: Patrilokalität in Talheim. In: J. Eckert, U. Eisenhauer u. A. Zimmermann (Hrsg.), Archäologische Perspektiven. Analysen undd Interpretationen im Wandel. Festschrift für Jens Lüning. Internationale Archäologie, Studia honoraria (Rahden Westfalen 2003) 561–573.

J. Guilaine u. J. Zammit, Le massacre de Talheim. In: Le Sentier de la Guerre. Visages de la violence préhistorique (Paris 2001) 129–134.

K. J. Narr, Gemetzel oder rituelle Tötung? Zum bandkeramischen ‚Massengrab‘ von Talheim. In: W. Krawietz, L. Pospišil u. S. Steinbrich, Sprache, Symbole und Symbolverwendungen in Ethologie, Kulturanthropologie, Religion und Recht. Festschrift für Rüdiger Schott (Berlin 1993) 291–305.

J. Petrasch, Mord und Krieg in der Bandkeramik. Arch. Korrbl. 29, 1999, 505–516.

T. D. Price, J. Wahl u. R. A. Bentley, Isotopic Evidence for Mobility and Community Structure among Neolithic Farmers at Talheim, Germany, 5000 B. C. Europ. Journal of Arch., in Vorber.

M. Teschler-Nicola, F. Gerold, F. Kanz, K. Lindenbauer u. M. Spannagl, Anthropologische Spurensicherung – Die traumatischen und postmortalen Veränderungen an den linearbandkeramischen Skelettresten von Asparn/Schletz. In: Rätsel um Gewalt und Tod vor 7000 Jahren. Katalog des NÖ Landesmuseums N. F. 393, hrsg. Amt der NÖ Landesregierung Abt. III/2 (Asparn a. d. Zaya 1996) 47–64.

J. Wahl u. H. G. König, Anthropologisch-traumatologische Untersuchung der menschlichen Skelettreste aus dem bandkeramischen Massengrab bei Talheim, Kreis Heilbronn. Mit einem Anhang von J. Biel. Fundber. Baden-Württemberg 12, 1987, 65–193.

J. Wahl u. H.-Chr. Strien, Tatort Talheim – 7000 Jahre später. Archäologen und Gerichtsmediziner ermitteln. museo 23 (Heilbronn 2007).

IV.2

R.-H. Behrends, Anmerkungen zur Mehrfachbestattung der Michelsberger Kultur von Heidelberg-Handschuhsheim. Fundber. Baden-Württemberg 22/1, 1998, 173–183.

J. Wahl u. B. Höhn, Eine Mehrfachbestattung der Michelsberger Kultur aus Heidelberg-Handschuhsheim. Fundber. Baden-Württemberg 13, 1988, 123–198.

IV.3

A. Neth, Ein außergewöhnlicher Friedhof der Urnenfelderzeit in Neckarsulm, Kreis Heilbronn. Arch. Ausgr. Baden-Württemberg 2001, 51–55.

J. Wahl, Nur Männer ‚im besten Alter‘? Erste anthropologische Erkenntnisse zum urnenfelderzeitlichen Friedhof von Neckarsulm, Kreis Heilbronn. Arch. Ausgr. Baden-Württemberg 2001, 55 f.

L. Sperber, Goldene Zeichen. Kult und Macht in der Bronzezeit. Hrsg. Historisches Museum der Pfalz Speyer, Begleitheft z. Ausstellung 07.05.–11.09.2005 (Speyer 2005).

IV.4

J. Biel, Der Keltenfürst von Hochdorf (Stuttgart 1985).

J. Biel u. D. Krausse (Hrsg.), Frühkeltische Fürstensitze. Älteste Städte und Herrschaftszentren nördlich der Alpen? Internat Workshop z. keltischen Archäologie in Hochdorf 12.–13.09.2003. Arch. Inf. Baden-Württemberg 51 (Stuttgart 2005).

J. Bofinger, J. Drauschke u. S. Kleingärtner, Glanz und Gloria – Die Keltenfürsten. Portrait Archäologie 2. Hrsg. Ges. f. Vor- u. Frühgesch. in Württemberg u. Hohenzollern e.V. (Esslingen 2006).

A. Czarnetzki, Der Keltenfürst von Hochdorf – Rekonstruktion eines Lebensbildes. In: Der Kelten-fürst von Hochdorf, Methoden und Ergebnisse der Landesarchäologie. Katalog zur Ausstellung vom 14.08.–13.10.1985. Hrsg. Landesdenkmalamt Baden-Württemberg (Stuttgart 1985) 43–45.

S. Hummel, D. Schmidt u. B. Herrmann, Molekulargenetische Analysen zur Verwandtschaftsfeststel-lung an Skelettproben aus Gräbern frühkeltischer Fürstensitze. In: Biel u. Krausse 2005, 67–70.

D. Krausse, Hochdorf III. Das Trink- und Speiseservice aus dem späthallstattzeitlichen Fürstengrab von Eberdingen-Hochdorf. Forsch. u. Ber. Vor- u. Frühgesch Baden-Württemberg 64 (Stuttgart 1996).

D. Krausse, Der ,Keltenfürst' von Hochdorf: Dorfältester oder Sakralkönig? Arch. Korrbl. 29, 1999, 339–358.

J. Wahl, Prähistorische Anthropologie. Bemerkungen über den derzeitigen Stand der Forschung in Südwestdeutschland. In: D. Planck (Hrsg.), Archäologie in Württemberg. Ergebnisse und Perspektiven archäologischer Forschung von der Altsteinzeit bis zur Neuzeit (Stuttgart 1988) 439–464.

IV. 5

S. Kurz u. J. Wahl, Zur Fortsetzung der Grabungen in der Heuneburg-Außensiedlung auf Markung Ertingen-Binzwangen, Kreis Biberach. Arch. Ausgr. Baden-Württemberg 2005, 78–82.

J. Wahl, Die menschlichen Skelettreste aus den Altgrabungen im Hohmichele. In: S. Kurz, Bestat-tungsplätze im Umfeld der Heuneburg. Forsch. u. Ber. Vor- u. Frühgesch. Baden-Württemberg 87 (Stuttgart 2002) 157–160.

J. Wahl, Menschliche Skelettreste aus den Grabhügeln im Gießübel. In: S. Kurz, Bestattungsplätze im Umfeld der Heuneburg. Forsch. u. Ber. Vor- u. Frühgesch. Baden-Württemberg 87 (Stuttgart 2002) 161 f.

J. Wahl, Besprechung: J. Müller (Hrsg.), Alter und Geschlecht in ur- und frühgeschichtlichen Gesell-schaften (Tagung Bamberg 2004). Universitätsforsch. Prähist. Arch. 126 (Bonn 2005). In: Fundber. Baden-Württemberg 29, 2007, 763–776.

IV.6

C. Berszin u. J. Wahl, Anthropologische Untersuchung der Skelettreste aus dem römischen Gräberfeld von Heidelberg-Neuenheim. In Vorb.

A. Hensen, J. Wahl, E. Stephan u. C. Berszin, Eine Ärztin aus dem römischen Heidelberg. Arch. Korrbl. 34, 2004, 81–100.

E. Künzl u. H. Engelmann, Römische Ärztinnen und Chirurginnen. Beiträge zu einem antiken Frauen-berufsbild. Antike Welt 28, 1997/5, 375–379.

IV.7

C. Ebhardt-Beinhorn u. B. Nowak, Untersuchungen an Textilresten aus Grab 58 von Trossingen, Kreis Tuttlingen. Arch. Ausgr. Baden-Württemberg 2002, 154–157.

J. Klug-Treppe, Außergewöhnliche Funde und Einbauten aus Holz in Gräbern des merowingerzeitli-chen Friedhofes von Trossingen, Kreis Tuttlingen. Arch. Ausgr. Baden-Württemberg 2002, 148–151.

M. Rösch u. E. Fischer, Außergewöhnliche pflanzliche Funde aus Alamannengräbern des sechsten Jahr-hunderts von Trossingen (Kreis Tuttlingen, Baden-Württemberg). Arch. Korrbl. 34/2, 2004, 271–276.

B. Theune-Großkopf, Die vollständig erhaltene Leier des 6. Jahrhunderts aus Grab 58 von Trossingen, Ldkr. Tuttlingen, Baden-Württemberg. Germania 84, 2006, 93–142.

IV.8

A. Hampel, Der Kaiserdom zu Frankfurt am Main. Ausgrabungen 1991–93 (Nußloch 1994) 170.

U. Koch, Das Reihengräberfeld bei Schretzheim. Teil 1: Text, Germanische Denkmäler der Völker-wanderungszeit A 13 (Berlin 1977) 178–181.

U. Koch, Das alamannisch-fränkische Gräberfeld bei Pleidelsheim. Forsch. u. Ber. Vor- u. Frühgesch. Baden-Württemberg 60 (Stuttgart 2001).

I. Stork u. J. Wahl, Eine birituelle Doppelbestattung aus dem Gräberfeld von Hessigheim, Kreis Lud-wigsburg. Arch. Ausgr. Baden-Württember 2006, 174–177.

IV.9

B. Brinkmann u. B. Madea (Hrsg.), Handbuch gerichtliche Medizin Bd. 1 (Berlin, Heidelberg, New York 2004) 814 f.

S. Hecht, W. Rosendahl u. K. Wirth, Geoarchäologische Untersuchungen am fränkischen Gräberfeld Mannheim-Bösfeld. In: U. Schüssler u. E. Pernicka (Hrsg.), Archäometrie und Denkmalpflege – Kurzberichte 2004 (Mannheim 2004) 16 f.

A. Ponsold, Lehrbuch der Gerichtlichen Medizin (³Stuttgart 1967).

W. Rosendahl u. K. Wirth, Tragischer Tod im Neckar. Archäologie in Deutschland 2004/6, 37.

W. Rosendahl, K. Wirth, N. Nicklisch u. K. W. Alt, Ertrunken im Neckar? – Über den Fund einer eisenzeitlichen Leiche in Mannheim-Seckenheim. Arch. Ausgr. Baden-Württemberg 2004, 79–82.

IV.10

I. Fehle (Hrsg.), Johannes Brenz 1499–1570. Prediger, Reformator, Politiker. Katalog z. Ausst. im Hällisch-Fränk. Mus., Schwäb. Hall, 28.2.–24.5.1999, u. im Württembergischen Landesmus., Stuttgart, 11.6.–3.10.1999 (Schwäbisch Hall 1999).

H. Schäfer, Befunde aus der ‚Archäologischen Wüste‘: Die Stiftskirche und das Alte Schloss in Stuttgart. Denkmalpfl. Baden-Württemberg. Nachrichtenbl. des Landesdenkmalamtes 31/4, 2002, 249–258.

H. Ullrich, Schädel-Schicksale historischer Persönlichkeiten (München 2004).

J. Wahl, Die Gebeine von Johannes Brenz et al. aus der Stiftskirche in Stuttgart. Osteologisch-forensische Untersuchungen an historisch bedeutsamen Skelettresten. Denkmalpfl. Baden-Württemberg. Nachrichtenbl. des Landesdenkmalamtes 30/4, 2001, 202–210.

IV.11

I. Fingerlin, Die Grafen von Sulz und ihr Begräbnis in Tiengen am Hochrhein. Forschungen u. Ber. Arch. Mittelalter Baden-Württemberg 15 (Stuttgart 1992).

I. Fingerlin, Bericht über eine in der evangelischen Pfarrkirche Giengen an der Brenz geborgene Bestattung. Unveröff. Manuskript.

V. Verheilte Läsionen und andere Veränderungen –

Außergewöhnliche intravitale Befunde

1. Ein Steinbeilhieb mit Folgen – Der Bandkeramiker aus Tamm-Hohenstange

Beim Ausheben einer Baugrube stießen Ende der 1990er Jahre in Tamm-Hohenstange, Kreis Ludwigsburg, Bauarbeiter auf Teile eines menschlichen Skeletts. Umgehend wurde die Kriminalpolizei verständigt. Auf Grund der Fundumstände stellte sich jedoch alsbald heraus, dass der Fall mehr als 50 Jahre zurücklag, genau genommen mehrere tausend Jahre. Der zuständige Gerichtsmediziner in Tübingen leitete daraufhin die Knochen und Unterlagen an das Landesdenkmalamt weiter.

Trotz fehlender datierender Beigaben dürfte es sich um ein bandkeramisches Grab handeln. Im selben Baugebiet waren neben späthallstatt/frühlatènezeitlichen Befunden bereits früher Hinweise auf das frühe Neolithikum entdeckt worden. Das Fundortfoto zeigt die unvollständig erhaltenen Skelettreste eines in linksseitiger Hockstellung bestatteten Erwachsenen. Geborgen werden konnten vor allem Knochen der linken Körperseite, vom Schädel lediglich noch der rückwärtige Teil der Hirnschale. Die Reste stammen von einem etwa 50jährigen, ca. 1,70 m großen Mann mit ausgeprägtem Muskelmarkenrelief und moderaten degenerativen Veränderungen im Bereich der Wirbelsäule.

Über dem linken äußeren Gehörgang liegt auf dem hinteren, zur Schädelbasis weisenden Teil des linken Scheitelbeins ein rundlicher Defekt mit einem Durchmesser von ca. 5 cm. Die ehemaligen Bruchlinien sind verwachsen, die Bruchkanten verrundet. Je ein Berstungsbruch verlief oberhalb der Sutura squamosa geradlinig bis zur Kranznaht und schräg nach frontal fußwärts zur Kiefergelenkgrube hin. Aus der Schläfenbeinschuppe ist ein keilförmiges Stück ausgesprengt und wahrscheinlich von demjenigen entfernt worden, der das Opfer dieser tätlichen Auseinandersetzung medizinisch versorgte.

Es handelt sich um eine verheilte Verletzung im Grenzbereich zwischen Impressions- und Lochfraktur, verursacht durch einen Schlag mit einem stumpfen, harten Gegenstand mit möglicherweise halbscharf begrenzter Einwirkungsfläche von schräg hinten oben links her.

1.1: Bei Baggerarbeiten entdeckt: Die Skelettreste des maturen Bandkeramikers aus Tamm-Hohenstange in Fundlage.

In Anbetracht des bekannten Geräteinventars der Bandkeramiker käme am ehesten ein Schuhleistenkeil in Betracht, wobei – bei angenommener Knieschäftung – ein rechtshändiger Täter seinem Gegner von Angesicht zu Angesicht leicht nach links versetzt gegenübergestanden hätte. Die verrundeten Defektränder lassen vermuten, dass der Angriff mehrere Monate, wahrscheinlich sogar mehrere Jahre vor dem Tod des Getroffenen erfolgte.

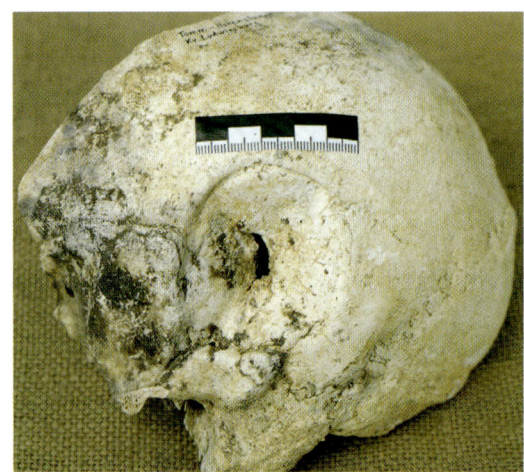

1.2: Schädelfragment mit verheiltem Lochdefekt. Die eingedrückten Bruchstücke sind nicht entfernt worden und ragen pyramidenförmig ins Innere. Oben (a) Außen-, darunter (b) Innensicht.

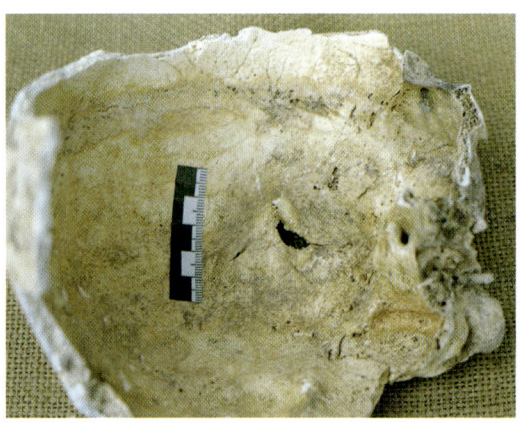

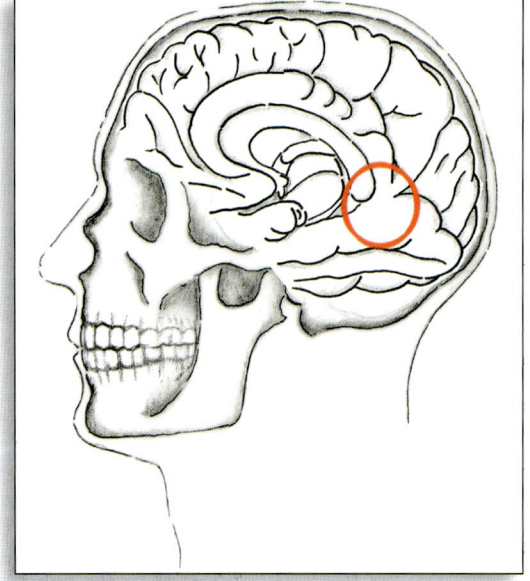

1.3: Umzeichnung zur Lage der möglicherweise durch einen Schuhleistenkeil verursachten Hiebverletzung.

Besonders erwähnenswert ist in diesem Fall, dass die Trümmerpyramide, die aus mindestens vier Teilstücken bestand und immerhin etwa 20 mm in das Schädelinnere hineinragt, bei der Behandlung des Verletzten nicht ausgeräumt wurde. Es kann daher mit hoher Wahrscheinlichkeit angenommen werden, dass die betroffenen Hirnareale in Mitleidenschaft

gezogen bzw. dauerhaft beeinträchtigt waren und der Mann als Folge dieser Attacke unter Sprachstörungen aktiver wie kognitiver Art zu leiden hatte.

Dass die Bandkeramiker in Mitteleuropa zu unseren direkten Vorfahren gehören, war über lange Zeit unbestritten. Zweifel kamen in jüngster Zeit durch molekulargenetische Untersuchungen auf. Demnach gäbe es kein verwandtschaftliches Kontinuum seit dem frühen Neolithikum. Die bislang untersuchten Stichproben sind allerdings noch zu klein, um ein abschließendes Urteil abgeben zu können. Es bleibt abzuwarten, was zukünftige Analysen bringen werden, insbesondere auch hinsichtlich des genetischen Beitrags, den die Mesolithiker beigesteuert haben. Von archäologischer Seite wird derzeit ein ‚integratives Neolithisierungsmodell‘ bandkeramischer Populationen mit lokal und regional unterschiedlichen mesolithischen Anteilen bevorzugt. Weitere Ergebnisse zwischenzeitlich erfolgter DNA-Analysen an Menschen- und Tierknochen weisen darauf hin, dass den frühen Neolithikern das notwendige Enzym zur Laktoseverdauung fehlte und sämtliche domestizierten Rinder in Mitteleuropa – wie Schafe und Ziegen auch – importiert waren. Auf Grund der Milchunverträglichkeit dürften bei den Rindern nicht die Milchgewinnung, sondern die Fleischversorgung und/oder deren Nutzung als Arbeitstiere im Vordergrund gestanden haben. Lokale Auerochsenpopulationen *(Bos primigenius)* spielten demnach bei der Haustierwerdung von *Bos taurus* keine Rolle, womit eines der Denkmodelle im Rahmen der Neolithisierung, der Transfer des Domestikationsgedankens unter Einbeziehung vor Ort lebender Wildtiere, widerlegt zu sein scheint.

2. Eine Rinne in den Vorderzähnen – Das Gebiss als Spezialwerkzeug einer Bandkeramikerin aus Schwetzingen

Zähne und Kiefer verdienen bei anthropologischen und forensischen Untersuchungen ganz besondere Aufmerksamkeit. Sie sind eine wahre Fundgrube an Informationen. Neben Hinweisen zum Alter und Geschlecht über Zahnentwicklung, Abrasion, Zementannulation bzw. Zahngröße lassen sich pathologische Erscheinungen wie Karies, Parodontopathien und Wachstumsstörungen ebenso erkennen wie erworbene oder anlagebedingte Stellungsanomalien, angeborene Fehlbildungen einzelner Zähne, seltene Formvarianten oder Spuren von Zahnbehandlungen. Daraus ergeben sich Anhaltspunkte für mögliche Verwandtschaftsbeziehungen, ethnische Herkunft oder zur individuellen Identifizierung. Das Dentin findet zunehmend Verwendung bei DNA-Analysen und der Zahnschmelz steht im Fokus von Isotopenmessungen zur Umweltrekonstruktion und Herkunftsbestimmung. Bestimmte Abkauungsmuster und Mikrospuren gehen auf die Ernährungsweise bzw. spezifische Nahrungskomponenten zurück.

Dazu kommen Manipulationen wie z. B. Überkronen, Zahnfärben, Anbringung von Inkrustationen bzw. Schmuckeinlagen oder bewusste Zahnentfernung, die wie andere Körperverstümmelungen meist in Verbindung mit Initiationsriten oder Modeerscheinungen stehen und in dieser oder jener Form auf nahezu allen Kontinenten dieser Erde anzutreffen sind, des Weiteren habituell erworbene Abnutzungsspuren, die u. a. auf die Verwendung von Tonpfeifen, häufigen Gebrauch von Zahnstochern oder den Einsatz des Kauapparates als ,dritte Hand' zurückzuführen sind. Als bekanntestes Beispiel der letztgenannten Gruppe dienen die Inuit, die ihre Frontzähne zum Abziehen, Walken und Weichkauen von Rohhaut und Leder verwenden, eine Tätigkeit, die mit einer flächigen Abnutzung, Verrundung der Kanten und Politur insbesondere der Schneidezähne einhergeht.

Ebenso als Werkzeug im weitesten Sinne diente das Gebiss der 30–35jährigen, etwa 1,60 m großen Frau aus Grab 188 des frühneolithischen Gräberfelds von Schwetzingen. Sie war in linksseitiger Hockstellung beigesetzt worden, ihr Oberkörper vermutlich sekundär in Rückenlage gekippt. Es handelt sich um eine schlanke und grazile Person mit schwachem Muskelmarkenrelief, die bereits deutliche degenerative Veränderungen im Bereich der Lendenwirbelsäule aufweist, unter Mangelerscheinungen und möglicherweise einer Stoffwechselstörung zu leiden hatte. An ihren Zahnhälsen lassen sich massive Konkrementablagerungen und am Kieferknochen Anzeichen von Parodontose und Parodontitis feststellen.

Spezielle Beachtung gebührt jedoch einem bislang unveröffentlichten Befund, einer 2,5 mm breiten und ebenso tiefen, rinnenförmigen

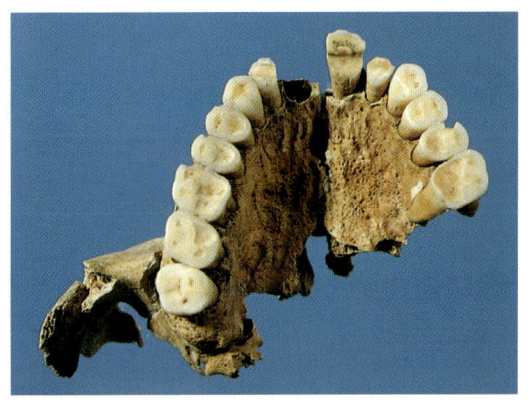

Furche, die von links nach rechts quer über die Kauflächen der oberen Incisivi verläuft. Die gegenüberliegenden Zähne des Unterkiefers weisen lediglich eine schwache, aber eindeutig

2.1 (oben): Skelettreste der 30–35jährigen Frau aus dem bandkeramischen Gräberfeld von Schwetzingen, Grab 188.
2.2 (Mitte links): Detailaufnahme des Oberkiefers mit quer über die Schneidezähne verlaufender Rinne.
2.3 (Mitte rechts): Rasterelektronenmikroskopische Aufnahmen des ersten Schneidezahns oben links in verschiedenen Vergrößerungen.
2.4 (unten): Eine Neandertalerin benutzt ihr Gebiss als ,dritte Hand' bei der Lederbearbeitung.

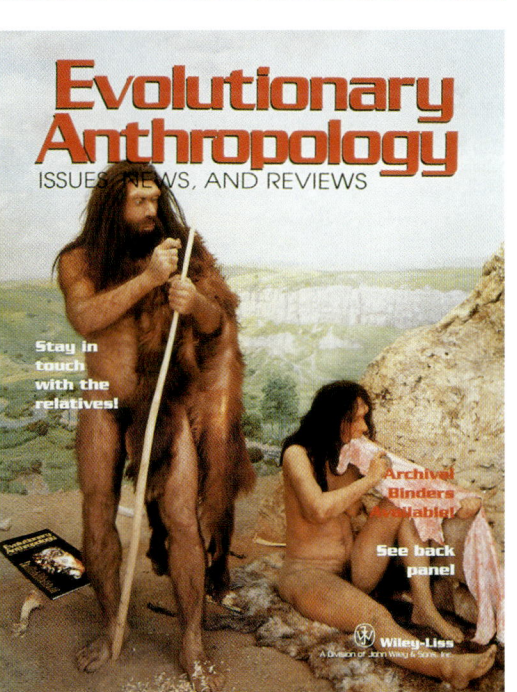

3.1: Der Schädel des über 60jährigen Mannes aus dem Gräberfeld von Ditzingen-Schöckingen, Grab 19, mit Spuren zweier verheilter Hiebverletzungen.

3.2: Der Kopf des frühadulten Mannes aus Grab 10 wurde von zwei tödlichen Schwerthieben getroffen.

3.3: Schädel eines spätadulten Alamannen aus Bopfingen mit unverheilter Hiebverletzung in der linken Stirnregion. Typische Lage eines Defektes bei Frontalangriff durch einen rechtshändigen Gegner.

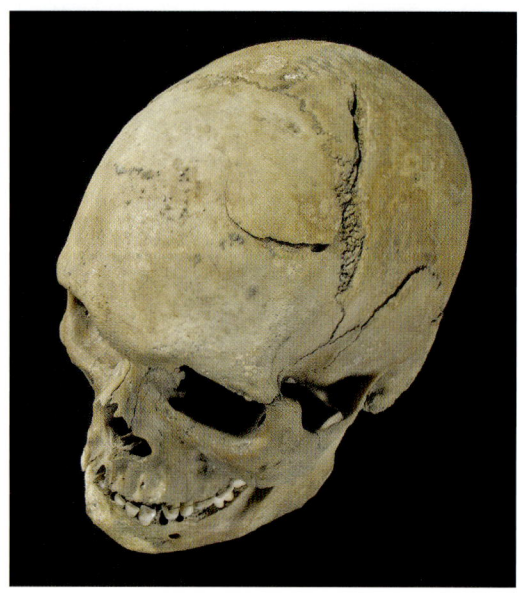

häufiges Durchziehen von Lederschnüren oder Sehnen zum Zweck des Geschmeidigmachens verursacht wurde, wobei der Speichel gleichzeitig als Weichmacher gedient haben könnte. Ebenso denkbar wäre die Bearbeitung dünnerer Weidenruten oder anderer Pflanzenfasern. Unter dem Rasterelektronenmikroskop sind im Inneren der Rinne deutliche Riefen in Längsrichtung zu erkennen.

Bei allen betroffenen Zähnen sind die Pulpahöhlen eröffnet und Sekundärdentin eingelagert. Die Frau muss ihrer Tätigkeit also über einen längeren Zeitraum intensiv nachgegangen sein.

3. „Das hätte böse ausgehen können!"
Verheilte Hiebverletzungen bei den Alamannen

Knochen mit Spuren tätlicher Auseinandersetzungen sind bei der Untersuchung alamannischer Skelettreste keine Seltenheit. Alleine unter den mehr als 1300 Gräbern aus dem Friedhof von Lauchheim lassen sich bei etwa 8% der Männer prä- oder perimortale Traumata nachweisen. Wie routiniert die merowingerzeitlichen Ärzte bei deren Behandlung waren, zeigt sich darin, dass mehr als die Hälfte aller Betroffenen mit Schädelverletzungen überlebt hat.

Die bekanntesten Quellen dazu stellen die so genannten Leges ‚Pactus Alamannorum' und ‚Lex Alamannorum' dar, die im 7. bzw. 8. Jahrhundert verfasst wurden und u. a. detaillierte Angaben zu verschiedenen Arten der Traumatisierung, Verletzungsschwere, Behandlungsmethoden und Buße des Täters enthalten. Bei der Höhe des Bußgelds wurden die Größe und Anzahl herausgeschlagener Knochenstücke sowie bleibende Entstellungen berücksichtigt. Im Rahmen der therapeutischen Maßnahmen wurden lose Knochentrümmer entfernt, heilungsfördernde und schmerzlindernde Salben oder Kräuter appliziert, offene Wunden mit Seiden- oder Sehnenfäden vernäht und Bandagen, Stütz- oder Druckverbände angelegt. In den meisten Fällen gelang es sogar, entzündliche Prozesse zu vermeiden.

Die Läsionen liegen mehrheitlich auf der linken (vorderen) Schädelseite und dürften daher – bei rechtshändigen Gegnern – am

gleichgerichtete Konkavität auf. Es ist anzunehmen, dass diese spezifische Abnutzung durch

ehesten auf direkte Zweikämpfe Mann gegen Mann zurückzuführen sein. Speziell bei Knochendefekten, die der Verletzte längere Zeit überlebte, ist jedoch die Frage nach dem verursachenden Gegenstand nicht immer leicht zu beantworten. Am häufigsten sind zweifellos Waffen mit langen, schmalen Klingen (Spatha, Sax, Hiebmesser) zum Einsatz gekommen. Außerdem lassen sich noch Einwirkungen von Äxten, Lanzen- oder Pfeilspitzen sowie stumpfer Gerätschaften nachweisen.

Ein besonders imponierender Fall ist aus dem frühmittelalterlichen Friedhof von Ditzingen-Schöckingen überliefert. Dort stießen die Archäologen in Grab 19 auf die Skelettreste eines über 60jährigen Mannes, dessen Schädeldach Spuren zweier Hiebverletzungen aufweist, die bereits längere Zeit vor seinem Tod verheilt sind. Der erste Hieb erfolgte von hinten oben links her auf die linke Stirnseite. Das Schwert drang drei bis vier Zentimeter tangential in den Schädel ein. Durch Erweiterungsfrakturen wurde ein insgesamt etwa 7 cm x 6 cm großes Kalottenstück angehoben, das nur noch durch eine schmale Knochenbrücke gesichtswärts mit dem Rest des Stirnbeins verbunden war. Beim Herausziehen der Waffe wurde ein ca. 2 cm x 5 cm großer Abschnitt dieses Stückes abgesprengt, der Rest klappte zurück in seine ursprüngliche Lage. Der zweite Defekt liegt auf dem linken Scheitelbein. Hier wurde mit einem spitzscharfen Gegenstand ein ca. 1,5 cm x 3 cm großes Teilstück der Kalotte ausgeschlagen. Beide Defekte erfolgten aus erhöhter Position des Gegners – womöglich vom Pferde aus – und sind komplikationslos verheilt. Auf Grund der geringen vertikalen Eindringtiefe war die harte Hirnhaut offenbar nicht verletzt worden.

Anders bei dem jungen Mann aus Grab 10 desselben Friedhofs, der im Alter von 25–30 Jahren von zwei wuchtigen Schwerthieben getroffen wurde. Diese drangen tief in den Hirnschädel ein und führten rasch zum Tode. Das Opfer hätte auch bei moderner Wundversorgung keine Überlebenschance gehabt.

Ein drittes Beispiel aus Bopfingen dokumentiert eine im Prinzip überlebbare Hiebverletzung auf dem linken Stirn- und Scheitelbein. Hier, wie bei anderen Beispielen, muss – da keinerlei Heilungserscheinungen festzustellen sind – noch mit zusätzlichen Weichteilverletzungen, Schock, Sepsis oder anderen (un)mittelbaren Todesursachen gerechnet werden.

4. Eine folgenschwere Attacke – Zum Überlebenszeitraum eines Alamannen aus Aldingen

Bei Ausgrabungen im Inneren der St. Mauritius-Kirche in Aldingen, Kreis Tuttlingen, entdeckten die Archäologen im Jahr 1967 neben anderen Bestattungen ein in West-Ost-Richtung orientiertes, frühmittelalterliches Steinkammergrab. Es erhielt die Bezeichnung „I ib 51". Aus dem Fundzusammenhang ergab sich eine eindeutige Verbindung mit dem Bau der ersten Holzpfostenkirche, die um oder kurz nach 700 n. Chr. errichtet wurde. Man darf annehmen, dass es sich um eine herrschaftliche Eigenkirche mit den Begräbnissen der zugehörigen Familienmitglieder handelt.

Die vorgefundenen Skelettreste stammen von einem etwa 30jährigen und ca. 1,74 m großen Mann. Er war in gestreckter Rückenlage und, wie der Versatz zwischen den Knochen der Ober- und Unterschenkelknochen sowie die Drehung des linken Femurs nahe legen, ursprünglich mit zur Unterlage hin angestellten Beinen, d. h. leicht nach oben angewinkelten Knien, niedergelegt worden. Neben massivem Zahnsteinansatz, Karies und Parodontitis sowie entzündlichen Veränderungen im Bereich der Nasennebenhöhlen lassen sich geringe Anzeichen vorn Arthrose an der Wirbelsäule und einzelnen großen Gelenken feststellen. Seitenasymmetrien weisen den Mann als Rechtshänder aus.

Gesonderte Aufmerksamkeit verdienen in diesem Fall zwei traumatische Befunde am Schä-

4.1: Bei Bauarbeiten 1967 in ,St. Mauritius' in Aldingen gefundenes Steinkistengrab mit Skelettresten eines etwa 30jährigen Mannes.

4.2 (oben): Linke Elle und Speiche mit und ohne Spuren einer zeitweise überlebten scharfkantigen Gewalteinwirkung.

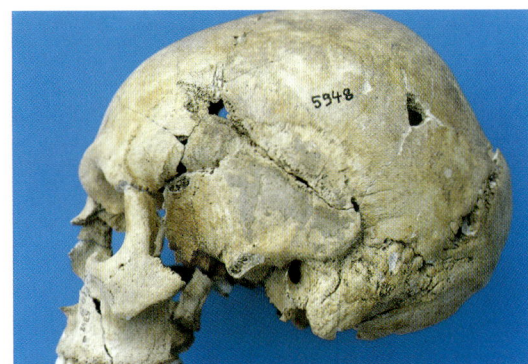

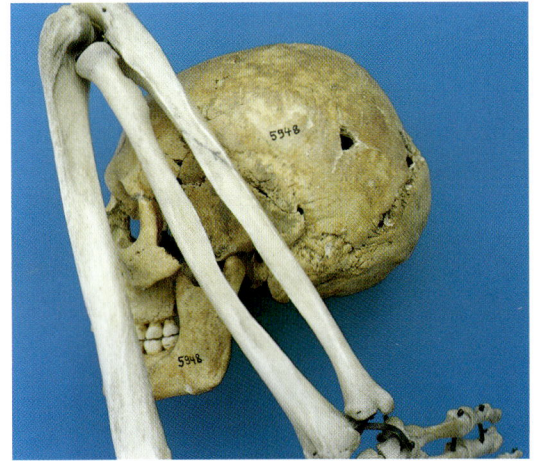

4.3 (oben links): Linke Seitenansicht des Schädels mit knöchernen Reaktionen im Bereich einer scharfen Gewalteinwirkung in der Schläfenregion. – 4.4 (darunter): So genannte Plausibilitätsrekonstruktion zur Lage und Haltung von Kopf und linkem Arm im Augenblick des Hiebes. – 4.5 (rechts): Rekonstruktion einer möglichen Täter-Opfer-Konstellation.

del sowie am linken Unterarm. Am Übergang vom proximalen zum mittleren Drittel der linken Elle lässt sich eine Verletzung ansprechen, die auf einen die Facies posterior von radial her in spitzem Winkel zur Knochenlängsachse auftreffenden Hieb mit einem scharfen Gegenstand zurückzuführen ist. Der benachbarte Radius wurde dabei nicht in Mitleidenschaft gezogen. Im unmittelbaren Umfeld des Defekts sind sowohl osteoplastische als auch osteoklastische Reaktionen im Sinne einer eitrigen, posttraumatischen Osteomyelitis zu erkennen. Nachdem die entzündlichen Prozesse im Wundzentrum deutlich schwächer ausgeprägt sind, darf eine Behandlung in Form einer topischen Wunddesinfektion angenommen werden.

Die Schädelverletzung findet sich im Bereich der linken Schläfe. Auf einer gedachten Linie vom Stirnbeinhöcker zur Basis des Mastoidfortsatzes ist eine etwa 7 cm lange Kerbe als Folge eines Hiebes zu erkennen, der das Schädeldach von hinten oben links her nur unvollständig durchdrungen hat. Begleitet von leicht verrundeten Knochenabsprengungen und feinporösen Knochenneubildungen im Umfeld kann mittig noch eine Zone mit glatter

Schnittkante ausgemacht werden. Hier liegen gleichermaßen nekrotische wie knochenneubildende Reaktionen vor.

Auf Grund der in den Wundbereichen diagnostizierten Veränderungen, die auf gleichzeitig stattfindende Entzündungen und Heilungsprozesse hinweisen, ist für beide Verletzungen ein Überlebenszeitraum von schätzungsweise zwei bis drei Wochen anzunehmen. Als Todesursache kommt letztlich am ehesten eine Sepsis im Bereich der Hirnhäute in Betracht.

Im Rahmen einer so genannten Plausibilitätsrekonstruktion lassen sich beide Läsionen zwanglos zur Deckung bringen und auf ein und denselben (Schwert-)Hieb zurückführen. Demnach hätte der Mann versucht, mit angewinkeltem und zum Schutz über dem nach vorne geneigten Kopf erhobenem linken Arm vor der drohenden Attacke in Deckung zu gehen. Der auftreffende Hieb hätte die linke Elle durchtrennt und wäre anschließend noch in den Schädel eingedrungen. Dabei muss sich der Täter in erhöhter Position gegenüber seinem Kontrahenten befunden haben, entweder stehend über seinem sich duckenden Opfer oder vielleicht vom Pferd aus auf einen Gegner zu Fuß eingehauen haben.

5. Ein Kästchen mit makabrem Inhalt –
Die besondere Grabbeigabe des Mannes aus Herrenberg Grab 308

Der alamannische Friedhof von Herrenberg umfasst weit über 400 Bestattungen und wurde kontinuierlich vom frühen 5. bis ins späte 7. Jahrhundert belegt. Die Beraubungsrate insbesondere der Grabstätten aus dem 6. und 7. Jahrhundert ist hoch. Obwohl die Nekropole bislang noch keiner systematischen Bearbeitung unterzogen wurde, hat sie schon manches interessante Detail preisgegeben. Eine dieser Besonderheiten ist Grab 308, das im Rahmen von Präparationsarbeiten eher zufällig ins Blickfeld geriet. Nach seiner horizontalstratigraphischen Lage sowie den spärlichen Beigabenresten zu urteilen, u. a. ein Metallfragment, das als Beschlag eines Kästchens gedeutet werden kann, datiert es in die Zeit um 700 n. Chr.

Wie viele andere Bestattungen in Herrenberg ist auch diese bereits in alter Zeit geplündert worden. Dabei gingen die Grabräuber nicht gerade zimperlich vor. Vom Kopf bis in die Beckenregion wurde die Grablege völlig zerwühlt. In diesem Areal lag kein einziges Skelettelement mehr im anatomischen Zusammenhang. Lediglich die Knochen des rechten Beins, des linken Unterschenkels sowie einige Teile der rechten Hand seitlich des rechten Oberschenkelknochens wurden noch im natürlichen Verbund angetroffen. Der postmortal deformierte Schädel lag mit seiner Basis nach oben weisend in der Nordwestecke der Grabgrube, Rippen und Wirbel wild durcheinander auf Höhe des ehemaligen Brustkorbs, und die übrigen Abschnitte wurden aus der Füllerde aufgesammelt. Gleichwohl ist das Skelett nahezu vollständig überliefert. Es fehlen nur das rechte Schläfenbein sowie Teile des Schulter- und Beckengürtels, einzelner Langknochen und beider Hände und Füße. Die üblichen Kriterien weisen es eindeutig als männlich aus.

Der Mann war mit ca. 1,76 m überdurchschnittlich groß, zudem ziemlich robust, kräftig, breitschultrig und wahrscheinlich Rechtshänder. Er ist (40–)50 Jahre alt geworden. Seine Wirbelsäule lässt degenerative Prozesse erkennen. Ein Zahn ist kariös, zwei weitere waren bereits zu Lebzeiten ausgefallen. Eine auffällige Verdickung des Stirnbeins muss noch differenzialdiagnostisch abgeklärt werden. Spezielle Auf-

merksamkeit verdienen jedoch die Knochen des linken Unterarms inklusive der Hand.

Die distalen Enden der linken Elle und Speiche weisen auf gleicher Höhe, nur wenige Zentimeter oberhalb des Handgelenks, verheilte Amputationsstümpfe auf. Außerdem sind Spuren einer Osteomyelitis zu erkennen. Am zugehörigen, isoliert gefundenen distalen Gelenkende des Radius lässt sich dagegen zweifelsfrei eine glatte Schnittkante ansprechen, eine unverheilte Hiebspur, die auf die Einwirkung eines scharfkantigen Gegenstands, wahrscheinlich eines Schwerts, zurückzuführen ist. Das Gegenstück der Ulna ist leider nicht gefunden worden. Von der amputierten Hand sind weiterhin vorhanden: drei Handwurzel- und vier Mittelhandknochen sowie drei Fingerglieder. Sowohl das Speichenende als auch sieben der zehn genannten Handknochen tragen Rostspuren, die ansonsten an keinem einzigen der übrigen Skelettelemente zu verzeichnen sind. Zudem erscheinen die Teile der abgetrennten Hand noch stärker verwittert als der gesamte Rest. Alle Indizien zusammen genommen lassen die Folgerung zu, dass dem Mann die linke Hand abgetrennt, diese dann in einem Kästchen o. ä. aufbewahrt und ihm bei der Beerdigung mit ins Grab gegeben wurde. Auftreffrichtung und Winkel des Defekts schließen einen gezielten Hieb im Rahmen einer Strafmaßnahme aus. Ein

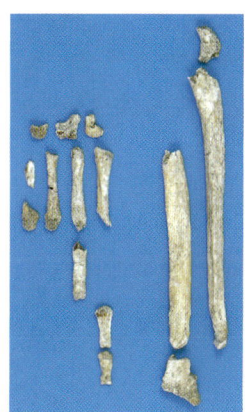

5.2: Unterarm- und Handknochen der linken Seite.

5.1: Durch Grabräuber vor allem im Bereich des Oberkörpers gestörtes Grab eines ca. 50jährigen Mannes aus dem alamannischen Friedhof von Herrenberg.

*5.3 (oben): Detailauf-
nahme des verheilten
Stumpfes am Schaft
der linken Speiche
und zugehöriges dis-
tales Ende mit scharf-
kantiger Trennspur.
5.4 (unten): Rostver-
färbungen an mehre-
ren Knochenteilen der
abgetrennten Hand.*

solcher wäre wohl eher von der Handrücken-
seite her, zumindest aber mehr oder weniger
rechtwinklig zum Unterarm geführt worden.
Im vorliegenden Fall erfolgte der Hieb jedoch
spitzwinklig von vorne von der Hohlhandseite
her bei so genannter Supinationsstellung, d. h.
parallel zueinander orientierten Unterarmknochen. In einer Kampfsituation könnte das
bedeuten, dass die Schildhand des Mannes in
einem Moment offener Deckung durch einen
Hieb des Gegners abgetrennt wurde.

Um den starken Blutverlust zu stoppen, dürfte
der Verwundete umgehend medizinisch ver-
sorgt worden sein. Nach den Heilungserscheinungen an den Knochenstümpfen zu urteilen,
hat er den Verlust seiner Hand mehrere Monate,
wenn nicht gar Jahre überlebt. Dass die beiden Oberarmknochen keine nennenswerten
Robustizitätsunterschiede zeigen, spricht entweder für ein kürzer zurückliegendes Ereignis
oder dafür, dass er den Armstumpf in der Fol-
gezeit nicht geschont, sondern aktiv in seine
körperlichen Aktivitäten miteinbezogen hat.

Ob die Aufbewahrung des abgetrennten Kör-
perglieds religiös motiviert war oder aus sen-
timentalen Gründen erfolgte, lässt sich nicht
entscheiden. Die Christianisierung zu Beginn
des 8. Jahrhunderts könnte den 50jährigen
dazu bewogen haben, unter allen Umständen ‚vollständig' vor seinen Schöpfer treten
zu wollen. Andererseits bewahren auch heute
noch manche Zeitgenossen ihre ausgefallenen
Milchzähne auf.

6. Ein fragwürdiges Schönheitsideal –
Artifizielle Schädeldeformationen
im frühen Mittelalter

Menschen neigen dazu, ihre Gruppenzugehö-
rigkeit, ihren Status und/oder ihre Gesinnung
im äußeren Erscheinungsbild zum Ausdruck
zu bringen. Sei es duch Kleidung, Accessoires,
Haar- und Barttracht oder Körperverzierungen
wie Bemalung, Tattoos und Piercing. Betrachtet man dieses Phänomen im überregionalen
Kontext, zeigt sich, dass tatsächlich kaum eines
dieser Attribute weltweit als attraktiv und erstrebenswert gilt. Die gruppeninternen Zeichen
gehen dabei oft mit Initiationsriten und dem
jeweiligen Schönheitsideal einher, wobei einige den Körper dauerhaft verändernde Eingriffe eher ästhetischer Natur sind, andere zu
erheblichen funktionellen Beeinträchtigungen

führen. In die letztgenannte Kategorie gehören z. B. spitz zugefeilte Frontzähne bei den
Batak in Indonesien, Lippenpflöcke bei den
Zoé-Indianern im Amazonasgebiet, Lippentel-
ler bei den Kondefrauen in Zentralafrika oder
die bis ins 20. Jahrhundert bei vornehmen
Chinesinnen vorgenommene und erst 1949
von Mao Tsetung verbotene Einschnürung der
Füße. (Diese seit dem 11. Jahrhundert überlieferte Prozedur begann zwischen dem 3. und 8.
Lebensjahr der Mädchen. Die vier kleinen Zehen wurden durch Binden unter die Fußsohlen
gezwängt und der Spann so gebogen, dass der
Ballen fast die Ferse berührte. Die Großzehe
blieb frei, so dass eine Halbmondform entstand. Die angestrebte ‚Ideallänge' des Fußes
lag bei 12 cm oder weniger (10 cm = ‚silberner
Lotos', 7,5 cm = ‚goldener Lotos'). Die betroffenen Frauen waren stark gehbehindert und
konnten sich nur unter größten Schmerzen
fortbewegen.

Künstliche Schädeldeformationen bewirken
nach heutiger Kenntnis keine unmittelbaren
Defizite bezüglich der Hirnleistung. Manche
Mediziner behaupten allerdings, dass die Betroffenen eher zu epileptischen Anfällen neigen. Die Deformationen entstehen durch eine
stramm sitzende, ringförmig über Stirn und
Hinterhaupt laufende Bandage oder durch
Einpressen des Kopfes zwischen Holzplatten,
die das Wachstum des Schädels nach hinten
oben zwingt und eine optische Verlängerung
der Stirnpartie bewirkt. Je nachdem werden
die resultierenden Formvarianten als ring- bzw.
kreis- oder tafelförmig bezeichnet, jeweils
noch untergliedert in ‚schräg' und ‚aufrecht'
mit weiteren Untertypen. Entsprechend dem
Ausprägungsgrad ergibt sich zwangsläufig ein
gewisser Einfluss auf die Gesichtsmorphologie. Die Maßnahme beginnt im Säuglingsalter
und muss über mehrere Jahre hinweg fortge-
führt werden. Das Gehirn passt sich in seiner
Form der vorgegebenen Wachstumsrichtung
an. Solche Köpfe sind z. B. von einigen nordamerikanischen Indianerstämmen, u. a. den
bezeichnenderweise so genannten Flatheads
aus Idaho, von den Inka und anderen Anden-
völkern, aus Afrika, der Südsee und Indonesien, aber auch aus der Völkerwanderungszeit
Mitteleuropas bekannt.

Nachdem sich derartig verformte Schädel im
3. und 4. Jahrhundert nördlich des kaspischen
Meeres sowie an der unteren Wolga häufen,
wurden sie zunächst in thüringischen und bur-

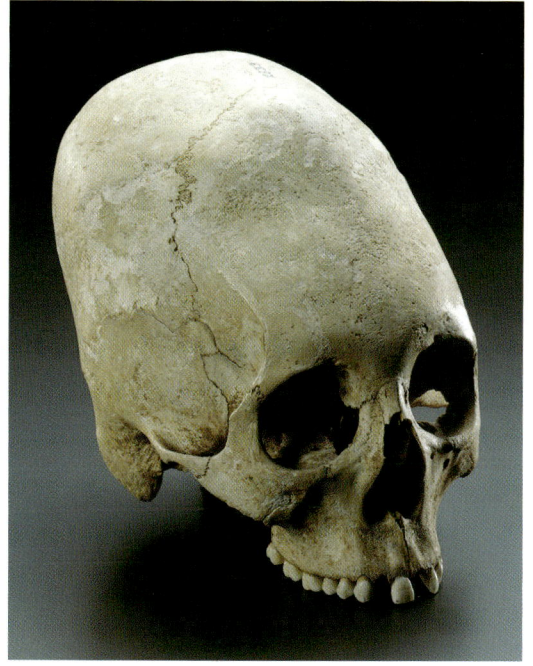

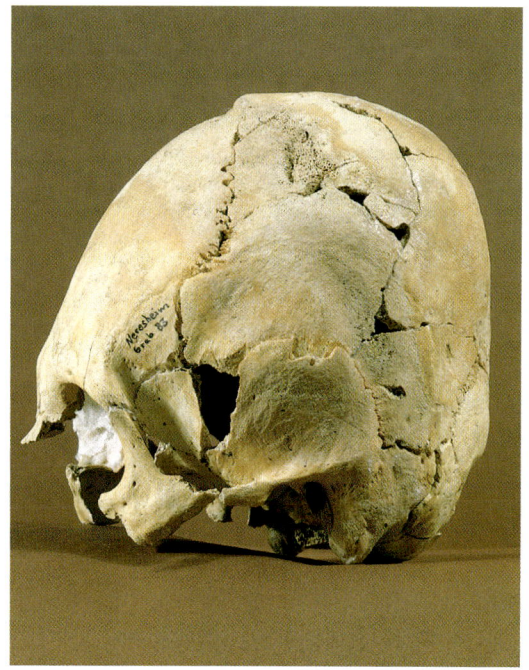

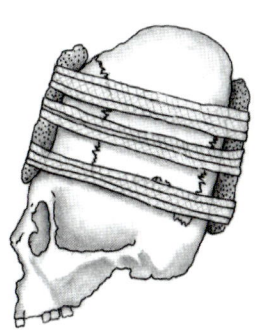

6.1 (links): Artifiziell deformierter Schädel einer jungen Frau aus Kirchheim a. N.

6.2 (rechts): Künstlich verformter Hirnschädel der erwachsenen Frau aus dem alamannischen Gräberfeld von Neresheim, Grab 83.

gundischen Skelettserien, dann fast in jedem größeren alamannischen Friedhof gefunden, dessen Belegungszeit bis in die zweite Hälfte des 5. und das frühe 6. Jahrhundert zurückreicht. In später angelegten Gräbern treten sie nicht mehr in Erscheinung. Man geht heute davon aus, dass diese ‚Sitte' mit den Vorstößen der Hunnen nach Mitteleuropa kam, die mit ihren Zügen gen Westen im letzten Viertel des 4. Jahrhunderts die Völkerwanderung auslösten und vermutlich ebenso für die gele-

gentlich an Schädeln dieser Zeit zu beobachtenden mongoliden Merkmale verantwortlich sind. Dabei ist fraglich, ob sie von den Hunnen selbst oder lediglich von Gefolgsleuten aus dem Ursprungsland gepflegt wurde.

In Südwestdeutschland sind artifiziell verformte Schädel z. B. aus den Gräberfeldern von Hemmingen, Kirchheim/Neckar, Weingarten, Großkuchen, Pleidelsheim und Neresheim überliefert. Da es sich bei den betroffenen Individuen ausnahmslos um Erwachsene und in der Mehrzahl um Frauen handelt, dürften diese durch Einheirat zu uns gekommen sein. Der Brauch als solcher wurde von den Alamannen weder übernommen noch vor Ort ausgeübt; deformierte Schädel galten bei ihnen offenbar nicht als erstrebenswertes Schönheitsideal. Neben ästhetischen Motiven wären auch religiöse Gründe oder eine bewusste ethnische oder soziale Abgrenzung zu diskutieren. Unter Berücksichtigung der Beigabenausstattung hatten diese Personen jedoch eher einen niedrigeren Sozialstatus inne.

Einen vergleichbaren Verformungseffekt können auch die in Nordamerika verwendeten so genannten *cradleboards* o. ä. Gerätschaften haben, in die Säuglinge zu Transportzwecken eingeschnürt wurden.

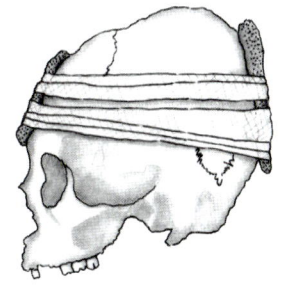

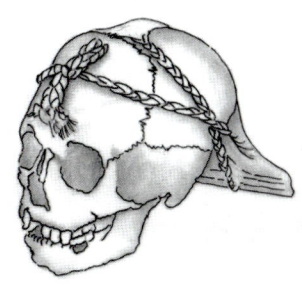

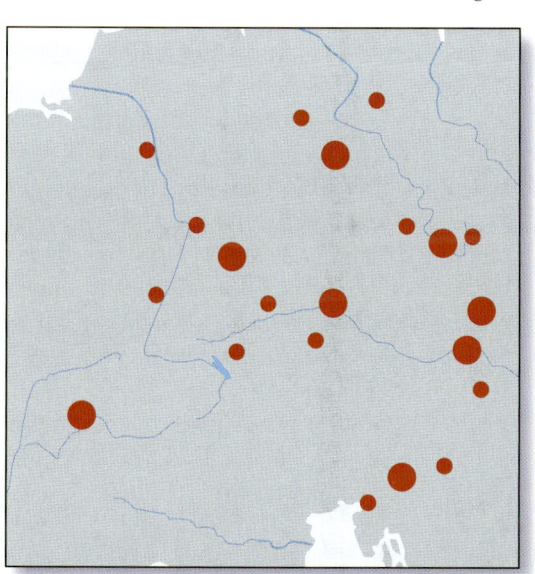

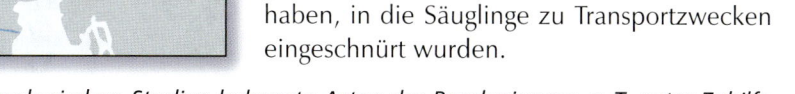

6.3 (rechte Spalte): Aus ethnologischen Studien bekannte Arten der Bandagierung, z. T. unter Zuhilfenahme von Brettchen o. ä.

6.4 (unten links): Künstlich deformierte Schädel aus dem 5. Jahrhundert sind aus verschiedenen Regionen Mitteleuropas in größerer Zahl bekannt.

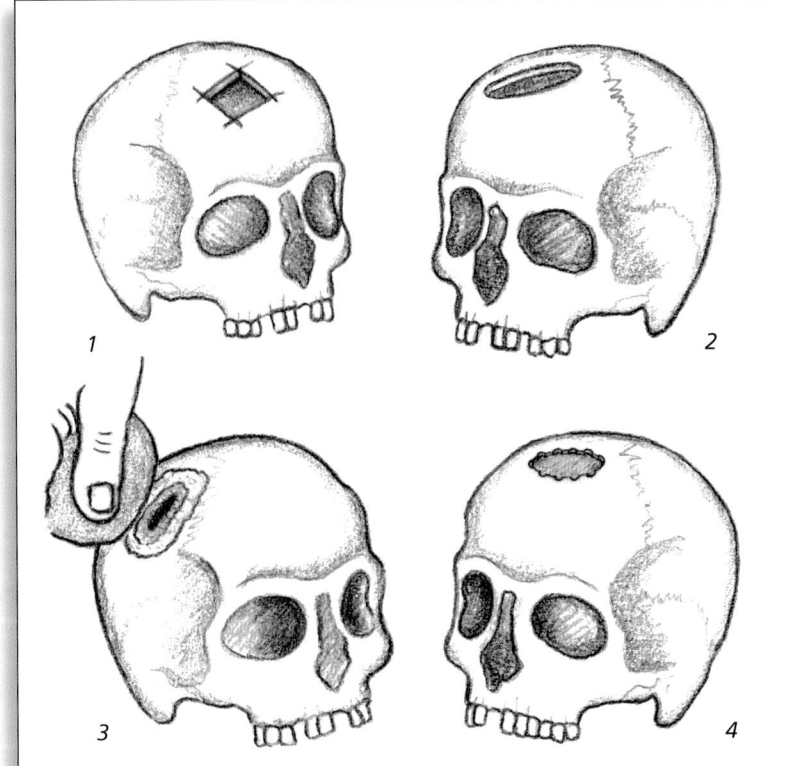

7. Chirurgische Eingriffe am Schädel – Erfolgreiche Trepanationen aus der Jungsteinzeit und dem frühen Mittelalter

Zum Thema ‚Trepanation', der gezielten Öffnung des Schädeldaches (nach dem griech. τρῡπάω = bohren), sind bis heute hunderte von Publikationen erschienen. Als Phänomen finden sich medizinisch oder kultisch motivierte Schädelöffnungen in prähistorischem Fundgut v. a. in den klassischen Zentren wie Ägypten und Mittelamerika. Aber unsere neolithischen Vorfahren in Mitteleuropa führten ebenfalls Eingriffe am Schädel durch. Dabei betrug die Überlebensrate der Patienten, auch ohne moderne Hygiene- und Betäubungsmöglichkeiten, bis zu 80%. Die Methode als solche muss also schon weit entwickelt gewesen sein. Tatsächlich sind bereits aus der frühen Jungsteinzeit medizinisch versorgte Schädeltraumata überliefert. Vergleichbare Verfahren und Überlebensquoten finden sich heute noch in einigen Gegenden Afrikas.

Als Trepanationsmethoden sind Bohren, Schneiden und Schaben bekannt, wobei Letztere als schonendste Technik mit Abstand am häufigsten angewendet wurde. Als Variante dazu existiert noch die so genannte Ringzonenschabetechnik. Dabei wird das Schädeldach im Operationsgebiet nicht vollflächig, sondern mittels einer umlaufenden schmalen Rinne abgetragen und das Mittelstück anschließend herausgehoben. Die bevorzugte Lokalisation solcher Eingriffe ist der Stirn- und Scheitelbeinbereich, darunter wiederum am häufigsten das linke Parietale. Dies könnte mit einer bestimmten Position des Chirurgen zum Patienten während des Eingriffs zusammenhängen oder damit, dass Verletzungen durch rechtshändige Gegner überwiegend in dieser Region liegen. Sturztraumata finden sich dagegen meist im Bereich des Hinterhaupts. Für den Operateur gilt es unter allen Umständen zu vermeiden, die harte Hirnhaut zu verletzen. Wird einer der großen Blutleiter, die im Bereich der Schädelnähte verlaufen, angeritzt, ist die Blutung nicht zu stoppen und der Patient unrettbar verloren.

Die grundsätzlichen Fragen bei der Ansprache von Trepanationen drehen sich um die Definition, ihre Abgrenzung zu anderen Schädeldefekten sowie die möglichen (medizinischen)

7.1 (oben): Rekonstruktion einer neolithischen Trepanationsszene.

7.2 (unten): Die vier hauptsächlichen Trepanationstechniken: 1 Kreuzschnitt-, 2 Hohlbohr-, 3 Schabe- und 4 kombinierte Bohr-/ Sägemethode.

7.3 (rechte Seite oben): Die Verbreitungskarte jungsteinzeitlicher Trepanationen lässt gewisse ‚Zentren' erkennen.

7.4 (unten): Martialisch anmutendes Gerät zur Entfernung loser Schädelteile.

Indikationen zur Durchführung einer solchen Maßnahme. Von einigen Autoren werden lediglich Operationen am intakten und gesunden Schädel als Trepanationen bezeichnet, andere beziehen die chirurgische Behandlung von Schädelverletzungen infolge Hieb, Schlag, Sturz o. ä. mit ein. Weitere Ursachen für eine Schädelöffnung könnten erhöhter Hirndruck, z. B. als Symptom eines Hydrocephalus, sub- oder epiduralen Hämatoms, Migräne oder unspezifische Kopfschmerzen gewesen sein. Vielleicht hat man auch versucht, Epilepsie, Neuralgien oder Geisteskrankheiten durch einen solchen Eingriff zu heilen oder wollte auf diese Weise Schmerzen behandeln, die mit Verletzungen an andere Stelle einhergingen. Dies lässt sich jedoch nicht in jedem Fall entscheiden, da das postkraniale Skelett häufig schlecht erhalten ist und viele Krankheiten keinerlei Spuren am Knochen hinterlassen.

Wenn nach einer Schädelverletzung lose Knochensplitter entfernt und die Knochenränder geglättet werden, ist das möglicherweise zu verwechseln mit einer so genannten Abkappung, bei der mittels eines scharfkantigen Gegenstandes ein Teil des Schädeldachs herausgeschlagen wurde. Sind die Befunde verheilt, wird die Differentialdiagnose noch schwieriger, da mögliche Begleitfrakturen oder -fissuren infolge des Heilungsprozesses verstrichen sind. Auch flächige Abtragungen an Köpfen kopfunter treibender Wasserleichen, so genannte Verwitterungsspiegel oder pathologische Befunde wie Metastasen, Myelom/Plasmozytom, Osteomyelistis, Syphilis oder Tuberkulose müssen in die Überlegungen mit einbezogen werden. Sie können u. U. ein ähnliches Erscheinungsbild aufweisen. Im Randbereich unverheilter Defekte vereinzelt auf Sägen oder andere fein gezähnte Gerätschaften zurückgeführte Scharten dürften in einigen Fällen eher als Nagespuren anzusprechen sein.

Zuletzt sei auf die Abgrenzung zwischen der Behandlung pathologischer/traumatischer Veränderungen und ausschließlich magisch-rituell motivierten Schädelöffnungen hingewiesen. Es stellt sich die Frage, ob diese Unterscheidung bei der Beurteilung jahrhunderte- oder jahrtausendealter Funde überhaupt möglich ist. Davon zu trennen wäre wiederum die Gewinnung von Amuletten bzw. Rondellen aus dem Schädeldach, die in nahezu allen beschriebenen Fällen unzweifelhaft am toten Individuum oder gar bereits mazerierten Schädel erfolgte.

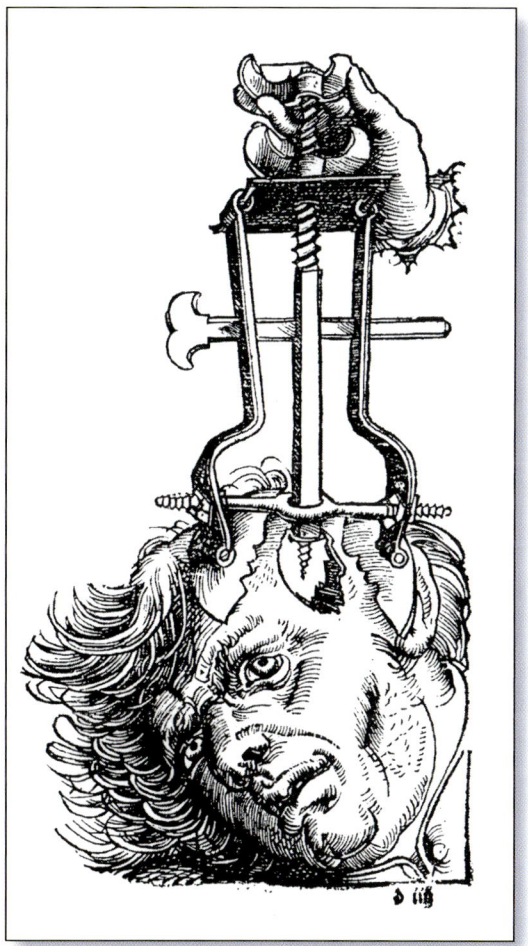

Ob eine Trepanation zumindest für einen kürzeren Zeitraum überlebt wurde, lässt sich nur bei bester Knochenerhaltung und unter starker Vergrößerung der Wundregion erkennen. Im Tierexperiment konnte gezeigt werden, dass bereits zwei Wochen nach dem Eingriff unter dem Mikroskop nachweisbare

Donau und ist auf Grund der Grabbeigaben zweifelsfrei als schnurkeramisch anzusprechen. Es handelt sich um eine Doppelbestattung, die im Sommer 1987 ausgegraben wurde, nachdem auf Luftbildaufnahmen Siedlungsspuren verschiedener Epochen lokalisiert worden und diese Befunde durch landwirtschaftliche Aktivitäten gefährdet waren. Die beiden Individuen lagen in einer 1,7 m x 1,1 m großen Grabgrube, die von einem Kreisgraben mit fünf Metern Durchmesser umgeben war.

1/1: Schnurkeramische Doppelbestattung einer Frau und eines Säuglings aus Stetten a. d. Donau.
1/2 (daneben): Detailaufnahme zur Lage des in rechtsseitiger Hocklage bestatteten Neugeborenen.

Reaktionen am Schädelknochen zu beobachten sind. Ungefähr nach drei Monaten sind die Wundränder verheilt.

Fall 1

Die Sitte der Schädeltrepanation hat in Mitteleuropa ihren Höhepunkt im Neolithikum und in der Bronzezeit. Zweifellos am häufigsten tritt sie uns jedoch im Zusammenhang mit der schnurkeramischen Kultur entgegen. Der vorliegende Fall stammt aus Mühlheim-Stetten a. d.

Individuum 1, eine schätzungsweise 1,57 m große Frau von etwa 30 Jahren, war mit dem Oberkörper in Rückenlage und stark linksseitig angehockten Beinen niedergelegt worden. Ihr rechter Unterarm lag über der Bauchregion, der linke – wie schützend – über dem Schädel von Individuum 2. Sie war Rechtshänderin. Hals-, Brust- und Lendenwirbel zeigen degenerative Veränderungen, die nicht als Alterserscheinung, sondern im Zusammenhang mit spezifischen Belastungsphänomenen zu erklären sind. Zudem sind Hockerfacetten, Zahnfehlstellungen

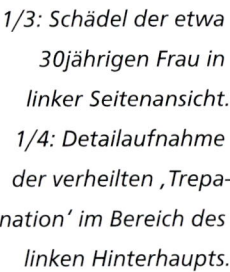

1/3: Schädel der etwa 30jährigen Frau in linker Seitenansicht.
1/4: Detailaufnahme der verheilten ‚Trepanation' im Bereich des linken Hinterhaupts.

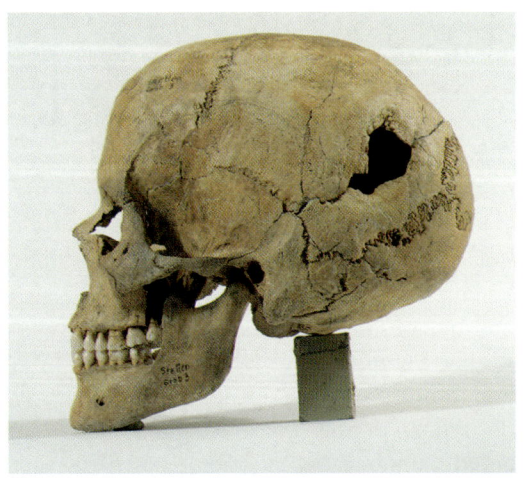

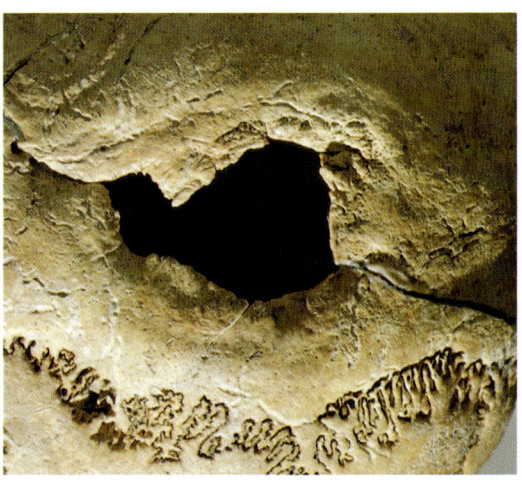

in der Unterkieferfront sowie Hinweise auf eine in der Kindheit durchgemachte Mangelphase festzustellen. Die mit im Grab gefundenen, teilweise zugerichteten Knochen von Schaf/Ziege sowie ein Schleifstein lassen vermuten, dass die Frau u. a. mit der Anfertigung von Knochengeräten beschäftigt war. Die linke Seitenlage wird für diese Kultur als typisch für Frauen angesehen. Auch von der Körperhöhe und vom Typus her ist sie vergleichbar mit anderen schnurkeramischen Skelettfunden.

Als herausragender Befund muss ein etwa 40 mm x 25 mm großer Lochdefekt am linken Hinterkopf der Toten angesprochen werden. Es handelt sich dabei um ein verheiltes, mindestens über Monate, wahrscheinlich aber Jahre überlebtes und in Trepanationstechnik, d. h. durch Abschaben der Ränder versorgtes Schädeltrauma. Im Streiflicht lässt sich eine annähernd symmetrische, länglich ovale bis tropfenförmige Kontur mit einem Böschungssaum zwischen 6 und 15 mm Breite erkennen. Eine kleine, leicht poröse und unregelmäßige Zone zum Scheitel hin geht auf entzündliche Reaktionen während des Heilungsprozesses zurück. Individuum 2 liegt in rechtsseitiger Hocklage mit dem Gesicht der Frau zugewandt unmittelbar neben ihr. Es ist das Skelett eines nach anthropologischen Kriterien eher männlichen Neugeborenen mit einer Körperlänge von knapp 50 cm und einem geschätzten Geburtsgewicht von etwa 3000 g. Die rechte Seitenlage würde der bipolaren Differenzierung zwischen den Geschlechtern entsprechen. Die Neigung des Kopfes der Frau sowie deren Armhaltung lassen sich durchaus im Sinne einer gewollten Zuwendung erklären. Der Befund legt nahe, dass es sich um Mutter und Kind handelt, die möglicherweise infolge von Geburtskomplikationen verstorben sind.

Fall 2

Das Beispiel aus Tauberbischofsheim-Dittigheim (Main-Tauber-Kreis) ist ebenfalls der schnurkeramischen Kultur zuzuordnen. Dort fanden in den späten 1970er und frühen 1980er Jahren Ausgrabungen in einem fränkischen Friedhof statt. Zwischen den frühmittelalterlichen Gräbern kamen hallstattzeitliche Bestattungen sowie eine Reihe endneolithischer Grablegen zu Tage. Diese wurden im Rahmen einer umfangreichen Studie an der Universität Tübingen durch V. Dresely untersucht und

lieferten erneut bemerkenswerte Ansatzpunkte zur detaillierten Betrachtung jungsteinzeitlicher Trepanationsbefunde.

In Grab 14 war ein frühmaturer Mann in linksseitiger Hocklage bestattet worden. Sein Schädel weist auf dem rechten Scheitelbein, unmittelbar neben der Pfeilnaht, in parasagittaler Richtung einen ca. 5 cm langen, länglich ovalen, verheilten Oberflächendefekt mit einem zungenartigen Steg auf, der möglicherweise auf eine begonnene, nicht vollendete Trepanation

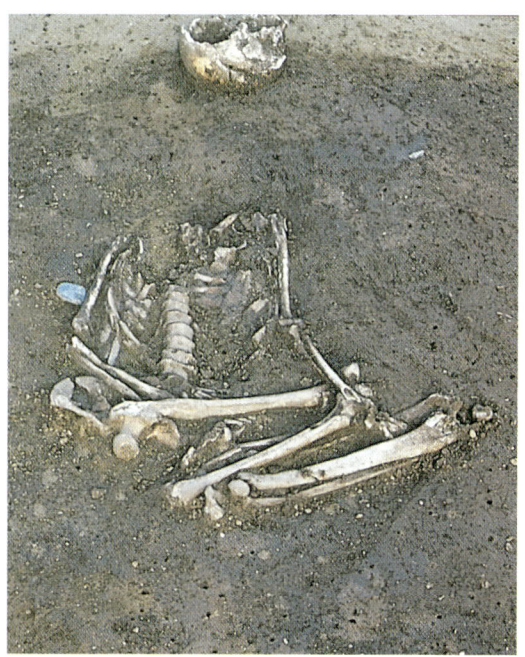

2/1: Die Skelettreste des frühmaturen Schnurkeramikers aus Tauberbischofsheim-Dittigheim, Grab 32, in Fundlage.

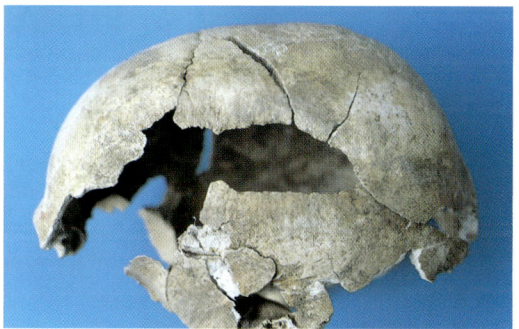

2/2: Linke Seitenansicht des Schädels mit vollendeter und verheilter, zungenförmiger Trepanation auf dem Scheitelbein.

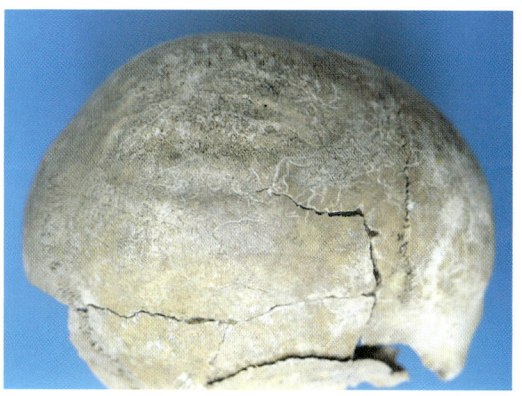

2/3: Schädel in der Ansicht von rechts oben mit begonnener und verheilter Trepanation in Ringzonenschabetechnik.

in so genannter Ringzonenschabetechnik zurückzuführen ist.

Gesonderte Aufmerksamkeit verdient indes der
Schädel des (40–)50jährigen Mannes aus Grab
32, der auf dem linken Scheitelbein nur drei
Zentimeter scheitelwärts der Sutura squamosa Anzeichen einer vollendeten und auf dem
rechten Parietale fast unmittelbar neben der
Sagittalnaht Spuren einer begonnenen Trepanation aufweist. Beide Defekte liegen parallel
zur Medianebene und sind mit ca. 7 cm x 3 cm
gleich groß. Die jeweiligen Randstrukturen
zeigen, dass die Eingriffe längere Zeit überlebt
wurden. Für denjenigen am rechten Scheitelbein lässt sich wiederum die ‚Ringzonenschabetechnik' nachweisen, eine Methode, die in
ihrer Häufigkeit im gesamten Verbreitungsgebiet der Schnurkeramiker als eher selten einzustufen ist. Für die vollständig durchgeführte
Trepanation auf der linken Seite ist dieselbe
Technik anzunehmen. Eine unmittelbare Indi-
kation für die Operationen lässt sich im vorliegenden Fall nicht feststellen. Vielleicht steht
die Behandlung im Zusammenhang mit einer
Fraktur der rechten Ulna. Am Übergang vom
mittleren zum distalen Schaftdrittel kann ein
gut verheilter Bruch mit relativ geringer Kallusbildung diagnostiziert werden.

Herausragende Bedeutung erlangen diese beiden Fälle durch einen in jeglicher Hinsicht pa-
rallelisierbaren Trepanationsbefund, der gleichermaßen nur die Tabula externa betroffen
hat und erst vor wenigen Jahren in dem ebenfalls schnurkeramischen, nur wenige Kilometer
entfernten Gräberfeld von Lauda-Königshofen
aufgedeckt wurde. Dort hatte man in Grab 13
einen 30–40jährigen Mann bestattet, der ebenfalls oberflächlich in Ringzonenschabetechnik
behandelt worden war und diese Operation
scheinbar nur kurzfristig überlebt hat. Der
schlechte Überlieferungszustand des betreffenden Scheitelbeinfragments verhindert eine
genauere Ansprache des Überlebenszeitraums.
Die länglich gestreckte Form der behandelten
Flächen, ihre vergleichbare Lage und Ausrichtung auf drei Schädeln aus zwei benachbarten
Nekropolen sowie die ungewöhnliche Technik
legen die Vermutung nahe, dass hier im Taubertal eine spezielle chirurgische Tradition gepflegt wurde. Es wäre auch denkbar, dass alle
diese Eingriffe vom selben Operateur durchgeführt wurden. Ihre Häufung und Spezifität
legen es nahe, ein ‚Behandlungszentrum' oder
eine ‚Chirurgenschule' zu vermuten.

3/1: Die Skelettreste der senilen Frau aus dem alamannischen Friedhof von Herren-berg, Grab 170, in Fundlage.
3/2: Schädel der äl-teren Dame mit rund-lichem Lochdefekt im linken Stirnbereich, wahrscheinlich eine verheilte Bohrtrepa-nation.

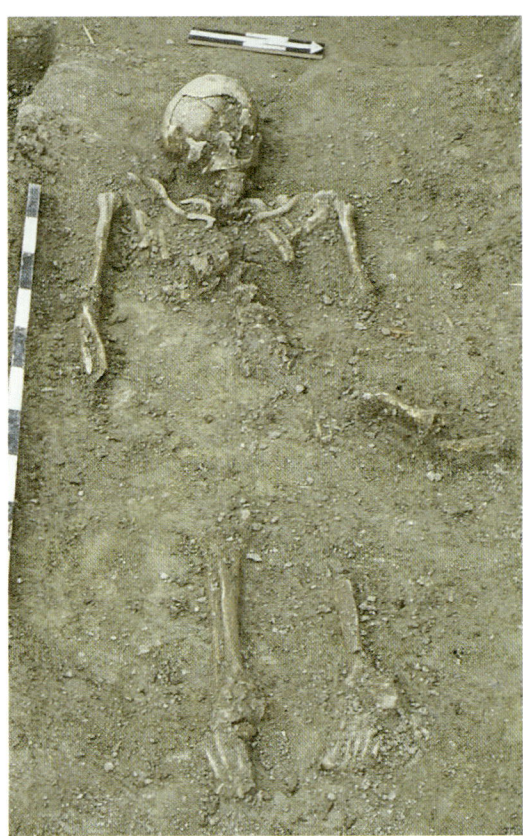

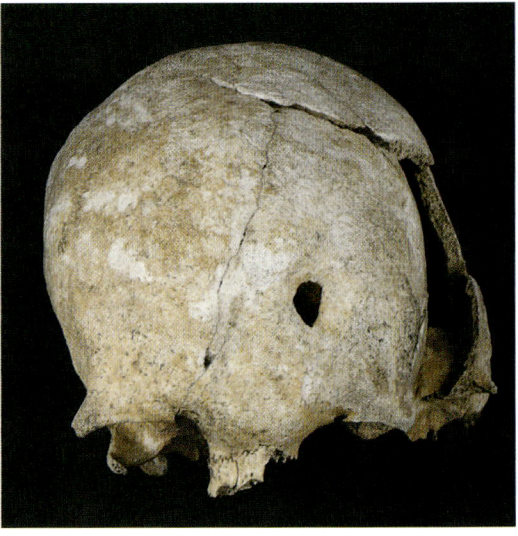

Fall 3

Für die Alamannen konnten Trepanationen
erst selten nachgewiesen werden. So waren
für Südwestdeutschland bislang nur zwei Fälle
dokumentiert (Kirchheim/Ries und Jungingen)
sowie zwei weitere aus angrenzenden Gebieten. Gemeinsames Merkmal ist, dass es sich um
Bohrtrepanationen handelt, wobei Bohrer mit
einem Durchmesser von 10–15 mm verwendet wurden. Vor einigen Jahren kam nun ein
neuer Fall aus Herrenberg hinzu.

Der 1995 durch Luftbildarchäologen am südlichen Ortsrand entdeckte frühmittelalterliche Friedhof umfasst mehr als 400 Gräber. Wie die meisten Grablegen im unmittelbaren Umfeld war auch Grab 170 beraubt worden. Die Grabräuber hatten es gezielt auf Gegenstände abgesehen, die ehedem im oder am Gürtel getragen wurden. Dass Pretiosen in diesem Bereich liegen, ist eher typisch für Männergräber. Den Ausgräbern ließen die damaligen Plünderer noch zwei Bernsteinperlen sowie einige Eisenfragmente übrig. Sie wussten offenbar nicht (mehr), dass hier eine Frau bestattet war. Tatsächlich belegen auch die Bruchkanten an den verworfenen Skelettelementen, dass die Störung erst viele Jahre nach der Bestattung stattfand.

Die Frau war deutlich über 60, möglicherweise sogar über 70 Jahre alt und in gestreckter Rückenlage beigesetzt worden. Ihre Knochen sind schlecht erhalten, der Schädel ist postmortal erheblich deformiert, wie zum Auswringen verdreht. Die Knochen weisen starke arthritische und atrophische Veränderungen auf. Mindestens 13 Zähne waren bereits zu Lebzeiten verloren gegangen, drei weitere sind nurmehr als Wurzelstummel vorhanden. Das restliche Gebiss kennzeichnen ein extremer Schwund des Zahnhalteapparats sowie erhebliche Fehlstellungen im Frontbereich. Die ältere Dame dürfte ursprünglich knapp über 1,60 m groß gewesen sein. Ausgeprägte Anzeichen von Osteoporose korrespondieren jedoch eher mit der in situ gemessenen Körperhöhe von etwa 1,45 m zum Zeitpunkt ihres Todes. Typologische Eigenheiten wie eine ungewöhnlich flache Stirn und eine auffallend breite Nasenwurzel könnten auf eine fremde Herkunft hindeuten. Vielleicht der Grund für eine Sonderstellung, die auch einen für die Zeit ungewöhnlichen medizinischen Eingriff angezeigt erscheinen ließ.

Das interessanteste Detail an diesem Skelett ist ein verheilter Lochdefekt auf der linken Stirnseite, ca. vier Zentimeter oberhalb der Augenhöhle. Er ist gleichmäßig rundlich geformt und hat einen äußeren Durchmesser von 23 mm. Die Perforation im Bereich der Innentafel misst noch 13 mm x 9 mm, der umlaufende Böschungssaum ist 10–14 mm breit. Bei dem wahrscheinlich Jahre vor dem Ableben der Frau durchgeführten Eingriff war ein Bohrer mit einem Durchmesser von 15–20 mm verwendet worden. Der Heilungsprozess, der offenbar ohne Entzündungsreaktionen ablief, hat zu einem unregelmäßigen Teilverschluss der Öffnung geführt. Über die Ursache für die Operation kann leider nur spekuliert werden.

Literatur

V.1

W. Haak, P. Forster, B. Bramanti, Sh. Matsumura, G. Brandt, M. Tänzer, R. Villems, C. Renfrew, D. Gronenborn, K. W. Alt u. J. Burger, Ancient DNA from the First European Farmers in 7500-Year-old Neolithic Sites. Science 310, 2005, 1016–1018.

D. Gronenborn, A Variation on a Basic Theme: The Transition to Farming in Southern Central Europe. Journal World Prehist. 13, 1999, 123–210.

Chr. Meyer u. K. W. Alt, Kultur- und Bevölkerungswandel am Oberrhein? Ein osteometrischer Vergleich früh- und mittelneolithischer Populationen. In: D. Gronenborn (Hrsg.), Klimaveränderung und Kulturwandel in neolithischen Gesellschaften Mitteleuropas, 6700–2200 v. Chr. (Mainz 2005) 171–178.

J. Wahl u. H. G. König, Verletzungsanalyse an ausgewählten prähistorischen Schädelfunden aus Südwestdeutschland. In: F. Lüth, J. Piek u. T. Terberger (Hrsg.), Frühe Spuren der Gewalt – Schädelverletzungen und Wundversorgung an prähistorischen Menschenresten aus interdisziplinärer Sicht. Workshop Rostock-Warnemünde 28.–30.11.2003. Beitr. Ur- u. Frühgesch. Mecklenburg-Vorpommern 41 (Schwerin 2005) im Druck.

V.2

K. W. Alt, Odontologische Verwandtschaftsanalyse. Individuelle Charakteristika der Zähne in ihrer Bedeutung für Anthropologie, Archäologie und Rechtsmedizin (Stuttgart 1997).

K. W. Alt u. J. C. Türp (Hrsg.), Die Evolution der Zähne. Phylogenie – Ontogenie – Variation (Berlin, Chicago, London 1997).

B. Bonfiglioli, V. Mariotti, F. Facchini, M. G. Belcastro u. S. Condemi, Masticatory and non-masticatory Dental Modifications in the Epipalaeolithic Necropolis of Taforalt (Marocco). Intern. Journal of Osteoarchaeologie 14, 2004, 448–456.

R. Singer, Artificial deformation of teeth. South Afr. Journal Scien. Cape Town 50, 1953, 116–122.

P. G. Stimson u. C. A. Mertz (Eds.), Forensic Dentistry (Boca Raton, London, New York 1997).

B. H. Smith, Patterns of molar wear in hunter-gatherers and agriculturalists. Am. Journal Phys. Anthrop. 63, 1984, 39–56.

V.3

A. Czarnetzki (Hrsg.), Stumme Zeugen ihrer Leiden. Krankheiten und Behandlung vor der medizinischen Revolution (Tübingen 1996).

St. Geroulanos u. R. Bridler, Trauma. Wund-Entstehung und Wund-Pflege im antiken Griechenland. Kulturgeschichte der Antiken Welt 56 (Mainz 1994).

A. Niederhellmann, Heilkundliches in den Leges. Die Schädelverletzungen und ihre Bezeichnungen. In: R. Schmidt-Wiegand (Hrsg.), Wörter und Sachen im Lichte der Bezeichnungsforschung. Arbeiten zur Frühmittelalterforschung 1 (Berlin, New York 1981) 74–90.

A. Niederhellmann, Arzt und Heilkunde in den frühmittelalterlichen Leges. Eine wort- und sachkundliche Untersuchung. Arbeiten zur Frühmittelalterforschung 12 (Berlin, New York 1983).

H. Vogel, Gewalt im Röntgenbild (Landsberg am Lech 1997).

J. Wahl, U. Wittwer-Backofen u. M. Kunter, Zwischen Masse und Klasse. Alamannen im Blickfeld der Anthropologie. In: Die Alamannen. Ausstellungskat., hrsg. Arch. Landesmuseum Baden-Württemberg (Stuttgart 1997) 337–348.

V.4

B. Scholkmann, Die Grabungen in der evangelischen Mauritiuskirche zu Aldingen, Landkreis Tuttlingen. Forsch. u. Ber. Arch. Mittelalter Baden-Württemberg 7 (Stuttgart 1981) 223–302.

V.5

C. Oeftiger u. K.-D. Dollhopf, Fortsetzung der Ausgrabungen im alamannischen Gräberfeld „Zwerchweg" bei Herrenberg, Kreis Böblingen. Arch. Ausgr. Baden-Württemberg 2000, 140–145.

K.-D. Dollhopf, M. Heid u. J. Wahl, Recht oder Religion? Ein Skelettfund auf einem alamannischen Gräberfeld in Herrenberg gibt Rätsel auf. Damals 10, 2005, 46 f.

V.6

E. Boës, Les déformations crâniennes. In: B. Schnitzler, J.-M. Le Minor, B. Ludes u. E. Boës, Histoire(s) de squelettes. Archéologie, médicine et anthropologie en Alsace (Strasbourg 2005) 255.

A. Czarnetzki, Chr. Uhlig u. R. Wolf, Menschen des Frühen Mittelalters im Spiegel der Anthropologie und Medizin. Begleitheft zur Ausstellung im Württembergischen Landesmuseum Stuttgart (Stuttgart 1982).

K. Gröning (Hrsg.), Geschmückte Haut. Eine Kulturgeschichte der Körperkunst (München 1997).

W. Hirschberg (Hrsg.), Wörterbuch der Völkerkunde (Stuttgart 1965).

I. Kiszely, The Origins of Artificial Cranial Formation in Eurasia. BAR Internat. Series Suppl. 50 (Oxford 1978).

U. Koch, Alamannen in Heilbronn. Archäologische Funde des 4. und 5. Jahrhunderts. museo 6 (Heilbronn 1993) Abb. 16.

G. H. R. von Koenigswald, Skelettkult und Vorgeschichte. II. Der unverzierte Schädel; III. Der verzierte Schädel; IV. Schädelmasken; V. Schädelschalen und Unterkiefer. Natur und Museum 106, 1976, 323–329; 107, 1977, 41–47 u. 285–290; 108, 1978, 125–132.

M. P. Rhode u. B. T. Arriaza, Influence of Cranial Deformation on Facial Marphology Among Prehistoric South Central Andean Populations. American Journal Phys. Anthrop. 130, 2006, 462–470.

J. Wahl, Alfred Schliz, der Typologe. Zur Anthropologie um die Jahrhundertwende. In: Chr. Jacob u. H. Spatz, Schliz – ein Schliemann im Unterland? 100 Jahre Archäologie im Heilbronner Raum. museo 14 (Heilbronn 1999) 78–97.

V.7

R. Arnott, S. Finger u. C. U. M. Smith, Trepanation. History – Discovery – Theory (Lisse 2003).

H. Bruchhaus u. V. Thieme, Experimentelle Untersuchungen zur Knochenneubildung nach Schädeldachtrepanation. Weimarer Monogr. 23 (Weimar 1989) 101–104.

M. Moser u. L. Übelacker, Prähistorische Schädelamulette und chirurgischer Knochenabfall aus Höhlen des Fränkischen Juras. In: P. Schröter (Hrsg.), 75 Jahre Anthropologische Staatssammlung München 1902–1977 (München 1977) 105–112.

W. M. Pahl, Schädel-Hirn-Traumata im Alten Ägypten und ihre Therapie nach dem „Wundenbuch" des Papyrus E. Smith (ca. 1500 v. Chr.). Ossa 12, 1986, 93–131.

W. M. Pahl, Altägyptische Schädelchirurgie (Stuttgart, Jena, New York 1993).

F. Ramseier, Ur- und frühgeschichtliche Schädeltrepanationen der Schweiz vom Neolithikum bis ins Mittelalter. Bull. Schweizer. Ges. Anthrop. 11, 2005, 1–58.

H. Ullrich u. F. Weickmann, Prähistorische Trepanationen und ihre Abgrenzung gegen andere Schädeldachdefekte. Neue Untersuchungen am mitteldeutschen Fundmaterial. Anthrop. Anz. 29, 1965, 261–272.

H. Ullrich, Prähistorische Trepanationen – Definitionen und Begriffsbestimmungen. In: F. Lüth, J. Piek u. T. Terberger (Hrsg.), Frühe Spuren der Gewalt – Schädelverletzungen und Wundversorgung an prähistorischen Menschenresten aus interdisziplinärer Sicht. Workshop Rostock-Warnemünde 28.–30.11.2003. Beitr. Ur- u. Frühgesch. Mecklenburg-Vorpommern (Schwerin 2005) im Druck.

E. M. Winkler, Urzeitliche Schädelamulette aus Sommerein, NÖ. Fundber. Österreich 23, 1984 (1986) 93–99.

Fallbeispiele

A. Czarnetzki, C. Uhlig u. R. Wolf, Menschen des frühen Mittelalters im Spiegel der Anthropologie und Medizin. Ausstellungskat. Württembergisches Landesmus. (²Stuttgart 1989).

V. Dresely, Schnurkeramik und Schnurkeramiker im Taubertal. Forsch. u. Ber. Vor- u. Frühgesch. Baden-Württemberg 81 (Stuttgart 2004).

C. Oeftiger u. J. Wahl, Ein ungewöhnlicher Schädelbefund aus dem alamannischen Friedhof im ‚Zwerchweg' bei Herrenberg, Kreis Böblingen. Arch. Ausgr. Baden-Württemberg 1998, 207–209.

Pschyrembel Klinisches Wörterbuch (²⁵⁵Berlin, New York 1986) s. v. *Akromegalie.*

J. Wahl, R. Dehn u. M. Kokabi, Eine Doppelbestattung der Schnurkeramik aus Stetten an der Donau, Lkr. Tuttlingen. Fundber. Baden-Württemberg 15, 1990, 175–211.

J. Wahl u. H. G. König, Verletzungsanalyse an ausgewählten prähistorischen Schädelfunden aus Südwestdeutschland. In: In: F. Lüth, J. Piek u. T. Terberger (Hrsg.), Frühe Spuren der Gewalt – Schädelverletzungen und Wundversorgung an prähistorischen Menschenresten aus interdisziplinärer Sicht. Workshop Rostock-Warnemünde 28.–30.11.2003. Beitr. Ur- u. Frühgesch. Mecklenburg-Vorpommern (Schwerin 2005) im Druck.

J. Weber u. J. Wahl, Neurosurgical Aspects of Trepanation from Neolithic Times. Internat. Journal Osteoarchaeology 15, 2005, 1–10.

VI. Zwischen Leben und Tod –

Peri- und postmortale Befunde an menschlichen Skelettresten

1. Katastrophe oder Kannibalismus? Widersprüchliche Diskussionen um angebrannte Menschenknochen

Der Begriff ‚Kannibalismus' weckt Emotionen. Je nach Kulturkreis und Vorstellungskraft des Betrachters wird das Verzehren von Fleisch, Gehirn oder anderen Teilen eines Menschen entweder als Episode urgeschichtlicher Entwicklungsstufen akzeptiert, als Kulthandlung oder übliche Bestattungsform betrachtet oder als krankhafte Variante abartiger Krimineller abgetan. Zudem kennen wir den so genannten Not-Kannibalismus, der den 1972 in den Anden abgestürzten uruguayischen Sportlern zu überleben half und im Nachhinein vom Vatikan gebilligt wurde, oder die Berichte von Missionaren, Konquistadoren und anderen Weltreisenden, die über entsprechende Speisepraktiken bei menschenfressenden Wilden z. B. in Mittelamerika und Afrika berichteten. Speziell von Letzteren bleibt indes bei genauerer Prüfung der Quellen kaum ein objektiver Beweis übrig. Völkerkundlich umso sicherer belegt ist hingegen der so genannte Endokannibalismus als Endphase eines mehrstufigen Bestattungsrituals bei Stämmen Südostasiens. Dabei wird die Asche verstorbener Angehöriger in vergorenen Bananenbrei eingerührt und von der Trauergemeinde in dem Bewusstsein verzehrt, dass die Toten nicht im Boden verfaulen, sondern in den Körpern der Lebenden weiterexistieren. Die Bezeichnung ‚Exokannibalismus' bezieht sich im Gegensatz dazu auf Mitglieder fremder Stämme, deren Kraft und Stärke man sich auf diese Weise einzuverleiben versucht. Diese Praxis wird vielfach mit der Kopfjagd in Verbindung gebracht.

Die Diskussion darüber, ob es derartiges auch bei unseren Vorfahren in Europa gab, ist weiter offen. Als Kardinalproblem gilt, dass wir deren Gedankenwelt und Motivationen aus den materiellen Hinterlassenschaften nur schwerlich erschließen können. Dazu kommt der Ermessensspielraum, innerhalb dessen einschlägige Spuren interpretierbar sind. So sind Anzeichen von Gewalteinwirkung und Brandspuren auch am selben Knochen letztlich noch kein Beweis dafür, dass das Fleisch tatsächlich gegessen wurde, und Schnitt- oder Hackspuren möglicherweise ebenso auf spätere Störungen wie Friedhofsumlegungen o. ä. zurückzuführen.

Hinweise auf verkohlte Holzstrukturen, die auf Schadenfeuer hindeuten, finden sich fast durchgehend in allen Grabungsberichten über Michelsberger Erdwerke. In den meisten Fällen dürfte es sich dabei um Teile der Wall- oder Palisadenkonstruktion handeln. Menschliche Knochenreste mit Brandspuren sind trotzdem selten, z. B. am ‚Michelsberg' fünf Knochen, am ‚Altenberg' nur ein Knochen. Das einzige Fragment, das in Ilsfeld seinerzeit spontan als Beweis für Anthropophagie gedeutet wurde, entpuppte sich mittlerweile als Pferdeknochen. Aus dem Erdwerk vom ‚Hetzenberg' lassen sich zwei Fragmente ansprechen, die zweifelsfrei mit Feuer oder Glut in Kontakt gekommen sind. Eines davon sei hier als erstes vorgestellt:

Es handelt sich um den Schaft des rechten Oberschenkelknochens eines eher männlichen Erwachsenen, an dem neben deutlichen Verbissspuren die Einwirkung hoher Temperaturen zu erkennen ist. Das Zentrum der Hitzeexposition liegt im mittleren Diaphysendrittel. Es zeigt Veränderungen, die mit einer Temperatur von über 800 °C einhergehen und ist umlaufend eingerahmt von sukzessive abnehmenden Verbrennungsgraden. An beiden Knochenenden sind in einem Abstand von etwa 25 cm zueinander keinerlei Anzeichen von Feuereinwirkung mehr festzustellen. Dieser Zustand lässt sich nur damit erklären, dass der Knochen

1.1: Rechter Oberschenkelknochen eines Erwachsenen aus dem Michelsberger Erdwerk vom ‚Hetzenberg' mit Brandspuren. Die Farb- und Oberflächenveränderungen dokumentieren eine Hitzeeinwirkung bis über 800 °C.

noch mit Weichteilen bedeckt war, als er mit einem glühenden Balken o. ä. in Berührung kam. Kleinere Brandherde hätten die in diesem Bereich besonders kräftigen Muskelpakete kaum verbrennen und dann noch in beträchtlichem Maße auf den Knochen einwirken können. Bei Bauchlage des Betroffenen lag der glühende Gegenstand quer über, bei Rückenlage quer unter seinem rechten Oberschenkel. In diesem Fall ist der Zusammenhang mit einer Brandkatastrophe nahe liegend.

Das nächste Beispiel stammt aus der vorrömischen Eisenzeit. Auf dem Areal der römischen Villa rustica von Bondorf wurde 1975 in einer Grube mit latènezeitlichen Funden ein Fragment eines rechten Oberschenkelknochens ausgegraben. Bei diesem Stück ist lediglich das untere Drittel des Schafts erhalten. Es ist von mittlerer Robustizität und kann einem älteren Erwachsenen zugeschrieben werden. Besondere Beachtung verdienen eine schwärzliche Brandspur an der oberen Bruchkante, die auf eine Einwirkunstemperatur von etwa 400 °C zurückgeht, sowie eine ein Zentimeter lange Schnitt- oder Hackspur auf der Dorsalseite, die in etwa rechtwinklig zur Längsachse des Knochens liegt und möglicherweise bei der Ab-

trennung der in diesem Bereich ansetzenden Muskulatur entstanden ist. Die besagte Brandschwärzung erscheint relativ scharf begrenzt. Man könnte demnach in Analogie zu ähnlichen Tierknochenresten an eine so genannte Bratenspur denken. Eine solche entsteht typischerweise an Knochenenden von Fleischstücken, die über offenem Feuer zubereitet werden. Durch die Hitzeeinwirkung zieht sich das Fleisch zusammen und das Ende des Knochens ragt heraus. Nachdem für das spätlatènezeitliche Oppidum von Manching komplexe rituelle Handlungen im Zusammenhang mit dem Totenkult beschrieben wurden, können solche auch hier nicht ausgeschlossen werden.

Der dritte Fall stammt aus der Kastellgrabung von Osterburken 1991. Dort stieß man auf vereinzelte Skelettreste von vier Männern, die im Alter von 20–40 Jahren zu Tode gekommen sind. Einige Knochen zeigen Spuren von Hundeverbiss, ein weiterer Brandschwärzungen auf seiner Ventralseite sowie am oberen Gelenkende. Auch hier sieht es eher so aus, als ob der Leichnam mit einem Schadenfeuer in Berührung gekommen sei.

2. Ein Bernsteinamulett gegen die ‚Fallsucht‘?
Die ungewöhnliche Totenhaltung eines Knaben aus dem römischen Stettfeld

Der römerzeitliche Friedhof von Stettfeld wurde zwischen Sommer 1979 und Herbst 1981 untersucht. Er datiert von der Mitte des 2. Jahrhunderts bis in die Mitte des 3. Jahrhunderts unserer Zeitrechnung und enthielt fast 400 Gräber. Wie in jeder größeren römischen Nekropole der nördlichen Provinzen liegen sowohl Körper- als auch Brandgräber vor. Die unkremiert beigesetzten Individuen machen etwa 15 % der Bestattungen aus und rekrutieren sich vorrangig aus zwei verschiedenen Altersgruppen: Neugeborene oder wenige Wochen alte Säuglinge, die vor dem Durchbruch der ersten Zähne verstarben und daher noch keinen Anspruch auf eine Feuerbestattung hatten, sowie ältere Erwachsene, die wahrscheinlich auf Grund ihrer Lebensumstände oder Todesursachen, religiöser Ausrichtung oder sonstiger Motive nicht eingeäschert wurden. Die Brandgräber repräsentieren dagegen eher den Bevölkerungsquerschnitt.

1.2 (oben links): Dieser angekohlte Pferdeknochen aus dem Michelsberger Erdwerk von Ilsfeld galt über längere Zeit als Beleg für Kannibalismus im Jungneolithikum.

1.3: Latènezeitliches Femurbruchstück aus Bondorf. a) Ventralansicht mit so genannter Bratenspur (oben Mitte), b) daneben Dorsalansicht mit Hackspur oberhalb der distalen Bruchkante.

1.4 (unten): Rechter Oberschenkelknochen eines erwachsenen Mannes aus Osterburken mit Brandspuren auf der Ventralseite.

Aus beiden Kontingenten zusammen lassen sich detaillierte Einblicke in die Lebensumstände sowie Hinweise zum Aussehen der Menschen und zur Art des Bestattungswesens der kaiserzeitlichen Population von Stettfeld gewinnen. Demnach lag die durchschnittliche Lebenserwartung bei rund 30–35 Jahren. Die Männer waren im Mittel 1,70 m, die Frauen um 1,60 m groß. Vorherrschende pathologische Veränderungen sind Karies, Arthrosen und andere Verschleißerscheinungen. Die große Typenvariation zeigt, dass es sich nicht um eine ländliche, sondern eine ausgesprochen heterogene, mehr städtisch geprägte Bevölkerung gehandelt hat. Die Skelette in den Körpergräbern dokumentieren keine einheitliche Totenhaltung, es kommen verschiedene Sonderfälle, u. a. auch Bauchlagen, vor. Genau genommen weiß niemand, warum eigentlich bestimmte Erwachsene unkremiert blieben. Manche Fachleute klassifizieren deren Grablegen pauschal als Sonderbestattungen.

Von speziellem Interesse ist in diesem Zusammenhang Grab 83, das am Südostrand des Friedhofs gefunden wurde. Es handelt sich um die Bestattung eines ca. 10jährigen Knaben, der einen Anhänger – einen aus Bernstein geschnitzten, sitzenden, schwanzlosen Affen – sowie eine Knochenperle um den Hals trug. Seine knöchernen Überreste sind optimal erhalten und dokumentieren eine Vielzahl von Besonderheiten. Dazu gehören stark fortgeschrittene kariöse Defekte, Anzeichen von Wurzelvereiterungen, Hinweise auf eine kurz vor dem Tode bestandene, massive Mangelsituation, Spuren einer Rippenfellentzündung sowie eine vorzeitige Verwachsung der Sagittalnaht, die anlagebedingt sein, aber auch auf entzündliche Prozesse zurückgehen könnte. Weitere Anzeichen von Fehlbildungen im Bereich des Hirn- und Gesichtsschädels, wie sie bei anderen, äußerst seltenen, erblichen Störungen des Knochenwachstums (z. B. ‚Apert-Syndrom‘ oder ‚Pfeifers-Syndrom‘) vorkommen, sind nicht festzustellen. Im vorliegenden Fall sind die mittleren und rückwärtigen Abschnitte der Sutura sagittalis (S2–S4) größtenteils verstrichen, die anderen großen Schädelnähte sowohl innen als auch außen noch offen. Normalerweise verwachsen einzelne externe Nahtpartien erst in einem Alter von etwa 30–40 Jahren.

Ein 10jähriges Kind hat durchschnittlich erst 90–95% seiner endgültigen Kopfgröße erreicht.

Die Obliteration der Pfeilnaht in jungen Jahren verhindert eine weitere Ausdehnung in die Breite und bewirkt damit eine Verschiebung des Schädel- und Gehirnwachstums in Richtung Stirn und Hinterhaupt. Diese Form der partiellen Nahtsynostose hätte im Erwachsenenalter zur Ausbildung eines langgestreckten, schmalen, so genannten Kahnschädels (‚Skaphozephalus‘) geführt, geht aber nicht unbedingt mit einer Beeinträchtigung der Hirnfunktion einher. Lediglich bei kompletter Verknöcherung im Jugendalter treten fast zwangsläufig cerebrale Störungen, Anfälle, u. a. Epilepsie oder andere Krampfleiden auf. In einem solchen Fall würden heutzutage im Rahmen eines medizinischen Eingriffs die betroffenen Nahtareale wieder getrennt werden. Bei dem Knaben aus Stettfeld lässt sich jedoch kaum beurteilen, welche Entwicklung die vorliegende Anomalie genommen hätte bzw. ob es zu weiteren vorzeitigen Verknöcherungen gekommen wäre.

2.1: Bestattung eines etwa 10jährigen Knaben aus dem gemischtbelegten römischen Gräberfeld von Stettfeld.
2.2 (darunter): Vertikalaufnahme des Schädels. Die rückwärtige Partie der Pfeilnaht ist bereits verwachsen (so genannte prämature Nahtsynostose).
2.3 (daneben): Im Original 1,4 cm großer Bernsteinanhänger in Form eines Berberaffens (Magot), der im Halsbereich des Knaben gefunden wurde.

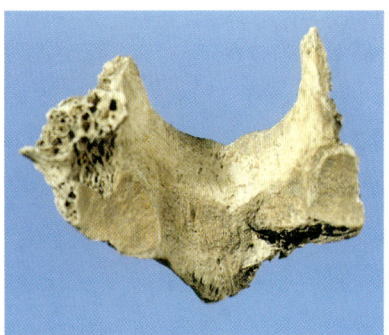

3.1 (oben links und Mitte): Brustwirbelbogen eines Erwachsenen aus Mühlacker-Lomersheim mit ‚Tranchierspuren'. a) Dorsalseite mit drei

achsenparallelen Schnittmarken sowie einer rechtwinklig dazu verlaufenden Hackspur auf dem rechten Bogenanteil, b) Ventralseite mit einer Hackspur unterhalb des linken Processus articularis inferior.

3.2 (darunter): Teilweise verkohlte oder Bissspuren von Hunden aufweisende menschliche Skelettreste aus einem Brunnen des römischen Gutshofs von Mundelsheim. Die Knochen stammen von einem 13–14jährigen Mädchen und einem etwa 50–60jährigen Mann.

3.3 (unten): Die Skelettreste eines spätadulten Mannes zeigen, dass der Tote pietätlos in eine holzverschalte Grube geworfen wurde. Rekonstruktion der Fundlage im Museum Köngen.

3.4 (oben rechts und darunter): Rechtes Scheitelbein eines jüngeren Erwachsenen aus Sindelfingen mit dreieckig geformter Lochfraktur nahe der Sagittalnaht. Kantenlänge des Defekts ca. 16 mm. a) Außen- und b) Innenansicht.

Ein zusätzliches Indiz könnte seine markante Totenhaltung liefern. Er liegt auf dem Rücken, die Beine verschieden stark zur linken Seite hin angezogen, der linke Unterarm über das Gesicht erhoben, die rechte Hand greift in Richtung Hinterkopf. Dies vermittelt zwar den Eindruck eines krampfartigen Zustands, könnte aber ebenso auf Nachlässigkeit bei der Bestattung zurückzuführen sein. Wenn eine Person in der Körperhaltung, die sie zum Zeitpunkt ihres Todes eingenommen hat, erstarrt, wird das als ‚kataleptische Totenstarre' bezeichnet. Dieses Phänomen ist jedoch unter Medizinern umstritten. Die Totenstarre beginnt, je nach Umgebungstemperatur und sonstigen Lagerungsbedingungen, gewöhnlich zwei bis drei Stunden nach Eintritt des Todes und löst sich nach etwa zwei Tagen wieder. So könnten die wie zur Abwehr angewinkelten Extremitäten des Knaben auch einen Sturz vornüber andeuten. Vielleicht wurde er erst nach Ablauf von zwei Stunden gefunden und dann vor Ablauf des zweiten Tages in dieser Haltung bestattet. Die Archäologen vermuten, dass es sich bei dem gefundenen Anhänger um ein Amulett handelt. Plinius z. B. schreibt über die unheilabwehrende und heilende Kraft des Bernsteins, der sich die abergläubischen Römer gerne bedienten. So gesehen könnten bei dem Knaben bedrohliche Krankheitssymptome bekannt und/oder äußerlich sichtbar gewesen sein. Nach den am Skelett vorgefundenen Hinweisen dürfte er tatsächlich unter erheblichen Beeinträchtigungen gelitten haben. Dazu kamen vielleicht noch weitere Einschränkungen, die keine Spuren an den Knochen hinterlassen haben. Tatsache ist, dass er nicht – wie üblich – eingeäschert wurde.

Der Bernsteinanhänger ist trotz seiner geringen Größe äußerst fein ausgearbeitet. Er stellt höchstwahrscheinlich einen Berberaffen (‚Magot', *Macaca sylvana*) dar. Ein solches Tier ist realiter aus dem römischen Vicus von Rainau-Buch nachgewiesen und dort anscheinend als Maskottchen gehalten worden.

3. Wütende Alamannen – Ein Brustwirbel mit Schlachtspuren aus dem römischen Gutshof von Lomersheim

In allen Provinzen nördlich der Alpen trifft man auf römerzeitliche Fundkomplexe, die menschliche Skelettreste mit Spuren von Gewalteinwirkung enthalten. Vielfach ergibt sich ein Zusammenhang mit den Alamanneneinfällen der Jahre 259/260 n. Chr. Die Germanen wüteten in den Einrichtungen und massakrierten diejenigen, die sie mit den ehemaligen Besatzern in Verbindung brachten. Anhand der Indizien lässt sich jedoch meist nicht entscheiden, ob diese Taten lediglich aus reiner Zerstörungswut geschahen oder mit rituellen Tötungen bzw. Opferhandlungen einhergingen.

So stießen die Ausgräber z. B. im Kastellbereich von Osterburken (Neckar-Odenwald-Kreis) auf den nahezu komplett erhaltenen Hirnschädel eines ca. 30jährigen Mannes, der im Bereich des Hinterkopfs eine unverheilte Trümmerfraktur aufweist, verursacht durch mindestens zwei Schläge mit einem stumpfen, harten Gegenstand, und auf der Sohle einer holzverschalten Grube des Kastellvicus von Köngen auf das Skelett eines 30–40jährigen Mannes, der, nach seiner verrenkten Körperhaltung zu urteilen, offenbar dort hineingeworfen worden war.

Ähnliches ist aus einem Brunnen des römischen Gutshofs von Mundelsheim bekannt. Dort fand man die Knochenreste zweier Personen, eines 50–60jährigen und knapp 1,65 m großen Mannes sowie eines 13–14jährigen Mädchens. Beider Skelettreste weisen an verschiedenen Körperpartien Anzeichen von Feuereinwirkung auf, diejenigen des Mannes zusätzlich deutliche Spuren von Hundeverbiss, z. B. im

Bereich des rechten Knies. Sowohl der ältere Mann als auch das Mädchen sind möglicherweise bei einem Brand zu Tode gekommen, ihre Reste aber erst nach geraumer Zeit in den Brunnen eingebracht worden. Überlebende Angehörige oder Nachbarn hätten sie wohl regulär bestattet. So ist eher eine Brandschatzung im Rahmen eines kriegerischen Überfalls als ein möglicherweise selbstverschuldetes Schadenfeuer anzunehmen. Eine Rippe des Mannes scheint zudem mittels eines scharfkantigen Gegenstands durchtrennt worden zu sein.

Besonders makabre Indizien liefert in diesem Kontext das nur wenige Zentimeter große Bruchstück eines Wirbelknochens aus einem Keller des römischen Gutshofs von Mühlacker-Lomersheim. Es handelt sich dabei lediglich um einen Teil des Bogens des ersten oder zweiten Brustwirbels, der auf Grund fehlender degenerativer Veränderungen von einem jüngeren Erwachsenen stammen dürfte. Das Stück trägt drei parallel verlaufende, nach Ausweis der spurentechnischen Analyse von kopf- nach fußwärts gesetzte Schnittspuren von 5, 10 und 12 mm Länge auf der Rückseite sowie zwei rechtwinklig zur Körperlängsachse orientierte Kerben, je eine auf der Ventral- und Dorsalseite. Sie gehen auf ein sehr scharfes Messer mit schmaler Schneide bzw. auf ein gröberes Hackmesser oder einen beilartigen Gegenstand zurück. Vergleichbare Schlachtspuren sind häufig aus archäozoologischen Untersuchungen überliefert. Demnach wären die horizontal liegenden Einkerbungen im Zuge der Portionierung, die Schnittmarken dagegen beim Entfleischen entstanden. Die vorliegenden Spuren lassen kaum einen Zweifel daran, dass das betreffende Individuum regelrecht tranchiert wurde.

Auch außerhalb des Arbeitsgebietes sind zahlreiche Belege für die brutale Vorgehensweise der Alamannen bekannt.

4. Keine Überlebenschance! Multiple Hiebverletzungen bei einem Mann aus dem Gräberfeld von Seebronn

Im Zuge von Erschließungsarbeiten für ein Neubaugebiet südöstlich von Seebronn wurde im Sommer 1988 ein halbes Dutzend Gräber eines merowingerzeitlichen Friedhofs erfasst. Eines davon, Grab 5, erregte schon während

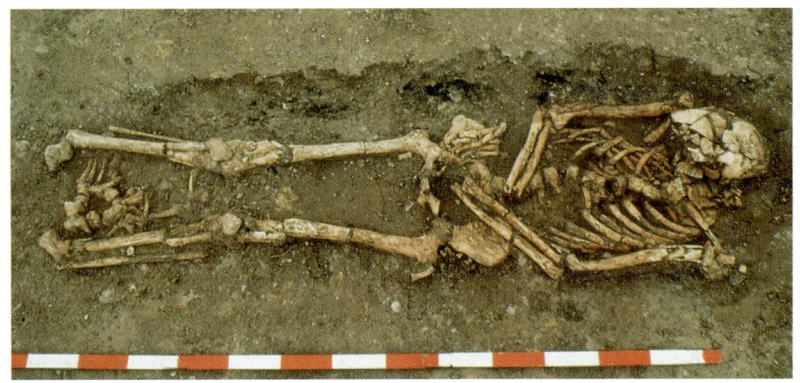

terschenkeln. Nach Abschluss der Präparation konnten dann insgesamt 18 separate Hieb- und Schnittspuren festgestellt werden. Besonders markante Hiebmarken fanden sich im Bereich des Schädels bzw. Unterkiefers, am rechten Unterarm, an der rechten Hand sowie am linken Schienbein und am rechten Fuß, weitere Kerben in der Brust- und Beckenregion. Sie gehen alles in allem auf mindestens neun verschiedene Hiebe und Schnitte zurück, die dem Opfer aus unterschiedlichen Positionen heraus zugefügt worden sind.

Zunächst dachten die Ausgräber an einen rechtshistorischen Hintergrund. Demnach hätten die abgetrennten Endgliedmaßen im Sinne einer Bestrafungsaktion und deren bewusste Dislozierung als zusätzliche ,Schutzmaßnahme' vor dem Toten als Wiedergänger interpretiert werden können. Die genaue Analyse der vorgefundenen Defekte zeigt jedoch, dass die einzelnen Gewalteinwirkungen unsystematisch und nur teilweise in annähernd rechtem Winkel zu den jeweiligen Extremitäten erfolgten, anders, als es bei einer gezielten Straf-

4.1: Die Skelettreste des etwa 25jährigen Mannes aus dem frühmittelalterlichen Gräberfeld von Rottenburg-Seebronn, Grab 5, weisen multiple Hieb- und Schnittverletzungen auf.

4.2: Spuren unverheilter scharfer Gewalteinwirkungen a) am Unterkiefer sowie b) oberhalb des Handgelenks an der rechten Elle und Speiche.

4.3: Das Skelettschema (rechts) zeigt die Verteilung der insgesamt 18 festgestellten Defekte.

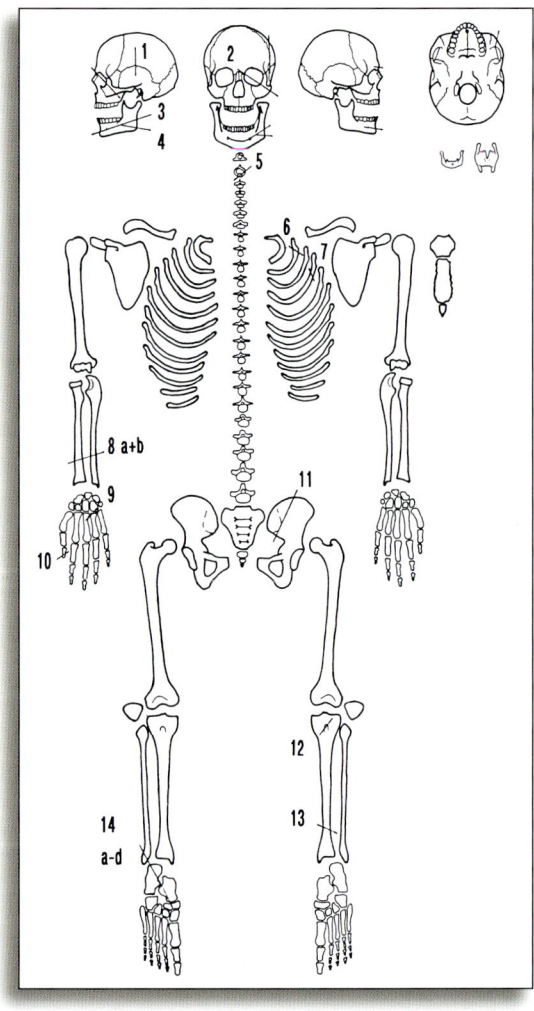

der Ausgrabung besondere Beachtung. In eine knapp 1,90 m x 0,70 m große Grabgrube war den Bodenverfärbungen zufolge ein nur 1,60 m x 0,40 m messender Holzeinbau abgesenkt worden. Darin lag das Skelett eines etwa 25jährigen, ca. 1,70 m großen Mannes in gestreckter Rückenlage, die Unterarme über dem Unterleib gekreuzt. Als Beigaben fanden sich zwei eiserne Pfeilspitzen neben dem rechten Ellenbogen.

Bereits bei der Freilegung fiel auf, dass sowohl die rechte Hand als auch beide Füße disloziert und die Elle und Speiche des rechten Unterarms oberhalb des Handgelenks mit einem scharfen Gegenstand durchtrennt worden waren. Die Fußknochen lagen, größtenteils noch im anatomischen Verband, zwischen den Un-

maßnahme zu erwarten gewesen wäre. Lage, Richtung und Ausmaß der Verletzungen sprechen ebensowenig für eine übliche Kampfsituation Mann gegen Mann, sondern mit einiger Wahrscheinlichkeit dafür, dass der junge Mann von mehreren, mit Schwertern, Hiebmessern o. ä. ausgerüsteten Gegnern gleichzeitig attackiert wurde und sich sozusagen ‚mit Händen und Füßen' dagegen zu erwehren suchte. Die Schwere der Verletzungen, infolge derer mehrere Schlagadern durchtrennt wurden, ließ ihm keine Überlebenschance. Er dürfte nach raschem Bewußseinsverlust verblutet sein.

Dass ihm zwei Pfeile mit ins Grab gegeben wurden, ist ein Zeichen gewisser Wertschätzung. So etwas hätte man einem potenziellen ‚Wiedergänger' wohl kaum zugestanden. Auch seine Totenhaltung spricht für eine geordnete Bestattung. Die abgeschlagenen Körperteile konnten alleine auf Grund der engen Grabsituation nicht (mehr) korrekt platziert werden. Bei dem engen Holzeinbau könnte es sich vielleicht um einen Transportbehälter und nicht um einen speziell angefertigten Sarg gehandelt haben. Möglicherweise ist der Mann aus Grab 5 bei Kampfhandlungen andernorts ums Leben gekommen und erst später auf dem heimatlichen Friedhof beigesetzt worden.

5. Der massakrierte Clanchef – Siedlungsbestattungen aus der Wüstung ‚Mittelhofen'

Der merowingerzeitliche Friedhof in der Flur ‚Wasserfurche' bei Lauchheim im Vorland der Schwäbischen Alb ist mit mehr als 1300 Gräbern der größte seiner Art im Südwesten. Die Bestattungen datieren von der zweiten Hälfte des 5. bis in die zweite Hälfte des 7. Jahrhunderts. Seine Besonderheit liegt jedoch nicht nur darin, dass er nahezu vollständig erfasst werden konnte und der Wissenschaft spektakuläre Funde bereithielt, sondern dass in nur 200 m Entfernung, hangabwärts auf der Niederterrasse der Jagst, in der Gemarkung ‚Mittelhofen' noch die zugehörige Siedlung entdeckt wurde. Diese erstreckte sich über eine Fläche von etwa sieben Hektar und bestand vom 6. bis ins frühe 12. Jahrhundert. Hier kamen sowohl eine dichte Bebauung mit Hofzäunen, Wohnhäusern, Speicherbauten und Grubenhäusern als auch mehrere, einzelnen Hofarealen zuweisbare Gruppen von Siedlungsbestattungen zu Tage. Nach

mehr als 15jähriger Grabungstätigkeit konnten bis zum Abschluss der archäologischen Untersuchung insgesamt 78 spätmerowingerzeitliche Gräber aufgedeckt werden, die sich in dem überbauten Bezirk auf sechs Grabgruppen und einige Einzelgräber verteilen. Mit alleine 25 Grablegen ist in der letzten Kampagne die

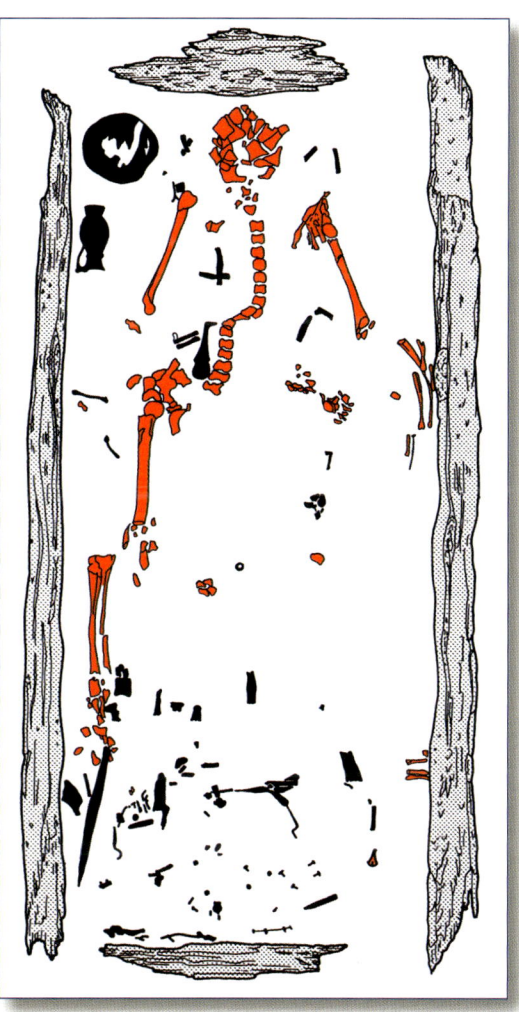

5.1: Die Sargreste und Beigaben des spätmaturen Mannes aus Lauchheim ‚Mittelhofen', Grab 25, in Fundlage.

5.2: Umzeichnung des Holzkammergrabs mit Lage der Goldblattkreuze im Bereich des Oberkörpers. Die Plünderer sind offensichtlich vom Fußende her eingestiegen.

5.3 (rechts): Schädel des ca. 50jährigen Mannes aus Grab 25 mit multiplen, sich teilweise überlagernden,

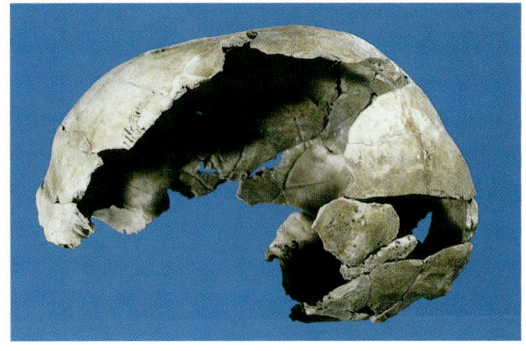

unverheilten Hiebverletzungen.

5.4 (oben): Der fünfte Halswirbel ist durch einen waagerechten Hieb von vorne gespalten worden.

5.5 (rechts): Umzeichnung zur Lage der scharfkantigen Gewalteinwirkungen am Schädel.

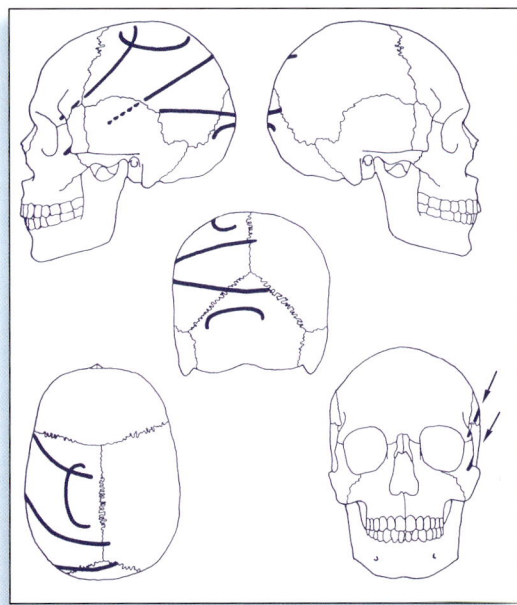

umfangreichste Gruppe ins Blickfeld geraten. 15 davon waren bereits von zeitgenössischen Plünderern heimgesucht worden.

Im Osten der Siedlung lag, etwas isoliert, das größte Gehöft, der so genannte Herrenhof, an dessen Südrand sieben Grabgruben mit sechs Bestattungen zum Vorschein kamen (Gräber 21–27). Die Person aus Grab 26 hatte

man möglicherweise zu einem späteren Zeitpunkt wieder exhumiert, das Grab war leer. Günstige Erhaltungsbedingungen in diesem Areal haben u. a. zahlreiche Ausstattungselemente aus Holz bewahrt, so auch ein verziertes Buchenholzbett bei dem 30–35jährigen Mann in Grab 27, der nach dendrochronologischen Daten Anfang des Jahres 704 gestorben ist. Bei ihm fand man noch fünf Goldblattkreuze, die von den Grabräubern offensichtlich gemieden worden waren. Auch in den anderen Gräbern dieser Gruppe konnten trotz massiver Beraubungsspuren noch wertvolle Beifunde geborgen werden. Sie weisen die Toten – fünf Männer und eine Frau – als Mitglieder einer Adelsfamilie aus.

Ein spezielles Augenmerk gebührt in diesem Zusammenhang Grab 25. Dort war ein überaus reich ausgestatteter, ca. 1,74 m großer, rund 50jähriger Mann beigesetzt worden. Er starb im letzten Quartal des 7. Jahrhunderts einen gewaltsamen Tod. Neben ihm, in Grab 24, fassen wir möglicherweise seine bald nach 690 verstorbene Ehefrau. Vom Skelett dieses Mannes lagen lediglich noch der Schädel, die Brustpartie und beide Oberarmknochen in natürlicher Position, darüber – in X-Form arrangiert – ebenfalls fünf Goldblattkreuze, die vielleicht auf einem Tuch aufgenäht waren. Der Rest des Knochengerüsts war verworfen. Der (spät)mature Mann war kräftig. Er hatte Parodontose. Seine Gelenke zeigen moderate, altersgemäße Verschleißerscheinungen. Anders als bei allen anderen Individuen dieser Grabgruppe sind an seinen Zähnen jedoch mehrfache deutliche Schmelzhypoplasien zu diagnostizieren. Demnach hatte er in seiner Kindheit öfter unter Mangel zu leiden als die

5.6: Rekonstruktion des Dorfes ‚Mittelhofen'. Rechts der Herrenhof mit sieben Grablegen.

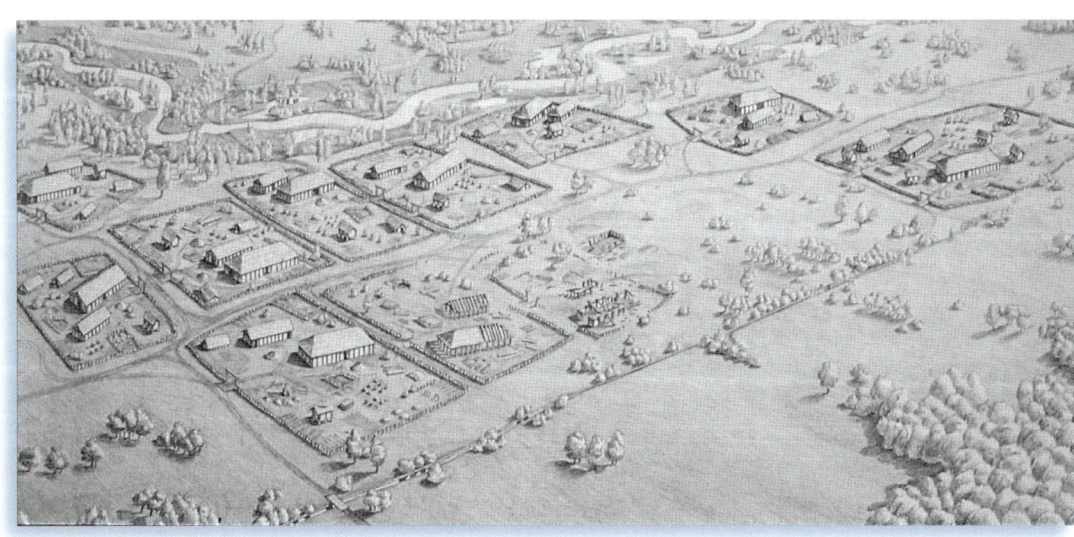

Personen in den Gräbern 21–23 und 27, die, obwohl bislang keine DNA-Analysen durchgeführt wurden, wahrscheinlich als seine Nachkommen anzusehen sind.

Als herausragende Befunde können bei ihm zusätzlich noch Spuren einer Anzahl unverheilter Gewalteinwirkungen festgestellt werden: ein stumpfer Schlag auf das rechte Scheitelbein, eine fragliche Fraktur am Unterkiefer, ein Hieb im Halsbereich sowie nicht weniger als fünf scharfkantige Traumatisierungen am Schädel, die wohl auf Hiebe mit einem Schwert o. ä. zurückgehen. Sie erfolgten aus zwei verschiedenen Richtungen, möglicherweise von zwei Gegnern, z. T. möglicherweise auf das bereits am Boden liegende Opfer. Mindestens drei dieser Hiebe hatten offene Schädel-Hirn-Verletzungen zur Folge. Der stumpfe Schlag traf ihn dagegen eher bei aufrechter Haltung und dürfte die primäre Gewalteinwirkung gewesen sein. Ob der Hieb gegen den Hals im Rahmen das Kampfgeschehens eher zufällig oder gegen Ende des Kampfes gezielt erfolgte, um den Kopf

abzutrennen, muss offen bleiben. Der in-situ-Befund lässt keinen Aufschluss darüber zu, ob der Kopf vollständig vom Rumpf getrennt war. Wenn ja, hat man ihn bei der Beisetzung in anatomisch korrekter Position angefügt. Dies könnte vielleicht auch der Grund dafür gewesen sein, dass man den Oberkörperbereich mit einem Tuch abgedeckt hat.

Über die Gründe des Geschehens lässt sich wiederum nur spekulieren. Der Mann aus Grab 25 liebäugelte zweifellos mit dem Christentum. Einige seiner Nachfahren pflegten die Sitte der Hofgrablege noch über einen gewissen Zeitraum weiter. Später bestattete man dann im Bereich des zu vermutenden Kirchhofs.

6. Keine Achtung vor den Toten – Spuren von Grabräubern in frühmittelalterlichen Gräbern

Obwohl nach dem alamannischen Volksrecht, der ‚Lex Alamannorum‘, mit harten Strafen sanktioniert, wurden frühmittelalterliche Gräber häufig von Zeitgenossen ausgeraubt. In manchen Nekropolen liegt der Anteil geplünderter Gräber bei über 80%. Man könnte den Eindruck gewinnen, dass nach Aufgabe eines Friedhofs eine systematische Beraubung stattfand.

Rein statistisch gesehen, tritt das Phänomen Grabraub bei Gräbern des 7. Jahrhunderts öfter auf als bei solchen des 6. Jahrhunderts. Es wurde daraufhin mit Ressourcenknappheit in Verbindung gebracht. Trotzdem findet man auch in beraubten Gräbern durchaus noch hochwertige Gegenstände aus Edelmetall oder andere Pretiosen, die mit christlichen Symbolen versehen sind. In diesen Fällen waren die Grabräuber offenbar Christen, die ihr Heilszeichen unangetastet ließen. Bereicherung dürfte zwar das Hauptmotiv der Plünderer gewesen sein, aber offensichtlich nicht das alleinige. Da manche Gräber wohl nachweislich von Verwandten beraubt wurden, ging es vielleicht auch um Erbansprüche. Aus dem Friedhof von Tauberbischofsheim-Dittigheim ist ein Beispiel bekannt, dass beim Anlegen einer Nachbestattung direkt über einem älteren Grab (sog. Superposition) zunächst das untere gezielt ausgenommen worden war.

Die Objekte der Begierde waren in Männergräbern v. a. die Waffen, insbesondere Schwerter und Gürtelgehänge, die nicht nur einen großen materiellen Wert darstellten, sondern auch mit einem hohen Sozialprestige einhergingen. Aus Frauengräbern wurde bevorzugt der Fibelschmuck gestohlen. Und nach dem zu urteilen, was in einigen beraubten Gräbern liegengelassen wurde, müssen einzelne Schmuckensembles absolute ‚Spitzenobjekte‘ gewesen sein.

Der Zeitpunkt der Beraubung ist offensichtlich variabel. Gezielt angelegte Schächte lassen darauf schließen, dass die Grabräuber genau wussten, wer dort bestattet und was in einem bestimmten Grab an welcher Stelle deponiert worden war. Manche von ihnen gingen so dezent vor, dass nur das geschulte Auge des Archäologen erkennen kann, dass überhaupt ein späterer Eingriff erfolgte. Andere wühlten sich regelrecht durch den gesamten Grabin-

5.7: Neben den Goldblattkreuzen in Grab 25 vorgefundene Grabbeigaben.

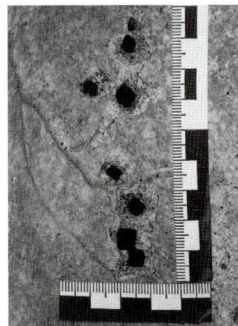
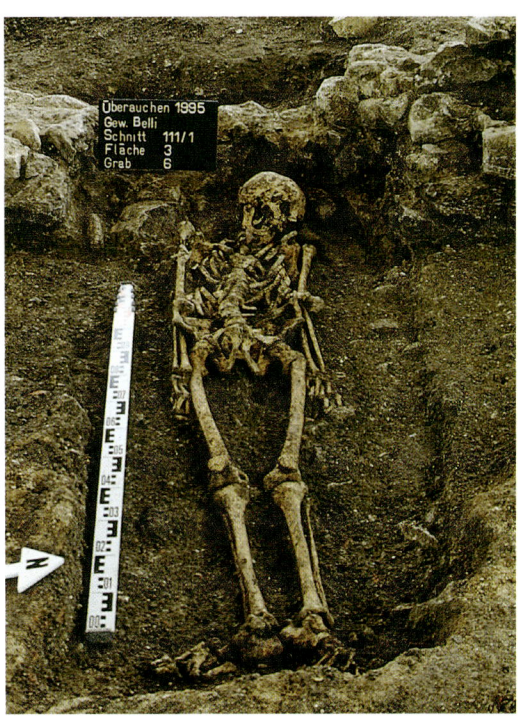

6.1 (oben rechts): Die Skelettreste des maturen Mannes aus Überauchen-Brigachtal, Grab 6, in Fundlage.

6.2 (oben links): Detailaufnahmen des Schädeldachs mit multiplen Perforationen. a) Außen- und b) Innenseite.

6.3 (unten): Rekonstruktion einer Plünderung durch Grabräuber im frühen Mittelalter.

halt. Die Lage einzelner Skelettelemente lässt erkennen, ob sich der Leichnam bei der Beraubung noch im Muskel- oder Sehnenverband befand. Dann sind ganze Körperpartien im anatomischen Verband verschoben. Manchmal fand die Plünderung auch erst Jahrzehnte später statt. In Pleidelsheim z. B. verlor Ende des 7. Jahrhunderts ein Grabräuber eine Münze in einem über einhundert Jahre älteren Grab. Nicht selten hinterließen die Täter auch direkte Spuren, Abdrücke von Sondierstäben im Sediment oder unmittelbar auf den Knochen. Im Gräberfeld von Lauchheim wurden sogar eiserne Hakenstäbe gefunden, die seinerzeit beim Stochern im Grab stecken geblieben waren.

Beim nachfolgend vorgestellten Fall soll auch kurz auf die allgemeine Vorgehensweise der spurentechnischen Analyse von Knochendefekten eingegangen werden.

Zwischen 1994 und 1996 wurden im Ostteil der Villa rustica von Überauchen (Schwarzwald-Baar-Kreis) 14 West–Ost orientierte, beigabenlose Grablegen aufgedeckt. Sie enthielten Knochenreste von insgesamt 17 Personen, etwa ein Drittel davon Kinder und Jugendliche. Zwischenzeitlich durchgeführte ^{14}C-Datierungen bestätigten die Vermutung, dass diese Bestattungen ins frühe Mittelalter gehören.

Gesondertes Interesse erregten bereits während der Ausgrabung die Skelettreste von Grab 6, für dessen Anlage die Bestatter seinerzeit Steine aus der römischen Mauer herausgebrochen hatten. Die Knochen gehören zu einem ca. 50jährigen, fast 1,75 m großen Mann mit ausgesprochen robustem Knochenbau, kariösen sowie bereits zu Lebzeiten ausgefallenen Zähnen. Er war in gestreckter Rückenlage beigesetzt worden. Als weiteres Detail seien die deutlich ausgeformten, so genannten Reiterfacetten erwähnt, die bei häufig und über einen längeren Zeitraum eingenommener Spreizhaltung der Beine an den proximalen Gelenkenden der Oberschenkelknochen entstehen. Auffällig und in ihrer Entstehung zunächst nicht eindeutig erklärbar waren jedoch mehrere Löcher in seinem Schädeldach, als deren Ursache man spontan an einen Morgenstern oder ein ähnliches Gerät denken könnte. Im Bereich der rechten Stirn- und Scheitelregion liegen auf einer Fläche von nur 9 cm x 3 cm acht zur ehemaligen Erdoberfläche hin ausgerichtete Perforationen.

Die Analyse von Mehrfachverletzungen erfolgt generell in vier Schritten. Dabei geht es zunächst

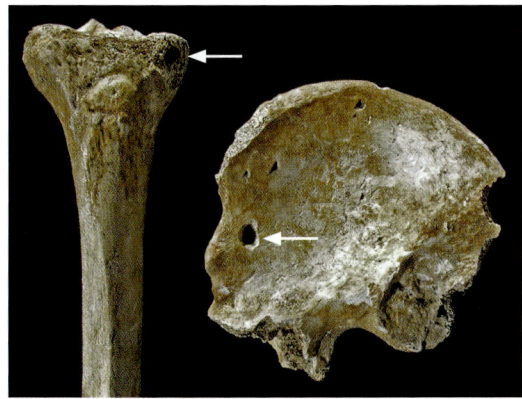

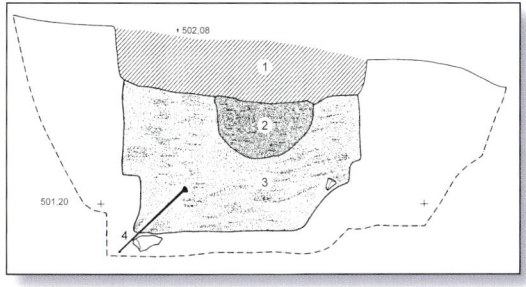

zufolge handelt es sich hier um ein langes, sondenartiges Instrument mit scharfer, vierkantiger, lang ausgezogener Spitze und grob rautenförmigem, aber nicht exakt symmetrischem Querschnitt in der Art eines geschmiedeten, vierflächigen Dorns.

Hinsichtlich der Handhabung dieser Sonde lassen sich die acht vorgefundenen Perforationen auf Grund ihrer Ausrichtung noch in drei Gruppen einteilen. Das bedeutet, dass der Grabräuber sein Gerät durch Drehung im Handgelenk schrittweise um ca. 90° um dessen Längsachse gedreht hat.

Der Zeitpunkt des Geschehens nach der Inhumierung des Leichnams kann nur grob umrissen werden. Die Außenränder der Defekte sind scharfkantig und weisen keine Erweiterungsfrakturen auf. Die Randzonen im Bereich der Tabula interna sind ausgebrochen. Hier zeichnet sich keine geformte Perforation ab. Demzufolge waren einerseits noch gewisse elastische Eigenschaften vorhanden, andererseits reagierte das Schädeldach bereits wie ein spröder Knochen. Die Sondierungsaktion der Grabräuber in Überauchen erfolgte somit erst Jahre nach der Grablege.

Vergleichbar sind u. a. ähnliche Defekte aus Grab 341 aus dem Gräberfeld von Herrenberg. Dort kamen offensichtlich mindestens zwei Sonden mit unterschiedlicher Spitzengeometrie zum Einsatz, eine gröbere mit abgerundetem Ende sowie eine mit scharf dreikantig zulaufender Spitze.

6.4: Oben (a) und Mitte (b) rechte Beckenhälfte, rechtes Schienbein, linke Kniescheibe und Brustwirbel des etwa 40jährigen Mannes aus dem frühmittelalterlichen Gräberfeld von Herrenberg, Grab 341, mit verschiedenartigen Sondenspuren.

6.5 (darunter): Bei der Beraubung im Grab steckengebliebene, eiserne Sondenspitze (sog. Hakenstab, Pos. 4) aus Lauchheim.

um die Traumatisierungsart (z. B. Hieb, Schlag oder Schuss), die im konkreten Fall eindeutig als Stich klassifiziert werden kann. Anschließend wird unter Miteinbeziehung aller Detailspuren geprüft, ob dem vorliegenden Verletzungsbild ein wiederkehrendes Muster zugrunde liegt und ob sich daraus ein bestimmter Gegenstand erschließen lässt, der als erzeugendes Werkzeug in Frage kommen könnte. Für die acht Perforationen gilt es dabei fast 250 (!) Kombinationen möglicher konstanter Konstellationen (2-er, 3-er, 4-er usw. Gruppen) zu überprüfen. Es ergaben sich im vorliegenden Befund keine Hinweise auf bestimmte Muster, woraufhin auf ein einzinkiges Instrument als Werkzeugart geschlossen werden kann. Danach wird eruiert, ob u. U. mehrere Werkzeuge dieses Typs verwendet wurden. Dies kann für den Fall aus Überauchen verneint werden.

Der letzte Schritt zielt auf die individuellen Eigenschaften des Werkzeugs, d. h. auf seine (Spitzen-)Geometrie, auf sein Profil usw., die sich aus den Einzelspuren ableiten lassen. Dem-

7. Vor allem gegen Kopf und Hals – Ein Opfer der Appenzellerkriege aus der Dreifaltigkeitskirche in Konstanz

Bei baubegleitenden archäologischen Untersuchungen in der zum ehemaligen Augustiner-Eremitenkloster in Konstanz gehörigen Dreifaltigkeitskirche stießen die Ausgräber im Februar 2000 im Bereich des Westportals auf eine mächtige Grabplatte aus Sandstein. Darauf ließen sich noch Überreste zweier Wappen sowie einer Inschrift mit der Jahreszahl 1403 entziffern. Unter dem Stein fand sich eine Grube mit drei nebeneinander in West-Ost-Richtung angelegten, beigabenlosen Grablegen. Eine davon war eine schlichte Erdbestattung, für die beiden anderen waren Holzsärge verwendet worden. In dem Behälter am Nordrand lagen zwei Personen nahezu deckungsgleich über-

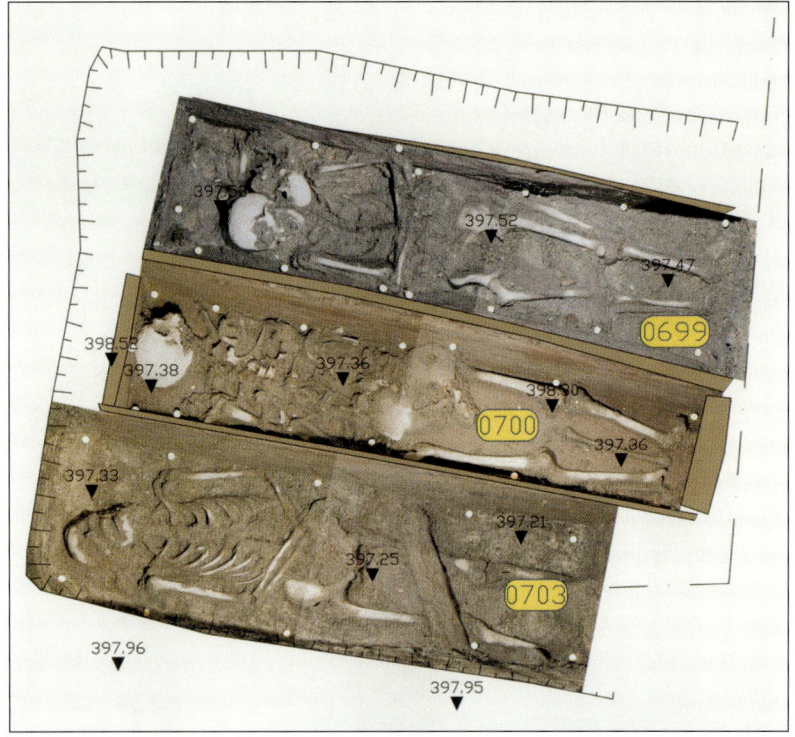

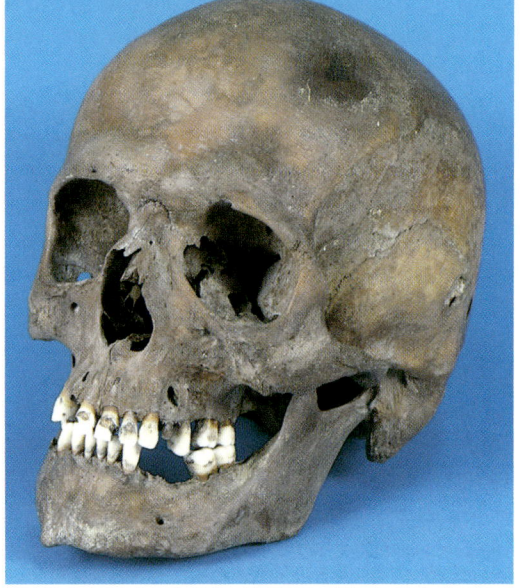

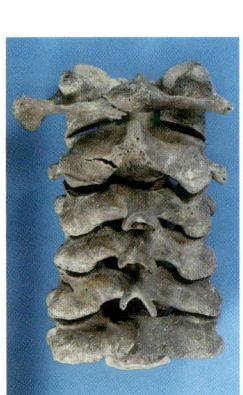

7.1 (oben): Fotogrammetrisch bearbeitete Aufnahme der Grablege im Bereich des Westportals der ehemaligen ‚Augustinerkirche' in Konstanz.

7.2 (rechts): Schädel des etwa 40jährigen Mannes aus Befund 700 mit kariösen Zähnen, Wurzelabszess und intravitalem Zahnverlust.

7.3 (unten links): Rückansicht der ersten sechs Halswirbel. Von insgesamt fünf Defekten in diesem Bereich sind besonders die Hiebspuren an Atlas und Axis gut zu erkennen.

einander. Die Grabplatte bezog sich offensichtlich auf die mittlere der drei Bestattungen.

Die anthropologische Untersuchung des zugehörigen Skeletts ergab, dass es sich um einen Mann von etwa 40 Jahren handelte. Er war damit der jüngste der vier Personen. Die anderen, eine Frau und zwei Männer, waren um oder über 60 Jahre alt geworden. Besagter Mann war ca. 1,68 m groß, Rechthänder und litt unter Karies, vorzeitigem Zahnverlust und Parodontose. Vor allem seine Armknochen weisen ein kräftiges Muskelmarkenrelief auf. Verknöcherte Sehnenansätze sowie arthrotische Wirbel-Rippengelenke belegen starke körperliche Beanspruchungen im Bereich des Oberkörpers. Ansonsten lassen sich jedoch in Relation zum Sterbealter nur schwache Degenerationserscheinungen feststellen. Auch die Zähne sind kaum abgenutzt. Beides zusammen spricht für seine Zugehörigkeit zu einer höheren Sozialschicht.

Hinsichtlich der Vita des Mannes sind diverse verheilte Verletzungen und Frakturen im Bereich der Brust- und Lendenwirbelsäule, am rechten Schulterblatt sowie am linken Wadenbein und Fuß aufschlussreich. Sie zeigen, dass er kein beschauliches Leben geführt hat. Nach ihrem Ausheilungsgrad zu urteilen, gehen alle diese Traumatisierungen möglicherweise auf ein und dasselbe Ereignis zurück, einen Unfall (Sturz?) oder eine tätliche Auseinandersetzung.

Noch aufschlussreicher sind allerdings die Spuren einer Reihe scharfer und stumpfer Gewalteinwirkungen am hinteren linken Scheitelbein, am Hinterhauptbein sowie an der Halswirbelsäule, die keinerlei Heilungserscheinungen aufweisen, also perimortal entstanden sein müssen. Es handelt sich dabei um insgesamt zehn Läsionen als Folge von neun separaten Traumatisierungen. Die vergeichsweise geringe Eindringtiefe der zugrunde liegenden Stöße, Hiebe und/oder Stiche lässt darauf schließen, dass sie durch einen Helm bzw. Nackenschutz gedämpft wurden. Bis auf die vermutlich durch einen Armbrustbolzen verursachte Schussverletzung oberhalb des linken Ohrs, der auf der Innenseite des Schädels eine Trümmerpyramide zuzuordnen ist, sowie eine benachbarte Depressionsfraktur erfolgten alle Gewalteinwirkungen von hinten auf das wahrscheinlich am Boden und auf dem Bauch liegende Opfer. Durchweg alle am Knochen nachweisbaren Defekte wären prinzipiell überlebbar gewesen. Es könnten jedoch zusätzlich noch erhebliche Weichteilverletzungen vorgelegen haben, die keine Spuren am Skelett hinterließen. Nach dem Spurenbild zu urteilen, besteht jedenfalls

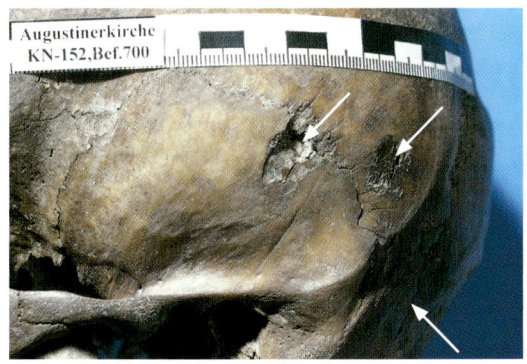

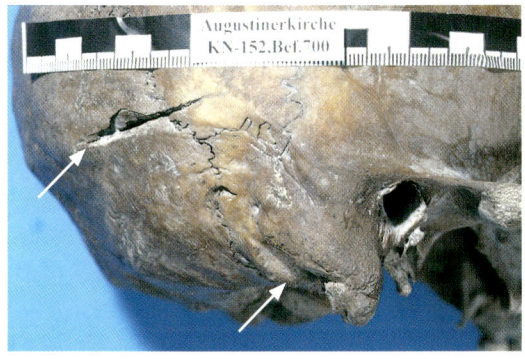

7.4: Detailaufnahmen des Hinterhaupts. a) linke Seite mit drei und b) rechte Seite mit Spuren zweier Gewalteinwirkungen.

7.5: Kampfszene aus der Berner ‚Tschachtlan'-Chronik (1. Hälfte 5. Jh.).

kein Zweifel daran, dass der Mann im Rahmen eines Kampfgeschehens zu Tode gekommen ist. Die ‚Schwachstellen' seiner Ausrüstung lagen offensichtlich in der Kopf- und Halsregion; vielleicht hatte er während des Kampfes seinen Helm verloren.

In diesem Zusammenhang kommt nun dem o. g. Grabstein eine besondere Bedeutung zu. Unter der Annahme, dass sich die Jahreszahl 1403 auf das Sterbejahr der Zentralbestattung bezieht, kann der gewaltsame Tod des 40jährigen mit kriegerischen Ereignissen im Boden-

seeraum in Verbindung gebracht werden. Er könnte als Ritter an einer der für dieses Jahr dokumentierten zentralen Schlachten der so genannten Appenzellerkriege beteiligt gewesen sein. Bei diesen Auseinandersetzungen hatten sich einige Städte am See, u. a. Konstanz, mit dem Abt von St. Gallen verbündet. Sie lieferten sich erbitterte Kämpfe mit aufständischen Bauern, waren diesen zwar an Stärke und Ausrüstung weit überlegen, wurden jedoch in einen Hinterhalt gelockt und erlitten schwere Verluste. Die Chroniken berichten, dass unter den Toten „etliche vornehme Konstanzer" zu beklagen waren. Zum Einsatz waren Schwerter, Hellebarden, Langspieße, „Mordäxte" und Armbrüste gekommen.

Zwischenzeitlich durchgeführte molekulargenetische Analysen erbrachten Hinweise auf die Verwandtschaft von zwei der vier Bestatteten. Bei den beiden anderen sind leider keine entsprechenden DNA-Bausteine mehr erhalten. Vielleicht lassen sich die Wappenfragmente auf der Grabplatte in Zukunft noch bestimmten Familien zuordnen.

8. Operation gelungen, Patient gestorben – Ein namenloses Amputationsopfer aus der ehemaligen Festungsanlage von Rastatt

Im Jahr 2000 stießen Bauarbeiter bei Kanalisierungsarbeiten auf dem Canrobert-Gelände in Rastatt auf eine größere Ansammlung menschlicher Knochenreste, die bei der Stadtverwaltung und in der Presse für Aufsehen sorgten. Auf Grund der Fundumstände stammte das Material aus dem 19. Jahrhundert. Verschiedene Theorien brachten die Skelettteile, die nicht mehr im anatomischen Zusammenhang lagen, mit erschossenen Legionären der Badischen Revolution oder einem aufgelassenen Dorffriedhof in Verbindung. Um weitere Anhaltspunkte zur Aufklärung der Umstände zu erhalten, wurden daraufhin mehr als 7000 Knochen hinsichtlich der Zusammensetzung des Fundmaterials nach Alter, Geschlecht, demografischen Parametern und sonstigen Indizien anthropologisch untersucht.

Das gesamte Konvolut enthielt keinen einzigen vollständigen Schädel, kaum kleinformatige Elemente wie Fingerknochen und Metapodien und nur wenige fragile Partien wie Wirbel,

sprechen waren die kompakten Fersen- und Rollbeine. Die Zusammensetzung des Ensembles wies eindeutig darauf hin, dass es sich um umgelagertes Skelettmaterial handelte. Nach einer groben Schätzung lagen Überreste von mindestens 120 Personen vor. Darunter fanden sich weder Teile von Neugeborenen noch von Kleinkindern und, mit Ausnahme eines einzigen Knochens, auch keine von älteren Kindern. Vertreten waren hingegen mehrere Jugendliche und junge Erwachsene im Alter zwischen 17 und ca. 20 Jahren. Das Hauptkontingent stellten mindestens achtzig Erwachsene zwischen 25 und 40 Jahren. Ältere Individuen waren wiederum nicht repräsentiert.

Unter den Erwachsenen lassen sich knapp 60 Männer, vier fragliche Frauen und etwa 20 ihrem Geschlecht nach undifferenzierte Individuen ansprechen. Die genannten Vier fallen nur auf Grund ihrer Grazilität und nicht durch eindeutig weiblich ausgeprägte Geschlechtsmerkmale aus dem Rahmen. Auch wenn es sich um Frauen handeln und statistisch noch die Hälfte der Unbestimmten diesem Kontin-

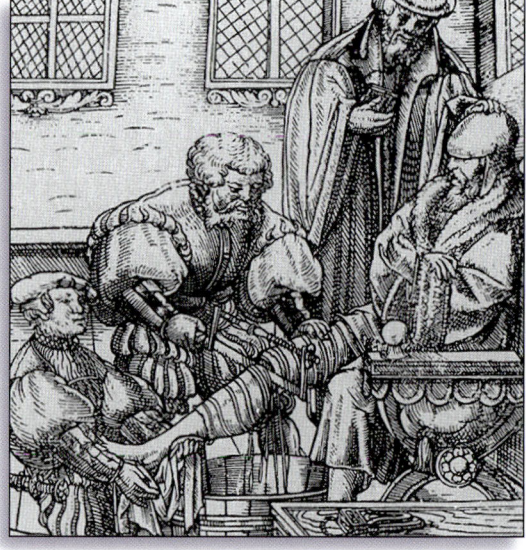

gent zugeordnet würde, bliebe noch ein eklatantes Frauendefizit. Tatsächlich liegt aber kein einziger konkreter Hinweis in dieser Richtung vor. Sowohl die Altersstruktur als auch die Geschlechterrelation sprechen also gegen einen repräsentativen Bevölkerungsquerschnitt. Das weitgehende Fehlen degenerativer Veränderungen und massiverer pathologischer Befunde korrespondiert mit dem relativ niedrigen Durchschnittsalter.

Erwähnenswert sind einzelne Skelettelemente mit grünlichen Verfärbungen, die auf kupfer-

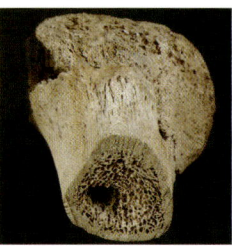

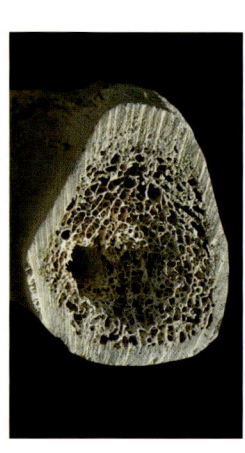

8.1: Grundriss der Mitte des 19. Jahrhunderts aufgelassenen Festungsanlage von Rastatt. Die Fundstelle der Skelettreste liegt im Bereich der 1908 erbauten wilhelminischen Kaserne (‚Canrobert'-Gelände).

8.2 (links): Proximales Ende des rechten Schienbeins eines erwachsenen Mannes.

8.3 (darunter): Detailansicht der Tibia mit deutlichen Sägescharten und ohne jegliche Heilungserscheinung.

8.4 (rechts): Darstellung einer Amputationsszene aus dem 16. Jahrhundert.

Fragmente von Schulterblättern oder Becken. Des Weiteren fehlten nahezu alle einwurzligen Zähne, die aus den Kiefern postmortal herausgefallen waren. Der überwiegende Teil bestand aus mehr oder weniger großen Bruchstücken von Langknochen. Am zweithäufigsten anzu-

haltige Gegenstände in deren unmittelbarer Umgebung zurückzuführen sind, sowie der Nachweis einer medizinischen Behandlung. Dabei handelt es sich um das proximale Ende eines rechten Schienbeins. Es wurde ca. 10 cm unterhalb des Kniegelenks abgesägt und ist als Nachweis für eine Unterschenkelamputation anzusehen.

Dieser Eingriff dürfte in Rückenlage des Patienten durchgeführt worden sein. Der Verlauf der Sägescharten zeigt, dass der vermutlich rechtshändige Operateur das betreffende Bein nach außen gedreht und oberhalb des Knies, wahrscheinlich mit der linken Hand haltend, fixiert hatte. Im Winkel abweichende Spurrillen zeugen davon, dass er sein Werkzeug nach etwa zwei Dritteln des Tibiaquerschnitts neu angesetzt hat. Der letzte Millimeter des Knochens dürfte dann infolge der mechanischen Belastung durchgebrochen sein. Da im Bereich der Sägekante auch unter dem Mikroskop keinerlei Heilungserscheinungen zu erkennen sind, muss der Patient kurz nach dem Eingriff an einer Sepsis oder unmittelbar durch Verbluten gestorben sein. Er hat maximal wenige Tage überlebt.

Bis auf diese Amputation konnten an dem vorliegenden Material keine Spuren von Gewalteinwirkungen festgestellt werden. Das verwundert auch nicht, da kaum Schädelteile überliefert sind, die vielleicht am ehesten typische Verletzungen aufgewiesen hätten. Die Altersstruktur der Männer sowie die Tatsache, dass möglicherweise eine lazarettähnliche Einrichtung am Zustandekommen des vorliegenden Kollektivs beteiligt war, scheinen alles in allem einen militärischen Hintergrund zu bestätigen. Die Skelettreste wurden inzwischen wiederbestattet.

9. Risiko Schwangerschaft – Zum Heiratsalter in vor- und frühgeschichtlicher Zeit

Gräber, in denen Skelettreste einer Frau und eines Neugeborenen oder Säuglings zusammen angetroffen werden, werden gemeinhin als Mutter-Kind-Bestattungen angesprochen. Dabei ist der eineutige Beweis dafür ausschließlich über eine Analyse der Kern-DNA aus den Knochen oder Zähnen zu erbringen. Theoretisch könnte es sich bei der Frau auch um eine (zufällig) gleichzeitig verstorbene

9.1: Oberkörper und Schädel einer hochschwangeren späthallstattzeitlichen Frau aus Rottenburg a. N. mit reichem Bronzeschmuck im Gipsblock.
9.2: Detailaufnahme des Beckenbereichs nach Entnahme des Gürtelblechs mit knöchernen Überresten eines ungeborenen Kindes.

weibliche Verwandte (Schwester, Tante, Kusine, Großmutter), Kinderfrau, Amme oder eine Person aus dem weiteren Umfeld der Familie handeln, die auf diese Weise sozusagen als ,Beschützerin' des Kleinkinds im Jenseits fungiert. Die Lagebeziehung der beiden zueinander kann unterschiedlich sein: Das Kind kann z. B. an der Seite, im Arm, auf dem Bauch oder zwischen den Beinen der Frau liegen.

Ein weiteres Indiz, ob es sich überhaupt um die leibliche Mutter handeln kann, ist das Sterbealter der Frau. Die sogenannte reproduktive Phase wird (unabhängig von vielfach belegten Früh- und Spätschwangerschaften) von biologischer Seite allgemein zwischen 15 und 45 Jahren angesetzt. Handelt es sich bei dem zweiten Inividuum um einen noch ungeborenen Fetus im Bereich des Unterleibs oder Beckenausgangs, ist die Sachlage dagegen eindeutig. Bei einer Auffindeposition zwischen den Beinen wäre noch an eine ‚Sarggeburt' zu denken, also einen Fall, bei dem die Verwesungsgase das Ungeborene posthum durch den Geburtskanal ausgetrieben hätten.

Heiratsalter und erste Schwangerschaft müssen nicht in einem engen Zeitfenster zusammenfallen, sie gehören allerdings – neben Geburt, Namensgebung und Tod – zu den markantesten Ereignissen eins Menschen (‚rites de passage'). Über die Heiratsrituale während der schriftlosen Perioden unserer Vorgeschichte, die – wie auch später üblicher Weise – mit Schutz- und Fruchtbarkeitszeremonien einhergegangen sein dürften, können wir lediglich spekulieren. Zudem war der Übergang vom Kind zum Erwachsenen wohl stärker von sozio-kulturellen Normen und Faktoren abhängig als vom chronologischen Lebensalter. Aus dem antiken Athen sind Hochzeit und erste Mutterschaft mit 13–15 Jahren überliefert. Aus der Völkerkunde bzw. heutigen Zeit liegen uns eine Anzahl von Berichten über im Kindesalter arrangierte/geschlossene Ehen vor (z. B. aus Afrika, dem arabischen Raum, insbesondere Indien). Dabei wird die Ehe in der Regel erst nach

9.3: Detailansicht von Grab 570 aus TBB-Dittigheim mit Knochenresten eines etwa acht Monate alten Fetus im Beckenbereich einer (früh)adulten Frau. Beide sind offenbar unter der Geburt verstorben.

dem Erreichen der Geschlechtsreife des Mädchens vollzogen. Neben der körperlichen Reife spiel(t)en jedoch bei einer Heirat immer auch ökonomische Aspekte eine wichtige Rolle.

Das Menarchealter – heute im mitteleuropäischen Durchschnitt bei 12–13 Jahren – lässt sich für prähistorische Verhältnisse nur indirekt erschließen, wenn man es mit dem Beginn

der Pubertät korreliert. In größeren Populationsstichproben der vorrömischen Eisenzeit bis Völkerwanderungszeit fand man den puberalen Wachstumsschub bei 14–16 Jahren.

In einer Stichprobe von 25 Körper-Doppelbestattungen vom Neolithikum bis zum Mittelalter aus sechs europäischen Ländern konnte W.-R. Teegen lediglich einen Anteil von 16% Teenagerschwangerschaften eruieren. Rezente Daten dazu schwanken zwischen 8% (Ostasien) und 55% (Westafrika). In den meisten vorgeschichtlichen Skelettserien findet sich das Sterbemaximum der Frauen im frühadulten Alter (20–30 Jahre). Ob unsere Vorfahren um das größere medizinische Risiko früher Schwangerschaften wussten und diese Erfahrung in ihre Heiratsregeln einfließen ließen, lässt sich nur vermuten.

Aus Südwestdeutschland können in diesem Zusammenhang drei Befunde angeführt werden. Als erstes die schnurkeramische Doppelbestattung von Stetten an der Donau (siehe S. 100 f.). In diesem Fall sind die Frau und das Neugeborene während oder kurz nach der Geburt gestorben. Als zweites die Grablege einer hochschwangeren Frau aus dem merowingerzeitlichen Friedhof von Tauberbischofsheim-Dittigheim (Grab 570). Ihr Sterbealter konnte auf Grund der ungünstigen Überlieferungsbedingungen lediglich als (früh)adult eingestuft werden. Die Knochen des Ungeborenen waren nur noch in Spuren erhalten. Sie repräsentieren einen Fetus im ca. 8. Lunarmonat. Der dritte Befund stammt aus dem keltischen Gräberfeld von Rottenburg am Neckar und datiert in die Späte Hallstattzeit (Ha D 1). Die Frau aus dem Zentrum von Hügel 32, deren Grab mit mächtigen Steinen abgedeckt und die mit reichlich Bronzeschmuck (etwa ein Dutzend Ohrringe, ein Halsreif, zwei Bogenfibeln, zwei Tonnenarmbänder und ein aufwändig verziertes Gürtelblech) versehen war, dürfte etwa (20–)25 Jahre alt und um 1,67 m groß gewesen sein. Das Kind befand sich in Anbetracht seiner Größe im 5.–7. Entwicklungsmonat. Seine Knochen sind lediglich im Bereich des beigegebenen Gürtelblechs (konserviert durch die Metallsalze) erhalten. Den Gürtel selbst hatte man der Schwangeren offenbar auf Grund ihres vergrößerten Bauchumfangs nicht mehr umlegen können, sondern zusammengefaltet über den Unterleib gelegt.

Literatur

VI.1

M. Kokabi, G. Amberger u. J. Wahl, Die Knochenfunde aus der Villa rustica von Bondorf. In: A. Gaubatz-Sattler, Die Villa rustica von Bondorf (Lkr. Böblingen). Forsch. u. Ber. Vor- u. Frühgesch. Baden-Württemberg 51 (Stuttgart 1994) 285–335.

G. Lange, Die menschlichen Skelettreste aus dem Oppidum von Manching. In: W. Krämer (Hrsg.), Die Ausgrabungen von Manching 7 (Wiesbaden 1983).

H. Peter-Röcher, Mythos Menschenfresser. Ein Blick in die Kochtöpfe der Kannibalen. Beck'sche Reihe 1262 (München 1998).

Chr. Spiel, Menschen essen Menschen. Die Welt der Kannibalen (Frankfurt am Main 1974).

H. Ullrich, Cannibalistic Rites within Mortuary Practices from the Paleolithic to Middle Ages in Europe. Anthropologie (Brno) 43, 2005, 249–261.

J. Wahl, Römerzeitliche Menschenknochen mit Spuren von Gewalteinwirkung und Manipulation. In: M. Kokabi (Hrsg.), Beiträge zur Archäozoologie und Prähistorischen Anthropologie I (Konstanz 1997) 77–85.

J. Wahl, Menschliche Skelettreste aus Erdwerken der Michelsberger Kultur. In: M. Kokabi u. E. May (Hrsg.), Beiträge zur Archäozoologie und Prähistorischen Anthropologie II (Konstanz 1999) 91–100.

T. D. White, Prehistoric Cannibalism at Mancos 5MTUMR-2346 (Oxford 1992).

VI.2

S. Alföldy-Thomas u. J. Wahl, Ein Kindergrab mit Bernsteinamulett aus dem römischen Gräberfeld von Stettfeld, Lkrs. Karlsruhe. Arch. Nachr. aus Baden 40/41, 1988, 22–28.

S. Alföldy-Thomas, Archäologische Einführung. In: J. Wahl u. M. Kokabi, Das römische Gräberfeld von Stettfeld I. Osteologische Untersuchung der Knochenreste aus dem Gräberfeld. Forsch. u. Ber. Vor- u. Frühgesch. Baden-Württemberg 29 (Stuttgart 1988) 11–44.

VI.3

K. Frank, M. Kokabi u. J. Wahl, Das osteologische Fundarchiv der Archäologischen Denkmalpflege in Rottenburg a. N. Arch. Ausgr. Baden-Württemberg 1990, 340–344.

A. Hampel, Tatort Nida: Mordopfer in Brunnen gestürzt. In: S. Hansen u. V. Pingel (Hrsg.), Archäologie in Hessen. Neue Funde und Befunde. Festschrift F.-R. Herrmann. Internat. Arch., Studia honoraria 13 (Rahden/Westf. 2001) 213–218.

Chr. Unz, Grinario – Das römische Kastell und Dorf in Köngen. Führer Arch. Denkmäler Baden-Württemberg 8 (Stuttgart 1982).

P. Schröter, Skelettreste aus zwei römischen Brunnen von Regensburg-Harting als archäologische Belege für Menschenopfer bei den Germanen der Kaiserzeit. Arch. Jahr Bayern 1984, 118–120.

J. Wahl, Ein menschlicher Brustwirbel mit Tranchierspuren. In: J.-C. Hugonot, M. Kokabi, M. Rösch u. J. Wahl, Die Villa rustica von Lomersheim, Stadt Mühlacker, Enzkreis. Fundber. Baden-Württemberg 16, 1991, 211–213.

J. Wahl, H. G. König u. S. Wahl, Die menschlichen Skelettreste aus einem Brunnen des Legionslagers in Bonn, ‚An der Esche 4'. Bonner Jahrb. 202/203, 2002/2003, 199–226.

VI.4

V. Dresely u. B. Leinthaler, Eine außergewöhnliche Bestattung aus dem alamannischen Friedhof von Seebronn, Stadt Rottenburg a. N., Kreis Tübingen. Arch. Ausgr. Baden-Württemberg 1988, 213–215.

J. Wahl, Spuren von Gewalteinwirkungen an vorgeschichtlichen Skelettresten. In: M. Oemichen u. G. Gerwick (Hrsg.), Osteologische Identifikation und Altersschätzung. Research in Legal Medicine 26 (Lübeck 2001) 221–240.

VI.5

I. Stork, Friedhof und Dorf, Herrenhof und Adelsgrab. Der einmalige Befund Lauchheim. In: Archäologisches Landesmuseum Baden-Württemberg (Hrsg.), Die Alamannen. Begleitband zur Ausstellung vom 14.6.–14.9. 1997 (Stuttgart 1997) 290–310.

I. Stork, Goldener Abschied – Zum Ende der Grabungen in der Dorfwüstung Mittelhofen, Stadt Lauchheim, Ostalbkreis. Arch. Ausgr. Baden-Württemberg 2005, 174–177.

J. Wahl, Vorläufige anthropologische Begutachtung einer Gräbergruppe aus Lauchheim ‚Mittelhofen'. In Vorbereitung.

VI.6

T. Beilner u. G. Grupe, Beraubungsspuren auf menschlichen Skelettfunden des merowingerzeitlichen Reihengräberfeldes von Wenigumstadt (Ldkr. Aschaffenburg). Arch. Korrbl. 26, 1996, 213–217.

J. Klug-Treppe, Weitere Ausgrabungen im römischen Gutshof von Überauchen, Gemeinde Brigachtal, Schwarzwald-Baar-Kreis. Arch. Ausgr. Baden-Württemberg 1995, 194–199.

C. Oeftiger u. K.-D. Dollhopf, Fortsetzung der Ausgrabungen im alamannischen Gräberfeld ‚Zwerchweg' bei Herrenberg, Kreis Böblingen. Arch. Ausgr. Baden-Württemberg 2000, 140–145.

S. Sprenger, Zur Bedeutung des Grabraubes für sozioarchäologische Gräberfeldanalysen. Eine Untersuchung am frühbronzezeitlichen Gräberfeld Franzhausen I, Niederösterreich. Fundber. Österreich. Materialheft A 7 (Wien 1999).

H. Steuer, Stichwort *Grabraub*. In: Reallexikon der Germanischen Altertumskunde Bd. 12 (Berlin, New York 1998) 516–523.

I. Stork, Als Persönlichkeit ins Jenseits. Bestattungssitte und Grabraub als Kontrast. In: Archäologisches Landesmuseum Baden-Württemberg (Hrsg.), Die Alamannen. Begleitband zur Ausstellung vom 14.6.–14.9. 1997 (Stuttgart 1997) 418–432.

A. Thiedmann u. J.H. Schleifring, Bemerkungen zur Praxis frühmittelalterlichen Grabraubs. Arch. Korrbl. 22, 1992, 435–439.

VI.7

H. Bibby u. J. Wahl, Ein Opfer der Appenzellerkriege aus der ehemaligen Augustiner-Eremiten-Kirche in Konstanz? Arch. Ausgr. Baden-Württemberg 2000, 180–183.

VI.8

B. Herrmann, Ein amputierter Fuß aus der frühneuzeitlichen Kloake der Lübecker Fronerei. Lübecker Schr. z. Arch. u. Kulturgesch. 8, 1984, 81–84.

S. C. Otto, F. Schweinsberg, M. Graw u. J. Wahl, Über Aussagemöglichkeiten von Grün- und Schwarzfärbungen an (prä)historischem Knochenmaterial. Fundber. Baden-Württemberg 27, 2003, 59–77.

S. Ulrich-Bochsler u. B. Baumgartner, Über drei Funde von Amputationen im Kanton Bern, CH. Anthrop. Anz. 46, 1988, 327–334.

J. Wahl, Anthropologische Begutachtung der menschlichen Skelettreste aus dem Canrobert-Gelände von Rastatt. Bisher unveröffentlichter Bericht für die Stadtverwaltung Rastatt.

VI.9

St. Berg, R. Rolle u. H. Seemann, Der Archäologe und der Tod (München, Luzern 1981).

A. van Gennep, The rites of passage (London 1977).

H. Grimm, Über frühe Geschlechtbeziehungen und ‚Teenager-Gravidität' in ur- und frühgeschichtlichen Populationen. Ethnograph.-Arch. Zeitschr. 20, 1979, 53–60.

J. Müller (Hrsg.), Alter und Geschlecht in ur- und frühgeschichtlichen Gesellschaften (Tagung Bamberg 2004). Universitätsforschungen Prähist. Arch. 126 (Bonn 2005).

H. Reim, Das keltische Gräberfeld bei Rottenburg am Neckar Grabungen 1984–1987. Arch. Inf. Baden-Württemberg 3 (Stuttgart 1988).

A. Schwarzmaier, Die Rolle von Alter und Geschlecht in der athenischen Gesellschaft des 6. bis 4. Jahrhunderts v. Chr. In: J. Müller (Hrsg.), Alter und Geschlecht in ur- und frühgeschichtlichen Gesellschaften (Tagung Bamberg 2004). Universitätsforschungen Prähist. Arch. 126 (Bonn 2005) 137–149.

W.-R. Teegen, Jugendliche Mütter und ihre Kinder im archäologisch-anthropologischen Befund: Ein frühbronzezeitlicher Fall aus er Emilia-Romagna (Italien). In: J. Müller (Hrsg.), Alter und Geschlecht in ur- und frühgeschichtlichen Gesellschaften (Tagung Bamberg 2004). Universitätsforschungen Prähist. Arch. 126 (Bonn 2005) 179–188.

VII. Aus verschiedenen Gründen ungewöhnlich –

Sonderbestattungen im archäologisch-anthropologischen Kontext

1. Warum anders?
Zur Ansprache und Definition von Sondergrablegen

Die wenigsten Skelett- oder Leichenbrandserien entsprechen unseren Erwartungen hinsichtlich der überlieferten Altersverteilung. Auch die Relation der Geschlechter ist keineswegs immer ausgewogen. Während sich jedoch für ein Männer- oder Frauendefizit meist aus dem Befund heraus plausible Erklärungsmöglichkeiten anbieten, ist die Beurteilung fehlender oder zu gering besetzter Altersgruppen bedeutend schwieriger. Beides kann demographisch relevante Dimensionen erreichen und hängt zudem davon ab, ob das ergrabene Ensemble überhaupt repräsentativ für eine bestimmte Population ist. Begründungen für solche Fehlbestände münden häufig in dem Hinweis auf so genannte Sonderbestattungen. Derselbe Terminus wird aber nicht nur für in fraglichem Umfang fehlende Kontingente, sondern ebenso für auffällige bzw. seltene Befunde verwendet. In Anbetracht der Möglichkeiten, wieviele und gleichzeitig unterschiedliche Parameter auf die Durchführung einer Bestattung modifizierenden Einfluss nehmen können (z. B. Alter, Geschlecht, soziale Stellung, Beruf, Todesursache oder Sterbeort), wird offensichtlich, dass sich auch für Sonderbestattungen kaum ein durchgehend griffiges Kriterium herauskristallisieren lässt. Wenn schon ein höherwertiges Beigabenensemble nicht zwangsläufig mit der Zugehörigkeit des Verstorbenen zu einer höheren Sozialschicht einhergeht, müssen auch bislang selten angetroffene Grabformen nichts Außergewöhnliches sein. Im ersten Fall könnten die Angehörigen speziell für die Bestattung wertvolle Pretiosen erworben haben, im zweiten könnte es sich schlicht um eine Forschungslücke handeln, dass bestimmte Typen von Gräbern noch nicht häufiger entdeckt wurden.

Nachdem die Vorsilbe ,Sonder-' zweifellos eine gewisse Exklusivität beinhaltet, dürfen mengenmäßig bedeutsame Einheiten schon per definitionem nicht als Sonderbestattungen gewertet werden. Entscheidend dafür, ob überhaupt von einer ,Bestattung' gesprochen werden kann, ist die Definition ,an seine Statt bringen und mit allem Nötigen versehen'. Der Begriff beinhaltet also nicht nur den Körper des Verstorbenen, seine Totenhaltung, den Grabbau und die Beigabenausstattung bzw. das, was von alledem – zufällig oder lagerungsbedingt – überdauert hat, sondern gleichermaßen alle Zeremonien, die mit der Behandlung des Leichnams und seiner Grablege im Zusammenhang stehen. Demnach wären z. B. eine ,Verlochung' im Sinne einer Kadaverbeseitigung nicht als Bestattung, Deponierungen von Körperteilen oder Einzelknochen je nach Kontext als Teilbestattungen oder Streufunde zu bezeichnen.

Sonderbestattungen zeichnen sich in vielen Fällen nicht nur durch ein einzelnes, auffallend abweichendes Kriterium gegenüber den ,normalen' Grablegen aus. Während eine räumlich abgesonderte Lage bereits ein starkes Indiz darstellt, zeigen sich die Grabbeigaben eher als graduelles Phänomen. Einen besonderen Status haben mit Sicherheit menschliche Skelettreste, die im Zusammenhang mit Kultplätzen gefunden werden. Ein eindrucksvolles Beispiel dafür ist z. B. aus dem unterfränkischen Ippesheim, ca. 30 km südöstlich von Würzburg, überliefert. Dort war eine etwa 30jährige Frau im Zentrum einer Kreisgrabenanlage der ,Großgartacher Kultur' (ca. 6000 vor heute) kopfüber und möglicherweise lebend in einer schmalen Grube versenkt worden. In diesem Fall dürfte an der Interpretation als Menschenopfer kaum ein Zweifel bestehen.

2.1: Rekonstruktion der jungsteinzeitlichen ‚Knochentrümmerstätte'.

2.2: a) Alters- und Geschlechtsverteilung der menschlichen Skelettreste anhand des Felsenbeins. b) Darunter Repräsentanz der langen Extremitätenknochen bezogen auf eine Mindestindividuenzahl von 54. Alles in allem sind von den zu erwartenden Arm- und Beinknochen jeweils nur ca. 15% repräsentiert.

2. Kannibalenmahlzeit, Totenritual oder Abfallbeseitigung?
Die so genannte Knochentrümmerstätte vom Hohlenstein-Stadel

Bei Grabungen im August 1937 stießen die Ausgräber im Eingangsbereich des ‚Hohlenstein-Stadels' (im Lonetal bei Asselfingen, Alb-Donau-Kreis) in muldenförmigen Vertiefungen auf zwei Ansammlungen wahllos durcheinander liegender Knochenbruchstücke, die mehr als zwei Quadratmeter große, so genannte Knochentrümmerstätte sowie ein kleineres Ensemble nordöstlich davon in der „Nische vor der Mauer". Durch direkte Anpassungen von Knochenfragmenten erwiesen sich beide Komplexe als zusammengehörig.

Die erst vor wenigen Jahren durchgeführte akribische Durchsicht des Materials ergab ein Sammelsurium aus mehr als 1200 menschlichen Skelettresten, knapp 200 Tierknochen und vereinzelten Gefäßscherben. Sowohl die stratigraphischen Gegebenheiten als auch die Keramik wiesen den Befund als jungsteinzeitlich aus. Auf der Basis mehrerer ^{14}C-Daten lässt sich dies nun präzisieren. Die Menschenknochen datieren ins frühe Jungneolithikum, um 4300 v. Chr.

Das Knochenmaterial ist stark fragmentiert. Es fanden sich zwar einige zusammenpassende Stücke, aber nur ein Kalvarium eines Kindes sowie einzelne Langknochendiaphysen ließen sich mehr oder weniger komplett rekonstruieren. Darüber hinaus ist die Repräsentanz der einzelnen Skelettregionen sehr unterschiedlich. 546 Bruchstücke und Splitter stammen vom Postkranium, der Rest vom Schädel. Wirbel und Rippen sind kaum, Mittelhand- und Mittelfußknochen sowie Finger- und Zehenglieder überhaupt nicht vertreten. Knapp 3% der Fragmente zeigen Brandschwärzungen durch später über dem Knochenlager angelegte Feuerstellen.

Die Zerkleinerung des Materials sowie die hitzeinduzierten Verfärbungen ließen den Erstbeschreiber an Kannibalismus denken. Er bezog sich dabei auf einen vermeintlich vergleichbaren Befund aus der ebenfalls ‚Hohlenstein' genannten Höhle bei Ederheim in Bayern.

Nach Sichtung des gesamten Materials ergibt sich eine Mindestindividuenzahl von 54 Personen. Diese gliedern sich in 25 Kinder,

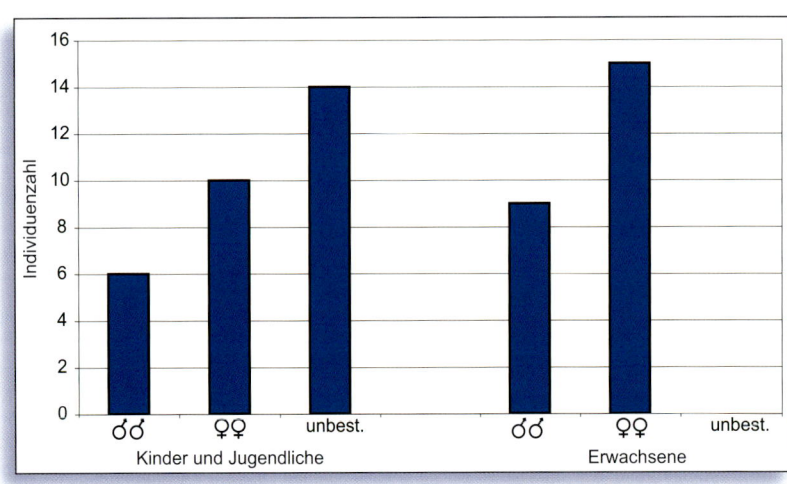

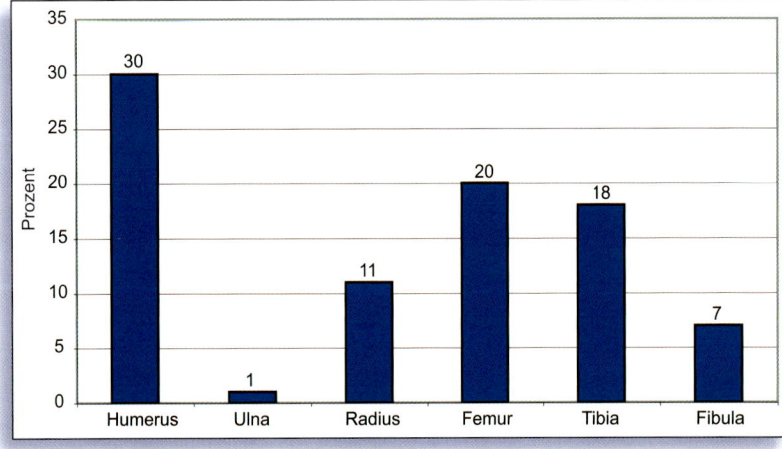

fünf Jugendliche sowie 24 Erwachsene, wobei offensichtlich ein gewisser Frauenüberschuss herrscht. In Anbetracht des fragmentarischen Zustands mag dies reiner Zufall sein. Bezogen auf die Zahl 54 sind die einzelnen Individuen nur spärlich vertreten. Würde jedes der erwähnten 546 Bruchstücke einen kompletten Knochen repräsentieren, wären damit insgesamt nur weniger als 2% aller zu erwartenden Skelettteile vorhanden, von den Wirbeln nur 9% und von den langen Extremitätenknochen 15%.

Kein einziger Menschenknochen weist Hieb- oder Schlagspuren auf. Eindeutige Schnittspuren sind nur an den Tierknochen festzustellen. Damit entfallen jegliche Hinweise auf Manipulationen von Menschenhand und der kannibalistische Hintergrund des Ganzen muss ad acta gelegt werden. Lediglich die Fragmentierung und das Fehlen kleinerer Skelettelemente bei gleichzeitig gutem Erhaltungszustand zeigen, dass eine Selektion stattgefunden hat und die Knochentrümmerstätte nicht die primäre Lagerung der Reste darstellt. Das Material wurde offenbar bereits in bruchstückhaftem Zustand in die Fundstelle eingebracht. Ob dies gezielt im Rahmen eines mehrstufigen Bestattungsrituals oder zufällig geschah, muss offen bleiben. Die Anlage einer Mulde spricht zwar für Ersteres, doch die Auswahl der Skelettpartien erscheint nur wenig zielgerichtet.

In diesem Zusammenhang dürfte eine genaue Inspektion der Bruchkanten weitergehende Aufschlüsse bringen. Nur so ließe sich klären, ob – und wenn ja, in welchem Umfang – die Knochen im Frischzustand oder im Rahmen einer Umlagerung nach längerer Inhumierung an anderem Ort zerbrochen sind.

der Grabenverfüllung und solche eingetieft unter der Grabensohle der Erdwerke. Die Totenhaltung der Bestatteten schwankt von extremer Hocklage bis zu lediglich schwach angezogenen Beinen oder asymmetrisch positionierten Extremitäten mit dem Oberkörper in Bauch-, Seiten- oder Rückenlage. Neben Gräbern für Einzelpersonen stehen Mehrfachbestattungen, und in dem nachfolgend beschriebenen Fall wurde über einer derartigen Grablege sogar noch eine Nachbestattung angelegt.

Das Erdwerk von Bruchsal ‚Aue' liegt nur wenige Kilometer nordöstlich des für die Michelsberger Kultur namengebenden Fundortes. Im östlichen Teil der Anlage wurden im Bereich des äußeren Grabens sieben Gräber angetroffen. Das interessanteste davon ist zweifellos eine kreisförmige Mehrfachbestattung mit Skelettresten von neun Personen, von denen acht gleichzeitig beerdigt wurden. Sie stammen von

3.1: Mehrfachbestattung aus dem Erdwerk von Bruchsal ‚Aue'. Sechs Kinder wurden ringförmig um zwei adulte Männer gruppiert, ein siebtes später darübergelegt.

3. Zwei Männer mit sieben Kindern – Das Rätsel um eine Mehrfachbestattung aus Bruchsal bleibt ungelöst

Die Michelsberger Kultur ist eine der neolithischen Kulturen, die uns kaum Bestattungen hinterlassen haben. Die wenigen Grablegen, die wir aus dieser Zeit kennen, sind von ihrer Anlage sowie ihrem Belegungsmodus her so heterogen, dass sie fast durchweg als Sonderbestattungen eingestuft werden können. Es gibt Schachtgräber, Gräber am Grabenrand, in

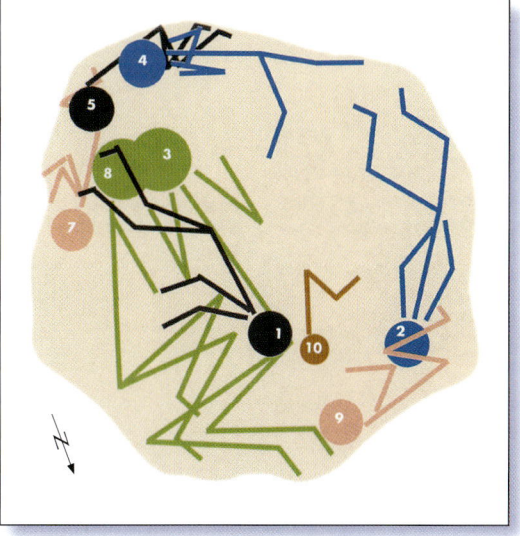

3.2: Schematische Umzeichnung nach Alter, Geschlecht und Lage der Bestatteten. Die Nr. 6 wurde von den Archäologen während der Ausgrabung vergeben, die Skelettreste stellten sich jedoch als zu Nr. 5 gehörig heraus.

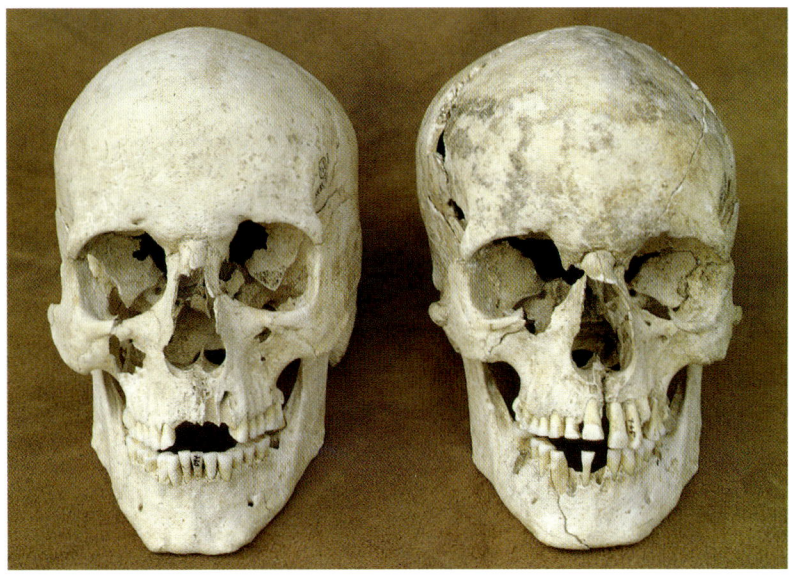

3.3: Die Schädel der beiden Männer aus dem Zentrum des Grabes sind sich in mehreren Details ausgesprochen ähnlich.

3.4: Die Grablege während der Ausgrabung im September 1988.

einem Neugeborenen (Individuum 10), sechs Kindern im Alter zwischen 1–2 und 6 Jahren sowie zwei Männern (Ind. 3 und 8), die beide ca. 30 Jahre alt geworden sind. Dabei lagen die Männer übereinander im Zentrum des Grabes, das Neugeborene neben dem oberen der beiden und fünf Kinder im Kreis um sie herum aufgereiht. In geringem Abstand hatte man dann später noch ein 4–5jähriges Kind (Ind. 1) obenauf niedergelegt. Die Körperhaltung der Bestatteten folgt keinem einheitlichen Schema, lediglich die als eher weiblich anzusprechenden Kinder (Ind. 1, 7 und 9) scheinen durchgehend in linker Seitenlage beigesetzt worden zu sein. Der Oberkörper des zuunterst angetroffenen Mannes liegt in Rückenlage, seine Beine sind zur rechten Seite hin angehockt. Der obere Mann ist in linksseitiger Hocklage positioniert.

Auf Grund der Verteilung der anatomischen Varianten darf vermutet werden, dass sowohl zwischen den beiden Männern, den Männern und zwei Kindergruppen sowie den Kindern untereinander engere verwandtschaftliche Beziehungen bestanden. So weisen z. B. der etwa 6jährige Knabe (?) Nr. 2 und das 3–4jährige Mädchen Nr. 9 eine besonders große Zahl von Übereinstimmungen auf und die Individuen Nr. 2 und 4 (2–3jähriger Knabe?) sind gleichzeitig den Männern am ähnlichsten. Am unähnlichsten zu den Männern sind die beiden Säuglinge Ind. 5 und 7. Unter der Annahme, dass alle Verstorbenen seinerzeit bewusst in einer bestimmten Konstellation niedergelegt wurden, scheint das Beziehungsgeflecht zwischen den Bestatteten jedoch komplizierter gewesen zu sein, als dass es sich alleine durch die Parameter Alter, Geschlecht, Seitenlage und Position nachvollziehen ließe.

Als weiteres Faktum sei noch festgehalten, dass bei keinem der Bestatteten die Todesursache eruiert werden konnte. Damit scheidet Gewalteinwirkung weitestgehend aus. Lediglich Erdrosseln, Ersticken oder Verbluten infolge schwerer Weichteilverletzungen kämen noch in Betracht. Als Unfallszenarien wäre an Vergiftung oder Ertrinken zu denken. Doch warum wurde eines der Kinder erst später beigesetzt? Es gehörte offensichtlich zur Gruppe, ist aber womöglich erst in einem gewissen zeitlichen Abstand gestorben.

Mehrfachbestattungen werden in der Regel im Sinne von Schicksalsgemeinschaften interpretiert. Man geht davon aus, dass die betroffenen Personen mehr oder weniger gleichzeitig, wahrscheinlich sogar im Rahmen desselben Geschehens, zu Tode kamen. Folgerichtig wäre zu klären: Was könnten zwei Männer im Alter von etwa 30 Jahren mit sieben Kindern im Säuglings- bis Kindergartenalter gemeinsam unternommen haben und was könnte ihnen zugestoßen sein? Ein Sachverhalt aus dem realen Leben unserer Vorfahren, der zu Spekulationen anregt und als Stoff für einen Roman geeignet wäre.

4. Fesselung oder Versehen? Ein intramural angelegtes Frauengrab von der Heuneburg

Die ‚Heuneburg' bei Hundersingen (Gemeinde Herbertingen, Kreis Sigmaringen) ist seit vielen

Jahrzehnten ein begehrtes Forschungsobjekt der Archäologen. Aktuelle Grabungen im Umfeld bringen immer wieder Überraschendes zum Vorschein, und seit kurzem beherbergt die markante Anlage ein sehenswertes Freilichtmuseum. Die hier zu beschreibende Grabstätte wurde bereits vor über fünfzig Jahren geborgen. Sie datiert in die vorrömische Eisenzeit, genauer die späte Hallstattzeit.

Die Zuordnung des Skeletts zu den Sonderbestattungen verdankt es seiner ungewöhnlichen Fundsituation und -lage. Die Person wurde innerhalb des Siedlungsareals, während der Belagerung und vor dem Fall der Lehmziegelmauer um 520 v. Chr. beigesetzt. Ihre Körperhaltung gab Anlass zu der Vermutung, sie sei mit hinter dem Rücken gefesselten Armen als ‚Bauopfer' zu deuten.

Nach den gängigen morphologischen Kriterien am Becken und Schädel handelt es sich zweifelsfrei um ein weibliches Individuum. Diese Ansprache korrespondiert aufs Beste mit dem Beigabenbefund, Ohrringe sowie je ein Armringpaar an den Unteramen. Dazu kommen noch Reste eines Gürtels. Bis auf einige Hand- und Fußknochen sowie die rechte Kniescheibe und einzelne Zähne des Frontgebisses konnten alle Skelettelemente geborgen werden. Die Frau ist ca. 35–40 Jahre alt geworden, war Rechtshänderin und etwa 1,60 m groß. Sie hat einen ausgesprochen zierlichen Knochenbau und – wie einige ihrer Geschlechtsgenossinnen von anderen Fundorten – einen eher rundlichen Hirnschädel. Die zeitgleichen Männer weichen davon typologisch ab. Ihre Schädel sind mehr langgestreckt. Vielleicht verbergen sich dahinter verschiedene Heiratskreise.

Das Gebiss der grazilen, spätadulten Dame befindet sich in einem ziemlich desolaten Zustand. Fast alle Backenzähne sind bereits zu Lebzeiten ausgefallen, die verbliebenen Frontzähne sind stärker abgekaut als es für spätadultes Alter zu erwarten wäre, und die freiliegenden Zahnhälse gehen auf fortgeschrittene Parodontose zurück. Ihr Skelett wurde in gestreckter Rückenlage vorgefunden, der linke Arm etwa parallel zur Körperlängsachse, die Hand neben der Beckenschaufel. Der rechte Arm lag schräg und gestreckt unter dem Oberkörper, die Hand auf das linke Handgelenk hindeutend. Der Schädel war leicht geneigt und gegenüber der Halswirbelsäule deutlich zur linken Schulter hin abgeknickt. Der Brustkorb wirkt gestaucht. Auf Höhe des Rippenbogens fanden

sich Reste eines Ledergürtels. Das zugehörige Gürtelblech war offensichtlich auf den Rücken gerutscht und zum restlichen Gürtel nach oben versetzt gelegen.

Die Abweichungen hinsichtlich der Körperhaltung und Position der Gürtelteile lassen sich am ehesten damit erklären, dass kurz nach der Niederlegung der Toten eine Lagekorrektur vorgenommen wurde in der Art, dass man an den Füßen zur rechten Körperseite hin zog. Der linke Arm wurde dann wieder an den Körper herangeschoben, den nach unten geratenen rechten Arm konnte man möglicherweise in seiner Lage nicht mehr erkennen, weil der Gürtel nach oben gerutscht war und sich womöglich auch geöffnet hatte. Dabei hätte ein zunächst gerafftes Gewand diesen Bereich verdecken können. Eine Korrektur der Armhaltung schien daher nicht nötig. Lageverände-

4.1: Skelettreste einer ca. 35–40jährigen Frau aus der Heuneburg bei Hundersingen. Die Beisetzung fand wahrscheinlich während der Belagerung der Burg statt.
4.2: Detailaufnahme der Oberkörperregion in situ.

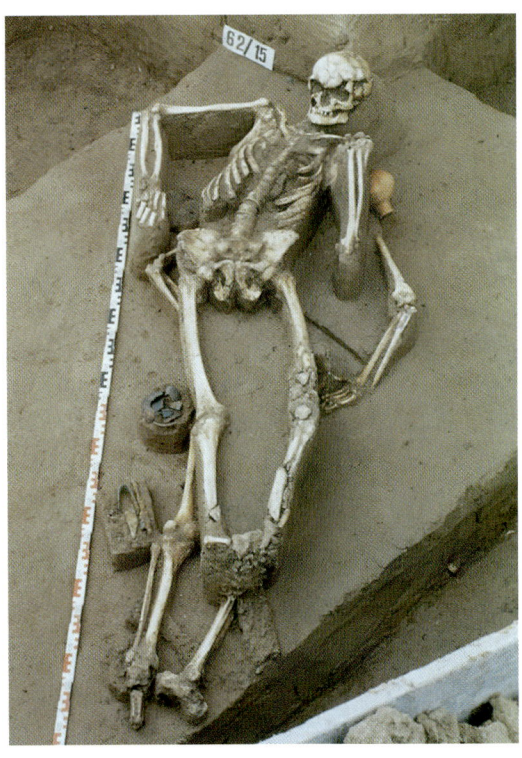

rungen wie am Schädel wären ebenso durch postmortale Verkippungen erklärbar.

Auch wenn die Bestatter mit einer gewissen Nachlässigkeit vorgegangen sind, ist eine Fesselung der Hände als Indiz für eine Opferung der Toten – wie von einem der seinerzeitigen Ausgräber angenommen – keinesfalls erwiesen.

5. Annäherung an ein sensibles Thema – Lassen sich homophile Beziehungen aus dem Grabzusammenhang erschließen?

Es gab Päpste und römische Kaiser, Feldherrn und Gelehrte, denen homophile Neigungen nachgesagt werden, u. a. Alexander der Große, Kaiser Hadrian, Boticelli, Eduard II. König von England, Jean Bischof von Orleans, genannt ,Flora', oder König Ludwig II. Homosexuelle waren und sind stets ein Teil der Normalbevölkerung. Doch für die Vorgeschichte lässt sich das ohne Schriftzeugnisse nicht belegen.

Doppelbestattungen kommen ebenso zu allen Zeiten und zudem noch in allen möglichen Kombinationen vor. Die Beisetzung von zwei Personen in einem Grab setzt zwar nicht unbedingt voraus, dass sie zeitnah zueinander zu Tode gekommen sind, in den meisten Fällen kann dies aber angenommen werden. Zu den ,klassischen' Varianten gehören die Bestattung von Mutter und Kind, Mann und Frau oder die gemeinsame Beerdigung eines sozial Höherstehenden zusammen mit einem Gefolgsmann, einer Sklavin o. ä., wobei eine evtl. gezielte Tötung nicht zwangsläufig an den Knochen zu erkennen ist. Ein Gifttrunk oder Ersticken hinterlassen keine Spuren am Skelett. Bei der Kombination von Leichenbrand und Körperbestattung im selben Grab, wie sie aus den frühbronzezeitlichen ,Egtved'-Gräbern der ,Aunjetitzer Kultur' z. B. aus Niedersachsen bekannt ist, dürfte am ehesten ein zeitlicher Abstand zwischen dem Ableben der eingeäscherten Person und dem Tode des unkremiert Beigesetzten zu diskutieren sein.

In welcher Beziehung zwei gemeinsam beerdigte Personen zueinander standen, lässt sich ohne Grabinschriften oder DNA-Analysen im Einzelfall nur vermuten. Und dabei liefern womöglich die Beigaben wie auch die indivi-

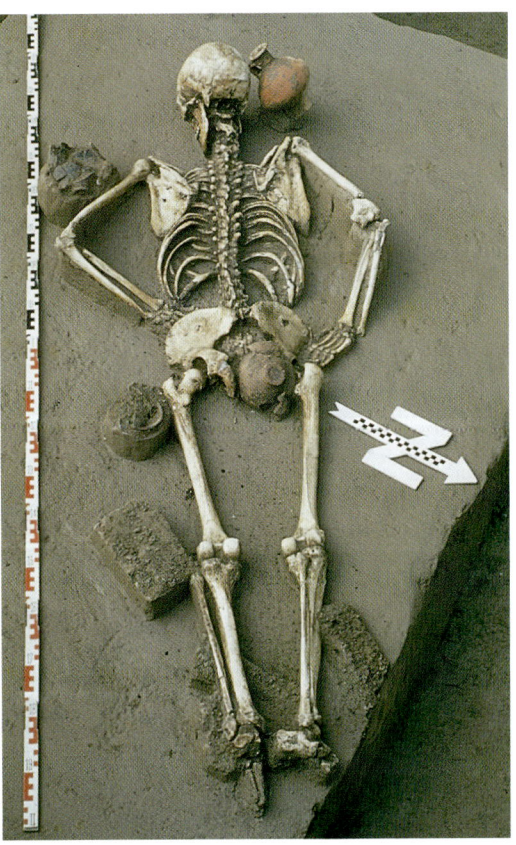

5.1: a) Doppelbestattung zweier älterer Männer aus dem römischen Gräberfeld von HD-Neuenheim. Sie liegen Rücken an Rücken übereinander. b) Zwischen den beiden und über dem Gesäß des Unteren fand sich eine umgestülpte Schale.

duelle Lage der Skelette interessante Indizien. So würde man z. B. bei der Doppelbestattung aus dem merowingerzeitlichen Reihengräberfeld von Oberkochen, Grab 72, in dem eine Frau in Rückenlage und ein Mann in Bauchlage nur leicht versetzt, Kopf an Kopf über sie gelegt wurde, beide 20–30jährig, eher an ein (Ehe-)Paar als an Bruder und Schwester denken. In Grab 50 aus Aalen-Unterkochen liegen Frau und Mann Arm in Arm nebeneinander. Vergleichbar ist die Lage zweier Männer aus Munderkingen, die jedoch zweifelsfrei gewaltsam zu Tode gekommen sind und vielleicht als ‚Waffenbrüder' ihr Schicksal teilten. Ähnlich wie bei den beiden Männern aus Bietigheim, die im übernächsten Abschnitt beschrieben werden und Kopf an Fuß in Rückenlage übereinander beerdigt wurden.

Bei zwei Männern aus Giengen a. d. Brenz-Hürben mag vielleicht eher die Gefolgschaftstheorie greifen. Dort stießen die Ausgräber auf das Skelett eines ca. 1,73 m großen und schlank gewachsenen etwa 40jährigen, der bäuchlings und Kopf an Kopf auf dem eines etwas kleinwüchsigeren, robusteren rund 50-jährigen lag. Zwar hatten beide schlechte Zähne, aber der obere könnte auf Grund seiner Statur und deutlich schwächer ausgebildeter degenerativer Veränderungen vielleicht eher einer höheren Sozialschicht angehört haben. Der Kopf des unteren ruhte ehedem wohl auf einem ‚Kopfkissen' aus einem mit einem Gürtel verschnürten Kleidungsstück. Wenn man nicht von zufälligen Lageveränderungen während der Diagenese im Grab ausgehen möchte, ist ein weiteres Detail der Körperhaltung bemerkenswert. Die rechte Hand des oberen umfasst die geballte linke Faust des unten liegenden Mannes. In dieser Geste könnte sich eine zu Lebzeiten bestandene, besonders enge Verbundenheit zwischen beiden ausdrücken.

Eine Situation, die noch eindringlicher in Richtung Männerbeziehung weist, ist aus dem gemischt belegten römischen Gräberfeld von Heidelberg-Neuenheim überliefert. In Grab 62/15 exhumierten die Archäologen zwei ältere Männer, die mit Keramik- und Metallbeigaben, u. a. einer Schere, sowie nagelbeschlagenen Schuhen ausgestattet waren. Der untere war etwa 50 Jahre alt und lag in gestreckter Bauchlage mit seitwärts leicht angewinkelten Armen und in die Hüften gestemmten Händen. Der obere ist über 60 Jahre alt geworden und lag mit etwas nach links geneigtem Oberkörper

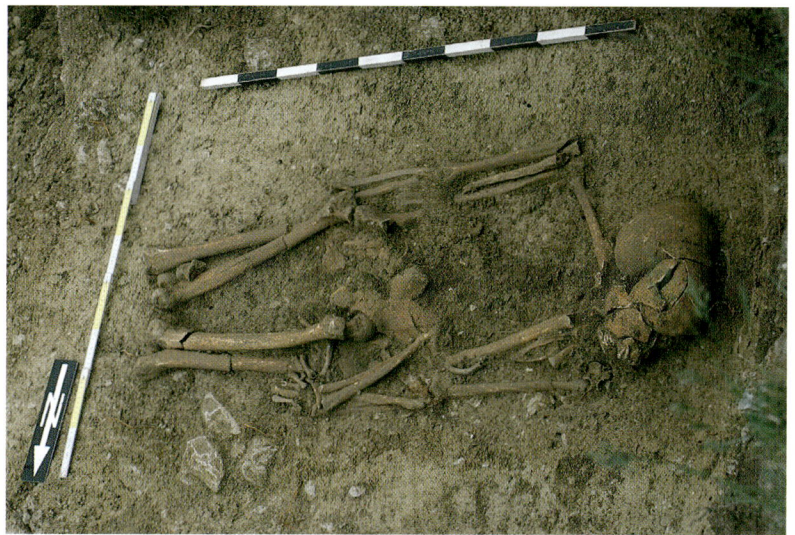

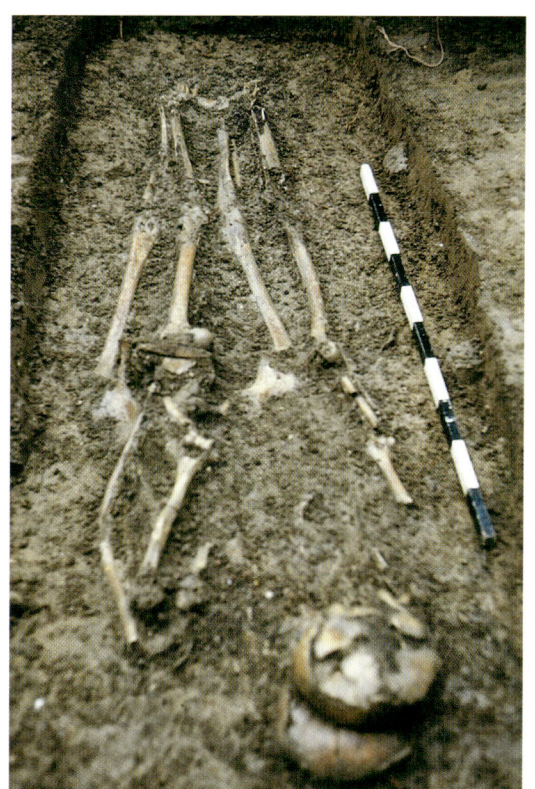

5.2: a) Doppelbestattung zweier Männer aus Giengen-Hürben in Fundlage (oben). b) Rechts darunter Lebensbild der beiden Männer aus dem Hürbener Doppelgrab.
5.3 (links): Bei dieser Doppelbestattung aus Oberkochen liegen eine Frau (unten) und ein Mann, beide etwa 20–30 Jahre alt, einander zugekehrt aufeinander.

und ebenfalls ausgestellten Armen Rücken an Rücken auf seinem Partner. Er nimmt eine Position ein, als säße er gemütlich in einer Sofaecke. Mit rund 1,65 m sind beide etwa gleich groß. Besonders bemerkenswert ist in diesem Kontext eine Schale mit einem Durchmesser von ca. 12 cm, die mit ihrer Öffnung nach unten direkt über das Gesäß des Jüngeren gestülpt zwischen die Männer gelegt worden war. Auch wenn weitergehende Rückschlüsse reine Spekulation sind, könnte es zumindest die Intention der Bestatter gewesen sein, eine Anspielung auf homosexuelle Praktiken zu machen.

6. Gewaltsam gestorben – im Tode vereint.
Eine merowingerzeitliche Mehrfachbestattung aus Inzigkofen

6.1: Die Mehrfach-bestattung aus Inzig-kofen in Fundlage.
a) Teilbefund in situ,
b) Umzeichnung der gesamten Anlage.

Die so genannte Eremitage, eine steil zur Donau abfallende Felskuppe, nur wenige hundert Meter nördlich der Klosterkirche von Inzigkofen gelegen, steht erst seit wenigen Jahren im Fokus der Archäologen. Bis jetzt konnten Siedlungsspuren aus der Jungsteinzeit, Hinweise auf einen spätbronzezeitlichen Opferplatz, ein eisenzeitliches Kindergrab sowie Funde aus der Römerzeit entdeckt werden. Eine weitere Überraschung hielt das Jahr 2005 bereit – eine in mehrfacher Hinsicht ungewöhnliche Mehrfachgrablege, die nach typologischer Beurteilung der metallenen Begleitfunde in die Zeit um 700 n. Chr. zu datieren ist.

In einer 2,60 m x 1,80 m großen Grabgrube, deren unterste 30 cm in den anstehenden Fels eingehauen worden und die wahrscheinlich mit einer hölzernen Kammer versehen war,

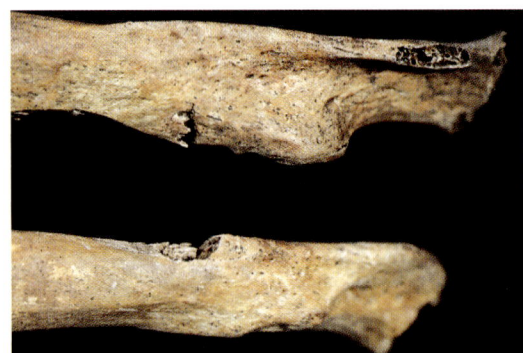

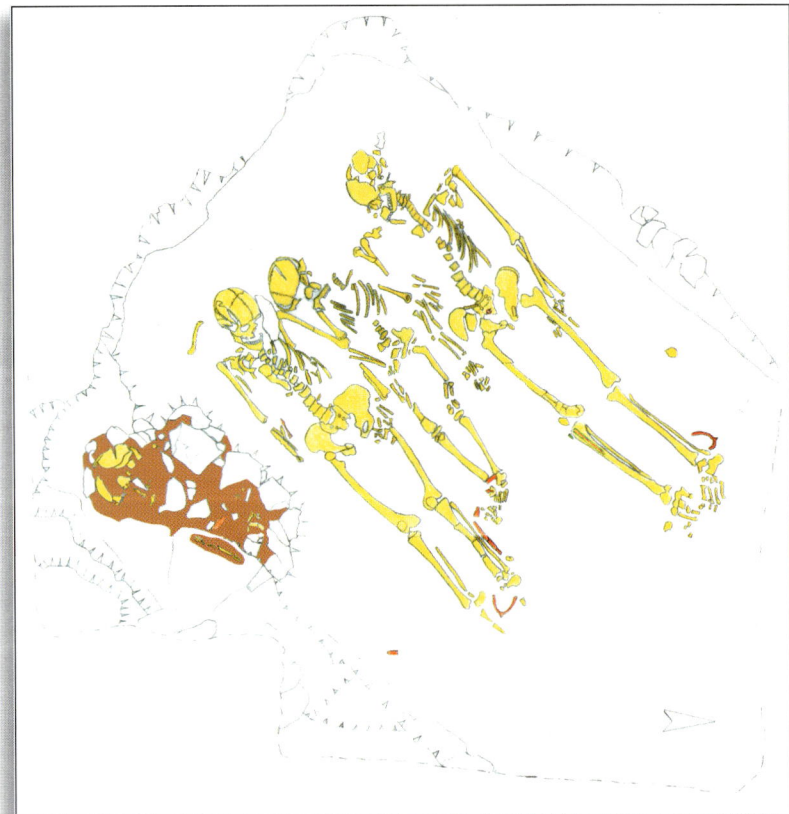

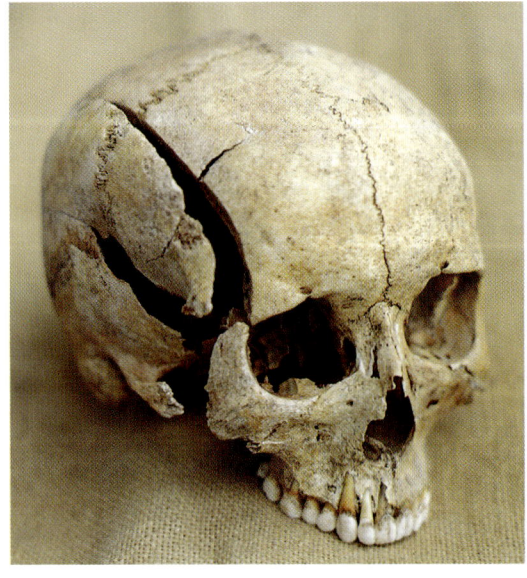

6.2 (linke Seite oben rechts): Spuren zweier Stich-
verletzungen an der neunten und zehnten linken
Rippe des ca. 20jährigen Mannes (Ind. 1) – offen-
sichtlich ausgeführt mit einer zweischneidigen
Klinge, wahrscheinlich einer Lanzenspitze.

6.3 (darunter): Teilwirbelsäule (Rückansicht von
vc4–vt1) des 8–9jährigen Knaben (Ind. 2) mit
scharfen Hiebdefekten am sechsten und siebten
Halswirbel.

6.4 (darunter): Der Schädel des ca. 40jährigen
Mannes (Ind. 3) mit klaffender Hiebverletzung auf
der rechten Seite.

6.5 (rechte Seite oben): Punktförmiger Lochdefekt
am linksseitigen Unterkiefercorpus von Individu-
um 3.

6.6 (Mitte): Ca. 7 mm tiefe Kerbe im rechten Trans-
versalfortsatz des obersten Brustwirbels von Indi-
viduum 3.

6.7 (unten): Skelettschemata mit Pfeilmarkierun-
gen zur Lage der festgestellten Hieb- und Stichver-
letzungen bei den Individuen 1 bis 3 (von rechts
nach links).

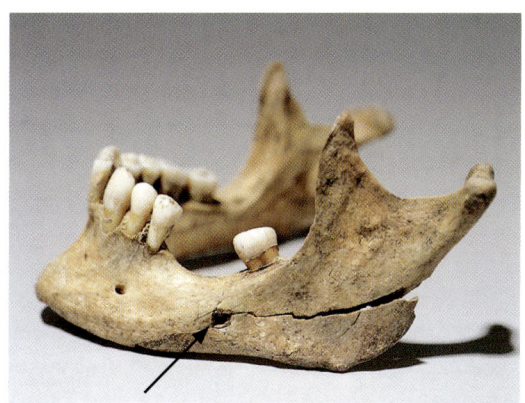

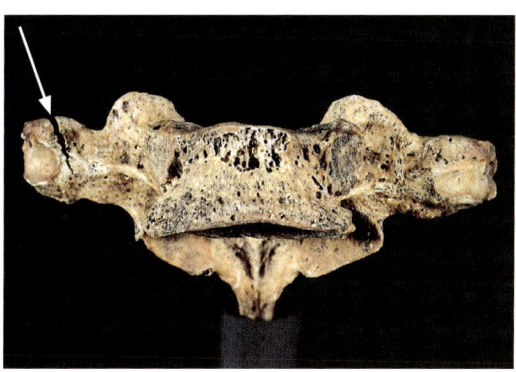

wurden die gut erhaltenen Skelettreste von
drei Individuen in gestreckter Rückenlage entdeckt. Südlich daran anschließend und im Ni-
veau ca. 40 cm höher fand sich die Bestattung
einer vierten Person, deren Knochenmaterial
allerdings nur noch bruchstückhaft überliefert
ist. Von Nord nach Süd durchnummeriert ergeben sich für die Einzelnen folgende Befunde:
Individuum 1 kann als ca. 20jähriger Mann
identifiziert werden. Er war etwa 1,76 m groß,
Rechtshänder, hatte Karies und einen deutlichen Überbiss. Im Bereich des Brustkorbs sind
Spuren dreier unverheilter Stichverletzungen
festzustellen. Zwei Stiche drangen von hinten,
nur wenige Zentimeter links der Wirbelsäule
zwischen der neunten und zehnten Rippe ein,
einer eher waagerecht, der zweite schräg von
oben. Somit dürften der linke Lungenflügel,
evtl. auch Leber und Milz getroffen worden
sein. Der dritte Stich erfolgte im Bereich des
Rippenbogens von links vorne, schräg von unten her und zielte möglicherweise auf das Herz
des Opfers. Die schweren inneren Blutungen
haben rasch zum Tode geführt.
Individuum 2 war, seinem Zahnstatus zufolge,
etwa 8–9 Jahre alt, männlich und überdurchschnittlich groß für sein Alter. Seine Körperhöhe dürfte einem 12–13jährigen entsprochen
haben. Auch er weist Spuren von Gewalteinwirkung auf. Ein scharfkantig begrenzter Defekt

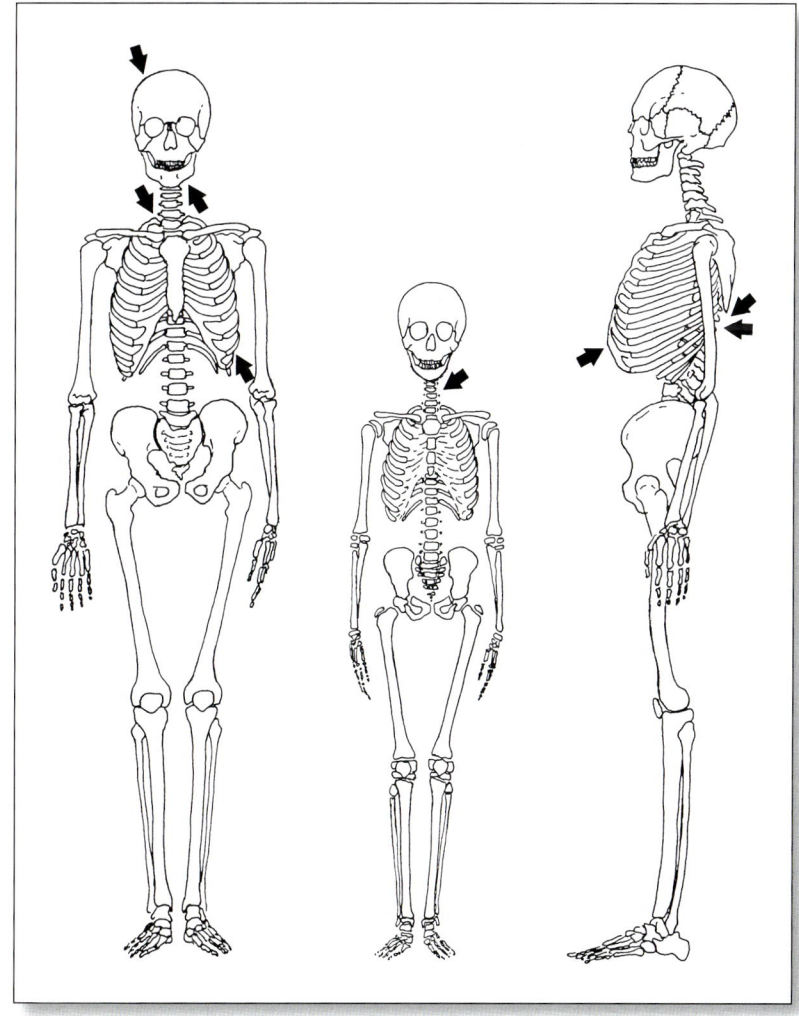

Rechte Seite:

7.1 (links): Doppel-bestattung zweier Männer aus dem 10. Jahrhundert zwischen den Ruinen eines rö-mischen Gutshofs in Bietigheim ,Weilerlen'.

7.2 (oben Mitte): Im Block geborgene Teil-wirbelsäule (vt9–vt12) von Individuum 1 mit eiserner Pfeilspitze in situ.

7.3 (oben rechts): Umzeichnung der aus vt10 herausprä-parierten, für die Magyaren typischen ,Dornpfeilspitze'.

7.4 (Mitte): Ein mit Reflexbogen ausgerüsteter magya-rischer Reiter schießt aus vollem Galopp.

7.5 (unten): Skelett-schema mit Lokalisie-rung der bei Individu-um 2 festgestellten Knochendefekte. ★ Unverheilte Hieb- und Stichverletzungen, ● verheilte Frakturen.

im Bereich des sechsten und siebten Halswir-bels geht auf einen Hieb zurück, der von links oben her geführt wurde und, seiner Tiefe nach zu urteilen, mit Sicherheit die Halsschlagader durchtrennt hat. Der Knabe dürfte innerhalb kürzester Zeit verblutet sein.

Bei Individuum 3 handelt es sich wiederum um einen Mann, ca. 40 Jahre alt, etwa 1,66 m groß und ebenfalls von Karies und Parodontose ge-plagt. Erneut lässt sich ein ausgeprägter Über-biss ansprechen. Am linken Unterschenkel sowie unterhalb des linken Auges sind Anzei-chen verheilter Verletzungen zu erkennen. Ge-radezu spektakulär ist allerdings ein klaffender, scharf geschnittener, die rechte Schädelseite von der Stirn bis zum Hinterhaupt auf etwa 13 cm eröffnender Defekt, der von einem ex-trem scharfen Hiebinstrument, bei dessen Ein-wirkung ein erheblicher Spreizdruck entstand, möglicherweise durch eine Wurfaxt (Franziska), verursacht wurde. Die resultierende offene Schädel-Hirn-Verletzung war tödlich. Dazu kommen noch eine Stich- oder Pfeilschussver-letzung am Unterkiefer, eine klaffende Kerbe auf der rechten Seite des obersten Brustwirbels sowie Spuren einer scharfen Gewalteinwirkung im Bereich des Brustkorbs und einer fraglichen Abtragung in der linken Schulterregion.

Individuum 4 war ein ca. 5jähriges Kind, eher männlich als weiblich. Die spärlich erhaltenen Skelettreste lassen zwar keine Verletzungen erkennen, was aber nicht heißt, dass es nicht ebenfalls gewaltsam ums Leben gekommen sein könnte.

Die beiden Männer waren nicht besonders kräftig, der ältere weist an beiden Femora Reiterfacetten auf. Die Individuen 1 bis 3 sind durch eiserne Sporen, jeweils am linken Fuß, auch archäologisch als Reiter ausgewiesen. Verschiedene epigenetische und odontolo-gische Merkmale lassen vermuten, dass zumin-dest diese drei miteinander verwandt gewesen sein könnten. Entsprechende DNA-Analysen am Institut für Humangenetik und Anthropo-logie der Universität Tübingen erbrachten ein zwiespältiges Ergebnis. Die Kern-DNA zeigt für alle vier Bestatteten postmortal eingetragene, aber zweifelsfrei nicht-rezente Kontaminati-onen auf, deren Ursachen noch zu klären sind. Die mt-DNA, von der ein Segment mit über 200 Basenpaaren erfolgreich vervielfältigt wer-den konnte, belegt die in Fachkreisen als ,Ha-plotyp j01415' bezeichnete auch so genannte Anderson-Sequenz, die heute die häufigste in

Mitteleuropa darstellt, möglicherweise auch damals schon weit verbreitet war und auf eine gemeinsame maternale Abstammungslinie der vier Personen hindeutet.

Mehrfachbestattungen sind im Frühmittelalter absolut selten. Auch die Lage des mit erheb-lichem Aufwand angelegten Grabes auf expo-niertem Platz, abseits eines regulären Friedhofs, und die Tatsache, dass zumindest drei der vier Individuen durch Gewalteinwirkung zu Tode kamen, hebt den Gesamtbefund deutlich aus der Masse an Grablegen seiner Zeit hervor. Bei Individuum 3 könnte es sich theoretisch um den Vater von 1, 2 und 4 handeln. Der jüngste ist womöglich erst später gestorben (evtl. Ver-letzungen erlegen?) und nachträglich so nahe wie möglich bei den anderen beigesetzt wor-den, ohne deren Totenruhe zu stören. Für die Mutter (Mütter?) der beiden Knaben bzw. des jungen Mannes und den mutmaßlichen Vater wäre in der Vorfahrenreihe eine gemeinsame Urahnin anzunehmen.

7. Mit Reflexbogen und Krummsäbel – Ein Beleg für die Ungarneinfälle des 10. Jahrhunderts aus Bietigheim

Auf dem Gelände eines bereits länger be-kannten römischen Gutshofs bei Bietigheim (Kreis Ludwigsburg) stießen die Ausgräber im Herbst 1986 auf eine außergewöhnliche, in Nord-Süd-Richtung orientierte Doppelbestat-tung ohne Beigaben. Zwei Erwachsene waren in gestreckter Rückenlage direkt übereinander so bestattet worden, dass die Füße des einen jeweils am Kopfende des anderen lagen.

Bei dem oben liegenden Individuum 1 handelt es sich um einen mittelmäßig robusten, ca. 40-jährigen und etwa 1,60 m großen Mann ohne nennenswerte degenerative Veränderungen. Er war Rechtshänder, hatte auffallend muskulöse Arme sowie ein desaströses Gebiss mit zehn kariösen und fünf bereits zu Lebzeiten ausge-fallenen Zähnen, zahlreichen Wurzelvereite-rungen und fortgeschrittener Parodontitis.

Das unten liegende Individuum 2 ist ebenfalls männlich, mit 30–35 Jahren etwas jünger, et-was robuster und ca. fünf Zentimeter größer. Sein Gebiss ist besser in Schuss, stattdessen machen sich aber bereits arthrotische Erschei-nungen speziell im Bereich der Wirbel-/Rip-

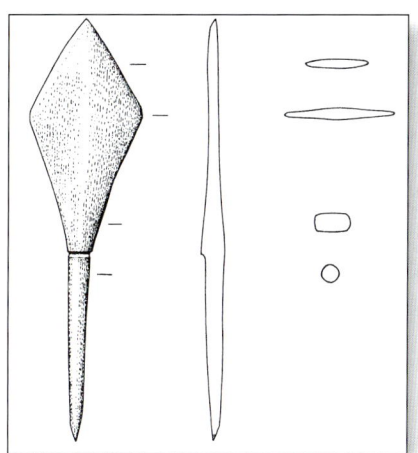

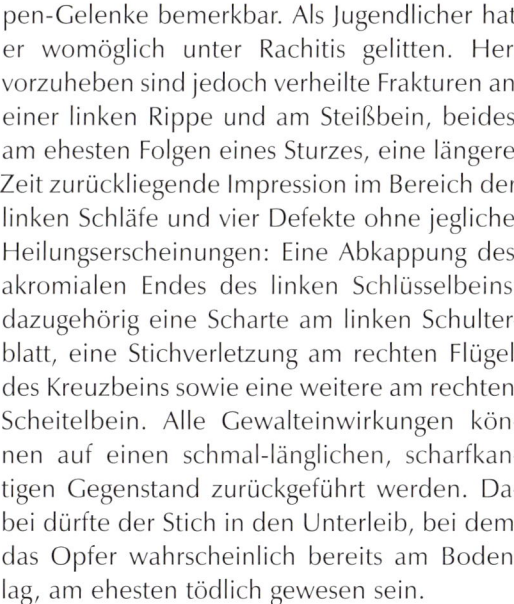

pen-Gelenke bemerkbar. Als Jugendlicher hat er womöglich unter Rachitis gelitten. Hervorzuheben sind jedoch verheilte Frakturen an einer linken Rippe und am Steißbein, beides am ehesten Folgen eines Sturzes, eine längere Zeit zurückliegende Impression im Bereich der linken Schläfe und vier Defekte ohne jegliche Heilungserscheinungen: Eine Abkappung des akromialen Endes des linken Schlüsselbeins, dazugehörig eine Scharte am linken Schulterblatt, eine Stichverletzung am rechten Flügel des Kreuzbeins sowie eine weitere am rechten Scheitelbein. Alle Gewalteinwirkungen können auf einen schmal-länglichen, scharfkantigen Gegenstand zurückgeführt werden. Dabei dürfte der Stich in den Unterleib, bei dem das Opfer wahrscheinlich bereits am Boden lag, am ehesten tödlich gewesen sein.

Auch Individuum 1 ist gewaltsam zu Tode gekommen. In seinem 10. Brustwirbel steckte eine so genannte Dornpfeilspitze, die wahrscheinlich horizontal zwischen der 8. und 9. Rippe von schräg hinten rechts her eingedrungen ist und den rechten Lungenflügel durchschlagen hat. Diese Pfeilspitzen haben ein rhombenförmiges, flaches Blatt und können typologisch eindeutig den Altmagyaren zugeordnet werden, die als Reiterkrieger üblicherweise Komposit- bzw. Reflexbögen benutzten. Mit einer Zugkraft von

bis zu 80 kg kamen diese auch auf größere Distanz noch ausgesprochen wirkungsvoll zum Einsatz. Das erklärt die Eindringtiefe des Projektils, das den betreffenden Wirbelkörper mit großer Wucht und Durchschlagskraft gespalten hat und darin stecken blieb. Auf Grund der anzunehmenden Verletzungen dürfte auch hier der Tod alsbald eingetreten sein.

Obwohl bei keinem der beiden Männer persönliche Ausrüstungsgegenstände oder Trachtbestandteile gefunden wurden, ermöglicht die typologisch markante Pfeilspitze eine zeitliche und kulturelle Einordnung des Geschehens: einen Überfall im Rahmen der Ungarneinfälle des 10. Jahrhunderts. So ließen sich vielleicht auch die Verletzungen bei Individuum 2 erklären – und zwar durch eine weitere charakteristische Waffe der Altmagyaren, einen knapp einen Meter langen, leicht gekrümmten Sä-

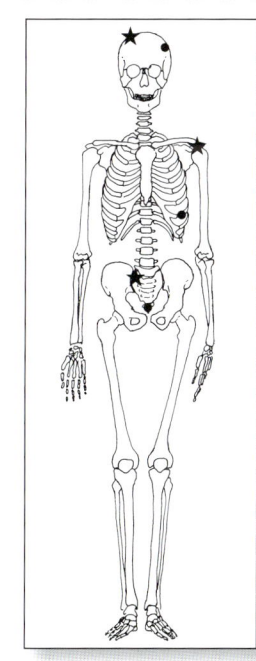

7.6: Rekonstruktions-
versuch zum Ablauf
des Kampfgeschehens
zwischen Individuum 2
und einem Magyaren
(im Uhrzeigersinn).

bel. Damit könnte das Opfer im Zweikampf zunächst an der linken Schulter, dann – beim Versuch, sich wegzuducken – am Kopf und zuletzt – bereits am Boden liegend – von einem Stich in die Unterleibsgegend getroffen worden sein. Eine solche Abfolge, wie sie ähnlich auch für den bekannten ‚Pfeilspitzenmann‘ von Wien-Leopoldau rekonstruiert werden konnte, würde mit dem vorliegenden Spurenbild korrespondieren.

Von Bedeutung ist sicherlich auch die Tatsache, dass man die Leichname der beiden im Kampf getöteten Männer nicht einfach ihrem Schicksal überließ, sondern – abseits eines christlichen Friedhofs inmitten römischer Ruinen beerdigt hat. Möglicherweise war dies auch der Ort der stattgefundenen Konfrontation. Die Art der Beisetzung ist zwar platzsparend, aber am Südende der Grabgrube mussten dafür Teile des römischen Fundaments entfernt werden. Man beließ den Toten keinerlei persönliche Gegenstände. Außerdem hätten Überlebende der Auseinandersetzung oder später hinzugekommene Angehörige die beiden wohl eher auf dem heimischen Friedhof zu Grabe getragen. Nach typologischen Kriterien handelt es sich bei den beiden Opfern, die – wie die fehlenden Nagespuren belegen – alsbald nach ihrem tragischen Ende unter die Erde gekommen sein müssen, um einheimische Alamannen.

Im Jahr 2001 war das Doppelgrab im Rahmen der Ausstellung „Bayern – Ungarn. Tausend

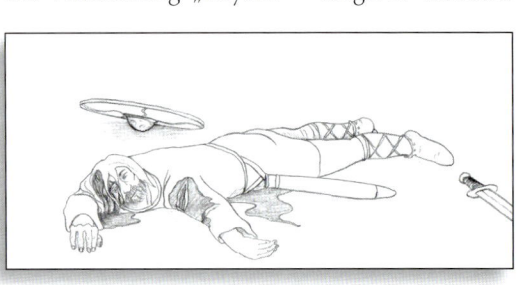
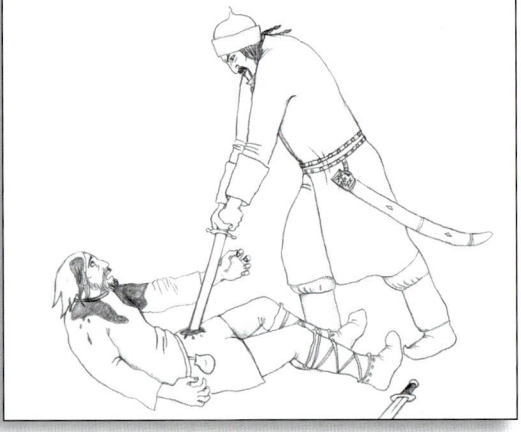

Jahre" vorübergend im ‚Oberhausmuseum' in Passau und anschließend im Ungarischen Nationalmuseum in Budapest rekonstruiert worden.

8. „… am Halse aufgehängt, bis dass der Tod eintritt."
Verscharrte Skelettreste unter dem Galgen von Ellwangen

Spätestens seit dem Jahr 1220 hatte Ellwangen die Blutgerichtsbarkeit inne. Umfangreiche Archivalien dokumentieren Namen, Verhöre, Aussagen, evtl. durchgeführte Folterungen sowie die Urteilsvollstreckung, aber auch Unterhalts- und Renovierungsarbeiten am Galgen. Am 22. April 1799 wurde mit Anna Spieß die letzte Unglückliche am Galgenplatz hingerichtet. Frauen waren meistens wegen Hexerei oder Kindsmord angeklagt. Später fanden Enthauptungen auf dem Schafott beim Schwurgericht statt. Auch Selbstmörder wurden zum Galgen geschafft und dort in ungeweihter Erde

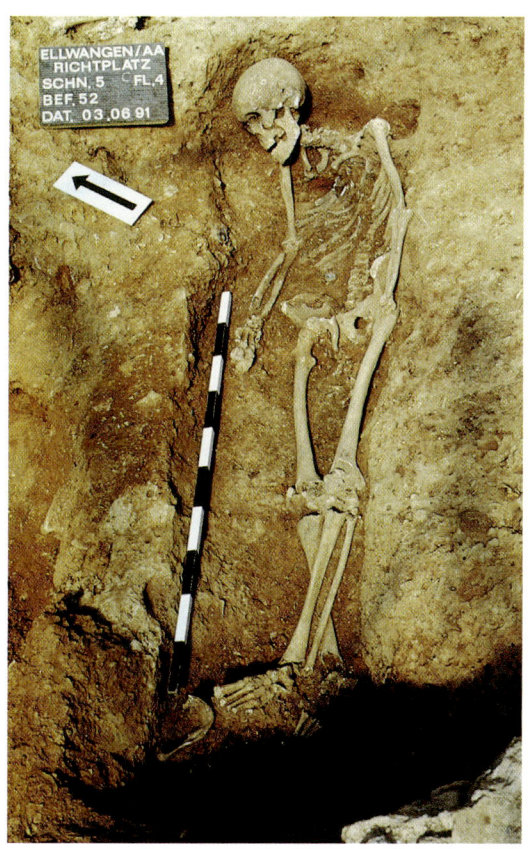

8.1 (oben): Durch Windbruch freigelegte Fundamente des ‚dreischläfrigen' Galgens bei Ellwangen während der Ausgrabung.
8.2: Direkt unter dem Galgen verscharrt:
a) Skelett eines etwa 30jährigen Mannes mit überstreckter und abgeknickter Halswirbelsäule (links).
b) Zwei Gruben mit Körperteilen verschiedener Delinquenten im anatomischen Verband (rechts).

verscharrt. Die Entlohnungstabelle für den Scharfrichter sah zu Beginn des 18. Jahrhunderts z. B. für „Abkürzen der Nase, Ohren oder Zunge" und „Beseitigung des Leichnams" je 3 Gulden und „Abhauen einer Hand" 5 Gulden vor. Zur Strafe des Erhängens gehörte als zusätzlich abschreckende Maßnahme, dass die Toten so lange am Galgen zu hängen hatten,

8.3 (oben rechts): Detailaufnahme des Skeletts eines ca. 30jährigen Mannes in Bauchlage.

8.4 (links): Knochenreste vom Galgenplatz in Rottweil mit Spuren vom Zerteilen oder Rädern der Delinquenten. a) proximales, durch einen Hieb von hinten außen her abgetrenntes Ende eines linken Oberschenkelknochens (oben), b) Schaftfragment eines rechten Oberschenkelknochens mit mehreren, sich teilweise überlagernden scharfkantigen Gewalteinwirkungen von medial unten (darunter).

8.5 (Mitte): Zeitgenössische Darstellung eines ‚dreischläfrigen' Galgens.

8.6 (unten): Rekonstruktion eines ‚dreischläfrigen' Galgens bei Beerfelden (Odenwald).

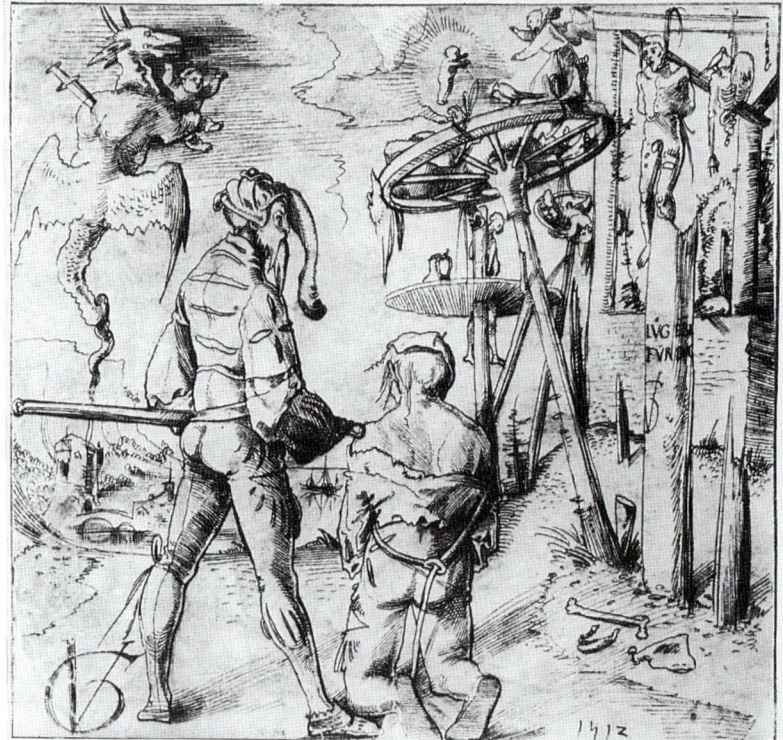

bis sie – u. U. erst nach Jahren und meist in Teilen herabfielen.

Der Hexenwahn wütete in Ellwangen besonders stark zwischen 1588 und 1618. In dieser Zeit starben pro Jahr durchschnittlich 15 Personen am Galgen. Ähnliche Ausmaße der Hexenverfolgung sind in Süddeutschland nur noch aus Bamberg, Würzburg und Eichstätt überliefert. Besonders blutig war jedoch das Jahr 1611, in dem alleine über 100 Menschen, darunter Hebammen, Stadträte, Richter und Bettlerinnen, zu Tode kamen.

Die Reste des Galgens selbst wurden durch Windbruch nach dem Orkan ‚Wibke' im Herbst 1990 zufällig in der Flur ‚Galgenwald' entdeckt. Bei der Ausgrabung von März bis Juni des Folgejahres konnten dann drei massive Bruchsteinfundamente freigelegt werden, die ein gleichseitiges Dreieck von etwa 4,50 m Seitenlänge beschreiben. Auf diesen hatte jeweils eine Stütze aus Holz oder Ziegelsteinen gestanden, die oben mit Querbalken verbunden waren, an denen die Delinquenten gehenkt wurden. Es handelt sich also um einen so genannten dreistempeligen oder dreischläfrigen Galgen, wie sie auf einigen zeitgenössischen Darstellungen zu sehen sind. Bei diesen Dimensionen konnten bis zu zwölf Menschen gleichzeitig gehenkt werden.

Die menschlichen Skelettreste wurden ausschließlich innerhalb dieses Dreiecks angetroffen. Man stieß auf sieben mehr oder weniger komplette Skelette und mehrere Knochengruben, die einzelne Extremitäten oder andere Körperabschnitte jeweils im anatomischen Verband, aber von verschiedenen Personen enthielten. Die meisten Skelette wurden in

Bauchlage gefunden, einige womöglich mit auf dem Rücken gefesselten Händen. Wahrscheinlich hat man sie aus Furcht davor, sie könnten als Wiedergänger ihr Unwesen treiben, in dieser Position vergraben. Das Knochenmaterial selbst befindet sich in relativ schlechtem Zustand, da die Erhaltungsbedingungen für Knochen im Humusbereich ungünstig waren.

Die anthropologische Untersuchung der Knochenreste ist schwierig und bis heute noch nicht abgeschlossen. Trotzdem seien an dieser Stelle einige Fundkomplexe mit verschiedenen Details erwähnt: In Grube 32 sind Teile von mindestens vier Individuen vertreten, Arme, Beine, ein Abschnitt der Wirbelsäule mit zugehörigem Becken. Sie stammen von drei Männern mit einer Körperhöhe zwischen 1,64 m und 1,70 m und einem vorläufig noch unbestimmten Erwachsenen. Das Becken zeigt Bissspuren von Hunden oder anderen Karnivoren, ein Beleg dafür, dass die vom Galgen herabfallenden Körperteile nicht sofort beseitigt, sondern erst nach geraumer Zeit verscharrt wurden.

In Grube 61 sind mindestens drei Personen repräsentiert, meist nur Teile der Beine von zwei Männern und einer jungen Frau. An einem Oberschenkelschaft sind mehrere durch wuchtige Hiebe mit einem schweren scharfkantigen Gegenstand entstandene Kerben festzustellen. Entweder hat man die Leichname zusätzlich noch zerstückelt, oder es sind Spuren des Räderns. Gleichartige Hinweise sind auch aus anderen Gruben überliefert.

In Grube 73 fand sich das Skelett einer 30–40jährigen, ausgesprochen grazilen und nur etwa 1,55 m großen Frau in Bauchlage. Da die Grube zu knapp bemessen war, waren die Unterschenkel nach hinten oben geklappt, ihr Kopf ruhte mit dem Gesicht nach unten auf dem rechten Arm, der linke Arm lehnte angewinkelt an der Grubenwand. Umittelbare Spuren von Gewalteinwirkung sind nicht festzustellen. Im Unterkiefer hatte sie keine Backenzähne mehr. Das Schädelinnere zeigt Anzeichen einer Hirnhautentzündung. Da diese Krankheit u. a. mit Bewusstseinsstörungen einhergeht, könnte dies vielleicht der Auslöser von Verhaltensauffälligkeiten und damit der Grund für eine Anklage und Verurteilung gewesen sein.

Weiterhin bemerkenswert ist eine Schnittkerbe am rückwärtigen Rand des linken Schlüsselbeins eines Mannes aus Befund 51d, der noch nicht komplett erfasst ist. Sie lässt sich mögli-

cherweise darauf zurückführen, dass man die Schlinge um den Hals eines Erhängten durchgeschnitten hat und dabei nach unten abgeglitten ist. Die Aufarbeitung der Skelettreste vom Ellwanger Galgen wird im Zusammenhang mit Niederschriften im dortigen Stadtarchiv, die detaillierte Angaben zu Namen, Vergehen, Strafe und Datum der Hinrichtung von Delinquenten enthalten, vielleicht sogar zu einer Identifizierung einzelner Überreste führen können.

9. Letzte Ruhe in der Spanschachtel – Die Gebeine des Freiherrn von Orscelar in der Durbacher Pfarrkirche

Bei Renovierungsarbeiten in der katholischen Pfarrkirche ‚St. Heinrich' in Durbach (Ortenaukreis) wurde im Jahr 1988 der unmittelbar neben der Kanzel angebrachte Grabstein des Freiherrn von Orscelar abgenommen und in den Chor versetzt. Der knapp 2 m x 1 m große Stein, der ehemals eine komplett farbige Fassung hatte, war ursprünglich als Abdeckplatte

9.1: Hinter dieser Grabplatte wurde die Spanschachtel mit den Gebeinen des Freiherrn von Orscelar gefunden.

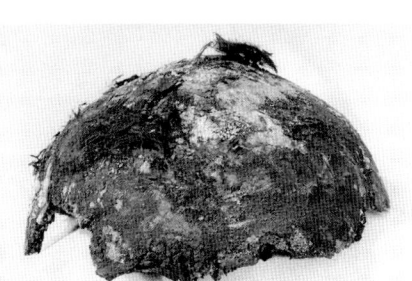

9.2: (oben links) die Spanschachtel in noch ungeöffnetem Zustand.

9.3: (oben rechts): Die sterblichen Überreste sowie Teile der Kleidung des Freiherrn Wilhelm Hermann von Orscelar im ersten Freilegungsstadium.

9.4 (links daneben): Fragment der Schädelkalotte mit eingetrockneten Haut- und vereinzelten Haarresten.

9.5 (unten): Skelettschema mit eingetragenen Knochenteilen aus der Spanschachtel.

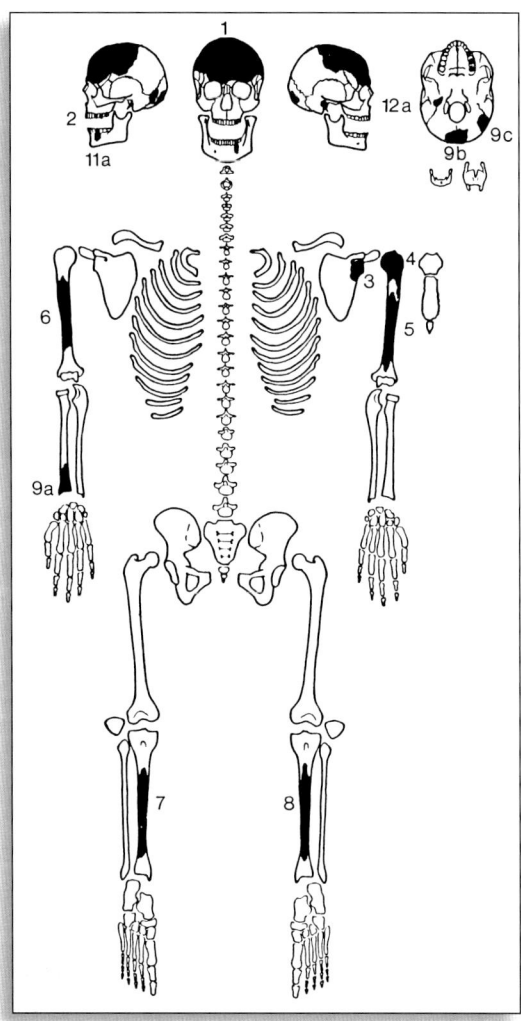

über einer Grabgrube im Kirchenboden eingelassen gewesen und nach dem Neubau der Kirche 1790 an diese Position gelangt. Er trägt ein Inschriftenfeld mit lateinischem Text, gemeinsam gehalten von einem Engel und dem

Tod, darunter das Wappen der Staufenberger, und ist Wilhelm Hermann von Orscelar, Kammerherr des Markgrafen von Baden, Lehnsherr der Herrschaft Staufenberg, Patron der Kirche und Gründer der katholischen Pfarrei in Durbach, geboren 1628, gestorben am 18. Juni 1666, gewidmet.

Beim Entfernen der Grabplatte kam in einer Wandnische dahinter eine schmucklose Spanschachtel zum Vorschein, die Knochenteile und Reste von Textilien enthielt. Sie war von rechteckiger Form mit abgerundeten Ecken, hatte die Maße 35 cm x 21 cm x 13 cm und trug Siegelspuren sowie eine verwaschene Beschriftung. Spanschachteln waren, den heutigen Plastiktüten vergleichbar, im 18. Jahrhundert das meistverbreitete Aufbewahrungs- und Verpackungsmittel, dienten aber, in seltenen Fällen, auch als Särge für totgeborene Kinder. Als textile Überbleibsel fanden sich zahlreiche Schleifen, Bandschluppen und aufwändig gearbeitete Posamentknöpfe, Silberfäden und andere Gewebereste aus Wolle und Seide, dazu 13 hölzerne Rosenkranzperlen sowie Teile des ehemaligen Sarges aus Tannenholz. Nach der textilkundlichen Untersuchung konnten eine zeittypische, reichlich verzierte Männerhose und eine dazu passende, kurze Jacke mit Stehkragen und geschlitzten Ärmeln identifiziert werden. Es handelte sich also nicht um ein Totengewand, sondern um zu Lebzeiten getragene Kleidung.

Die Knochen waren sorgfältig zwischen die Stoffreste drapiert worden.

Bei der anthropologischen Untersuchung ließen sich folgende Skelettelemente ansprechen: Bruchstücke vom Schädel, vom linken Schulterblatt, von der rechten Speiche, beider Oberarmknochen und Schienbeine sowie einige Zähne. Als einziger Knochen fast vollständig überliefert ist der linke Humerus. Auf der Schädelkalotte waren kleinere eingetrocknete Hautreste und Haarbüschel erhalten. Das Material hatte vor seiner Umbettung im Jahr 1790 bereits über 120 Jahre in der Erde gelegen. Die Überreste stammen von einem relativ robusten, zwischen 1,70 m und 1,75 m großen Mann, der etwa 40–50 Jahre alt geworden ist. Er war Rechtshänder, zeigt kräftig modellierte Muskelansatzstellen, aber trotz fortgeschrittenen Alters keine degenerativen Veränderungen und nur schwach abgekaute Zähne. Demnach ist die Einstufung in eine höhere Sozialschicht wahrscheinlich.

Nach den von Herrn von Orscelar bekannten Lebensdaten ist er 38jährig verstorben. Weitere, evtl. für einen physischen Vergleich verwertbare Details sind nicht überliefert. Unter Berücksichtigung der nurmehr fragmentarisch erhaltenen Skelettreste bzw. der möglichen Fehlerspanne einer Sterbealtersschätzung alleine anhand der Nahtverknöcherung lässt sich sein Sterbealter durchaus mit der anthropologisch gefundenen Altersspanne in Einklang bringen. Die Wahrscheinlichkeit einer Zusammengehörigkeit von Knochenmaterial und Grabstein ist also durchaus gegeben.

Die Aufschrift auf der Spanschachtel lässt sich als „Herr Sible aus Renchen" entziffern. In Anbetracht der historischen Gegebenheiten könnte es sich dabei um einen Ende des 18. Jahrhunderts namentlich bekannten Mediziner handeln, der bei der Umbettung des Freiherrn hinzugezogen worden war. Es ist gut möglich, dass diese Schachtel schon damals ein mehrfach ‚recycletes' Behältnis war.

Dass Grabplatten und assoziiert geborgene Knochen tatsächlich nicht immer zusammengehören, zeigt z. B. eine ähnliche Untersuchung in der Klosterkirche von Schönau. Dort ergaben sich fast durchgehend deutliche Diskrepanzen zwischen den anthropologischen Befunden und den Inschriften. Die vorgefundenen Grabplatten mit Namen und Personendaten stimmen offensichtlich nicht mit den skelettalen Resten überein und waren zu einem späteren Zeitpunkt über den Gräbern in den Fußboden eingelassen worden.

Die Gebeine des Freiherrn von Orscelar sind inzwischen wieder eingesegnet worden und ruhen jetzt in einem Metallbehälter unter dem Sockel des Grabsteins im Chor von ‚St. Heinrich'.

10. Ein Leben in Keuschheit – Die Dominikanerinnengruft unter dem Finanzamt in Horb

Nicht jedem wird die Bestattung in einer Gruft zuteil. Auch unter den Ordensfrauen von Horb am Neckar (Kreis Freudenstadt) hatten vorrangig Priorinnen dieses Privileg. Einen Einblick in die Lebensgeschichte einiger dieser Klostervorsteherinnen ermöglichte die Generalsanierung des Finanzamts der Stadt Horb.

Im Herbst 1990 entdeckten Handwerker im Untergeschoss des prägnanten Gebäudes Oberamteigasse 2, das im 13. Jahrhundert als Dominikanerinnenkloster gegründet wurde, im Bereich der ehemaligen Klosterkapelle eine Gruft mit 16 Grabkammern. In die Längsseiten der Gruft waren jeweils zwei Reihen mit vier Grabkammern eingelassen worden. Jede von ihnen rund 60 cm breit, 65 cm hoch und knapp 2 m tief und mit einer Grabplatte versehen, auf der Name, Alter und Dauer der Ordenszugehörigkeit der bestatteten Person angegeben sind. Nachdem das Kloster 1806 aufgehoben und das Haus von der Stadtverwaltung übernommen worden war, geriet die Gruft in Vergessenheit. Erst 1870 wird sie im Zusammenhang mit einem Unfall wieder erwähnt. Der Hausmeister des Oberamts stürzte beim Holzspalten durch das Gewölbe. Die Gruft wurde, um weiteres Unglück zu verhindern, zugeschüttet und geriet erst 120 Jahre später erneut ins Blickfeld.

10.1: Stadtansicht (Ausschnitt) von Horb aus dem Jahr 1787. Das kleine, leicht zurückgesetzte Gebäude mit Doppelrundbogenfenster links unten ist die Kapelle des Dominikanerinnenklosters.

10.2: Die Nonnengruft im Untergeschoss der Klosterkapelle. Blick auf die Ostseite nach dem Ausräumen des Verfüllungsschutts.

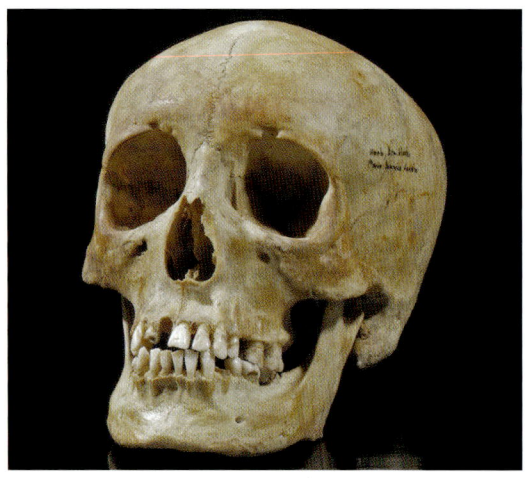

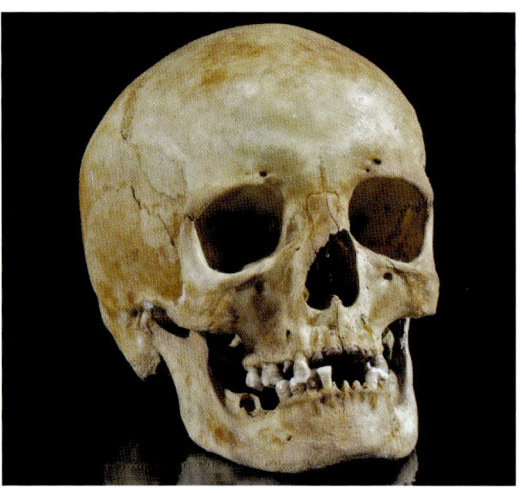

10.3: Grabplatten in situ. a) Maria Hiacintha Reschin. Nach 54jähriger Ordenszugehörigkeit 1784 gestorben im Alter von 73 Jahren.
b) Darunter: Maria Dominica Sanzin. Nach 20jähriger Ordenszugehörigkeit 1774 gestorben im Alter von 40 Jahren.
10.4: Rechts daneben Portraitaufnahmen des Schädels von a) Maria Dominica Sanzin mit Stirnmittelnaht, mindestens zwölf kariösen und vier intravital ausgefallenen Zähnen (oben).
b) Maria Victoria Eithin. Die Frontzähne im

Oberkiefer der 32jährigen waren bis auf minimale Stummel abgefault, elf Zähne bereits zu Lebzeiten ausgefallen (unten).
10.5 (links unten): J. Wahl und Steinmetzmeister K. Karp bei der Entnahme der Skelettreste von Maria Dominica Sanzin.

Am 15. November 1990 wurden die Skelettreste aus sieben nurmehr mit losen oder verkippten Grabplatten versehenen Kammern komplett geborgen, die zugehörigen Platten von Steinmetzmeister K. Karp danach wieder provisorisch eingesetzt. Die Toten hatte man ehedem mit Sarg, in Rückenlage und mit den Füßen voran in die Kammern eingebracht. Bei einigen fanden sich Hobelspäne als Unterlage, Gewand- und Haarreste. Hinsichtlich der Körperhaltung wurde kaum variiert: die Hände über Brust oder Bauch gefaltet, die Unterarme über dem Unterleib gekreuzt, die Beine übereinander geschlagen.

Die Daten auf den Grabplatten datieren zwischen 1740 und 1784. Unmittelbar nach der Beisetzung der Priorin Maria Hiacintha Reschin, die im Alter von 75 Jahren starb und davon 54 Jahre im Orden verbracht hatte, war die Gruft zugemauert worden. Das Sterbealter der Bestatteten schwankt zwischen 32 und 87 Jahren. Die älteste hatte 75 Jahre im Dienste der Kirche verbracht und war demnach bereits mit 12 Jahren ins Kloster eingetreten. Das durchschnittliche Beitrittsalter liegt bei 20 Jahren.

Nach dem bisherigen Stand der anthropologischen Untersuchung handelt es sich durchweg um Skelettreste von Frauen. Dies mag trivial klingen, zumal es sich um ein Nonnenkloster handelt, es hätten aber auch Vertauschungen vorgekommen sein können, und die Aufschrift einer Grabplatte muss nicht zwangsläufig mit dem Inhalt der Kammer übereinstimmen. So fanden sich in Kammer Nr. 7, Ostseite, untere Reihe, zweite Kammer von rechts, Knochenteile einer zweiten, auf der zugehörigen Platte nicht vermerkten Person. Diese Grabkammer wurde also mindestens zweimal belegt ohne dabei die Reste der Vorgängerbestattung vollständig auszuräumen. Die Inschrift weist auf Priorin A. Catharina Gessler, geboren am 15. Februar 1664, gestorben am 29. Mai 1740. Sie war mit 14 Jahren beigetreten und lebte 62 Jahre im Orden. Das passt zu den vorgefundenen Skelettresten. Bereits zu Lebzeiten waren ihr alle Backenzähne des Oberkiefers ausgefallen, im Unterkiefer ist noch einer erhalten. Sie hatte Karies, starke Parodontose/itis, Zahnstein und war nur wenig über 1,60 m groß. Querriefen im Zahnschmelz weisen auf mehrere Mangelernährungsphasen oder Infektionen im Laufe der Kindheit hin. Es könnte also sein,

dass sie ursprünglich aus ärmlichen Verhältnissen stammte und von den Eltern ins Kloster gegeben wurde. Geburtstraumatische Veränderungen am Becken sind nicht festzustellen. Als zweites Beispiel sei Priorin Maria Rosa Haslin hinter Grabplatte Nr. 11, Westseite, obere Reihe, zweite Kammer von rechts, erwähnt. Sie starb am 27. Mai 1775 mit 81 Jahren und hatte 60 davon im Orden verbracht. Sie war über 1,65 m groß, hatte nur noch vier Zähne und litt unter heftigen Bandscheibenbeschwerden. Eine geringfügige Deformation am linken Jochbein könnte auf eine Verletzung, möglicherweise infolge eines Sturzes, zurückzuführen sein. Knochenzacken am Becken gehen auf strapazierte Sehnen und Randleisten an den Gelenken auf eine starke Arthritis, v. a. im Hüft- und Kniebereich, zurück.

Die Skelettreste der vorübergehend exhumierten Nonnen sollen alsbald an originaler Stelle wiederbestattet werden. Sie werden derzeit noch im Rahmen einer anthropologischen Vergleichsstudie an der Universität Tübingen einer detaillierten Untersuchung unterzogen.

Literatur

VII.1

E. Hahn u. J. Wahl, Das Menschenopfer von Ippesheim. Anthropologische Untersuchung und Rekonstruktion (Arbeitstitel). In Vorbereitung.

F. Horst u. H. Keiling (Hrsg.), Bestattungswesen und Totenkult in ur- und frühgeschichtlicher Zeit. Beiträge zu Grabbrauch, Bestattungssitten, Beigabenausstattung und Totenkult (Berlin 1991).

I. Schwidetzky, Sonderbestattungen und ihre paläodemographische Bedeutung. Homo 16, 1965, 230–247.

J. Wahl, Zur Ansprache und Definition von Sonderbestattungen. In: Beiträge zur Archäozoologie und Prähistorischen Anthropologie. Forsch. u. Ber. Vor- u. Frühgesch. Baden-Württemberg 53 (Stuttgart 1994) 85–106.

VII.2

W. Gieseler, Anthropologischer Bericht über die Kopfbestattung und die Knochentrümmerstätte des Hohlensteins im Lonetal. Verhandl. Dt. Ges. Rassenforsch. IX, 1938, 213–229.

J. Orschiedt, Manipulationen an menschlichen Skelettresten. Taphonomische Prozesse, Sekundärbestattungen oder Kannibalismus? Urgesch. Materialh. 13 (Tübingen 1999).

H. Ullrich, Patterns of skeletal representation, manipulations on human corpses and bones, artuary practices and the question of cannibalism in the European palaeolithic – an anthropological approach. In: Interdisciplinary Investigation in Archaeology 3 (Moskau 2004) 24–40.

VII.3

J. Wahl, Menschliche Skelettreste aus Erdwerken der Michelsberger Kultur. In: M. Kokabi u. E. May (Hrsg.), Beiträge zur Archäozoologie und Prähistorischen Anthropologie II (Konstanz 1999) 91–100.

J. Wahl, Kult, Kannibalismus und Sonderbestattung. Die schwierige Deutung vorgeschichtlicher Skelettreste. In: H.-P. Kuhnen (Hrsg.), Morituri, Menschenopfer – Todgeweihte – Strafgerichte. Schriftenr. Rhein. Landesmus. Trier 17 (Trier 2000) 29–38.

VII.4

A. Dieck, Postmortale Lageveränderungen in vor- und frühgeschichtlichen Gräbern. Arch. Korrbl. 3, 1974, 277–283.

S. Ehrhardt u. P. Simon, Skelettfunde der Urnenfelder- und Hallstattkultur in Württemberg und Hohenzollern. Naturwiss. Unters. Vor- u. Frühgesch. Württemberg u. Hohenzollern 9 (Stuttgart 1971).

J. Wahl, Die Menschenknochen von der Heuneburg bei Hundersingen, Gde. Herbertingen, Kr. Sigmaringen. In: E. Gersbach, Baubefunde der Perioden IV–IVa der Heuneburg. Heuneburgstud. IX = Röm.-Germ. Forsch. 53 (Mainz 1995) 365–383.

VII.5

C. Berszin u. J. Wahl, Hinweise auf Enthauptungen und andere Gewalteinwirkungen an menschlichen Skelettresten im archäologischen und osteologischen Befund. In: Chr. Bücker, M. Hoeper, N. Krohn u. J. Trumm (Hrsg.), Regio Archaeologica. Archäologie und Geschichte an Ober- und Hochrhein. Festschrift für Gerhard Fingerlin (Rahden/Westf. 2002) 417–421.

G. Feustel, Die Geschichte der Homosexualität (Düsseldorf 2003).

K.-D. Dollhopf. Ein neu entdeckter frühmittelalterlicher Friedhof in Aalen-Unterkochen, Ostalbkreis. Arch. Ausgr. Baden-Württemberg 2003, 161–164.

H. Lüdemann, Mehrfachbelegte Gräber im frühen Mittelalter. Ein Beitrag zum Problem der Doppelbestattungen. Fundber. Baden-Württemberg 19/1, 1994, 421–589.

M. Menninger, M. Scholz, I. Stork u. J. Wahl, Im Tode vereint. Eine außergewöhnliche Doppelbestattung und die frühmittelalterliche Topografie von Giengen a. d. Brenz-Hürben, Kreis Heidenheim. Arch. Ausgr. Baden-Württemberg 2003, 158–161.

VII.6

H. Reim, Spätbronzezeitliche Opferfunde und frühmittelalterliche Gräber – Zur Archäologie eines naturheiligen Platzes über der Donau bei Inzigkofen, Kreis Sigmaringen. Arch. Ausgr. Baden-Württemberg 2005, 61–65.

M. Scholz u. C. M. Pusch, Zwei Mehrfachbestattungen aus dem alamannischen Reihengräberfeld von Neresheim: Verwandtschaftsstrukturen im Spiegel einer frühmittellaterlichen Gesellschaft. Fundber. Baden-Württemberg 23, 1999, 375–383.

J. Wahl, Tatort Inzigkofen: Eine frühmittelalterliche Mehrfachbestattung mit multiplen Gewalteinwirkungen von der Eremitage. Arch. Ausgr. Baden-Württemberg 2005, 66–68.

VII.7

W. Jahn, Chr. Lankes, W. Petz u. E. Brockhoff (Hrsg.), Bayern – Ungarn. Tausend Jahre. Katalog zur Ausstellung 08.05.–28.10.2001. Veröff. Bayer. Geschichte u. Kultur 43 (Augsburg 2001).

P. Stadler, Die Bevölkerungsstrukturen nach Eugippius und den archäologischen Quellen. In: Germanen, Hunnen und Awaren. Schätze der Völkerwanderungszeit. Hrsg. Germanisches Nationalmuseum Nürnberg, Ausstellungskatalog (Nürnberg 1987) 297–310.

I. Stork u. J. Wahl, Eine Doppelbestattung aus Bietigheim, Kreis Ludwigsburg, als Beleg der Ungarneinfälle des 10. Jahrhunderts. Fundber. Baden-Württemberg 13, 1988, 741–775.

VII.8

S. Arnold, Eine frühneuzeitliche Gerichtsstätte in Ellwangen, Ostalbkreis. Arch. Ausgr. Baden-Württemberg 1991, 335 f.

C. Hinckeldey (Hrsg.), Strafjustiz in alter Zeit. Mittelalterl. Kriminalmus. Rothenburg ob der Tauber Bd. III (Rothenburg o. d. T. 1980).

J. Manser u. a., Richtstätte und Wasenplatz in Emmenbrücke (16.–19. Jahrhundert). Archäologische und historische Untersuchungen zur Geschichte von Strafrechtspflege und Tierhaltung in Luzern. Schweizer. Beitr. Kulturgesch. Arch. Mittelalter 18/19, hrsg. Schweizer. Burgenverein (Basel 1992).

J. Piech, „Mit dem Strang vom Leben zum Todt hingericht": Galgenstandorte in Südwestdeutschland unter besonderer Berücksichtigung des Hochgerichts von Ellwangen, Ostalbkreis (Magisterarbeit Bamberg 2006).

W. Schild, Die Geschichte der Gerichtsbarkeit. Vom Gottesurteil bis zum Beginn der modernen Rechtsprechung (Hamburg 1997).

S. Ulrich-Bochsler, Auf dem Galgenplatz am Klein-Rugen verscharrt. Ungewöhnlicher Skelettfund auf der Hochgerichtsstätte von Matten bei Interlaken – Archäologische, anthropologische und historische Befunde. Der kleine Bund 170, 1993, 6 f.

J. Wahl u. C. Berszin, Anthropologische Untersuchung der Skelettreste aus der Flur ‚Galgenwald' in Ellwangen. In Vorbereitung.

VII.9

H. Drös u. J. Wahl, Zu den Bestattungen im Bereich des nördlichen Querhauses der Klosterkirche Schönau. Ergebnisse epigraphischer und osteologischer Untersuchungen. Fundber. Baden-Württemberg 23, 1999, 629–661.

I. Fingerlin, Freiherr Wilhelm Hermann von Orscelar. Die ungewöhnliche Bestattung in der Durbacher Pfarrkirche. Arch. Inf. Baden-Württemberg 23 (Stuttgart 1992).

VII.10

Bisher unpubliziert.

VIII. Skelettreste als medizinhistorische Quellen –

Ein buntes Kaleidoskop pathologischer Veränderungen

1. Karies als Todesursache?
Zahnfäule in der ‚guten alten Zeit'

Zahnkaries gilt als eine der häufigsten Zivilisationskrankheiten, doch es plagten sich auch unsere Altvordern schon damit. Einer der ältesten Funde mit ausgedehnten kariösen Defekten ist der ca. 200000–300000 Jahre alte, so genannte Rhodesia-Mensch aus dem Bergwerk ‚Broken Hill' bei Kabwe in Sambia, der als früh-archaischer *Homo sapiens* bezeichnet wird. Bei ihm sind elf Zähne von Zahnfäule zerstört und zusätzlich mindestens vier Wurzelabszesse alleine im Oberkiefer zu diagnostizieren.

Karies geht stets mit dem Verlust von Zahnhartsubstanzen einher, bedingt durch bakteriell-chemische Entkalkungs- und Auflösungsprozesse. Nach dem Genuss kohlenhydrathaltiger Speisen zersetzen Bakterien mit dem Namen *Streptococcus mutans* im Zahnbelag (Plaque, Zahnstein) die enthaltenen Zuckeranteile zu Säuren. Der pH-Wert sinkt. Der Säureangriff im Mund bewirkt eine Entmineralisierung des Zahnschmelzes und frei liegender Partien der Zahnwurzel. So greift eins ins andere. Die Bakterien produzieren Gase, deren Druck beim Verschluss der Pulpahöhle durch nekrotische Ablagerungen nicht mehr entweichen kann und eine der Ursachen für Zahnschmerzen ist.

Gelangen Bakterien in den Blutkreislauf und erreichen Herz oder Gehirn, vermögen sie dort u. U. lebensbedrohliche Abszesse hervorzurufen. Ohne Behandlung mit Antibiotika kann ein einziger eitriger Zahn zum Tode führen. In weniger dramatischen Fällen kommt es zu Fistelbildungen im Bereich der Wurzelspitzen und Durchbrüchen in die Nasennebenhöhlen oder die Mundhöhle. Sobald der Eiter abgeflossen und der Zahnnerv abgestorben ist, lassen die Schmerzen nach.

Während heutzutage die so genannte Fissurenkaries die häufigste Form darstellt, spielt sie in prähistorischer Zeit eine untergeordnete Rolle, da die Zahnkronen durch einen höheren Anteil abrasiver Nahrungsbestandteile in der Regel schneller abgekaut wurden als sich kariöse Läsionen bilden konnten. Demgegenüber herrschten bei unseren Vorfahren Approximal- oder Zahnhalskaries vor.

Hinsichtlich der statistischen Erfassung kariogener Defekte gilt es zu unterscheiden zwischen ‚Kariesmorbidität' bzw. ‚Kariesintensität', die sich auf die Anzahl aller untersuchten Zähne beziehen, und ‚Kariesfrequenz', die den Anteil betroffener Individuen einer Population angibt. Im diachronen Vergleich lässt sich feststellen, dass die Kariesintensität tatsächlich mit zunehmendem Zuckerkonsum rapide steigt, während massiver Zahnsteinbefall eher mit

1.1 (unten links): Unterkiefer eines maturen Mannes aus dem römischen Gräberfeld von Stettfeld. Sieben Zähne weisen mehr oder weniger fortgeschrittene kariöse Defekte auf, vier davon sind komplett zerstört. Zwei Backenzähne waren bereits zu Lebzeiten ausgefallen.

1.2 (Mitte [a] und rechts [b]): Das Gebiss eines 60–70jährigen Alamannen aus der Gerichtsgasse 12 in Konstanz mit Karies, Wurzelvereiterungen, Parodontose und Zahnstein.

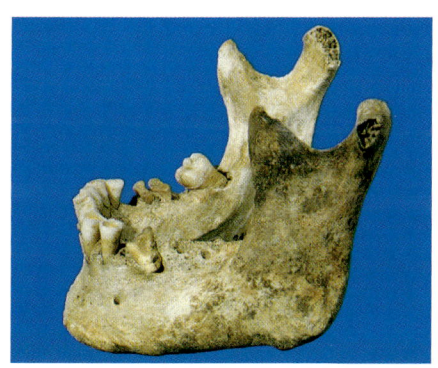
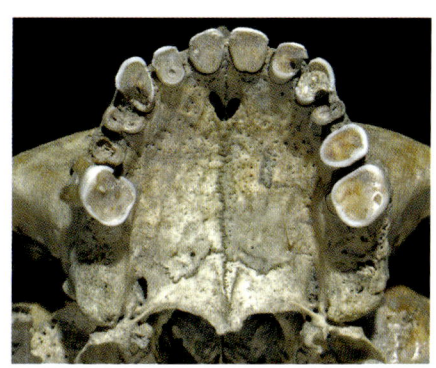
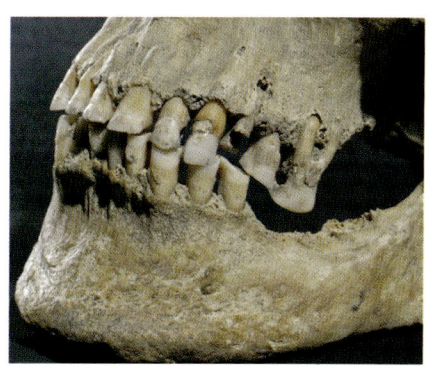

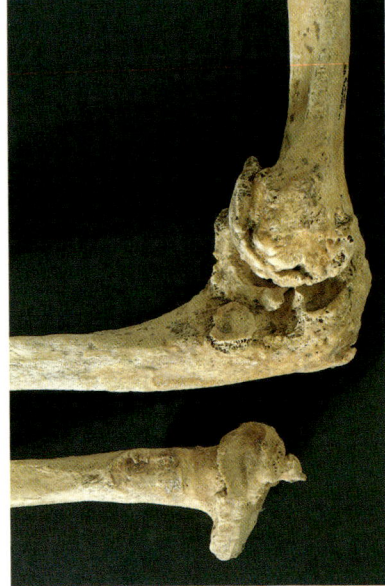

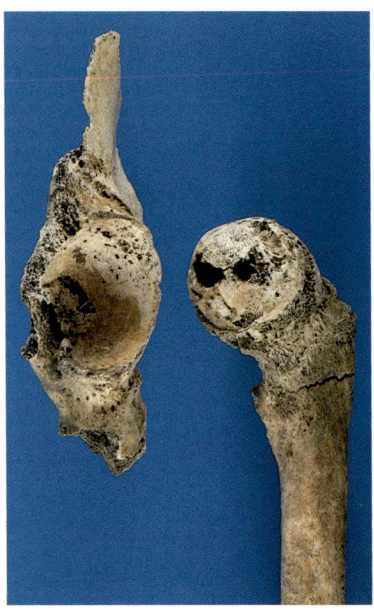

im Schnitt bei 60–70%. Es fanden sich zudem Unterschiede zwischen Bevölkerungsgruppen von der Schwäbischen Alb und solchen aus dem Vorland, die sich teilweise mit dem natürlichen Fluorgehalt des jeweils verfügbaren Trinkwassers korrelieren lassen.

2. Bandscheibenbeschwerden auch ohne Bürotätigkeit – Rückenprobleme und Hüftgelenks- arthrosen bei unseren Altvorderen

Heute wie in alten Zeiten stellt die Spondylosis deformans die häufigste verschleißbedingte Erkrankung der Wirbelsäule dar. Mit fortschreitendem Alter oder übermäßiger körperlicher Belastung kommt es zu degenerativen Veränderungen der Bandscheiben und zur Bildung knöcherner Randzacken an den Wirbelkörpern bis hin zur Blockwirbelbildung bzw. Versteifung ganzer Wirbelsäulenabschnitte. Diese Vorgänge gehen vielfach Hand in Hand mit Verformungen der Zwischenwirbelgelenke, Bandscheibenvorfällen und anderen unangenehmen Begleiterscheinungen. Dabei können die Beeinträchtigungen des komplexen Systems Wirbelsäule unterschiedlichste Ursachen haben wie Fehlbelastungen, Traumata und Stoffwechselstörungen. Im Zusammenspiel mit einer Zuckerkrankheit kann es z. B. in fortgeschrittenem Alter ebenfalls zu Blockwirbelbildungen kommen. Mehrfache, starke Entzündungsreaktionen an den Zwischenwirbelgelenken, wie sie nicht selten im Halswirbelbereich beobachtet werden können, lassen auf eine chronische Polyarthritis schließen. Und eine nach mikrobieller Entzündung der Gelenke überschießende Reaktion des Immunsystems führt u. U. zum Abbau des Gelenkknorpels sowie zu einer rheumatischen (Spondyl-)Arthritis, die sich durch Schwellung, Schmerz, Fieber und im Inneren durch wie poliert glänzende Schliffusuren an den beteiligten Gelenkflächen zu erkennen gibt.

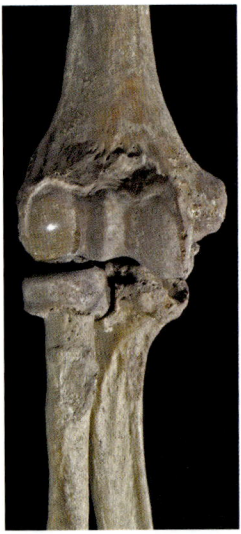

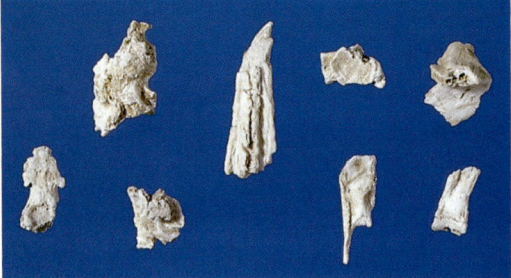

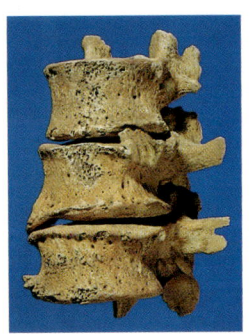

proteinreicher Nahrung einhergeht. Oftmals besteht auch ein Zusammenhang zwischen Karies, Zahnbetterkrankungen und einer hohen Rate an intravitalen Zahnverlusten. So fanden sich z. B. bei knapp 22% aller Leichenbrände von Erwachsenen aus dem römischen Stettfeld Abszesse, Zahnausfall zu Lebzeiten bei über 40%, die Kariesfrequenz wird auf etwa 80% geschätzt. Bei den Alamannen zeigt sich durchgehend starker Zahnsteinbefall. Zahnpflege und/oder Mundhygiene waren in der Merowingerzeit offenbar kein Thema. Statistisch gesehen, waren 10–15% aller Zähne kariös und der Anteil Erwachsener, die sich mit mindestens einem Kariesdefekt plagten, liegt je nach Provenienz zwischen knapp 30% in Eichstetten und über 90% in Donaueschingen,

2.1 (oben rechts): Fortgeschrittene Arthrose am linken Hüftgelenk eines etwa 50jährigen Alamannen aus dem Gräberfeld von Lauchheim. – 2.2 (oben links): Linkes Ellenbogengelenk eines erwachsenen Mannes mit schweren degenerativen Veränderungen. – 2.3 (Mitte links): Rechtes Ellenbogengelenk eines etwa 40jährigen Mannes mit teilweise blankgeschliffenen Gelenkenden nach Verschleiß des Gelenkknorpels. – 2.4 (darunter): Brust- und Lendenwirbel mit Spondylosis deformans bei einem frühmaturen, fraglich männlichen Individuum aus dem römischen Gräberfeld von Stettfeld. – 2.5 (Mitte rechts): Leichenbrandreste eines spätmaturen Mannes aus derselben Nekropole mit arthritischen Randleisten an verschiedenen Skelettelementen (Polyarthritis?).

Die für die Spondylosis deformans typischen Randzacken lassen sich auch an Wirbelbruchstücken aus Leichenbränden noch ansprechen. So konnten z. B. bei mehr als 32% der feuerbestatteten Männer und gut 21% der Frauen aus dem römischen Friedhof von Stettfeld entsprechende Alterationen festgestellt werden. Interessant ist dabei, dass bei den Männern vor allem die Hals- und Lendenwirbelsäule, bei den Frauen dagegen bevorzugt die Hals- und Brustwirbelsäule betroffen ist. Dies lässt auf eine Arbeitsteilung der Geschlechter schließen, denn Feldarbeit, das Tragen von Lasten oder verschiedene handwerkliche Tätigkeiten beanspruchen die einzelnen Abschnitte der Wirbelsäule in ganz unterschiedlicher Weise. Dazu kommt in dieser Serie noch eine eindeutig altersabhängige Komponente. Unter den adulten/maturen/senilen Frauen zeigen 11%/32%/53%, unter den Männern 25%/49%/66% entsprechende Symptome. Bei den Alamannen sind spondylotische Veränderungen ab dem 40. Lebensjahr fast obligatorisch.

Zu den Erkrankungen des rheumatischen Formenkreises, die mit schmerzhaften Bewegungseinschränkungen und Gelenkdeformationen einhergehen, gehört ebenso die Arthrose der großen und kleinen Gelenke der Extremitäten sowie des Schulter- und Beckengürtels. Bei dem etwa 50jährigen Mann aus dem Gräberfeld von Lauchheim (Ostalbkreis) (Grab 4) sind der linke Oberschenkelkopf deformiert, die zugehörige Hüftgelenkspfanne mit arthrotischen Randleisten versehen und die Berührungsflächen zwischen beiden regelrecht blank geschliffen.

Bei jüngeren Individuen sind derartige Erscheinungen in der Regel auf Überbeanspruchung bzw. unphysiologische Belastung bestimmter Körperpartien, z. B. schwere Arbeit oder wiederholt ausgeführte, einseitige Bewegungsabläufe zurückzuführen. Unter den mehrheitlich im 14. Jahrhundert auf dem Heidelberger Spitalfriedhof bestatteten und bei Ausgrabungen 1987 teilweise exhumierten Individuen litten fast 36% unter mehr oder weniger starken, allerdings nur z. T. altersbedingten Degenerationserscheinungen bis hin zu fortgeschrittenen Arthrosen und Gelenkversteifungen. Das etwa im rechten Winkel verwachsene linke Knie einer adulten Frau dürfte dagegen eher auf ein Unfallgeschehen zurückgehen. Sie war daraufhin zur Fortbewegung auf Krücken angewiesen.

In anderen Skelettensembles zeichnet sich sogar ein diachroner Trend hinsichtlich der Arbeitsbelastung ab, wie z. B. bei den Bandkeramikern aus Stuttgart-Mühlhausen. Dort ist die jüngere Teilserie etwa doppelt so häufig von degenerativen Wirbelsäulenveränderungen betroffen wie die ältere. Es scheint, als hätten sich die Lebens- und Arbeitsbedingungen im Laufe von Generationen merklich zum Schlechteren verändert.

Als letztes Beispiel sei „Herr C." aus der alten Pfarrkirche ‚St. Martin' in Engen (Grab 103) erwähnt, ein etwa 50jähriger, rund 1,95 m (!) großer Mann. Seine Gelenke sind durchgehend von massiv(st)en arthritischen Veränderungen gezeichnet. Er gehört zu einer Gruppe auffallend großwüchsiger Männer, die bei Ausgrabungen in diesem Areal gefunden wurden und sehr wahrscheinlich miteinander verwandt waren. Die festgestellten Anzeichen von Polyarthritis könnten auch auf eine Stoffwechselstörung zurückzuführen sein.

3. (Prä)historische Orthopäden im Einsatz – Frakturen und Luxationen und ihre Ursachen

Frakturen und Luxationen entstehen durch Gewalteinwirkungen auf den menschlichen Körper, wenn die natürliche Elastizität von Knochen und Bändern überbeansprucht wird. Dies geschieht bei häuslichen und Arbeitsunfällen, tätlichen Auseinandersetzungen oder weitaus seltener z. B. bei der so genannten Glasknochenkrankheit (Osteogenesis imperfecta) in Form von Spontanfrakturen oder bei Luxationen in Folge angeborener Hüftdysplasie. Zudem brechen infolge der Altersatrophie Knochen älterer Menschen leichter und heilen langsamer als bei jüngeren.

3.1 (unten links): Rechte und linke Beckenhälfte der frühadulten Frau aus dem römischen Gräberfeld von Stettfeld, Grab 263. Nach einer nicht eingerenkten Hüftgelenksluxation hat sich auf dem linken Darmbein eine sekundäre Gelenkpfanne gebildet, der zugehörige Oberschenkelknochen ist stark atrophiert.
3.2 (daneben): Linke Elle und Speiche eines adulten Mannes aus dem Heidelberger Spitalfriedhof mit in Fehlstellung verheiltem Schrägbruch in der Schaftmitte.

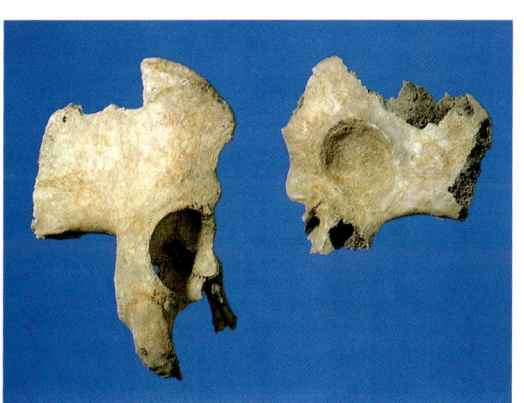

3.3: a) Linke Speiche eines 30–40jährigen Mannes mit verheilter Stauchungsfraktur im Bereich des Handgelenks nach Sturz auf die Handfläche (links). – b) Nach Amputation oberhalb des Handgelenks verheilter Stumpf der rechten Elle und Speiche eines maturen Mannes mit so genannter Nearthrose am distalen Schaftende (Mitte). Beide Spitalfriedhof Heidelberg.

3.4: a) Mittelalterliche Streckvorrichtung zur Reposition nach einer Oberarmfraktur (oben rechts). – b) Lagerung im Zugverband zu Beginn des 20. Jahrhunderts nach Helferich 1910 (unten).

Kommen bei zwischenmenschlichen Konflikten spitze oder scharfe Utensilien ins Spiel und reichen die durch sie verursachten Zusammenhangstrennungen bis auf den Knochen, ist die Diagnose einer Kampfverletzung wahrscheinlich. Anders bei stumpfen Gewalteinwirkungen, die nicht zwangsläufig auf einen kriegerischen Lebenswandel hindeuten, sondern ebenso bei Aktionen des täglichen Lebens vorkommen. Auch wenn nicht immer eine klare Abgrenzung möglich ist, erlaubt eine detaillierte Analyse von Art, Form, Häufigkeit und evtl. Hinweisen auf eine medizinische Versorgung von Knochendefekten in der Regel gewisse Rückschlüsse auf deren Entstehungsmechanismus sowie die

Lebenssituation der untersuchten Individuen. Die meistens von Männern ausgeübten Aktivitäten wie Hausbau und Jagd sind riskanter für Leib und Leben als häusliche Aktivitäten, die gemeinhin eher den Frauen zugeschrieben werden. So zeigt sich in größeren Populationsstichproben über alle Zeiten hinweg das erwartete Phänomen, dass Männer häufiger von Verletzungen betroffen sind als Frauen.

Bei den traumatisch verursachten Frakturen unterscheidet man nach deren Erscheinungsform z. B. einfache von komplizierten, subkutane von offenen und vollständige von unvollständigen. Biomechanisch gilt es, Biegungs-, Torsions- und Kompressionsfrakturen sowie

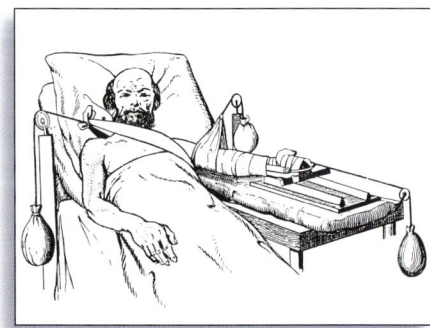
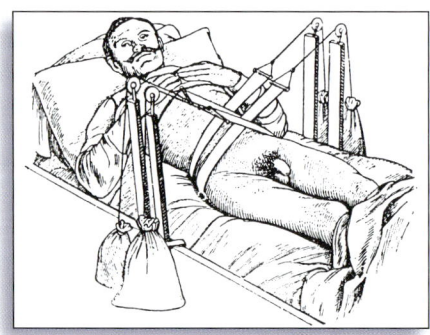
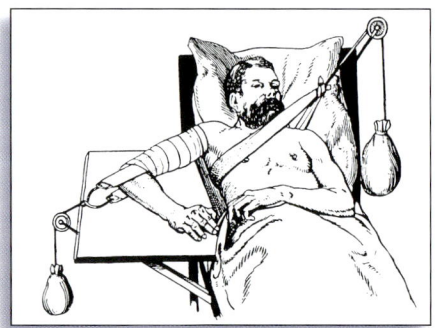

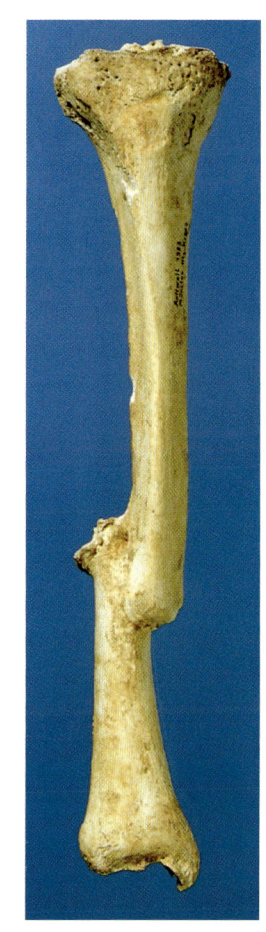

direkte von indirekten zu differenzieren. Zu den direkten gehören z. B. die bekannten so genannten Parierfrakturen – isolierte Brüche der Ulna (meist im distalen Schaftdrittel) durch Schlag auf den schützend vor das Gesicht oder über den Kopf gehaltenen Unterarm, der meist den reflexartig hochgezogenen linken Arm trifft – zu den indirekten Frakturen beispielsweise die Abscherung des Femurkopfes beim Sprung aus großer Höhe oder die meisten der heutigen Anfahrunfälle bei Fußgängern.

Eine Luxation im Hüftgelenk erfordert eine große Gewalteinwirkung. Sie kommt bei Verschüttung oder Fall aus großer Höhe und nur ganz selten bei einem Sturz direkt auf die Hüftgegend vor. Aus dem bandkeramischen Massengrab von Talheim, dem römischen Stettfeld sowie dem Heidelberger Spitalfriedhof ist jeweils ein solcher Befund überliefert. In den beiden letzten Fällen wurde das ausgekugelte Gelenk nicht wieder eingerenkt und es bildete sich eine sekundäre Gelenkpfanne auf dem Hüftbein. Eine derart schmerzhafte Bewegungseinschränkung geht vielfach mit Inaktivitätsatrophien der betroffenen Gliedmaßen und Hypertrophien oder degenerativen Veränderungen aufgrund statischer Fehlbelastung

werden kann. Zwischen beiden Knochenstümpfen hat sich ein Pseudogelenk gebildet.

(Prä)historische Skelettreste weisen immer wieder Spuren verheilter Frakturen auf. Darunter finden sich Hinweise auf massive Gewalteinwirkungen, aber auch unspektakuläre Fälle wie etwa die Steißbeinfraktur des spätadulten Mannes aus einer Doppelbestattung des 10. Jahrhunderts n. Chr. aus Bietigheim (Kap. VII.7). Abgesehen von Schädelverletzungen überwiegen meist Rippen- und Unterarmfrakturen. Dabei dürften Stürze, z. B. auf die ausgestreckte Hand, die häufigste Ursache gewesen sein. Seltener sind Humerus, Femur oder Tibia betroffen. Brüche der Langknochen wurden – wenn überhaupt – vielfach nur mangelhaft eingerichtet. Aus dem Mittelalter sind zwar geeignete Streckvorrichtungen überliefert, aber es kam nicht selten zu Dislokationen, überschießender Kallusbildung oder der Ausbildung von Pseudarthrosen. Letzteres, wenn das betroffene Glied zu schnell wieder belastet wurde. In Einzelfällen, vermehrt in den antiken Hochkulturen, die bekanntermaßen über weit reichende medizinische Kenntnisse verfügten, lassen sich aber auch bei komplizierten Frakturen z. T. gute Heilerfolge diagnostizieren.

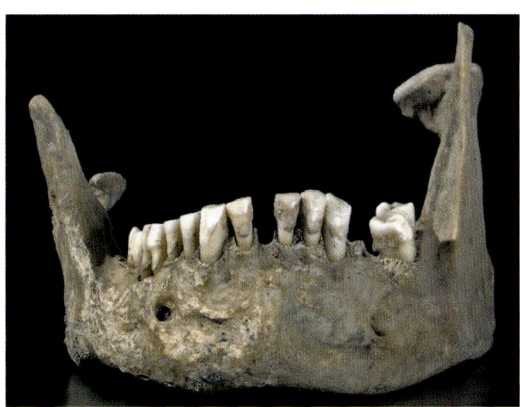

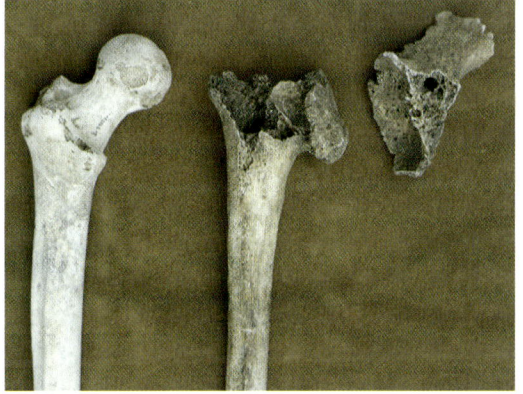

anderer Körperpartien einher. Bei der Frau aus Talheim war es entweder nur zu einer Subluxation gekommen oder der Oberschenkel konnte wieder reponiert werden. Zurück blieb eine pilzförmige Deformation des Femurkopfes.

Eine andere Variante ist die so genannte Nearthrose am distalen Schaftende der rechten Elle und Speiche eines maturen Mannes aus dem Spitalfriedhof von Heidelberg. Die Hand ist oberhalb des Handgelenks abgetrennt worden. Eine Verstümmelung, die auf Grund der unregelmäßigen Struktur der Knochenenden am ehesten auf eine Quetschung zurückgeführt

3.5 (oben rechts): Rechtes Schienbein eines Erwachsenen aus Rottweil (Münster Hlg. Kreuz) mit verheilter Fraktur. Die Verschiebung der Bruchenden führte zu einer erheblichen Verkürzung des Beins. – 3.6: Hüftgelenkstrauma mit schwerwiegenden Folgen. a) Das linke Hüftgelenk der 30–35jährigen Frau aus einem frühbronzezeitlichen Grab aus Mengen-Ennetach ist walzenförmig deformiert und bot nurmehr minimale Bewegungsmöglichkeiten (Mitte). b) Das linke Bein musste permanent leicht angehoben und schräg vor den Körper gehalten werden (unten rechts). – 3.7 (links): Verheilte Fraktur des rechten Unterkieferasts bei einem (30–)40jährigen Alamannen aus Bopfingen.

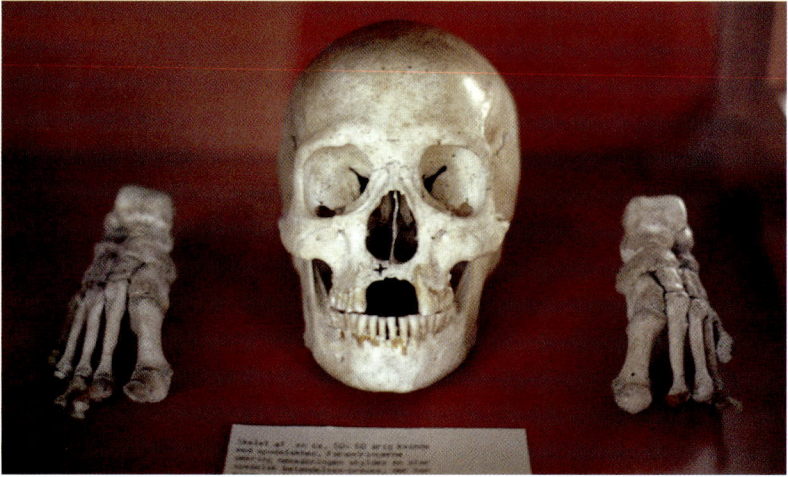

4.4 (oben Mitte): Distales Ende des linken Schienbeins eines Erwachsenen mit kraterartigen Defekten (sog. ‚Gummen') als Anzeichen von Syphilis.

4.5 (oben rechts): Veränderungen im Bereich des Gesichts- und Fußskeletts als Symptome von Lepra.

4. Syphilis, Sinusitis und Co. – Entzündliche Veränderungen vor Entdeckung der Antibiotika

Krankheitserreger begleiten den Menschen seit ewigen Zeiten. Einige Bakterien leben sogar symbiontisch in ihm. So lange das gesamte System im Gleichgewicht ist, profitieren beide davon, wenn nicht, geht es dem Menschen schlecht. Viele Infektionskrankheiten werden uns allerdings von außen zugetragen. Wir übernehmen sie durch Hautkontakt, aus der Luft oder dem Trinkwasser. Und so ging es auch unseren Vorfahren, nur dass wir die Möglichkeit haben, den Auswirkungen dieser Keime durch Impfung oder Behandlung mit Antibiotika zu begegnen. Noch Mitte des 19. Jahrhunderts starb ein Drittel aller Patienten mit offenen Frakturen an der volkstümlich als Blutvergiftung bezeichneten Sepsis. In den folgenden Jahrzehnten kam man nach und nach den tödlichen Mikroorganismen auf die Spur. Erst um 1890 gehörten aseptische Verfahren wie Händewaschen, Abkochen chirurgischer Gerätschaften und keimtötende Chemikalien zum Standard der Ärzte.

Akute Infektionskrankheiten waren bis dahin mit die häufigsten Todesursachen. Dazu gehören die klassischen Kinderkrankheiten ebenso wie die Pocken, Lepra, Cholera, Ruhr und der Typhus oder die chronischen Volksseuchen Tuberkulose und Syphilis. Der Pesterreger *Yersinia pestis* konnte inzwischen per DNA-Analyse direkt z.B. aus früh- und spätmittelalterlichen Skelettresten aus Bayern nachgewiesen werden. Damit werden in Zukunft sicherlich weitere Fragen zur Ätiologie und Epidemiologie dieser Krankheit, die keine unmittelbaren Spuren am Knochen hinterlässt, geklärt werden können.

Ähnliches gilt für die Tuberkulose, die in fortgeschrittenem Stadium allerdings erhebliche

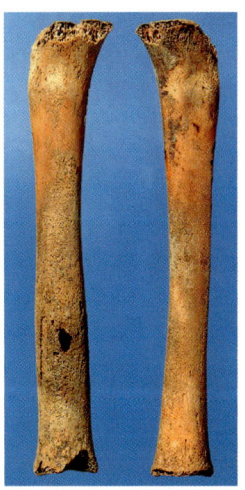

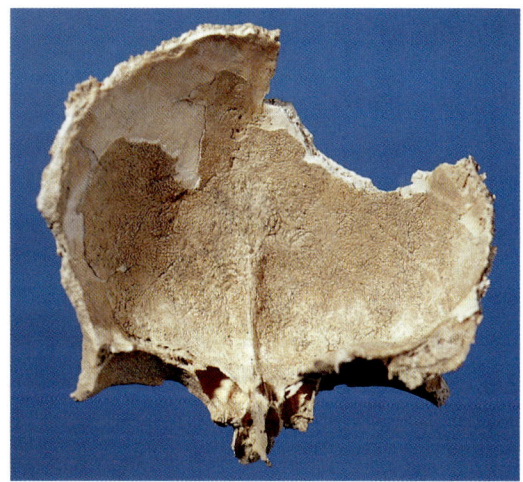

4.1 (oben links): Rechter Oberschenkelknochen eines erwachsenen Mannes aus dem Spitalfriedhof in Heidelberg mit fortgeschrittener hämatogener Osteomyelitis.

4.2 (links): Rechtes und linkes Schienbein eines ein- bis zweijährigen Kleinkindes aus demselben Friedhof mit ‚Säuglingsosteomyelitis'. Das Kind ist wahrscheinlich infolge einer Sepsis gestorben.

4.3 (rechts): Flächige Knochenneubildungen auf der Innenseite des Stirnbeins als Zeichen einer Meningitis bei einem Bandkeramiker aus Schwetzingen.

Destruktionen am Skelett verursacht. Besonders typische Zerstörungen an den Finger- und Zehenknochen sowie am Gesichtsschädel gehen auf die Lepra zurück.

In die mittelalterlichen Leprosenhäuser wurden allerdings auch andere von ‚Aussatz' oder vermeintlich ansteckenden Krankheiten betroffene abgeschoben. Die Syphilis zeichnet sich ebenso durch charakteristische Läsionen an Schädel und Langknochen aus. Sie markieren allerdings erst ca. fünf Jahre nach der eigentlichen Infektion das Tertiärstadium dieser durch *Treponema pallidum* verursachten Geschlechtskrankheit.

Weitere infektiöse Knochenveränderungen gehen z. B. auf Periostitis, Osteomyelitis, Meningitis oder Poliomyelitis zurück. Eine Knochenhautentzündung greift die Außenfläche des Knochens an und die so genannte posttraumatische Osteomyelitis stellt eine bakterielle Infektion des Knochenmarks dar, bei der die durch eine Wunde eingedrungenen Eitererreger über die Blutbahnen im gesamten Körper verteilt werden, sich auch fernab der eigentlichen Verletzung ansiedeln und erhebliche Zerstörungen am Knochen anrichten können. Meist führt dann eine Sepsis zum Tode. Aus dem Spitalfriedhof von Heidelberg ist u. a. einer der selteneren Fälle von Säuglingsosteomyelitis überliefert. Aus dem frühmittelalterlichen Gräberfeld von Mengen (Grab 1) stammt eine frühmature Frau mit deutlichen Anzeichen einer Hirnhautentzündung. Bei der 18–20 Jahre jungen Frau aus dem merowingerzeitlichen Gräberfeld von Pleidelsheim (Grab 140) besteht der Verdacht auf Kinderlähmung. Die Knochen beider Füße fehlen, Schien- und Wadenbeine sind atrophiert und anstelle der Füße – leicht verschoben – fanden sich, quasi als Ersatz fürs Jenseits, zwei tönerne Schuhgefäße in Stiefelform.

Entzündungen werden jedoch nicht nur durch pathogene Mikroorganismen hervorgerufen. Auch mechanische, chemische und physikalische Reize können eine Abwehrrekation des Körpers auslösen. Alle betreffen zunächst die Weichteile, die dann womöglich die unmittelbar benachbarten knöchernen Strukturen in Mitleidenschaft ziehen. So kann z. B. eine Entzündung des Parodontiums (Parodontitis) zu vorzeitigem Zahnausfall führen und beißender Qualm schlecht abziehenden Feuers eine Nasennebenhöhlenentzündung (Sinusitis) auslösen.

5. Gut- und bösartige Tumoren – Prostatakrebs und andere Fälle aus unserer Vorgeschichte

Unter einem Tumor versteht man eine Geschwulst, d. h. eine örtlich umschriebene Organschwellung oder gewebliche Neubildung mit irreversiblem und enthemmtem Wachstum. Dabei können prinzipiell alle Gewebetypen entarten, z. B. Nerven-, Drüsen-, Knorpel- und Knochengewebe, Knochenmark oder Darmschleimhaut.

Unterschieden wird hauptsächlich zwischen gutartigen (benignen) Tumoren, die sich langsamer entwickeln und keine Metastasen bilden, aber durch verdrängendes Wachstum trotzdem lebensbedrohliche Situatonen hervorrufen können, und bösartigen (malignen) Tumoren, die in der Regel rasch wachsen, über die Blut- und Lymphgefäße Tochtergeschwülste bilden und zum Tode führen. Die Bezeichung ‚Karzinom' bezieht sich auf bösartige Tumore der Weichteile, wie z. B. Brust-, Darm- und Lungenkrebs, die heutzutage zu den häufigsten malignen Formen zählen, die Bezeichung ‚Sarkom' bezieht sich auf solche des Binde- und Stützgewebes.

Dass Krebs keine Zivilisationskrankheit darstellt, lässt sich an (prä)historischen Skelettresten vielfältig nachweisen. Als ältester Befund aus unserer Region ist momentan der über 200 000 Jahre alte Schädel von Steinheim a. d. Murr im Gespräch (siehe Kap. III.2). Bei ihm werden Spu-

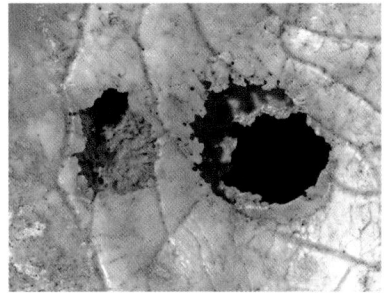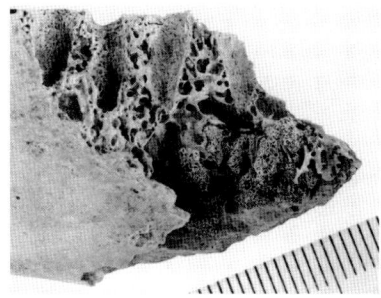

5.1 (links): Unregelmäßig mottenfraßähnliche Perforationen (‚osteoklastische Metastasen') am Schädeldach einer mittelalterlichen Frau aus Vaihingen/Enz (wahrscheinlich Brustkrebs).
5.2 (rechts): ‚Osteoplastische Metastasen' im Unterkiefer eines etwa 40jährigen Bandkeramikers aus Stuttgart-Mühlhausen (wahrscheinlich Prostatakrebs).

ren einer gutartigen Geschwulst der Hirnhaut vermutet. Ein derartiges ‚Meningeom' wurde auch an dem bislang als jungpaläolithisch, nach neueren Analysen aber neolithisch datierten Männerschädel ‚Stetten 2' diagnostiziert.

Unter den etwa 50 bekannten Knochentumoren zählt das gutartige ‚Osteom' zu den häufigsten. Es tritt vorrangig am Schädel oder an Extremitätenknochen auf. Bei einem Alaman-

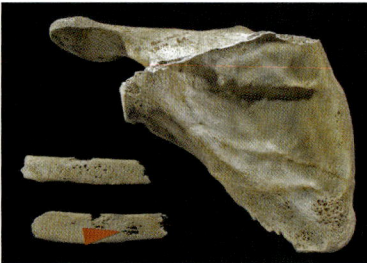

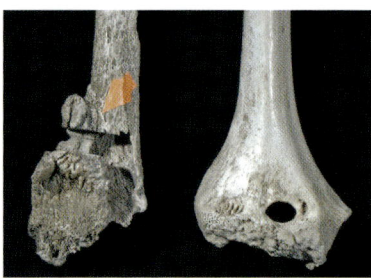

5.3 (oben links): Rechte Beckenhälfte mit knotigen Knochenneubildungen bei einem frühmaturen Mann aus Stuttgart-Münster.

5.4 (oben rechts): Netzartige Auflösungserscheinungen an Schulterblatt und Rippen durch Metastasen eines Weichteiltumors bei einem mittelalterlichen Individuum aus Merklingen ‚Steinhaus'.

5.5 (darunter): Unregelmäßige Knochenwucherungen eines bösartigen Tumors (‚Osteosarkom') am rechten Humerus eines Jugendlichen aus Minden (9.–11. Jh.) mit gesundem Knochen zum Vergleich.

5.6 (rechts): Bösartiger Tumor (‚entartetes Meningeom') am Schädel eines älteren Mannes aus Vaihingen/Enz (Hochmittelalter).

nen aus Schretzheim (Donau) hat sich eines am linken Unterkieferrand gebildet. Selten sind dagegen die bösartigen ‚Osteosarkome', die am Entstehungsort mit knöchernen unregelmäßig blasig-streifigen Knochenneubildungen einhergehen und vorwiegend osteolytisch metastasieren. Beispiele hierfür sind der linke Oberschenkelknochen eines Jugendlichen aus dem frühmittelalterlichen Gräberfeld von Weingarten (Grab 380) und der rechte Ellenbogen eines etwa 15 Jahre jungen Mannes aus Minden (9.–11. Jh. n. Chr.), die entsprechende Auflösungserscheinungen aufweisen.

Multiple Veränderungen konnten an den Skelettresten eines etwa 40jährigen Alamannen aus Stuttgart-Münster festgestellt werden: ein osteolytischer Herd im rechten Scheitelbein, knotige Auflagerungen im Bereich des rechten Beckens, osteoplastische Neubildungen

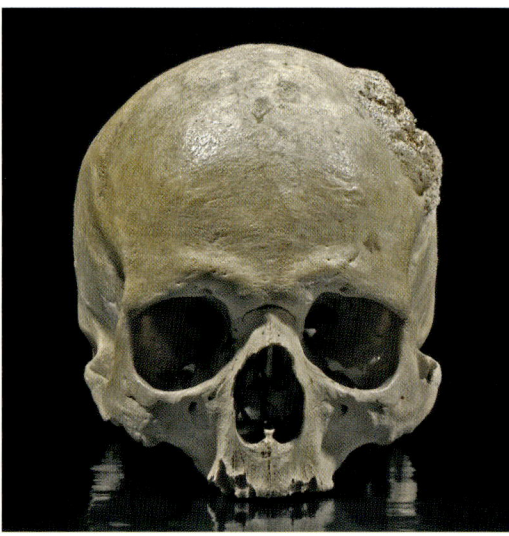

am Unterkiefer, an der Wirbelsäule und im Markraum mehrerer Langknochen und anderer Skelettelemente. Nachdem osteoplastische Metastasen am häufigsten bei einem Prostatakarzinom auftreten, ist diese Diagnose hier naheliegend. Ein ebensolches dürfte bei dem spätadulten-frühmaturen Bandkeramiker aus Stuttgart-Mühlhausen (Grab 71) vorgelegen haben.

Obwohl Brustkrebs prinzipiell auch bei Männern auftreten kann, ist er für Frauen typisch. Um einen derartigen Fall dürfte es sich bei der ca. 50jährigen Frau aus Hailfingen handeln, deren Schädel aus dem Nachlass von Hofrat Schliz (Kap. XIII.4) stammt und im Kalottenbereich zahlreiche mottenfraßähnliche Defekte aufweist, die am ehesten auf Metastasen eines ‚Mammakarzinoms' zurückzuführen sind. Ähnliches gilt für die senile Alamannin aus Eichstetten (Grab 158), bei der allerdings auch Gebärmutterkrebs in Frage kommt.

Zuletzt sei der seltene Fall eines ‚Chondrosarkoms' bei einer spätadulten Frau aus dem 11. Jahrhundert von der Insel Reichenau (Niederzell) genannt. Auf Grund einer bösartigen Entartung des Knorpelgewebes sind bei ihr alle Langknochen verkürzt und deformiert.

6. *Myobacterium tuberculosis* – Seit 8000 Jahren heimisch in Baden-Württemberg

Die Tuberkulose ist eine bakterielle Infektionskrankheit, die chronisch verläuft, ihren Primärherd meist in der Lunge bildet und nicht selten tödlich endet. Zumindest war das früher so. Grundsätzlich können alle Organe befallen werden, und so kommt es auch zu Absiedelungen im Knochenmark. Die Ansteckung geschieht meist über Tröpfcheninfektion, die Ausbreitung im Körper über den Blutkreislauf oder das Lymphsystem. Zwischen Erstinfektion und Spätmanifestation schwerwiegender Symptome können Jahre liegen. In den befallenen Knochenstrukturen – Metaphysen der langen Röhrenknochen, Diaphysen der kurzen Plattknochen und bevorzugt Wirbelkörper – bilden sich zunächst Fisteln und Abszesse. Diese nekrotischen Prozesse brachten der Knochentuberkulose früher auch die Bezeichnung ‚Knochenkaries' ein. Im Röntgenbild lassen sich deutliche Aufhellungen erkennen.

Im fortgeschrittenen Stadium brechen einzelne Wirbelsäulenabschnitte ein und werden eingeschmolzen. Die Reste dieser Wirbel verwachsen miteinander. Es kommt zur Ausbildung eines mehr oder weniger stark ausgeprägten Buckels, allerdings nicht zu einer Kyphose, wie sie z. B. für angeborene Entwicklungsstörungen, Rachitis, Morbus Scheuermann oder Osteoporose charakteristisch ist, sondern zu einem tuberkulosetypischen, so genannten Gibbus, einer spitzwinkligen Abknickung, die nach ihrem Erstbeschreiber, dem englischen Chirurgen Percival Pott (1713–1788) auch Pott'scher Buckel genannt wird. Mit dem Abknicken des Rückenmarkkanals gehen nicht nur erhebliche Bewegungseinschränkungen, sondern vielfach heftige Schmerzen und neurologische, d. h. sensorische und motorische Ausfallerscheinungen einher, im Extremfall kommt es zur Querschnittslähmung. Obwohl nach heutigen Erkenntnissen nur weniger als 3–5% aller Patienten mit chronischer Tuberkulose knöcherne Reaktionen zeigen, finden sich derartige Befunde gar nicht so selten an vorgeschichtlichen Skelettresten.

Einer der ältesten und gleichzeitig am detailliertesten beschriebenen Fälle wurde im Oktober 1904 in Heidelberg-Bergheim gefunden und zunächst im Rodolf Virchow-Institut in Berlin untersucht. Man war auf die Bestattung eines ca. 20–25jährigen Mannes gestoßen, der mit leicht angezogenen Beinen als rechtsseitiger Hocker mit dem Oberkörper in Bauchlage, den Händen unter dem Gesicht und beidseitig abgespreizten Ellbogen angetroffen worden war. Als Beigabe fand sich eine steinerne Pfeilspitze. Die Jahrzehnte später durchgeführte ^{14}C-Datierung ergab ein Alter von etwa 6200 Jahren. Der auffallende Wirbelsäulenbefund (Keilwirbel und knöcherne Fusion des 4.–6. Brustwirbels) veranlasste die Erstbearbeiter zu der heute eher kurios anmutenden Namensgebung *Homo kyphosis heidelbergensis*.

Noch ältere Fälle sind inzwischen aus dem frühneolithischen Gräberfeld von Stuttgart-Mühlhausen bekannt. Am eindeutigsten ist der Befund aus Grab 34, das der älteren Phase der Bandkeramik zuzurechnen ist. Bei der etwa 30jährigen Frau sind die ersten vier Lendenwirbel kollabiert und zu einem Block verschmolzen, der auf der Ventralseite lediglich noch eine Höhe von 3 cm aufweist. Die Kyphose ist derart stark ausgeprägt, dass sich die Betroffene – wenn überhaupt noch möglich – mit

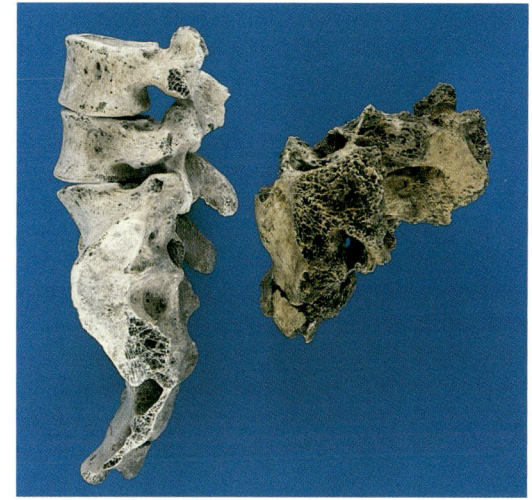

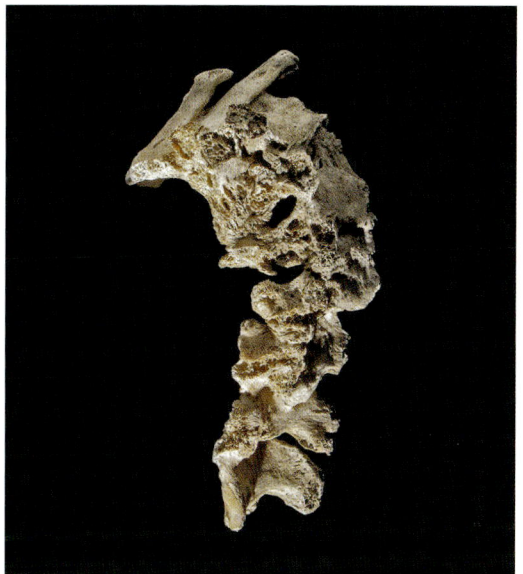

6.1: Knochentuberkulose im Bereich der unteren Lendenwirbelsäule und des Sacrums eines vermutlich männlichen Individuums aus dem frühmittelalterlichen Friedhof von Lauchheim, Grab 472. Daneben der entsprechende Wirbelsäulenabschnitt eines gesunden jungen Erwachsenen.

6.2: Tuberkulöse Teilwirbelsäule aus insgesamt acht miteinander verschmolzenen Brust- und Lendenwirbeln bei einem jugendlichen Alamannen aus Jöhlingen.

dem Oberkörper in nahezu waagerecht gebückter Haltung fortbewegt haben muss. Die Wirbelsäulenschäden des 30–40jährigen Mannes aus Grab 44 der jüngeren Teilserie sind dagegen noch nicht endgültig differentialdiagnostisch abgeklärt. Ein dritter Verdachtsfall konnte einer Überfunktion der Nebenschilddrüse zugeschrieben werden.

Andere Beispiele aus unserer Region kommen z. B. aus verschiedenen frühmittelalterlichen Nekropolen: Bei dem Mann aus Lauchheim (Grab 472) sind die beiden untersten Lendenwirbel mit dem Kreuzbein verschmolzen und dramatisch nach hinten abgeknickt, bei der Frau aus Nusplingen (Grab 23) sind der 5.–7. Brustwirbel keilartig zusammengebrochen, bei dem rund 15 Jahre jungen Mann aus Jöhlingen insgesamt sechs Brustwirbel kollabiert und bei der 20–30jährigen Frau aus Aldingen zeigt der 4. Lendenwirbel erste Anzeichen einer tuber-

kulösen Spondylitis. Des Weiteren seien zwei Fälle aus einem Ossuarium aus Vaihingen a. d. Enz erwähnt, die ins 12.–14. Jahrhundert n. Chr. datieren. Im ersten ist die Lendenwirbelsäule einer senilen Frau, im zweiten sind sechs Brustwirbel eines hinsichtlich des Geschlechts unbestimmten Erwachsenen betroffen. In der Regel betrifft die Gibbusbildung nur einen kurzstreckigen Abschnitt der Wirbelsäule.

Seit Mitte der 1990er Jahre konnte die DNA von *Myobacterium tuberculosis* bereits mehrfach direkt aus (prä)historischem Skelettmaterial extrahiert werden. In der Neuzeit ist die Häufigkeit dieses Krankheitsbildes wesentlich von sozialen Faktoren abhängig. Derzeit wird diskutiert, ob die Tuberkulose mit den Bandkeramikern zu uns kam oder vielleicht erst in Europa entstanden sein könnte.

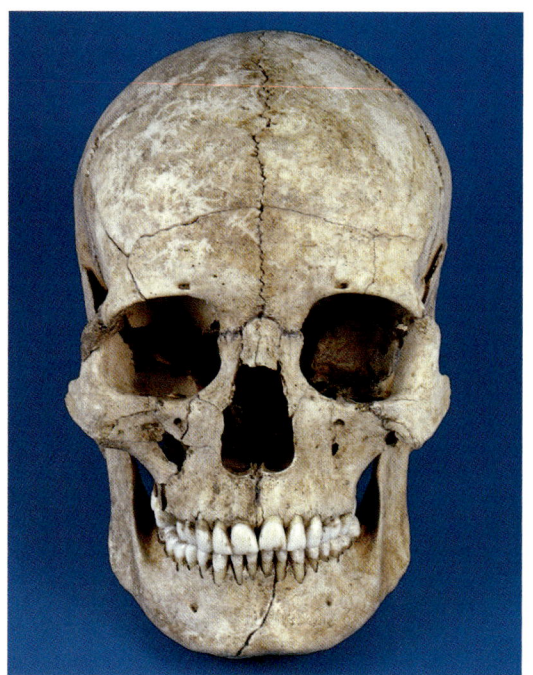

7. Die ‚bucklige Mathilde' von Schwieberdingen – Ein bemitleidenswertes Schicksal aus der Jungsteinzeit

Ohne zu ahnen, welcher dramatische Krankheitsbefund sich bei der anthropologischen Untersuchung der Knochenreste zu erkennen geben würde, hatten die Ausgräber das in einer mittel- bis jungneolithischen Siedlungsgrube in Schwieberdingen im Gewann ‚Hülbe IV' gefundene Skelett liebevoll ‚Mathilde' genannt. Nachdem die ganze Tragik des Falles ans Licht kam, titelte der Konstanzer ‚Anzeiger' einen Bericht im Januar 2001 mit „Die bucklige Mathilde".

7.1: Die Skelettreste der 20–25jährigen Frau aus einer neolithischen Siedlungsgrube von Schwieberdingen in Fundlage.

Die besagten Überreste stammen von einer etwa 20(–25)jährigen, ursprünglich zwischen 1,60 und 1,65 m großen, grazilen und rechtshändigen Frau, die zum Zeitpunkt ihres Todes zumindest eine Geburt hinter sich hatte. Neben geringfügigen Zahnfehlstellungen, Zahnstein, Parodontose und moderaten Hinweisen auf Wachstumsstörungen bzw. Mangelerscheinungen in der Kindheit lassen sich an ihren Knochen Symptome eines komplexen und schwerwiegenden Krankheitsverlaufs ansprechen. Ins Auge fallen blasige Auftreibungen an Rippen sowie Porosierungen an Langknochen und Becken. Besonders auffällig sind aber multiple zystische Defekte, eine Vielzahl glattrandig abgegrenzter Perforationen und Erosionen an mehreren Wirbelkörpern, bis hin zur gänzlichen Auflösung ganzer Wirbelkörper. Vom fünften Brustwirbel an abwärts sind mindestens zehn Wirbel betroffen. Es kam zu einem Zusammenbruch des Stammskeletts im Bereich des 6.–8. Brustwirbels mit Abknickung der Wirbelsäule auf etwa 110°. Die Folge waren ein starker Buckel und erhebliche Bewegungseinschränkungen.

Diffentialdiagnostisch kommen dafür als Ursache verschiedene Krankheitsbilder in Betracht, u. a. eine systemische Erkrankung wie chronische Niereninsuffizienz (medizinisch: Sekundärer Hyperparathyreoidismus), die über viele Jahre bestanden haben muss und mit verschiedenen Folge- und Nebenerscheinungen einhergeht, eine tumoröse Entzündung der Plas-

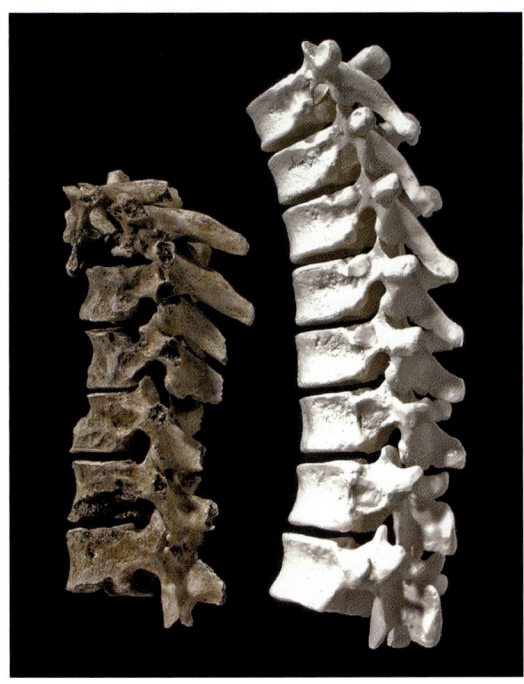

mazellen des Knochenmarks, Metastasen eines Weichteiltumors, eine länger andauernde Knochentuberkulose oder eine bakterielle Infektion, die so genannte Brucellose. Deren Erreger sind weltweit verbreitet. Haustiere stellen die Hauptinfektionsquelle für den Menschen dar. Die Krankheit ist durch Fieber, Herzrhyth-

musstörungen, Leber-, Lymphknoten- und Knochenmarksveränderungen gekennzeichnet und führt meist vor dem 20. Lebensjahr zum Tode. Nachdem verschiedene Spezialisten hinzugezogen wurden, war jedoch klar, dass bei der jungen Frau aus Schwieberdingen nicht alle Symptome einem einzigen Krankheitsbild zugeordnet werden können, da z. B. die Knochentuberkulose meist nur einen kleineren Abschnitt der Wirbelsäule befällt. Demnach muss im vorliegenden Fall eine Coinfektion stattgefunden haben.

Betrachtet man zudem die Muskelansatzstellen an den einzelnen Skelettelementen, zeigen sich deutlich stärkere Ausprägungen im Bereich der Nackenmuskulatur und Beine sowie eine schwache an den Armknochen. Dies lässt sich so erklären, dass die junge Frau ihren Kopf ständig in den Nacken werfen musste, um beim Gehen einen Blick nach vorne zu haben, und ihren Oberkörper auf Grund der Instabilität der Wirbelsäule kaum mehr belasten konnte.

Alles in allem zeichnet sich das Bild einer durch erhebliche physische Beeinträchtigungen schwer gezeichneten Person. In Anbetracht ihres Buckels dürfte sie bei aufrechter Haltung kaum mehr größer als 1,40 m gewesen sein.

7.2 (linke Seite rechts): Der Schädel der jungen Frau weist bis auf einen leichten Überbiss, Schmelzhypoplasien an den Zähnen und einer Sutura frontalis keine Besonderheiten auf.

7.3 (linke Seite links): Ventralansicht eines Teilabschnitts der Wirbelsäule (vt10–vl2) mit multiplen Lochdefekten und Auflösungserscheinunge im Bereich der Wirbelkörper.

7.4 (rechte Seite): Teilwirbelsäule (vt6–vl1) der schwerkranken jungen Frau mit nach ventral abgeknickten und verschmolzenen Brustwirbeln im Vergleich mit dem entsprechenden Abschnitt einer gesunden Wirbelsäule.

Literatur

VIII.1

K. W. Alt, F. W. Rösing u. M. Teschler-Nicola, Dental Anthropology. Fundamentals, Limits and Prospects (Wien, New York 1998).

P. Caselitz, Caries – Ancient Plague of Humankind. In: Alt, Rösing u. Teschler-Nicola 1998, 203–226.

O. Langsjoen, Diseases of the Dentition. In: A. C. Aufderheide u. C. Rodriguez-Martin (Eds.), Human Paleopathology (Cambridge 1998) 393–412.

C. Roberts u. K. Manchester, The Archaeology of Disease – Second Edition (Ithaca, New York 1995).

VIII.2

E. Burger-Heinrich, Die menschlichen Skelettreste aus dem Gräberfeld von Stuttgart-Mühlhausen, ‚Viesenhäuser Hof‘. Anthropologische Befunde der Grabungen aus den Jahren 1977 und 1982, 1991–1993. In Vorbereitung.

A. Czarnetzki (Hrsg.), Stumme Zeugen ihrer Leiden. Paläopathologische Befunde (Tübingen 1996).

S. Kölbl, Arthritis und Arthrosis. In: Czarnetzki 1996, 41–64.

M. Menninger u. O. Waibel, Spondylopathien. In: Czarnetzki 1996, 7–39.

J. Wahl, Der anthropologische Befund. Der Heidelberger Spitalfriedhof. In: Stadtluft, Hirsebrei und Bettelmönch. Die Stadt um 1300. Ausstellungskat. Zürich, Stuttgart (Stuttgart 1992) 479–485.

J. Wahl, Kleine und große Leute im mittelalterlichen Engen. In: W. Kramer (Hrsg.), Engen im Hegau. Stadtgeschichte Bd. 3 (Stuttgart 2000) 39–58.

VIII.3

St. Geroulanos u. R. Bridler, Trauma. Wund-Entstehung und Wund-Pflege im antiken Griechenland. Kulturgesch. d. antiken Welt 56 (Mainz 1994).

H. Helferich, Atlas und Grundriss der traumatischen Frakturen und Luxationen. Lehmanns medizinische Handatlanten VIII (München 1910).

M. Kunter, Die Bedeutung von Parierfrakturen für die Feststellung menschlicher Verhaltensweisen in früheren Geschichtsperioden. In: U. Schaefer (Hrsg.), Verhandl. Ges. Anthrop. u. Humangen., 13. Tagung (Stuttgart 1975) 153–154.

M. Kunter, Frakturen und Verletzungen des vor- und frühgeschichtlichen Menschen. Archäologie u. Naturwissenschaften 2, 1981, 221–246.

VIII.4

A. Aufderheide u. C. Rodríguez-Martín, The Cambridge Encyclopedia of Human Paleopathology (Cambridge 1998).

J. Blech, Leben auf dem Menschen. Die Geschichte unserer Besiedler. rororo science 60880 (Reinbeck 2000).

J. Bleker, Naturwissenschaftliche Medizin und Zellularpathologie 1850–1900. In: H. Schott (Hrsg.), Die Chronik der Medizin (Dortmund 1993) 284 f.

I. Wiechmann u. G. Grupe, Detection of *Yersinia pestis* DNA in Two Early Medieval Skeletal Finds From Aschheim (Upper Bavaria, 6th Century A.D.). American Journal Phys. Anthrop. 126, 2005, 48–55.

K. F. Kiple (Ed.), The Cambridge World History of Human Disease (Cambridge 1994).

VIII.5

H. Löwen, Tumoren. In: A. Czarnetzki (Hrsg.), Stumme Zeugen ihrer Leiden. Paläopathologische Befunde (Tübingen 1996) 133–157.

Chr. Uhlig, Zur paläopathologischen Differentialdiagnose von Tumoren an Skeletteilen. Materialh. Vor- u. Frühgesch. Baden-Württemberg 1 (Stuttgart 1982).

J. Weber, A. Spring u. A. Czarnetzki, Parasagittales Meningeom bei einem 32.500 Jahre alten Schädel aus dem Südwesten von Deutschland. Deutsche Medizinische Wochenschrift 127, 2002, 2757–2760.

VIII.6

H. Baron, S. Hummel u. B. Herrmann, *Myobacterium tuberculosis* complex DNA in ancient human bones. Journal Arch. Scien. 23, 1996, 667–671.

Chr. J. Haas, A. Zink, E. Molnar, U. Szeimies, U. Reischl, A. Marcsik, Y. Ardagna, O. Dutour, G. Pálfi u. A. G. Nerlich, Molecular evidence for different stages of Tuberculosis in ancient bone samples from Hungary. American Journal Phys. Anthrop. 113, 2000, 293–304.

J. Orschiedt, Infektionskrankheiten. In: A. Czarnetzki (Hrsg.), Stumme Zeugen ihrer Leiden. Paläopathologische Befunde (Tübingen 1996) 65–89.

A. R. Zink, W. Grabner u. A. G. Nerlich, Molecular Identification of Human Tuberculosis in Recent and Historic Bone Tissue Samples: The Role of Molecular Techniques for the Study of Historic Tuberculosis. American Journal Phys. Anthrop. 126, 2005, 32–47.

M. Teschner, Die Tuberkulose in der Prähistorie (Habilitationsschrift Göttingen 2003).

VIII.7

W. Joachim u. J. Wahl, Siedlungsreste und ein außergewöhnliches Grab des frühen Jungneolithikums aus Schwieberdingen, Kreis Ludwigsburg. Arch. Ausgr. Baden-Württemberg 2000, 32–35.

IX. Von moderat bis heftig –

Angeborene oder exogen verursachte Entwicklungsstörungen

1. Wasserkopf, Kahnschädel und Rachitis –
Im archäologischen Kontext nachweisbare Fehlentwicklungen

Entwicklungs- und Stoffwechselstörungen können anlagebedingt oder erworben sein. In vielen Fällen vermögen sie Spuren am Skelett zu hinterlassen, die uns Aufschluss über die zugrunde liegenden Krankheitsbilder und damit die Symptome geben, unter denen die Betroffenen zu leiden hatten. In diesen Zusammenhang gehören auch Wachstumsstörungen infolge Unterversorgung z. B. mit bestimmten Spurenelementen und Vitaminen oder durch Parasitenbefall oder Krankheit verursachte Mangelsituationen.

So manifestieren sich beispielsweise in der Kindheit erlebte Phasen der Nahrungsknappheit oder Infektionskrankheiten in Form so genannter Schmelzhypoplasien im Bereich des Zahnschmelzes oder als verdichtete Wachstumszonen in den langen Röhrenknochen. Eisenmangel führt zu Blutarmut und porösen Knochenveränderungen, Vitamin-C-Mangel zu verzögerter Wundheilung und Skorbut sowie eine Unterversorgung mit Phosphor und Vitamin D zu Mineralisationsstörungen und Verformungen von Skelettelementen. Ohne entsprechende Analysen und histologisch-radiologische Untersuchungen ist eine Differenzialdiagnose allerdings nicht immer einfach. Porotische Knochendefekte können ebenso durch Entzündungen oder Osteoporose hervorgerufen werden. Als Ursachen einer Osteoporose kämen z. B. auch ein Kortisonüberschuss oder Mangel an Östrogenen in Betracht.

Als Beispiel einer chronischen Polyarthritis, die sich nicht nur infolge Überbelastung oder bakterieller Infektion, sondern auch im Zuge einer Stoffwechselstörung entwickelt haben könnte, sei der bereits merhfach erwähnte etwa 50jährige und ca. 1,95 m große Mann aus der ehemaligen Pfarrkirche St. Martin (Grab 103) in Engen genannt.

Nach internationaler Übereinkunft wird zwischen lokalisierten Fehlbildungen einzelner Skelettelemente und generalisierten Entwicklungsstörungen unterschieden, erstere werden als ‚Dysostosen‘ letztere als ‚Dysplasien‘ bezeichnet. Heutzutage sind alleine über 200 verschiedene Formen von Skelettdysplasien beschrieben. Zu den angeborenen Dysostosen gehören z. B. die Spina bifida, eine Fehlentwicklung im Bereich der Wirbelsäule, die im Volksmund unter der Bezeichnung ‚offener Rücken‘ bekannt ist, oder die ‚Trisomie 21‘ (‚Down-Syndrom‘, früher als ‚Mongolismus‘ bezeichnet). Für beide Formen sind Fälle aus der Vorgeschichte Baden-Württembergs überliefert.

Ebenfalls in diese Gruppe gehören Blockbildungen der Wirbelsäule und atypische Schädelformen, die infolge vorzeitiger Verwachsung

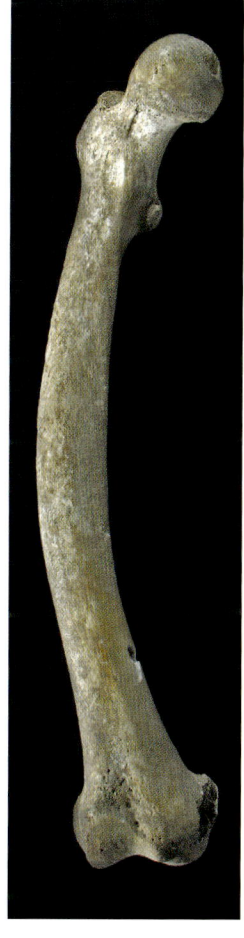

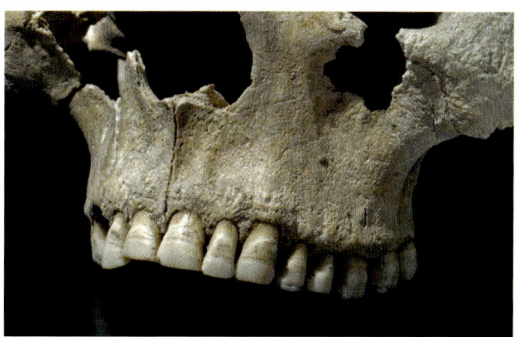

1.1: Querriefen im Zahnschmelz (‚Schmelzhypoplasien‘) bei einem etwa 40jährigen Bandkeramiker aus Schwetzingen als Anzeichen von Wachstumsstörungen in der Kindheit.

1.2: Rachitisch verbogener rechter Oberschenkelknochen eines mittelalterlichen Erwachsenen vom ‚Benediktinerplatz‘ in Konstanz.

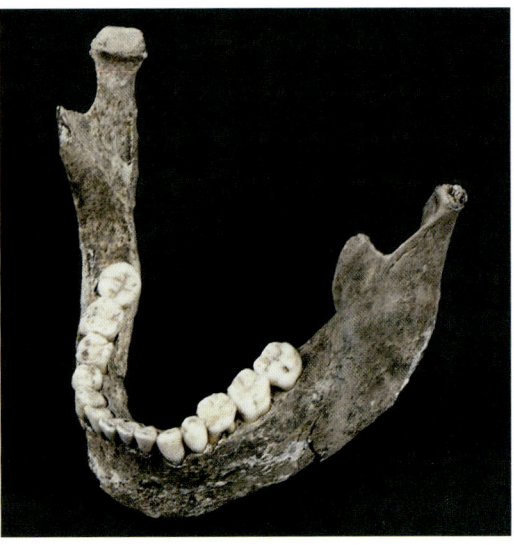

1.3 (links): Unterkiefer einer ca. 25jährigen Frau aus der Klosterkirche von Schönau (Rhein-Neckar-Kreis) mit persistierenden Milchbackenzähnen.

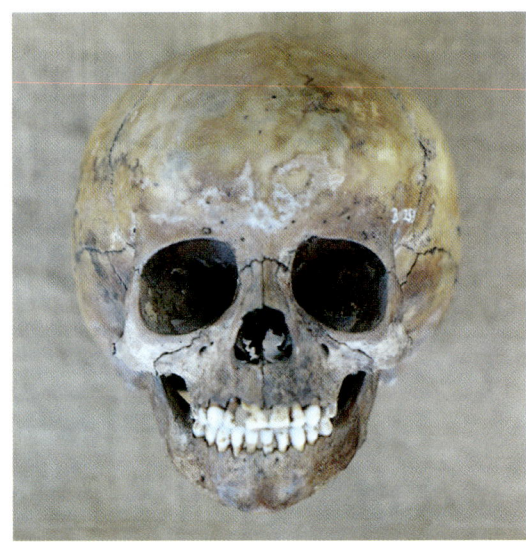

1.4 (darunter): Knochenwucherungen an den distalen Gelenkenden der Oberschenkelknochen eines 45–50jährigen Mannes infolge rheumatoider Arthritis oder chronischer Polyarthritis, evtl. hervorgerufen durch eine Stoffwechselstörung (Engen, alte Pfarrkirche 'St. Martin').

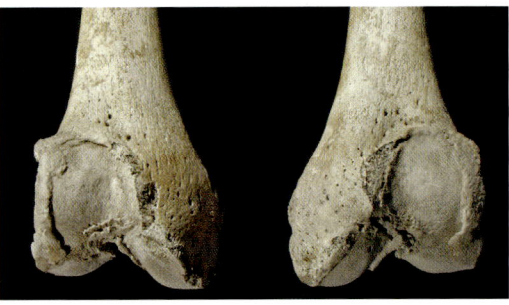

1.5 (rechts): Überdimensionaler Hirnschädel eines 3–4jährigen Kindes aus dem Spitalfriedhof in Heidelberg (Hydrozephalus).

einzelner Abschnitte der Schädelnähte entstehen. Ein typischer so genannter Brachycephalus ('Breitschädel') wurde in spätmittelalterlichem Kontext aus Rottweil, Münster Heilig Kreuz, gefunden und auf dem römischen Gräberfeld von Stettfeld war ein etwa 10jähriger Knabe mit einer prämaturen Nahtsynostose begraben, der im Erwachsenenalter einen 'Kahnschädel' ('Skaphozephalus') entwickelt hätte (siehe Kap. VI.2).

Eine andere Fehlbildung im Bereich des Schädels ist der so genannte Hydrozephalus ('Wasserkopf'). Dabei kommt es durch eine Zirkulationsstörung zu einer Ansammlung von Gehirn- und Rückenmarkflüssigkeit ('Liquor'), die das Zentralnervensystem gegen Stoß und Druck schützt. Der intrakranielle Druck steigt, die Schädelnähte weiten sich, die Knochen dünnen aus, es kommt zu abnormem Schädelwachstum. Unbehandelt sterben 50% aller Betroffenen vor Vollendung des 5. Lebenjahres. Frühformen dieser Anomalie liegen möglicherweise mit dem eineinhalb bis zweijährigen Kind aus der mesolithischen Kopfbestattung vom Hohlenstein sowie einem zweiten ähnlichen Alters aus dem Spitalfriedhof von Heidelberg vor.

Einen ausgesprochen seltenen Fall von 'Akromegalie' kennen wir aus dem schnurkeramischen Friedhof von Lauda-Königshofen (Grab

1.6: Typisch breitwüchsiger Schädel infolge vorzeitiger Verwachsung der Kranznaht (Rottweil, 'Hlg. Kreuz'), a) Aufsicht und b) linke Seitenansicht.

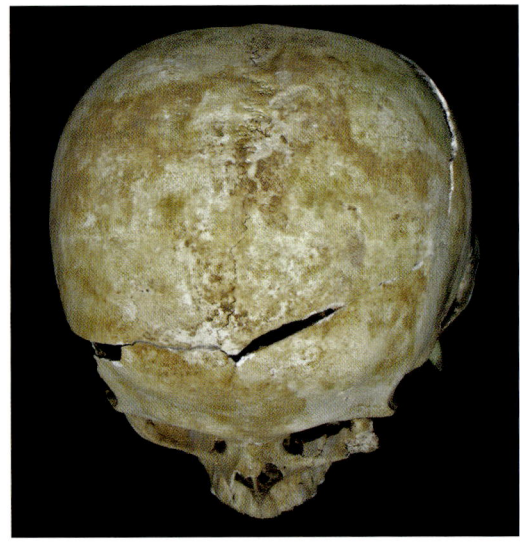

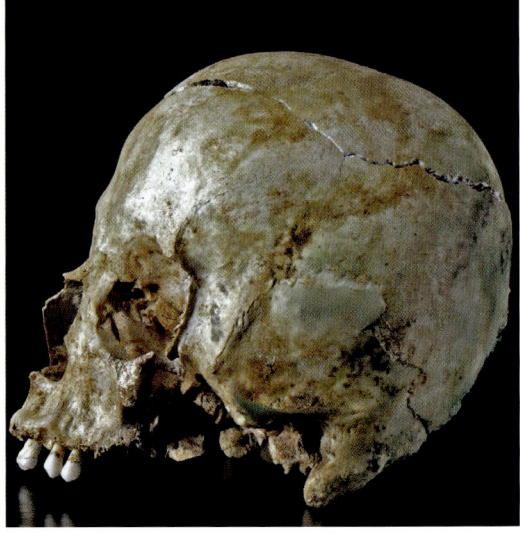

47; siehe S. 163). Der um oder über 50 Jahre alte Mann litt unter einer Überproduktion des im Hypophysenvorderlappen produzierten Wachstumshormons Somatotropin, eine Hormonstörung, meist ausgelöst durch einen gutartigen Tumor im Bereich der Hirnanhangdrüse, die ein sekundäres Wachstum von Knorpel- und Periostgewebe v. a. im Bereich des Gesichts, am Kinn und den Autopodien bewirkt. Ob er auf Grund seines zunehmend robust-kantigen Erscheinungsbildes oder neurologischer Veränderungen, die durch den raumfördernden Prozess im Bereich der Schädelbasis ausgelöst worden sein könnten, trepaniert wurde, lässt sich nur vermuten. Zumindest hat er diesen operativen Eingriff am Schädel überlebt.

Zuletzt sei die rund 30jährige Frau aus der mittleren Bandkeramik vom ‚Viesenhäuser Hof' (Stuttgart-Mühlhausen, Grab 78) erwähnt. Bei ihr konnte durch radiologische Untersuchungen eine andere Hormonstörung nachgewiesen werden. In diesem Fall handelt es sich um eine Überfunktion der Nebenschilddrüse, die außer multiplen Zysten und Demineralisationen an verschiedenen Skelettelementen eine Kompressionsfraktur und Fusion des 3. und 4. Lendenwirbels zur Folge hatte. Die Mediziner haben diesem Krankheitsbild den komplizierten Namen „Hyperparathyreoidismus" gegeben.

2. Ein zusätzlicher Zahn im Oberkiefer – Die verhängnisvolle Erbanlage zweier bandkeramischer Männer

Die erste Beschreibung eines ‚Nasenzahns' verdanken wir Johann Wolfgang von Goethe, der im September 1797 in Stuttgart auf ein solches Präparat stieß. Seither sind eine Reihe weiterer Fälle dieser erblich bedingten Fehlbildung beschrieben worden. In der Fachsprache wird ein derartiger Zahn ‚Mesiodens' genannt. Dabei handelt es sich um einen überzähligen intranasalen Zahn mit missgestalteter Krone und meist zylindrischem Querschnitt in der Mitte des Oberkiefers. Er verbleibt nicht selten im Kieferknochen, ohne nach außen durchzubrechen. In seltenen Fällen ist seine Wachstumsrichtung umgekehrt und er wächst nach oben. Einen solchermaßen invertierten Mesiodens bezeichnet man dann als Nasenzahn.

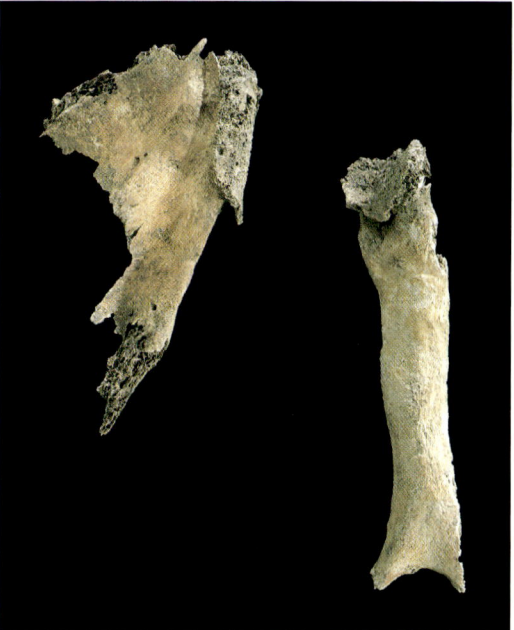

1.7 Verkümmerter, um ca. 11 cm verkürzter Oberarmknochen des Alamannen aus Lauchheim, Grab 334, mit posttraumatischer Nekrose im Schulterbereich: evtl. auch durch Osteomyelitis in der Kindheit zerstört.

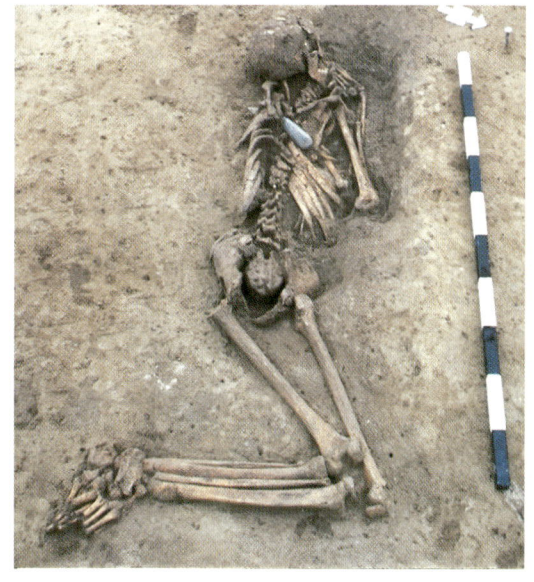

2.1: Die Skelettreste zweier wahrscheinlich eng verwandter Männer aus dem bandkeramischen Gräberfeld von Schwetzingen. a) Grab 26 (links) und b) Grab 6 (unten).

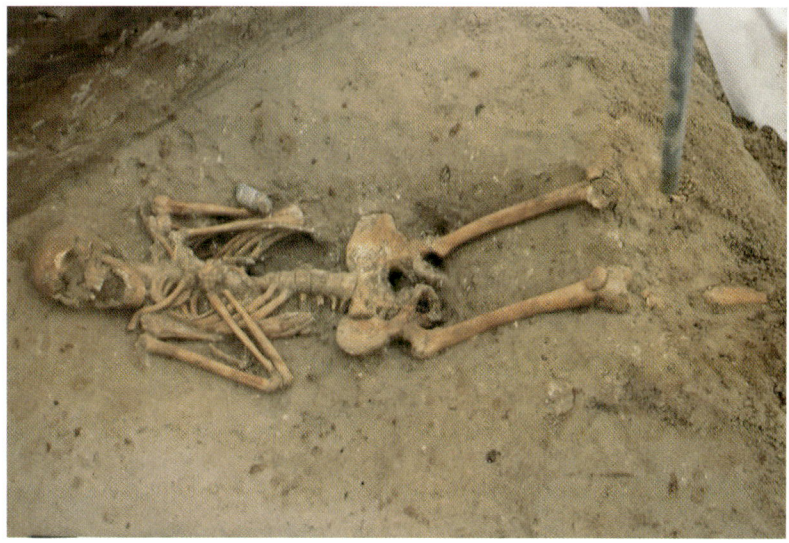

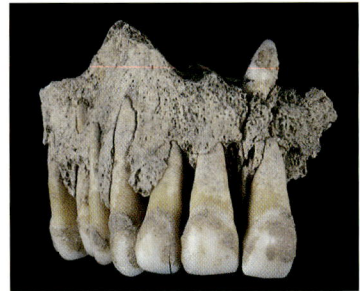 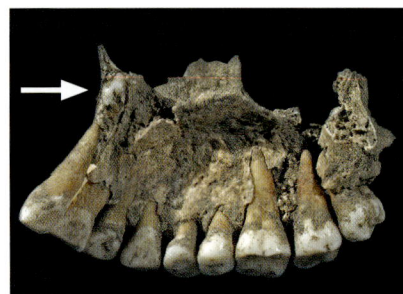

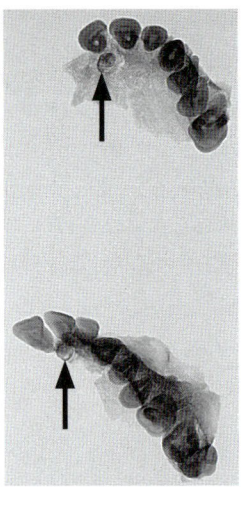 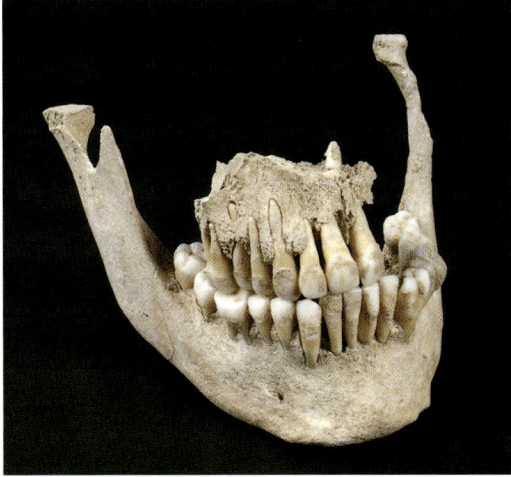

2.2: a) Schwetzingen, Ober- und Unterkiefer des frühadulten Mannes aus Grab 6. Das Gebilde im Bereich des Nasenbodens stellt einen so genannten Nasenzahn dar (Mitte rechts). b) In der Detailaufnahme sind massive entzündliche Veränderungen zu erkennen (oben links).

2.3 (oben rechts): Rechte Oberkieferhälfte des Mannes aus Grab 26 mit eingelagertem Mesiodens (Pfeil) an identischer Position.

2.4: Die Röntgenaufnahmen a) von okklusal (Mitte links) und b) von lateral (unten) verdeutlichen die Ähnlichkeit der beiden Fälle.

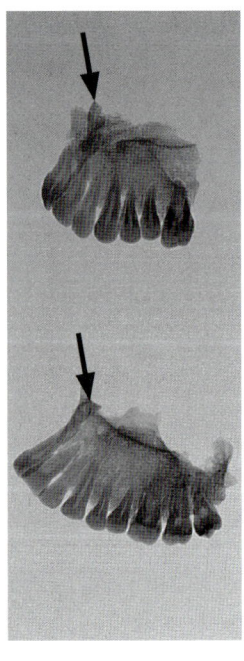

Aus prähistorischem Kontext ist ein Nasenzahn bislang erst einmal beschrieben worden und zwar bei der älteren Frau aus Grab 150 des alamannischen Friedhofs von Stetten a. d. Donau. Die Spitze des insgesamt 24 mm langen Zahns ragt nur wenige Millimeter rechts der Mittellinie in die Nasenhöhle hinein, dürfte zu Lebzeiten der Frau aber noch vollständig mit Mukosa bedeckt gewesen und von seiner Trägerin unbemerkt geblieben sein.

Vor wenigen Jahren sind nun zwei weitere Fälle bekannt geworden. Sie stammen beide aus dem jüngerbandkeramischen Gräberfeld von Schwetzingen, das 1989 ausgegraben wurde und mit mehr als 200 Bestattungen eines der größten dieser Zeitstufe darstellt.

In Grab 6 im Südwesten der Nekropole fand sich das Skelett eines ca. 25–30jährigen und knapp 1,70 m großen Mannes, der – abwei-

chend von der zeittypischen Totenhaltung – scheinbar in gestreckter Rückenlage beigesetzt und mit einer Flachhacke sowie einem Knochenartefakt ausgerüstet worden war. Seine Knochen sind ausgesprochen grazil und lassen auf schwache Muskelaktivität schließen. Links der Crista nasalis ragt ein insgesamt 18,5 mm langer Mesiodens über 9 mm in die Nasenhöhle hinein. Im Röntgenbild lässt sich seine typische Form erkennen. Die Krone dieses Nasenzahns und seine unmittelbare knöcherne Umgebung scheinen wie angeätzt zu sein. Des Weiteren können in der gesamten linken Gesichtshälfte (Schläfenregion, Jochbein und Unterkiefer) Porosierungen und Knochenauflagerungen festgestellt werden. Der betroffene Unterkieferast ist zudem atrophiert und deformiert, die Zähne des Ober- und Unterkiefers infolge Schwunds des Kieferknochens stark verkippt und das gesamte Gebiss von mächtigen Zahnsteinauflagerungen bedeckt, einzelne Zähne sogar auf der Kaufläche überkrustet. Poröse Knochenveränderungen finden sich außerdem z. B. am linken Schienbein.

Der Gesamtbefund deutet auf einen monatelang andauernden, massiven entzündlichen Prozess, als dessen Auslöser im Zentrum der Nasenzahn als ständiger Eiterherd zu sehen ist. Der Betroffene konnte offenbar über längere Zeit kaum mehr feste Nahrung zu sich nehmen, dürfte von heftigen Fieberschüben geplagt worden und letztlich infolge einer Sepsis gestorben sein.

Nur wenige Meter entfernt stießen die Archäologen in Grab 26 auf einen etwa 30jährigen, um 1,70 m großen Mann in linker Hocklage. Er war mit Pfeilspitzen und einem Schuhleistenkeil versehen worden, die er offensichtlich in einer Art Köcher auf der linken Schulter getragen hat.

Er hatte lange, schlanke Extremitätenknochen und mit Ausnahme der Arme ebenso schwach ausgeprägte Muskelansatzstellen wie der Mann aus Grab 6. Dazu kommen degenerative Veränderungen im Bereich der Wirbelsäule und Unterarme sowie eine Deformation des linken Daumens. Alles zusammen ließe sich vielleicht durch intensiv betriebenes Bogenschießen erklären. Auch er trägt einen Mesiodens, 15,3 mm lang, an identischer Position und mit seiner Kronenenspitze nach oben weisend. Dieser hatte den Kieferknochen aber nicht durchgebrochen. Seine dünne Schmelzkappe spricht für eine mangelhafte Mineralisation.

Ergänzend lassen sich Stellungsanomalien v. a. der oberen Frontzähne, starke Interdentalabrasion, deutliche Cribra orbitalia und unspezifische Porositäten an den Langknochen, aber keine derart heftigen entzündlichen Veränderungen wie bei dem Mann aus Grab 6 diagnostizieren.

Beide Gräber liegen auf dem insgesamt etwa 400 qm großen Areal in unmittelbarer Nachbarschaft beieinander. Das an sich außerordentlich seltene Phänomen Nasenzahn bei gleich zwei Personen derselben Nekropole lässt auf eine familiäre Häufung schließen. Beides gibt Anlass zu der Vermutung, dass es sich im vorliegenden Fall um Verwandte, Vater und Sohn, Brüder oder vielleicht sogar Zwillinge handeln könnte. Die Vater-Sohn-Theorie stützt sich auf die Tatsache, dass wir nicht wissen, in welchem zeitlichen Abstand die Beerdigungen stattfanden. So kann ein jüngerer Mann auch der Vater eines älteren sein, wenn er früher verstorben ist und sein Sohn länger gelebt hat. Dass beide nahezu gleich groß waren, sich im Körperbau ähnelten und etwa gleich alt wurden, könnte natürlich auch reiner Zufall sein. Eine DNA-Analyse der Skelettreste steht bislang noch aus.

3. Übermäßiges Wachstum – Eine Fehlfunktion der Hypophyse als mögliche Ursache für einen operativen Eingriff

Aus dem bereits erwähnten schnurkeramischen Gräberfeld von Lauda-Königshofen ist noch ein weiterer Trepanationsbefund überliefert. In diesem Fall liegt außerdem ein medizinischer Befund vor, der die Schädelöffnung indiziert haben könnte.

In Grab 47 war ein Mann von um oder über 50 Jahren beigesetzt worden. Die linksseitige Hocklage hätte ihn nach dem gängigen Schema als Frau ausgewiesen, das mitgegebene Steinbeil korrespondiert hingegen mit der anthropologischen Geschlechtsdiagnose. Der Mann war in mancherlei Hinsicht bemerkenswert. Mit einer Körperhöhe von etwa 1,80 m überragte er seine Zeitgenossen deutlich. Sein Knochengerüst ist äußerst robust, das Relief der Muskelansatzstellen ausgesprochen markant. Nachdem die Schnurkeramiker allgemein eher schlank und grazil daherkamen, muss er eine auffallende Persönlichkeit gewesen sein.

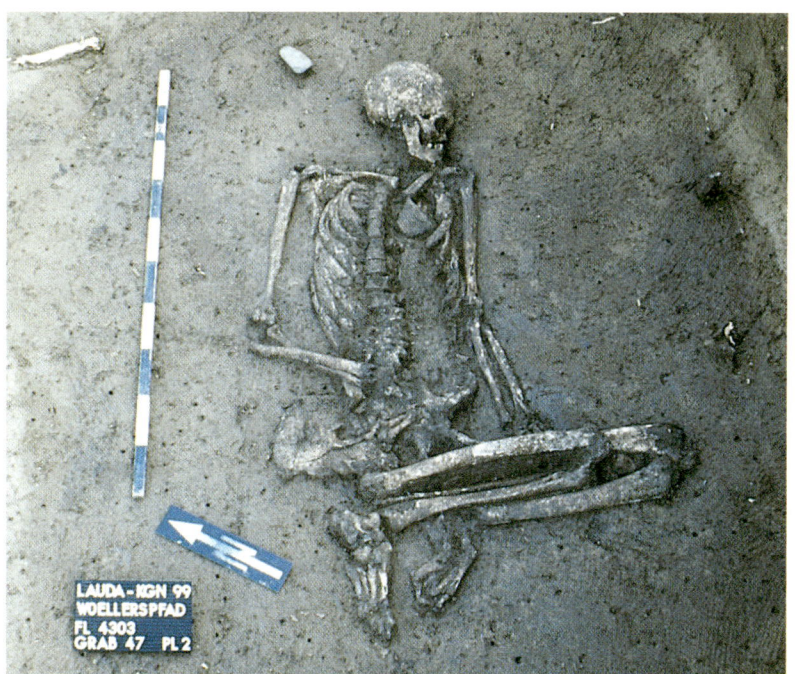

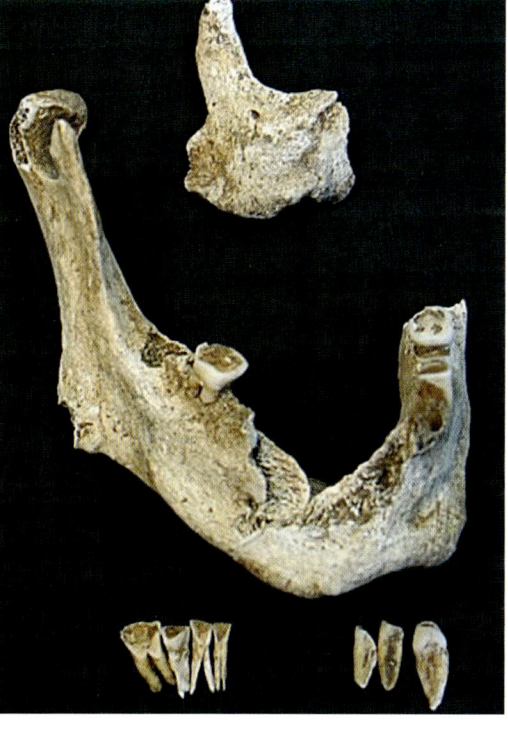

3.1 (oben): Die Skelettreste des spätmaturen Mannes aus dem schnurkeramischen Gräberfeld von Lauda-Königshofen, Grab 47, in Fundlage.
3.2 (Mitte): Schädel in schräger Aufsicht mit verheilter Trepanationsöffnung auf dem rechten Scheitelbein.
3.3 (unten): Teile des Gesichtsschädels und Zahnreste. Das verstärkte Wachstum am unteren Rand des Jochbeins und in der Kinnregion passt – ebenso wie die ungewöhnliche Abkauung der Frontzähne – zur Symptomatik der Akromegalie.

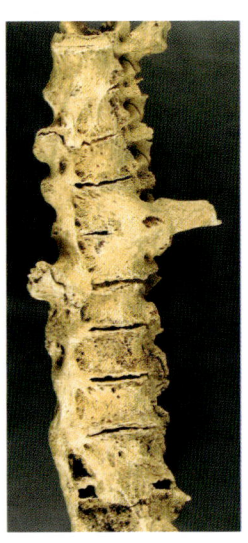

Neben alterskonformen Verschleißerscheinungen imponieren Bissanomalien, ein unproportioniert großer Unterkiefer und v. a. eine etwa 4 cm x 2,5 cm große ovale Trepanationsöffnung auf dem rechten Scheitelbein, nahe der Sagittallinie. Die Kantenbereiche dieses infolge des Heilungsprozesses teilweise schon wieder verschlossenen Lochdefekts sind verrundet. Minimale Spuren entzündlicher Reaktionen belegen, dass der operative Eingriff vergleichsweise komplikationslos und mehrere Monate oder Jahre überlebt wurde. In diesem Stadium kann kaum mehr entschieden werden, welche Trepanationsmethode zur Anwendung kam. Die umlaufend schmale und relativ steile Böschung deutet entweder auf die Schneide- oder die Ringzonenschabetechnik hin.

Ein seltener pathologischer Befund kommt als Ursache dafür in Frage, dass im vorliegenden Fall tatsächlich aus therapeutischen Gründen trepaniert wurde. Bei der anthropologischen Untersuchung verdichteten sich die Hinweise auf eine hormonell bedingte Wachstumsstörung, die so genannte Akromegalie. Diese Krankheit, die auf einer Fehlfunktion der Hypophyse, d. h. einer Überproduktion des Wachstumshormons Somatotropin ('STH') beruht, äußert sich u. a. in einer übermäßigen Vergrößerung von Knochenfortsätzen und Gesichtsweichteilen, insbesondere im Bereich von Nase, Jochbeinen, Überaugenwülsten und Unterkiefer, endokrinen Störungen, Abnahme der Potenz, Herz-Kreislaufproblemen, Kopf- und Gliederschmerzen bis hin zu Wesensveränderungen.

Da die Schädelbasis des Mannes aus Grab 47 nicht erhalten ist, kann über ein voraussichtlich vorhandenes Adenom (gutartige Geschwulst im Bereich der Hypophyse) leider nichts ausgesagt werden. Der dadurch verursachte Hirndruck wird in bestimmten Fällen auch heute noch durch eine Trepanation therapiert.

Die meisten anderen Symptome lassen sich am Skelett ebenfalls nicht beurteilen. Die auffällige Vergröberung bestimmter Knochenpartien sowie deren Größe sind jedoch gewichtige Indizien und typisch für diese Krankheit.

Ein fünfter Taubertaler Schnurkeramiker mit Trepanationsbefund ist aus der kleinen Gräbergruppe von Tauberbischofsheim 'Kirchelberg' bekannt. Dort finden sich auf dem linken Scheitelbein eines frühadulten Mannes eine längsovale, ca. 6 cm x 3 cm große Öffnung sowie parallel dazu oberflächliche Spuren eines fraglichen zweiten, nur geringfügig kleineren Eingriffs. Krankhafte Veränderungen können in diesem Fall erneut nicht festgestellt werden. Das Erscheinungsbild der Behandlungen weist jedoch frappierende Ähnlichkeiten mit den bereits angesprochenen Befunden aus TBB-Dittigheim (Kap. V.7 Fall 2) auf.

4. Schiefschädel, Krücke und Mundgeruch – Mittelalterliche Mönchsgräber von der Gemüseinsel

Die Insel Reichenau ist nicht nur ein vom Klima begünstigter Anbauort für Obst und Gemüse und bekannter Touristenmagnet, sondern ebenso ein stetiger Anziehungspunkt für Geschichtsinteressierte und Kirchenhistoriker. Mit am bekanntesten sind das Münster in 'Mittelzell' sowie die erhaltenen Baustrukturen des im 8. Jahrhundert von Bischof Pirmin gegründeten Benediktinerklosters. Seit dem Jahre 2000 UNESCO-Welterbestätte, wurden auf der Reichenau bislang noch wenige archäologische Ausgrabungen durchgeführt; z. B. im Jahr 1961 auf der Gemarkung 'Ochsenbergle'. Damals waren acht späthallstattzeitliche Grabhügel mit insgesamt 14 Bestattungen, in der Mehrzahl Brandgräber, untersucht worden. Darin stehen drei Subadulte 13 Erwachsenen gegenüber. In einem der Leichenbrände ließen sich erst jüngst Überreste eines etwa 30jährigen Mannes zusammen mit denen eines ca. 5jährigen Kindes, möglicherweise eines Mädchens, in einem zweiten eine adulte Frau mit einem Kind der Stufe ,infans II' nachweisen. Zwischen 1970 und 1972 fanden Grabungen im Bereich ,St. Peter und Paul' in Niederzell statt. Die umfangreichen Skelettreste sind seinerzeit an das Anthropologische Institut der Universität Tübingen geschickt, aber bis heute noch nicht untersucht worden. Dasselbe gilt für ca. „ein Dutzend" mittelalterliche Bestattungen, die in den Jahren 1981–1984 beim Verlegen von Leitungen östlich und südlich des Münsterchors von ,Mittelzell' angeschnitten worden waren.

Zu den Letztgenannten dürften die im Vorfeld einer geplanten Baumaßnahme nun im Frühsommer 2006 hinter der Aussegnungshalle des Friedhofs Mittelzell entdeckten Grablegen gehören. Wo demnächst ein Weinlager stehen soll, wurde eine Fläche von ca. 180 m² sondiert und dokumentiert. Dabei kamen eine Mörtelmischgrube von über 2 m Durchmesser, die im Zusammenhang mit der Erbauung der Kirche stehen dürfte, sowie ein zehn Gräber umfassender Ausschnitt des früheren Klosterfriedhofs zu Tage. Dessen Existenz ist vom ausgehenden 8. Jahrhundert bis in die zweite Hälfte des 16. Jahrhunderts dokumentiert. Die relativ lockere Belegung der in zwei Reihen angetroffenen Bestattungen könnte darauf hindeuten, dass hier die Peripherie des Friedhofs erfasst wurde. Ihre Ausrichtung entspricht ziemlich genau der Kirchenachse. Auf Grund stratigraphischer Gegebenheiten sowie der typischen Armhaltung der in West-Ost- bis Nordwest-Südost-Richtung in gestreckter Rückenlage beigesetzten Verstorbenen sind die Grablegen wohl eher in eine frühere Phase (ca. 800–1000 n. Chr.) einzustufen. Wie Untersuchungen in mehreren Pfarrkirchen, u. a. des Kantons Bern, gezeigt haben, wurden die Toten im alamannischen Raum nach der Jahrtausendwende nicht/kaum mehr mit ein- oder beidseitig am Körper anliegenden, gestreckten Armen beerdigt, sondern meist mit über Bauch oder Brust gefalteten Händen.. Der Erhaltungszustand der Skelette ist mittelmäßig, bei einigen sind auch Hand- und Fußknochen überliefert, bei anderen Kleinteile und spongiöse Abschnitte weitgehend verwittert. Dies dürfte mit Grundwasserschwankungen, d. h. dem Wechsel zwischen feuchten und trockenen Liegebedingungen zu erklären sein.

Bei den Individuen aus der Grabung ,Winzerkeller' handelt es sich erwartungsgemäß aus-

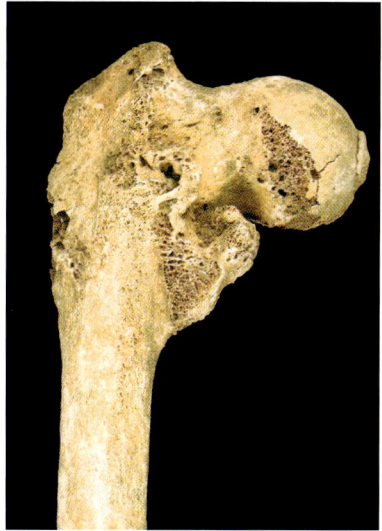
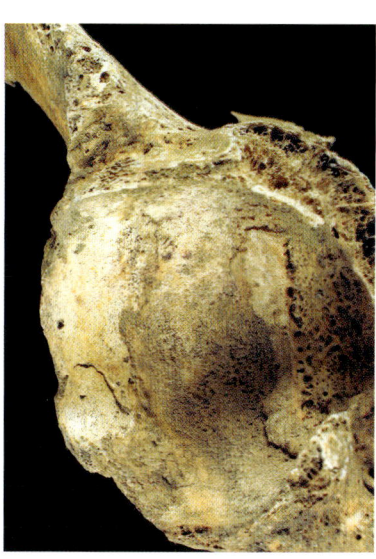

4.3: a) Verheilte Trümmerfraktur am oberen Gelenkende des rechten Oberschenkelknochens aus Grab 7; b) zugehörige Hüftgelenkspfanne mit großflächiger Schliffusur nach Zerstörung des Gelenkknorpels.

schließlich um Männer. Das Sterbealter der Mönche liegt zwischen ca. 30 und etwa 70 Jahren, im Durchschnitt über 50 Jahre, und damit deutlich über dem Mittelwert der männlichen ,Normalbevölkerung'. Auch wenn die vorliegende Individuenzahl statistisch nicht repräsentativ ist, scheint sich zu bestätigen, dass Männer im Kloster eine höhere Lebenserwartung hatten. Auf dieses Phänomen stieß man bei der Auswertung von Professbüchern unterschiedlicher Provenienz, die die Sterbedaten von Mönchen und Nonnen enthalten. Demnach wurden Männer in klerikaler Abgeschiedenheit

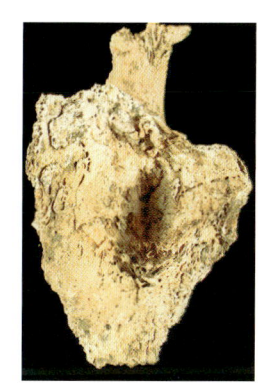

4.4 (oben): Teil des linken Jochbeins des Mannes aus Grab 1 mit deutlichen Anzeichen einer chronischen Nasennebenhöhlenentzündung.

4.5 (links): Unterkiefer des Mannes aus Grab 10 mit Kariesdefekt, fortgeschrittener Parodontose und auffallend starken Zahnsteinanhaftungen im Bereich des Frontgebisses.

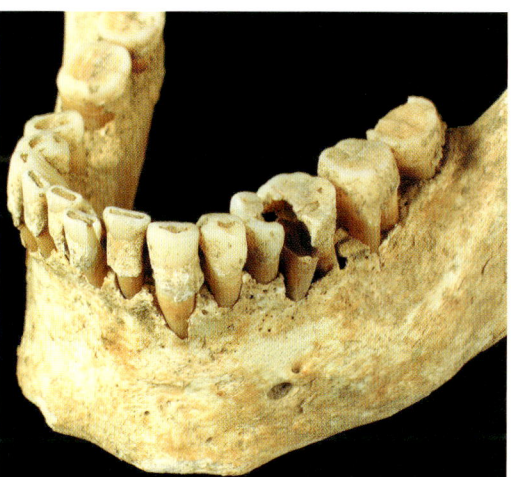

rund fünf Jahre älter als im profanen Leben und erreichten fast den weiblichen Erwartungswert. Nonnen profitierten dagegen kaum gegenüber den Frauen in Stadt und Land.

Mit Körperhöhen zwischen 1,71 und 1,80 m (im Mittel rund 1,76 m) überragten die Reichenauer Mönche die Männer ihrer Zeit um durchschnittlich fünf Zentimeter. Sie waren relativ robust, die Älteren zeigen z. T. heftige degenerative Veränderungen im Bereich der Wirbelsäule, Hüft- und Kniegelenke ebenso wie verknöcherte Sehnenansätze, die auf chronische Polyarthritis und/oder körperliche Belastungen, möglicherweise eher im Rahmen landwirtschaftlicher Tätigkeiten, zurückgehen. Daneben fallen der außergewöhnlich starke Zahnsteinbefall sowie hohe Raten an Karies und intravitalem Zahnverlust bei gleichzeitig weitgehendem Fehlen von Schmelzhypoplasien und anderen Hinweisen auf Mangelsituationen auf.

Aus dieser Symptomatik ergibt sich das Bild einer wohlgenährten Männergruppe, deren Mitglieder zwar arbeiten, in ihrer Kindheit jedoch keine nennenswerten Hungerphasen durchstehen mussten und eher aus besserem Hause stammten. Vermehrter Zahnsteinansatz deutet – neben mangelhafter Mundhygiene – auf einen hohen Anteil protein- und fettreicher Nahrung, evtl. auch auf einen stärkeren Obstkonsum hin. Für das frühe Mittelalter sind u. a. Feige, Kirsche, Pflaume, Pfirsich, Kornelkirsche und Wein nachgewiesen. Salat und Gemüse scheinen dagegen eher eine untergeordnete Rolle gespielt zu haben. Kariöse Defekte sind Folge kohlenhydrathaltiger Speisen. Möglicherweise wurde vermehrt Honig als Süßungsmittel verwendet.

Als interessanter Einzelbefund sei der asymmetrische Hirnschädel des Mönchs aus Grab 10 genannt, der im Alter von ca. 40 Jahren verstorben ist. Es handelt sich dabei um einen ‚Schiefschädel‘ (‚Plagiozephalus‘), der nicht durch eine vorzeitige, einseitige Nahtverschmelzung erklärt werden kann, sondern ursächlich auf einseitige Lagerung bzw. durch eine harte Unterlage im Säuglingsalter oder entsprechenden intrauterinen Lagerungsdruck zurückzuführen ist. Auch Rachitis oder Ostitis deformans können ähnliche Verformungen hervorrufen. Dazu kommen im vorliegenden Fall noch multiple, einen destruierenden Kno-

chenmarkstumor (Plasmozytom) anzeigende Knochendefekte an Schädel, Wirbelsäule, Becken und Langknochen, der passenderweise am häufigsten bei älteren Männern auftritt.

Außerdem erwähnenswert sind Anzeichen einer chronischen Nasennebenhöhlenentzündung bei dem Mann aus Grab 1, eine verheilte Rippenfraktur bei dem über 60jährigen aus Grab 3, Hinweise auf ‚Morbus Scheuermann‘ bei dem Individuum aus Grab 2 sowie die über weite Teile zuckergussartig versteifte Wirbelsäule des Mannes aus Grab 7, der zusätzlich einen Trümmerbruch des rechten Oberschenkelknochens und eine abgeheilte Fraktur und Osteomyelitis des rechten Schienbeins, alles auf eine multiple und massive Beinverletzung hinweisend, erkennen lässt. Auf Grund schwer wiegender Beeinträchtigungen im Hüftgelenk war er beim Gehen mit Sicherheit auf eine Krücke angewiesen. Deren Überreste sind wahrscheinlich in dem seitlich der Tibia vorgefundenen, nur in kleinen Splittern zu bergenden und laut Grabungsprotokoll als „unregelmäßig rechteckige, feinfaserige Struktur" bezeichneten Holzrest zu sehen. In diesem Zusammenhang könnte man versucht sein, an ‚Hermann den Lahmen‘ (Hermannus Contractus, geboren im Jahr 1013) zu denken, der um 1043 zum Priester geweiht und später Abt auf der Reichenau wurde. Er war Schriftsteller und Gelehrter, verfasste Anleitungen zur Konstruktion von Uhren und Astrolabien und teilte als erster die Stunde in 60 Minuten ein. Sein Handicap war eine Lähmung, die ihn zeitlebens an einen Tragstuhl fesselte. Er starb zwar im Kloster Reichenau (24. September 1054), wurde vermutlich aber in seinem Geburtsort Altshausen bei Saulgau beerdigt.

Vom Erscheinungsbild her auffällig dürfte auch der schon erwähnte senile Mann aus Grab 3 gewesen sein. Sein Unterkiefer war gegenüber dem Oberkiefer vorgeschoben. Eine erblich bedingte Fehlbildung (so genannte Progenie), die mit einer mehr oder weniger deutlich hervortretenden Unterlippe einhergeht und in dieser Form z. B. auch auf zeitgenössischen Darstellungen etwa bei Johann Wolfgang von Goethe zu erkennen ist.

Literatur

IX.1

C.-P. Adler, Knochenkrankheiten. Diagnostik makroskopischer, histologischer und radiologischer Strukturveränderungen des Skeletts (²Berlin, Heidelberg, New York 1997).

A. Czarnetzki, A possible trisomie 21 from the late Hallstatt period. Paleopathology News-letter 32, 1980, 107.

W. Götz, Histologische Untersuchungen an Cribra orbitalia – ein Beitrag zur Paläopathologie des Orbitadaches (Dissertation Göttingen 1988).

S. Panzer, A. R. Zink, M. Fesq-Martin, E. Burger-Heinrich, A. Lang, J. Wahl, U. Esch u. A. G. Nerlich, Radiologic findings in a Neolithic case of hyperparathyroidism. Postervortrag, 15th European Meeting of the Paleopathology Association, Durham (England), 10.–14. 8. 2004.

U. Wapler, E. Crubézy u. M. Schultz, Is cribra orbitalia syonoymus with anemia? Analysis and interpretation of cranial pathology in Sudan. Am. Journal Phys. Anthrop. 123, 2004, 333–339.

IX.2

K. W. Alt, Mesiodens in der Nasenhöhle bei einer frühmittelalterlichen Bestattung. Die Quintessenz 1988/6, 1075–1081.

K. W. Alt, Nasal teeth: Report of a historic case. Internat. Journal Anthrop. 5, 1990, 245–249.

R.-H. Behrends, Ein Gräberfeld der Bandkeramik von Schwetzingen, Rhein-Neckar-Kreis. Arch. Ausgr. Baden-Württemberg 1989, 45–48.

G. Fingerlin, Ein Friedhof der Ausbauzeit in Stetten a. d. Donau, Kreis Tuttlingen. Arch. Ausgr. Baden-Württemberg 1985, 179–181.

B. R. Martens, Mesiodentes: Über Häufigkeit, Lage, Form, klinische Folgen und Geschlechtsverteilung (Med. Dissertation Berlin 1976).

IX.3

M. Menninger, Die schnurkeramischen Bestattungen von Lauda-Königshofen. Steinzeitliche Hirtennomaden im Taubertal? (Dissertation Tübingen 2005).

C. Oeftiger, Weiterführende Untersuchungen auf dem schnurkeramischen Bestattungsplatz bei Lauda-Königshofen, Main-Tauber-Kreis. Arch. Ausgr. Baden-Württemberg 1999, 42–45.

IX.4

P. Caselitz, Die menschlichen Skelettreste aus dem Dominikanerkloster zu Schleswig. Ausgr. Schleswig, Berichte u. Studien 1, 1983, 112–188.

M. Luy, Warum Frauen länger leben. Erkenntnisse aus einem Vergleich von Kloster- und Allgemeinbevölkerung. Materialh. Bevölkerungswiss. 106, hrsg. Bundesinst. Bevölkerungsforsch. (Wiesbaden 2002).

M. Luy, Warum Frauen länger leben. Materialien Bevölkerungswiss. 16, hrsg. Bundesinst. Bevölkerungsforsch. (Wiesbaden 2004).

S. Mays, The Osteology of Monasticism in Medieval England. In: R. Gowland u. Chr. Knüsel (Hrsg.), Social Archaeology of Funerary Remains (Oxford 2006) 179–189.

S. Ulrich-Bochsler u. E. Schäublin, B) Anthropologische Befunde. In : P. Eggenberger, S. Ulrich-Bochsler u. E. Schäublin, Beobachtungen an Bestattungen in und um Kirchen im Kanton Bern aus archäologischer und anthropologischer Sicht. Zeitschr. Schweizer. Arch. u. Kunstgesch. 40/4, 1983, 232–240.

S. Ulrich-Bochsler, Soziale und kulturelle Abgrenzung im Spiegel der Anthropologie – ein Exkurs für den Berner Raum. In: G. Helmig, B. Scholkmann u. M. Untermann (Eds.), Centre – Region – Periphery. Medieval Europe Basel 2002, Vol. 2, Sections 4 and 5 (Hertingen 2002) 415–420.

P. Schmidt-Thomé, Ausgrabung im ehemaligen Mönchsfriedhof des Klosters Reichenau-Mittelzell, Kreis Konstanz. Arch. Ausgr. Baden-Württemberg 2006, 227–229.

H. Ullrich, Schädel-Schicksale historischer Persönlichkeiten (München 2004).

J. Wahl, Gut genährt und hoch gewachsen. Die Mönche von der „Gemüseinsel" Reichenau, Kreis Konstanz. Arch. Ausgr. Baden-Württemberg 2006, 230–232.

M. Wild, Hallstattzeitliche Grabhügel von Reichenau-Ochsenbergle, Lkr. Konstanz. Fundber. Baden-Württemberg 29, 2007, 117–234.

http://www.heiligenlexikon.de

X. Gezielt gesucht oder zufällig gefunden?

Manipulierte Menschenknochen

1. Kopfjagd oder Ahnenkult? Schädeltrophäen als jungsteinzeitliche Torwächter

Die menschlichen Skelettreste, die im Zusammenhang mit Erdwerken der jungneolithischen Michelsberger Kultur gefunden wurden, dokumentieren nach bisherigen Erkenntnissen keine einheitliche Genese. So lassen sich z. B. regelrechte Bestattungen von ‚verlochten‘ Teilskeletten unterscheiden, ebenso wie Gewalteinwirkungen am frischen von Zusammenhangstrennungen an länger erdgelagerten Knochen oder Manipulationen, die auf kultische Motive hindeuten von solchen eher profanen Charakters. Hinsichtlich der Funktion dieser Anlagen deutet das vorliegende Ensemble also am ehesten auf Siedlungen hin, in deren Umfeld alle möglichen Lebensäußerungen zum Tragen kamen.

Der Schädel, der an dieser Stelle vorrangig besprochen werden soll, stammt aus dem Erdwerk von Ilsfeld südlich von Heilbronn. Er wurde dort bereits vor mehr als drei Jahrzehnten im innersten der drei Gräben in der Nähe eines Tordurchlasses gefunden und sollte zunächst nur im Rahmen einer Routineerfassung aufgenommen werden. Heute ist er eines der ‚Prunkstücke‘ der Steinzeitabteilung des Württembergischen Landesmuseums in Stuttgart. Erhalten sind lediglich der Hirnschädel sowie Teile des Oberkiefers. Alle einwurzeligen Zähne sind postmortal ausgefallen, die Jochbeine und der Unterkiefer fehlen. Seine wahre Geschichte gab das Stück allerdings erst nach der detaillierten anthropologischen Untersuchung preis.

Die typischen Geschlechtsmerkmale weisen den Schädel eindeutig als männlich aus. Anhand der endokranialen Nahtverwachsung ergibt sich ein Sterbealter von 30–40 Jahren.

Besondere Bedeutung erlangte er jedoch auf Grund einer ganzen Reihe bemerkenswerter Auffälligkeiten, die ihn als ‚Trophäenschädel‘ ausweisen: Seine Außenoberfläche ist verwittert, rissig und teilweise abgeplatzt. Das bedeutet, dass er vor seiner Einbettung über einen längeren Zeitraum im Freien aufbewahrt worden war. Im Bereich der rechten Orbita sowie an der Schädelbasis sind charakteristisch geriefte Nagespuren festzustellen. Es sind dies typische Prädilektionsstellen für Tierverbiss, die beweisen, dass er für die Nager in relativ frischem Zustand zugänglich war. Der Bereich des Foramen magnum ist künstlich, symmetrisch erweitert, mit stärkeren Ausbrüchen an der Innentafel. Die Ausbrüche erfolgten also von außen nach innen. Die Kalotte weist mittig einen unregelmäßig dreieckigen Lochbruch von ca. 20 mm x 25 mm auf. Charakteristische Absprengungen an der Außenseite belegen, dass diese Perforation durch einen spitzen Gegenstand von innen her erzeugt wurde. Beide Defekte sind darauf zurückzuführen, dass der

1.1: Zwei im Graben des Michelsberger Erdwerks von Ilsfeld gefundene Schädel in Vertikalansicht. Links der ‚Trophäenschädel‘ mit Lochdefekt und durch Verwitterung angegriffener Oberfläche. Rechts ein für diese Population typischer, grazilerer Schädel ohne jegliche Erosionserscheinungen.

Schädel ehedem auf einer Stange oder einem Pfahl aufgespießt war.

Ein weiterer, größerer Lochdefekt in der rechten Schläfenregion ist auf mindestens zwei, sich teilweise überlagernde, unverheilte Hiebverletzungen zurückzuführen. Der Mann ist also erschlagen worden. Zu guter Letzt fällt der Schädel von seiner Form her aus dem Rahmen. Er stammt von einem ausgesprochen großen und robusten Individuum mit hoher Stirn und weicht damit typologisch von allen anderen in Ilsfeld gefundenen Schädeln ab. Es könnte sich demnach um eine Person gehandelt haben, die auf Grund ihrer Erscheinung eine besondere Stellung inne hatte oder einen Fremden, der (im Kampf?) getötet und dessen Kopf anschließend zum Schutz oder zur Abschreckung im Eingangsbereich des Erdwerks zur Schau gestellt worden war.

Zwei ähnliche Schädel, allerdings beide von Frauen, sind aus dem rund 45 km entfernten Erdwerk von Bruchsal ‚Aue' bekannt. Diese zeigen ebenso deutliche Verwitterungsspuren und Ausbrüche im Bereich der Schädelbasis. Dass sie dazu noch dieselben Typenmerkmale wie der Ilsfelder aufweisen, könnte auf eine Selektion hindeuten, nach der Personen mit bestimmten körperlichen Eigenschaften nach ihrem Tod eine Sonderbehandlung erfuhren. Vielleicht stammten sie aus derselben ‚Sippe', deren Angehörige zu den führenden Familien gehörten oder als Schamanen fungierten, und denen man nach ihrem Ableben besondere Abwehrkräfte zuschrieb.

Schädel sind im Rahmen ritueller Handlungen zweifellos die mit Abstand am häufigsten verwendeten Teile des menschlichen Skeletts. Erwartungsgemäß finden sich in vielen Erdwerken der Michelsberger Kultur Indizien, die auf Schädelkult hindeuten: So z. B. Schnittspuren am ersten Halswirbel eines 2–3jährigen Kindes vom ‚Hetzenberg', die kaum zufällig entstanden sein können, sondern zielgerichtet der Abtrennung des Kopfes dienten. Oder zwei Durchbohrungen und abgerundete Bruchkanten an der Kalotte eines spätjuvenilen/frühadulten Individuums vom selben Fundort, die als Dekorationsgegenstand, Trophäe oder im Rahmen der Toten-/Ahnenverehrung aufgehängt oder geschmückt war. Oder das Stirnbein einer ca. 20jährigen Frau aus Bruchsal mit fünf horizontal verlaufenden Schnittkerben, die möglicherweise einen abgebrochenen Versuch zur Herstellung einer Schädelschale oder Spuren einer Skalpierung dokumentieren. Oder der Unterkiefer einer erwachsenen Frau, der offenbar noch im Weichteilverband ausgelöst und evtl. als Hals- oder Armschmuck zugerichtet wurde. Derartige Manipulationen könnten auf Opferhandlungen oder spezielle Riten im Rahmen der Totenbehandlung zurückgehen. Typische Schlag- und Schnittmarken sowie Spuren von

Feuereinwirkung, die als Anzeichen kanniba-
listischer Intensionen zu interpretieren wären,
fehlen bislang völlig. Auch wenn vielen Autoren eine geöffnete bzw. künstlich erweiterte
Schädelbasis bereits als ausreichendes Indiz
dafür gilt, dass das Gehirn im Rahmen kultischer Praktiken entnommen wurde, ist damit
der anschließende Verzehr desselben nicht bewiesen. Eine solche Vorgehensweise wird u. a.
z. B. für den Urmenschen aus Steinheim an der
Murr sowie den Neandertaler vom Monte Cir-
ceo (südlich von Rom) impliziert und wäre mit
Sicherheit auch für die beschriebenen Schädel der Michelsberger Kultur diskutiert worden,
wenn nicht die Perforation in der Kalotte des
Ilsfelders einen völlig anderen Entstehungsmechanismus nahegelegt hätte. Folgerichtig wäre
in jedem derartigen Einzelfall zu hinterfragen,
ob Schädel mit Manipulationen im Bereich
des Foramen magnum tatsächlich als Belege
von Anthropophagie zu werten sind oder doch
nicht eher als ehedem aufgespießte ‚Trophäen‘
angesehen werden müssen.

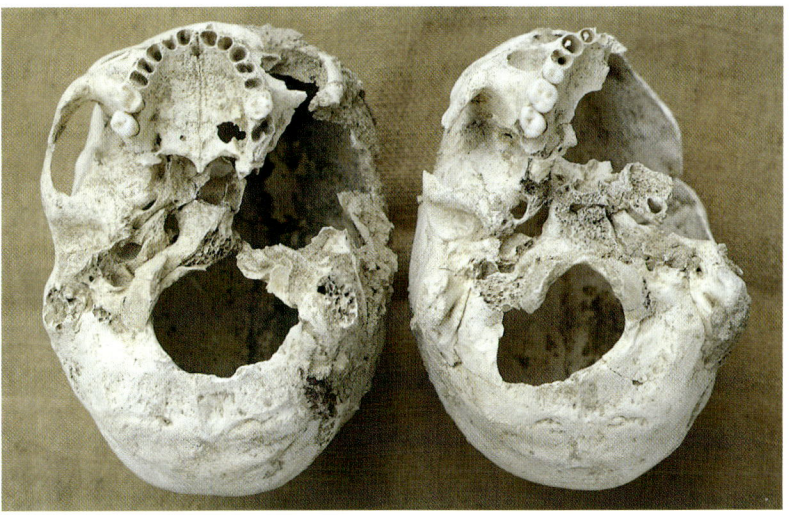

2. Zweifellos profan genutzt –
Jungneolithische Gerätschaften aus
Menschenknochen

Auf Grund ihrer Form und Materialbeschaffen-
heit sind Knochen ein ideales Ausgangsmaterial z. B. zur Herstellung von Ahlen, Sticheln
oder Nadeln. Sie sind im Frischzustand leicht
zu bearbeiten, härter und zäher als Holz und
nutzen sich nicht so schnell ab. Auch wenn
die im Zusammenhang mit Australopithecus-
Funden in den 1950er Jahren von Raimond
Dart für die Phase vor der Steinzeit postulierte
so genannte osteodontokeratische Kultur – ba-
sierend auf Geräten aus Knochen, Zahn- und
Horn – heute ad acta gelegt ist, dürfte Knochen
vor den Metallzeiten einer der wichtigsten
Rohstoffe überhaupt gewesen sein. Durch die
Domestikation fielen zwar ausreichende Mengen an, doch sobald der prähistorische Mensch
auswählen konnte, zog er Wildtierknochen gegenüber solchen von Haustieren vor. Moderne
Materialprüfungen bestätigten, dass diese eine
noch größere Festigkeit und Elastizität aufweisen. Die Menschen hatten dies offenbar auf
empirischem Wege herausgefunden.

Der erste Fund, der an dieser Stelle beschrieben werden soll, wurde bei Ausgrabungen in
Heilbronn-Klingenberg geborgen. Er stammt

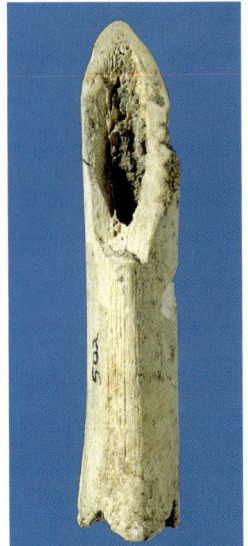

aus einer Siedlungsgrube mit Funden, die der neolithischen Michelsberger Kultur zuzuordnen sind. Es handelt sich um ein etwa zwölf Zentimeter langes Bruchstück aus dem unteren Schaftdrittel des rechten Schienbeins eines erwachsenen, wahrscheinlich männlichen Individuums. Längsriefen auf der unbehandelten Außenseite weisen darauf hin, dass sein Träger zu Lebzeiten eine leichte Knochenhautentzün-

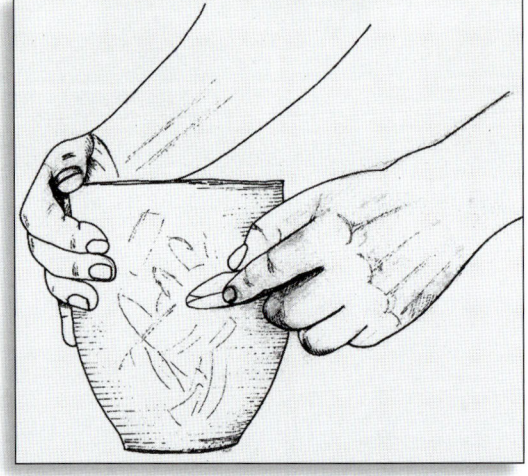

2.1 (oben links): Artefakt aus dem rechten Schienbein eines erwachsenen Mannes aus Heilbronn-Klingenberg (Michelsberger Kultur). – 2.2: Detailansicht der Gerätespitze mit Schleifspuren. – 2.3 (oben): Einsatz eines derartigen Geräts beim Glätten vorgetrockneter Keramik. – 2.4 (unten): Linker Humerus eines erwachsenen Mannes vom Michelsberg bei Untergrombach mit rundum abgeschliffenem distalem Gelenkende.

dung hatte. Das distale Bruchende erscheint unregelmäßig gezackt, aber stellenweise verrundet. Kleinere Aussplitterungen lassen sich auf Tierverbiss zurückführen. Das proximale Bruchende zeigt eine mehr oder weniger stumpf zulaufende, abgeflachte Spitze. Hier ist zweifellos noch im Frischzustand des Knochens infolge stumpfer Gewalteinwirkung ein Keil ausgesprengt worden. Der dadurch zufällig entstandene Kantenverlauf erschien offenbar prädestiniert für eine Verwendung des Stückes als Artefakt. Im Bereich der Spitze sind unterschiedlich ausgerichtete Schlifffacetten festzustellen. Es finden sich unzählige feinste, oft scharenweise parallellaufende Riefen, die darauf schließen lassen, dass damit ein Material mit relativ harter und rauer Oberfläche bearbeitet wurde. Vergleichbare Funde sind

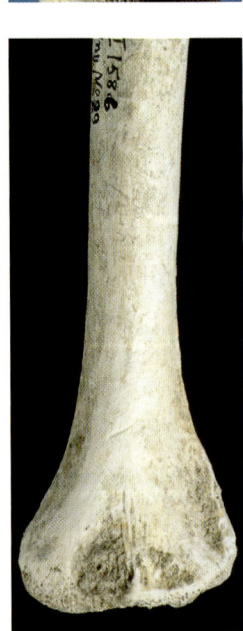

aus den reichhaltig überlieferten Tierknochenensembles verschiedener Fundorte bekannt. Man nimmt an, dass sie zum Glätten grob gemagerter Tonware dienten, bevor diese gebrannt wurde.

Besonders erwähnenswert sind die der Arbeitsspitze gegenüberliegenden Verbissspuren, die durch Abgriffspolitur überschliffen sind. Der Knochen wurde also vor seiner handwerklichen Weiterverwendung von Hunden o. a. benagt, womöglich sogar von einem solchen in die Siedlung und damit das Umfeld des späteren Nutzers gebracht. Er muss zu diesem Zeitpunkt noch relativ frisch, d. h. für das Tier ‚attraktiv‘ gewesen sein.

Der zweite in diesem Zusammenhang aufschlussreiche Fund stammt aus dem Erdwerk vom Michelsberg selbst. Er ist, obwohl bereits vor einem halben Jahrhundert ausgegraben, bis heute noch nicht detailliert publiziert. Es handelt sich um den linken Oberarmknochen eines erwachsenen, eher männlichen Individuums mit einer geschätzten Körperhöhe von ca. 1,65 m. Der distale Gelenkbereich des Knochens ist rundum abgetragen und verrundet. Das Stück wurde demnach in schleifender oder schabender Funktion verwendet. Möglicherweise hat man sich die Raspelwirkung der freiliegenden Spongiosa zu Nutze gemacht und den Knochen im Rahmen der Fellbearbeitung benutzt. Es könnte ebensogut sein, dass es als ‚Rührer‘ zum Einsatz kam. Dann wäre der umlaufende Abschliff des breiten Knochenendes durch häufiges Entlangziehen an der rauen Innenseite eines Keramikgefäßes entstanden.

Besonders am letztgenannten Objekt wird deutlich, wie sehr wir heute bei der Deutung vorgeschichtlicher Gegenstände noch auf Spekulationen angewiesen sind.

3. Schmuckstück oder Amulett? Eine schnurkeramische Zierscheibe aus Lauda-Königshofen

Bearbeitete menschliche Knochenreste stellen im archäologischen Fundgut seit jeher eine Ausnahme dar. In solchem Zusammenhang kommt grunsätzlich die Frage auf, inwieweit die besagten Gegenstände für den täglichen Gebrauch oder zu kultischen Zwecken angefertigt bzw. verwendet wurden oder ob vielleicht die Herstellung an sich einen rituellen

Akt darstellte. Ähnlich problematisch ist die Unterscheidung zwischen Schmuckstück und Amulett; zwischen beiden besteht ein fließender Übergang.

Das hier zur Diskussion stehende Stück wurde im Jahr 1998 in einem Grab des schnurkeramischen Friedhofs von Lauda-Königshofen im Taubertal gefunden. Aus diesem Gräberfeld liegen nach der abschließenden anthropologischen Bearbeitung 69 Bestattungen mit insgesamt 91 Individuen vor. In der Nähe, bei Tauberbischofsheim, sind bereits vor einigen Jahren zwei weitere Nekropolen derselben Kultur entdeckt und ausgegraben worden. Somit liefert das Taubertal bislang die höchste Funddichte für das Endneolithikum in Südwestdeutschland.

Im unmittelbaren Vergleich der drei Friedhöfe offenbaren sich sowohl Gemeinsamkeiten als auch deutliche Unterschiede, z.B. in der Häufigkeit von Mehrfachbestattungen, der bevorzugten Seitenlage von Männern und Frauen sowie in den Beigabenensembles. Sie gehen womöglich auf eine unterschiedliche Herkunft der jeweiligen Gruppen bzw. voneinander abweichende Traditionen zurück.

In Grab 28 war eine Frau von etwa 30–40 Jahren in linksseitiger Hockstellung beerdigt worden. Ihr Oberkörper war entweder intentionell in Rückenlage gelegt oder postmortal in diese Lage gekippt. Minimale Holzreste stammen von einer ehemaligen Grabkammer. Die Grabgrube war ca. 1,4 m x 1 m groß und in Nord-Süd-Richtung orientiert, die meisten anderen Frauengräber in Ost-West-Richtung. Die Skelettreste der spätadulten Frau waren äußerst schlecht erhalten, stark fragmentiert, rissig, und kaum ein Langknochen in seinem vollen Querschnitt überliefert. Rechts neben ihr lagen ein verziertes Keramikgefäß, Tierknochen sowie eine Feuersteinklinge, zwischen Hinterkopf und rechter Schulter eine zweifach durchlochte Zierscheibe.

Diese Scheibe ist aus einem Schädelknochen hergestellt worden. Wölbungsradius, Kalottendicke, Querschnitt sowie auf der Innenseite (Tabula interna) erhaltene Oberflächenstrukturen lassen kaum einen Zweifel daran, dass es sich um ein Stück aus einem menschlichen Schädeldach handelt. Als Entnahmestelle diente die hintere, scheitelwärtige Region des rechten Scheitelbeins, der Bereich des so genannten Scheitelbeinhöckers eines Erwachsenenschädels. Die Scheibe hat einen Durch-

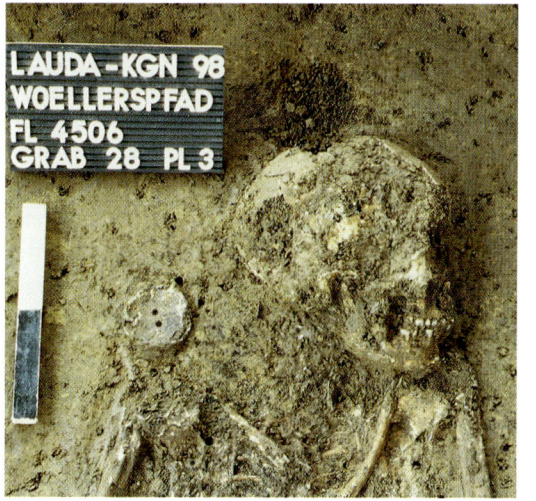

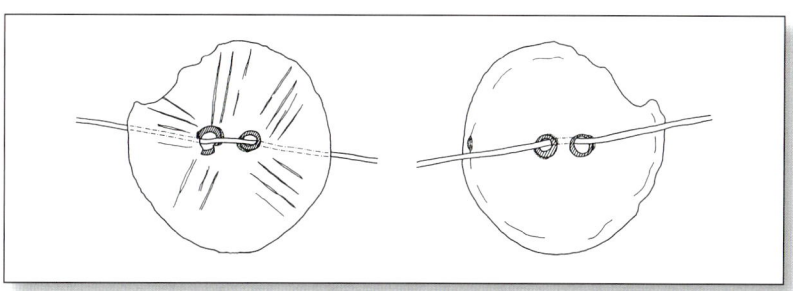

3.1 (oben links): Oberkörper- und Kopfregion der spätadulten Frau aus Lauda-Königshofen, Grab 28, in Fundlage. Neben dem rechten Oberarm lagen ein Keramikbecher, Tierknochen sowie eine Silexklinge; im Bereich der rechten Schulter eine Zierscheibe aus Menschenknochen. – 3.2 (oben rechts): a) Vorder- und b) Rückseite der Zierscheibe (Dm. ca. 6,5 cm). – 3.3 (darunter): Umzeichnung zur vermutlichen Trageweise bzw. Befestigung des Stückes. – 3.4 (unten): Rechte Seitenansicht eines fiktiven Schädels mit Einzeichnung der Entnahmestelle.

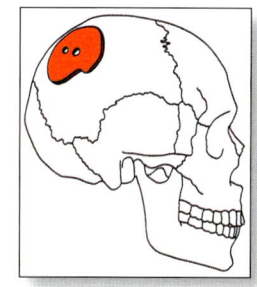

messer von rund sechseinhalb Zentimetern und ist im Mittel sechs Millimeter dick. Die konvex gekrümmte ehemalige Außenseite (Tabula externa) war als Schauseite hergerichtet worden. Sie wurde zunächst auf einer ebenen Schleifunterlage überarbeitet. Dabei entstanden facettenartige Flächen, eine im zentralen Bereich, die anderen radiär zur Peripherie hin strahlenförmig angeordnet, so, als handele es sich um einen überdimensionalen Edelstein. Anschließend brachte man fünf Gruppen paralleler Ritzungen an. Zur farblichen Kontrastierung könnten diese inkrustiert gewesen sein. Die ursprüngliche Innenseite wurde als Unterseite nicht weiter bearbeitet, der umlaufende Rand allerdings ebenfalls beschliffen. Es deutet einiges darauf hin, dass die Scheibe aus einem frischen Knochen herausgeschnitten worden war. Vielleicht hatte man sie sogar im Rahmen einer Trepanation gewonnen.

*4.1: Schienbein-
fragment von der
,Heuneburg' mit ver-
rundetem distalem
Bruchende.
4.2: Zwei verschieden
geformte und perfo-
rierte, wahrscheinlich
als Amulette zu deu-
tende Kalottenfrag-
mente von der Heu-
neburg.*

Mit den beiden mittig angebrachten Bohrungen steht das Stück in einer langen Tradition neolithischer Schmuckformen, wie z. B. durchbohrte Spondylus-Muschelscheiben, die aus der bandkeramischen Kultur bekannt sind, oder so genannte Schädelrondelle aus der Urnenfelderzeit. Solche Zierscheiben aus Menschenknochen sind aus dem gesamten Verbreitungsgebiet der Schnurkeramik bzw. assoziierten Kulturgruppen bekannt, meist mit punktförmigen Verzierungen, v. a. aus dem Pariser Becken, wo sie als Talismane oder Amulette gedeutet werden.

Hinsichtlich der Trageweise des Stückes aus Lauda-Königshofen geben kleinere Zonen mit Scheuerstellen Aufschluss. Es war offenbar auf einer Schnur, einem Lederriemen oder einer Haarsträhne mit gewissem Spiel aufgezogen worden. Seine Fundlage deutet auf einen Kopf- bzw. Haarschmuck oder eine Gewandschließe hin. In letzterem Falle könnte es ein überdimensionaler ,Knopf' gewesen sein.

Als offen getragenes Schädelrondell dürfte die Scheibe auf jeden Fall einen gewissen Symbolgehalt, vielleicht auch den Charakter eines Amuletts gehabt haben. Gleichermaßen könnte man sich eine Form von Ahnenkult oder die Verwendung als Reliquie vorstellen.

Schädelöffnungen sind in der Schnurkeramik ein weit verbreitetes Phänomen. Alleine aus dem Taubertal sind uns bis heute mindestens sechs solcher Eingriffe überliefert. Noch spekulativer, aber beim Vergleich mit ethnographischen Quellen nicht weniger wahrscheinlich, ist die Vermutung, dass die Frau aus Grab 28 die Schädelscheibe als Attribut trug. Sie könnte zu Lebzeiten eine besondere Stellung z. B. als Schamanin innegehabt haben. Hierzu würde vielleicht auch die vom üblichen Kanon für Frauen abweichende Orientierung ihres Grabes passen.

4. Absicht oder Zufall?
Bearbeitete menschliche Skelettteile von der Heuneburg

Der keltische Fürstensitz auf der ,Heuneburg' bei Hundersingen ist auch der überregionalen Forschung ein Begriff. Als beispiellos für Mitteleuropa gilt nach wie vor die mit einem Wehrgang ausgestattete mächtige Lehmziegelmauer, mit der das engere Siedlungsareal umschlossen war. Im Rahmen der über viele Jahrzehnte stattgefundenen Ausgrabungen hat hier mancher namhafte Archäologe sein Handwerk gelernt. Erst seit kurzem kristallisiert sich für die Fachleute immer deutlicher heraus, dass wir es bei dieser Anlage nicht nur mit einem bedeutenden Zentralort der Hallstattzeit zu tun haben, sondern dass dieser auch noch weiträumig von Siedlungen umgeben war.

Von den Heuneburggrabungen liegen uns drei bemerkenswerte Funde aus Menschenknochen vor. Beim ersten handelt es sich um ein etwa 17 cm langes Schaftbruchstück eines linken Schienbeins mit einer abgerundeten Spitze. Es dürfte von einem spätjuvenilen oder älteren Individuum stammen. Eine Geschlechtsbestimmung wäre nur über eine DNA-Analyse möglich. Die Bruchkanten sind offenbar zufällig entstanden, zumindest am distalen Ende in der Zeit, solange der Knochen unter biomechanischen Gesichtspunkten noch als frisch zu bezeichnen war. Dies kann u. U. auch viele Jahre nach der Inhumation des Knochens noch der Fall gewesen sein. Es ergab sich eine Spitze, die für einen kurzfristigen Zweck als Kratzer o. ä. geeignet schien, und – wie seine Verrundung beweist – als solcher verwendet wurde. Die übrigen Partien des Stückes zeigen keinerlei Spuren von Abnutzung.

Die anderen Objekte dürften demgegenüber kaum profanen Charakters gewesen sein. Es sind zwei durchbohrte Schädelteile, interessanterweise beide jeweils aus einem linken Scheitelbein im Frischzustand herausgebrochen, wobei die angrenzenden Kanten und Schädelnähte nicht weiter überarbeitet wurden. Ihre mehr oder weniger symmetrischen Grundformen sowie die Tatsache, dass beide perforiert sind, lassen kaum einen Zweifel an ihrer gezielten Herrichtung aufkommen. Das eine ist ca. 12 cm x 10 cm groß, von rhombischer Form und mit einer zentralen Durchbohrung versehen. Es ist einem juvenilen bis frühadulten Individuum zuzuschreiben und lässt sich in den Zeithorizont datieren, der mit der Zerstörung der Lehmziegelmauer (5. Jh. v. Chr.) einher geht. Das zweite ist lediglich 3,5 cm x 5 cm groß und annähernd rechteckig, die Durchbohrung liegt mittig an einer Längsseite. Es stammt wahrscheinlich von einer erwachsenen Person.

Die Position der Perforationen legt nahe, dass beide Schädelteile zur Aufhängung oder zum Tragen an einer Schnur, einem Lederriemen o. ä. angefertigt wurden. Eine Bohrung wurde komplett von innen nach außen, die zweite doppelkonisch von beiden Seiten ausgeführt. Abnutzungen in diesem Bereich fehlen. In Anbetracht der besonderen Bedeutung des Kopfes bzw. Schädels ist es sicherlich nicht abwegig, an die Herstellung von Amuletten zu denken, die vielleicht hinsichtlich des drohenden Falls der Burganlage als hilfreich erachtet wurden, jedoch nicht mehr vollendet werden konnten. Eine gewisse Verwandtschaft zu teilweise mehrfach durchbohrten Schädelrondellen erscheint zwar naheliegend, aber nicht zwingend.

5. Die Kelten als Kopfjäger – Ein Schädel von der Achalm mit verdächtigen Perforationen

Literarische Hinweise zum Kopf- bzw. Schädelkult der Kelten waren aus römischen Schriftquellen schon lange bekannt. Danach pflegten diese die Köpfe von getöteten Feinden über den Türen ihrer Häuser anzubringen, an den Mähnen ihrer Pferde zu befestigen oder in einbalsamiertem Zustand bei Festgelagen ihren Gästen zu präsentieren.

Handfeste Belege zum rituellen Umgang mit menschlichen Überresten kamen dann aber erst vor einigen Jahrzehnten zu Tage. In diesem Zusammenhang erregten vor allem verschiedene Fundstätten aus Frankreich besonderes Aufsehen. So z. B. das Heiligtum von Gournay-sur-Aronde. Dieser Platz war sowohl mit einer Palisade als auch einem Graben umgeben. Neben interessanten architektonischen Details fanden sich zahlreiche Anhaltspunkte für die Präsentation von Waffen- und Tieropfern, in die womöglich auch menschliche Körperteile eingearbeitet worden waren. Als zweites sei die Kultstätte von Ribemont-sur-Ancre erwähnt, wo ein aus menschlichen Extremitätenknochen geschichtetes Ossuarium sowie eine größere Menge kopfloser Krieger in voller Ausrüstung,

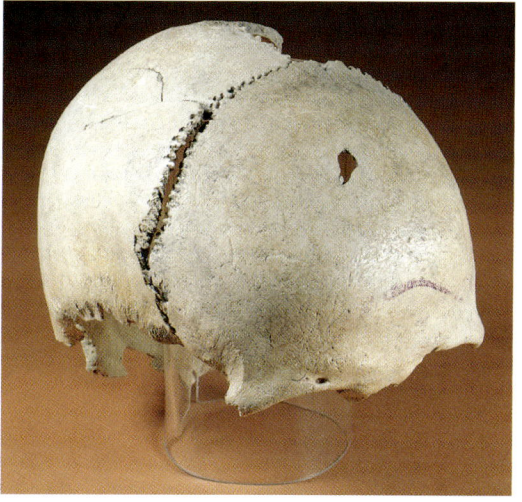

5.1: Die hallstatt-/ latènezeitliche Schädelkalotte eines frühadulten Individuums von der Achalm bei Reutlingen mit kantiger Perforation in der Stirnmitte.

ehedem womöglich auf einer Plattform aufgestellt, angetroffen wurden. Und zuletzt das Heiligtum von Roquepertuse, in dem monolithische Pfeiler mit totenkopfförmigen Nischen gefunden wurden, die (heute verschollene) menschliche Schädel enthielten.

Ähnlich markante Befunde wurden kürzlich aus Siedlungsgruben der Hunsrück-Eifel-Kultur (10./9.–1. Jh. v. Chr.) veröffentlicht. Dabei handelt es sich um mehr als drei Dutzend Schädel bzw. Schädelteile, die z. T. beschliffen, zur Aufhängung durchlocht oder mit Eisennägeln befestigt worden waren. Die meisten davon sind in mazeriertem Zustand zugerichtet worden.

Derart spektakuläre Stücke sind zwar in Südwestdeutschland bislang noch nicht zum Vorschein gekommen, aber seit kurzem ist uns ein Schädel bekannt, der in dieselbe Richtung weisen könnte. Er wurde bei Ausgrabungen der Universität Tübingen auf der Achalm in der Nähe von Reutlingen in einer Kulturschicht über einem im 5./4. Jahrhundert v. Chr. aufplanierten Lehmhorizont entdeckt und datiert in die Späthallstatt-/Frühlatènezeit. An diesem

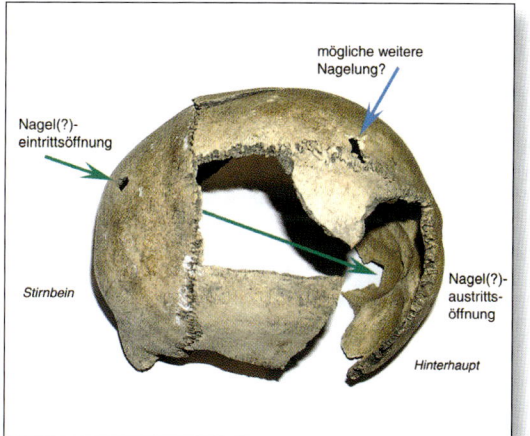

5.2: Rekonstruktion möglicher Nagelungsspuren.

Platz sind bislang verschiedene isolierte menschliche Skelettreste, vor allem Schädel und Schädelteile sowie Fragmente von Langknochen entdeckt worden, die mehreren Individuen unterschiedlicher Altersstufen zugeschrieben werden können. Der besagte Schädel stammt von einer grazilen Person, die zum Zeitpunkt ihres Todes zwischen 20 und 30 Jahre alt war. Auf seiner Innenseite sind Anzeichen entzündlicher Veränderungen zu erkennen.

An verschiedenen Stellen des Schädeldachs lassen sich alles in allem vier Defekte ansprechen, von denen lediglich zwei eindeutig perimortal entstanden sind: eine unregelmäßig tropfenförmige Perforation mittig auf dem Stirnbein sowie eine stumpfe Gewalteinwirkung mit zwei Biegungsfrakturen und Nahtsprengung auf dem vorderen Teil des rechten Scheitelbeins. Beide weisen keinerlei Spuren von Heilungserscheinungen auf, sind also kurz vor oder kurz nach dem Tode entstanden. Die anderen Läsionen stellen Lochfrakturen dar, deren Genese auf Grund unspezifischer Kantenprofile und -verläufe fraglich ist.

Der Defekt im Stirnbereich geht auf einen spitzen, harten Gegenstand mit einem länglich rautenförmigen Querschnitt von 8 mm x 5 mm zurück, der von schräg vorne oben rechts her eingedrungen ist. Einer der traglichen Lochbrüche liegt ungefähr in der Flucht dieser Stirnverletzung im Bereich des Hinterhaupts, was bei der Erstbegutachtung des Schädels Anlass zu

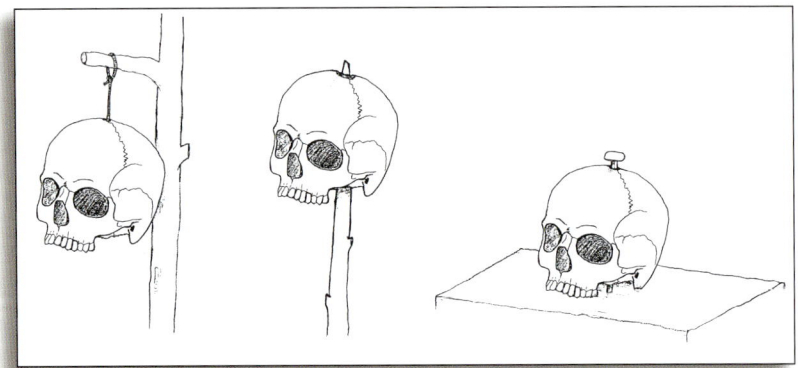

5.3 (oben): Anfang des 19. Jahrhunderts entstandene Darstellung der in der antiken Literatur überlieferten Trophäensitte der Kelten. „Ein Helvetier nagelt einen Trophäenschädel über seine Haustür."

5.4 (darunter): Drei mögliche Formen der Befestigung und Präsentation eines Schädels, die mit einer Perforation im Kalottenbereich einhergehen.

5.5 (rechts): Rekonstruktion eines Torbogens aus dem keltischen Heiligtum von Roquepertuse in Frankreich (Leihgabe der ‚Keltentruppe CARNYX').

der Vermutung gab, es könnte sich um Spuren einer Nagelung handeln. Wenn auch von spurentechnischer Seite her kein zwingender Grund dafür besteht, beide Läsionen in Übereinstimmung zu bringen, ist dies nicht gänzlich auszuschließen. Dass derartige Nagelungen tatsächlich vorkamen, ist wiederum aus Frankreich überliefert.

Einige der zeitgenössischen Nägel wären zwar von der Länge her prinzipiell geeignet, weisen aber durchweg einen quadratischen oder rechteckigen Querschnitt auf. So liefert der Fund von der Achalm zumindest neue Aspekte zur möglichen Deutung solcher Schädelfunde. Ein weiterer spätlatènezeitlicher Schädel aus Mengen-Ennetach ist in seiner Deutung als Trophäenschädel ebenfalls fraglich. Er stammt von einem etwa 50 Jahre alten, nicht zweifelsfrei als männlich oder weiblich bestimmten Individuum, weist aber keine eindeutigen Hinweise auf Gewalteinwirkung oder Manipulation auf. Lediglich zwei kleinere Ausbrüche im Bereich des Foramen magnum könnten am frischen Knochen entstanden sein.

6. Spuren im Sand – Die Schädelschale aus einem römischen Keller in Walheim

Bei großflächigen Ausgrabungen in der römischen Siedlung von Walheim wurde im Jahr 1987 im Keller eines der nachkastellzeitlichen Streifenhäuser ein menschliches Kalottenbruchstück aufgefunden. Es setzt sich aus aneinander angrenzenden Partien des Hinterhauptbeines sowie beider Scheitelbeine zusammen und beschreibt, abgesehen von zwei dreieckigen Ausbrüchen, die Form einer Schale mit einem Durchmesser von 14 cm und einer Höhe von 6 cm. Besonders auffällig ist die auf der Außenseite über etwa zwei Drittel des Umfangs in einer Breite von ein bis zwei Zentimetern beschliffene und verrundete, wie abgewetzt erscheinende Randzone mit feinsten Riefen und Aussplitterungen. Hier ist die Tabula externa flächig abgetragen. Der restliche Randabschnitt scheint unverändert, lediglich an der dort mittig durch den natürlichen Nahtverlauf vorgegebenen Einbuchtung, dem Winkel zwischen der Sutura parietomastoidea und der Sutura occipitomastoidea, lässt sich Abgriffsglätte feststellen. Die betroffenen Nahtabschnitte sind verrundet. In deren Nähe sind

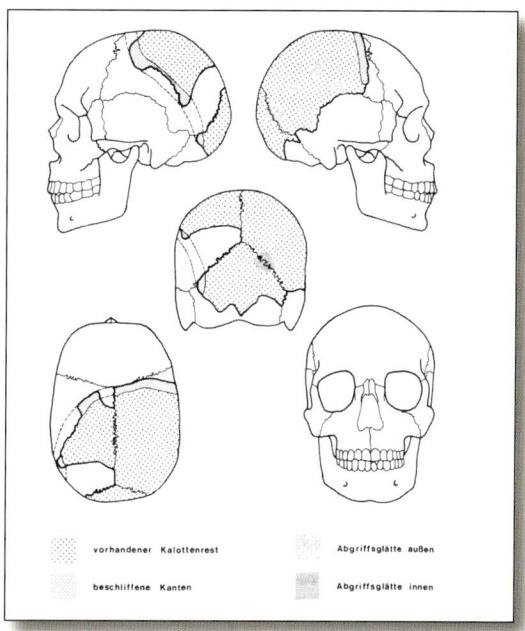

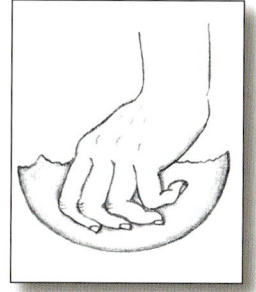

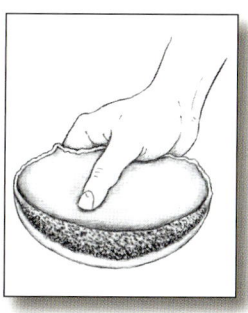

6.1 (oben): Seitenansicht des in einem römischen Keller in Walheim gefundenen Schädelbruchstücks.
6.2 (darunter): Lage des Kalottenfragments im Bereich des Hirn-

fünf punktuell polierte Stellen, vier außen und eine innen, anzusprechen.

Anhand der Nahtverwachsung stammt das Stück von einem frühadulten, etwa 25–30jährigen Individuum. Vergleiche mit anderen römerzeitlichen Schädeln deuten dabei eher auf männliches als auf weibliches Geschlecht. Dazu kommen Hinweise auf krankhafte Veränderungen.

Die gemeinsame Betrachtung aller Gebrauchs- und Abnutzungsspuren legt nahe, dass diese Schädelschale als Grabgerät bzw. eine Art Schöpfkelle für sandig-grobkörniges Substrat Verwendung fand. Die Abgriffpolitur lässt sich im Detail zwanglos durch die Handhabung eines Rechtshänders erklären. Zum Schöpfen von Flüssigkeiten ist die Schale ungeeignet, da die Schädelnähte noch weitgehend unverwachsen, also auch im Bereich der Tabula interna noch nicht verstrichen sind. Außerdem hätte in diesem Fall der innenliegende Daumen stets mit eingetaucht werden müssen. Eine Bestätigung dieses Deutungsansatzes lieferte letztlich der Grabungsbefund selbst: Der

schädels. Die festgestellten Oberflächenveränderungen sind durch unterschiedliche Raster hervorgehoben, die vermutete Gesamtkontur durch eine gestrichelte Linie angedeutet.
6.3 (rechts): Rekonstruktion zur Handhabung der Schädelschale als Grabgerät.

6.4: Ebenfalls in Walheim gefunden: Linker Oberschenkelknochen eines etwa 20jährigen, eher weiblichen Individuums mit plangeschliffener medialer Kondyle.

Rechte Spalte, von oben nach unten:
7.1: Rechte Seitenansicht des Schädeldachs eines (spät)maturen Mannes aus einem römischen Brunnen in Pforzheim mit randlicher Perforation.
7.2: Occipitalansicht mit unvollständig erhaltenem Lochdefekt im Bereich des Hinterhaupts.
7.3: Fontalansicht mit Biegungsfraktur infolge stumpfer Gewalteinwirkung in der Stirnregion.

besagte Kellerboden war mit einer etwa 15 cm starken Sandschicht bedeckt. Darin wurden Standspuren von Vorratsgefäßen gefunden. Die Schädelschale diente also offensichtlich dazu, im Sand Vertiefungen für spitzbodige Amphoren auszuheben.

Vom selben Fundort stammt der nahezu vollständig erhaltene linke Oberschenkelknochen einer ca. 20jährigen, unter 1,60 m großen Frau, dessen innere Kniegelenkrolle von der Seite her bis zur Hälfte abgetragen wurde. Die Schlifffläche ist völlig plan. Wahrscheinlich hat man die Raspelwirkung des Spongiosagewebes ausgenutzt, um relativ festes, hartes Material flächig zu bearbeiten. Zwei Einkerbungen im Bereich des Schafts könnten von der gezielten Herrichtung des Knochens herrühren.

Beide Funde sind Belege dafür, dass menschliche Skelettelemente in der Römerzeit als profane Gerätschaften verwendet wurden. Dabei stellt sich die Frage, ob die jeweiligen Nutzer wussten, dass es sich bei diesen Stücken um Menschenknochen handelte. Die Knochen sind für den beabsichtigten, unspektakulären Zweck wohl kaum gezielt auf dem Friedhof gesucht, sondern eher zufällig durch Hunde oder spielende Kinder in die Siedlung eingebracht worden und so eher beiläufig ins Blickfeld geraten. Man darf davon ausgehen, dass unsere Vorfahren in der Lage waren, Menschen- von Tierknochen zu unterscheiden. Wenn sie menschliche Skelettteile trotzdem für alltägliche Verrichtungen benutzten, hatten sie zumindest keine ethisch-moralischen Vorbehalte. Das lässt sich für die damalige Zeit womöglich damit erklären, dass Verstorbene üblicherweise eingeäschert wurden und man demgegenüber den Knochenresten körperbestatteter Personen wohl keine besondere Achtung entgegenbrachte.

7. Aus der Tiefe ans Tageslicht – Brunnen bergen Geheimnisse aus der Römerzeit

Gleich im ersten von elf römischen Brunnen, die vor einem halben Jahrhundert beim Städtischen Krankenhaus in Pforzheim untersucht wurden, stießen die Ausgräber auf die Skelettreste von insgesamt neun Personen. Das Fehlen datierender Beifunde ließ vermuten, dass es sich um „von den Alamannen hingemordete Römer", Opfer eines Massenmords oder

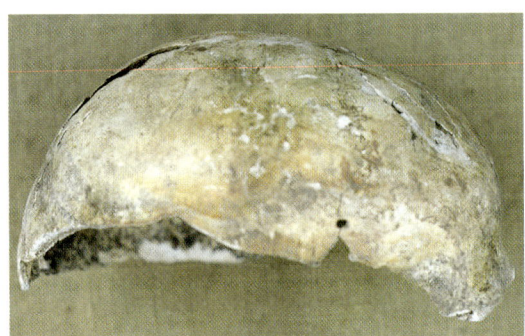

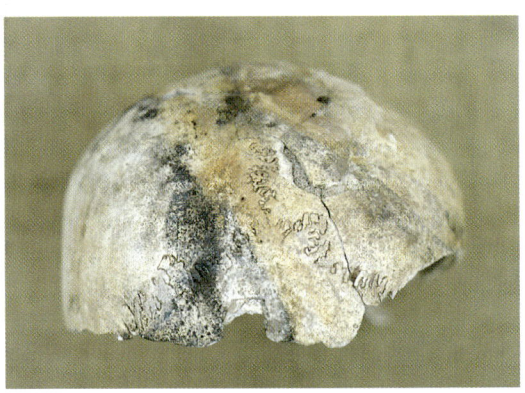

entsorgte mittelalterliche Pestleichen handeln könnte. Vergleichbare Befunde wurden später z. B. aus Regensburg-Harting bekannt, wo die Überreste von 13 Männern, Frauen und Kindern, wohl die Bewohner eines römischen Gutshofs, auf zwei Brunnen verteilt gefunden wurden. Anhand der Verletzungsspuren ließ sich in diesem Fall ein Grauen erregendes Szenario rekonstruieren. Demnach sind die Betroffenen durch einen Schlag gegen die Stirn getötet, anschließend enthauptet, zerstückelt und die Frauen zusätzlich skalpiert worden. Der zuständige Anthropologe deutete das Ganze weniger als Beleg für ein Kampfgeschehen, sondern eher als Menschenopfer der siegreichen Germanen. Weniger systematisch, aber mit nicht minder martialischer Intention wurden 16 Personen, elf Erwachsene sowie fünf Kinder und Jugendliche niedergemetzelt, deren Skelettteile 1994 in einem Brunnen des Bonner Legionslagers ‚An der Esche 4' geborgen werden konnten.

Trotz intensiver Nachsuche seitens der Stadt Pforzheim war das zuerst erwähnte Knochenmaterial nicht mehr auffindbar und muss als verschollen gelten. Damit bleibt die endgültige Deutung dieser Funde auch weiterhin offen. Im Rahmen der besagten Suchaktion wurden jedoch in dem Fundmaterial aus sechs der elf Brunnen immerhin noch insgesamt 37 Menschenknochen von mindestens 13 Individuen entdeckt. Mit einer Ausnahme handelt es sich dabei durchweg um Erwachsene der Altersstufen adult bis matur, nach den zur Geschlechtsdiagnose geeigneten Merkmalen ausschließlich um Männer, und als weitere Besonderheiten sind mehrfach Verletzungs- und Verbissspuren zu finden. Ähnliche Details sind u. a. von den Menschenknochen aus dem römischen Siedlungsareal von Augst und Kaiseraugst bekannt. Unter den Funden aus Pforzheim verdient die in sekundärer Lage angetroffene Kalotte eines ausgesprochen archaisch wirkenden, (spät-)maturen Mannes aus Brunnen 3 besondere Erwähnung. Sie ist symmetrisch geformt, lediglich der rechte Orbitarand ragt hervor und könnte vielleicht als Kultobjekt gedient haben. Die umlaufenden und z. T. verrundeten Bruchkanten verlaufen etwa auf Höhe der Hutlinie. Zudem lassen sich verschiedene Defekte feststellen: eine unvollständig erhaltene, unverheilte Lochfraktur am Hinterhaupt, eine Berstungsfraktur auf dem Stirnbein als Folge stumpfer Gewalteinwirkung im Bereich der Unterstirn, Spuren einer längst verheilten Verletzung am linken Scheitelbein sowie eine randlich gelegene Perforation in der rechten Schläfengegend. Es deutet einiges darauf hin, dass die Kalotte zugerichtet und möglicherweise als Schale verwendet wurde bzw. werden sollte. Die durch einen nagelähnlichen Gegenstand entstandene Perforation könnte der Aufhängung oder Befestigung gedient haben.

Die Schädelschale aus Pforzheim zeigt im Detail bemerkenswerte Gemeinsamkeiten mit einem viele tausend Jahre älteren, jungpaläolithischen Vergleichsstück vom ‚Röthekopf' bei Bad Säckingen. Dort wurde eine nahezu identisch geformte und in Einzelheiten gleichermaßen bearbeitete Kalotte gefunden, die unter Steinplatten deponiert war. Auch bei ihr ragt die obere Begrenzung des rechten Augenhöhlenrands hervor. Vielleicht handelt es sich dabei um ein funktionelles Element, eine Art Griff oder Handhabe?

8. Flötentöne aus dem Jenseits? Ein mittelalterliches Blasinstrument aus Tübingen

Aus der Ethnologie wissen wir, dass Naturvölker die Knochen ihrer Ahnen besonders achten, da ihnen nach deren Vorstellung geistige Kräfte innewohnen. Ähnliches ist z. B. aus Tibet bekannt, wo noch heute kunstvoll verzierte Flöten aus Oberschenkelknochen verstorbener Mönche bei religiösen Zeremonien Verwendung finden. Klang erzeugende Instrumente aus Menschenknochen bringen diesen Geist im übertragenenen Sinne zum Ertönen. In solchen Fällen können wir davon ausgehen, dass der ‚Rohstoff' Menschenknochen, evtl. sogar ein bestimmter Knochen einer bestimmten Person, gezielt ausgewählt wurde, um diese mittels der hervorgebrachten Klänge aus dem Jenseits sprechen zu lassen.

Doch welches Verhältnis hatten die Menschen des europäischen Mittelalters zu ihren Verstorbenen bzw. deren knöchernen Überresten? Es dürfte ambivalent gewesen sein, wie der oft pietätlos anmutende Umgang mit Skelettteilen auf Friedhöfen oder die Tatsache, dass man Pülverchen aus den Knochen von Gehenkten besondere (Heil-)Wirkung zusprach, vermuten lässt.

Bei Ausgrabungen im ehemaligen Kornhaus von Tübingen entdeckten die Archäologen Ende der 1980er Jahre in Schichten aus der zweiten Hälfte des 13. Jahrhunderts eine knapp 12 cm lange Knochenröhre, die sogleich als Flöten-Halbfabrikat gedeutet wurde. Das wäre an sich nicht aufregend gewesen, da mittelalterliche Flöten und Pfeifen aus Knochen von Schafen und Ziegen oder Röhrenknochen von Vögeln zwar nicht eben häufig sind, aber auch nicht gerade etwas Sensationelles darstellen. Seine besondere Bedeutung erlangt dieser Fund dadurch, dass es sich um ein Teilstück eines Unterarmknochens, genauer der linken Speiche, eines relativ schlanken und grazilen Menschen handelt. Er dürfte von einem jugendlichen oder erwachsenen weiblichen Individuum mit einer geschätzten Körperhöhe von etwa 1,60 m stammen.

Das Stück ist oberflächlich kaum überarbeitet, lediglich der zur Elle hin weisende Grat wur-

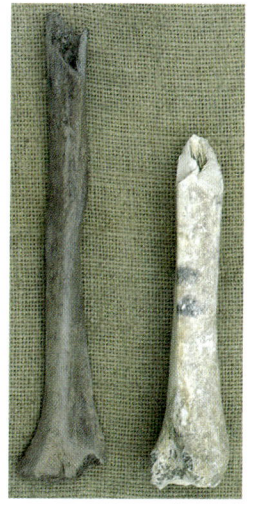

7.4: Die beiden Humeri aus Brunnen 3 und 4 mit im Frischzustand entstandenen proximalen Bruchkanten und Tierverbiss an den distalen Enden.

8.1: Bei Grabungen im Tübinger ‚Kornhaus' gefundenes Flötenhalbfabrikat. Daneben der vollständige linke Radius einer frühmittelalterlichen Frau.

8.2: Details der Flöte. a) so genannter Aufschnitt (Anblasloch) mit Scharten auf dem Labium, b) Kerben im Bereich der Margo interossea, c) Ausbruch an der Rückseite des oberen Endes.

de grob entschärft. Ungefähr ein Zentimeter unterhalb des oberen Endes findet sich ein halbkreisförmig herausgeschnittenes Anblasloch, auch Aufschnitt genannt, das dem Objekt eines der wesentlichen Charakteristika einer Flöte verleiht. Die im Bereich des Labiums – d. h. der Kante, gegen die der Luftstrom beim Blasen geleitet wird und damit die Luftsäule im Inneren des Rohres in Schwingungen versetzt – vorhandenen Scharten sprechen auch hier dafür, dass noch keine Endbearbeitung stattgefunden hat. Die gegenüberliegende Wandung weist eine Aussplitterung auf, die wahrscheinlich dafür verantwortlich ist, dass der Herstellungsprozess abgebrochen wurde. Bevor nämlich die Daumen- und Grifflöcher gebohrt werden, wird, als schwierigster Teil des Flötenbaus, das Anblasloch ausgeschnitten. Geht dabei etwas schief, kann man sich die weitere Arbeit sparen. Das hölzerne Mundstück, der so genannte Kern, nach dem derartige Flöten Kernspaltflöten heißen, wäre demnach noch gar nicht eingesetzt gewesen. Er hätte sich über die Jahrhunderte hinweg womöglich auch nicht erhalten.

Die bisher bekannten, aus Tierknochen hergestellten, mittelalterlichen Kernspaltflöten sind zwischen elf und 24 cm lang. Bemerkenswerterweise besteht aber kein eindeutiger Zusammenhang zwischen der Gesamtlänge und der Anzahl der Grifflöcher. Im vorliegenden Fall hätte man zwischen zwei und vier erwarten können. Interessant ist zudem, dass Flöten und Pfeifen nomenklatorisch nicht eindeutig zu trennen sind. Nach Brockhaus ist eine Pfeife eine eintonige Flöte und eine Flöte erst dann zweifelsfrei eine solche, wenn zusätzlich zum Aufschnitt zwei oder mehr Grifflöcher vorhanden sind.

9. Für die Lehre verdrahtet – Reste frühneuzeitlicher Anatomieskelette aus der Andreaskapelle in Freiburg

Bei 1973 im Bereich des nördlichen Münsterplatzes in Freiburg durchgeführten Ausgrabungen wurden u. a. die Überreste der 1744 im Krieg beschädigten und wenig später geschleiften ‚Andreaskapelle' erforscht. Das Untergeschoss der Kapelle war spätestens seit 1384 als Beinhaus genutzt worden. In der Verfüllung, die aus der Zeit zwischen 1570 und der ersten Hälfte des 18. Jahrhunderts stammen dürfte, fanden sich zwischen den ‚üblichen' Skelettelementen solche, die partienweise durchbohrt, durch patinierte Kupferdrähte miteinander verbunden sind oder partiell bläulich-grüne Verfärbungen aufweisen. Bei einigen lassen sich zudem Spuren einer ehemaligen Beschriftung in roter Farbe erkennen. Aus dem Schaft eines rechten Oberschenkelknochens ragen am oberen und unteren Ende stark korrodierte Reste eiserner Stifte oder eines durch den Knochen in Längsrichtung getriebenen Eisenstabs. Bei diesem Material handelt es sich zweifellos um Teile von Anatomieskeletten, die ehedem zu Lehrzwecken montiert waren.

Im Detail lassen sich mehrere Schädelteile, Reste zweier Oberschenkelknochen, von Becken, Kreuzbein, der rechten Speiche sowie Hand- und Fußknochen, Rippen und Wirbeln ansprechen. Die Wirbel sind mehrheitlich auf einen ca. 3 mm starken Kupferdraht aufgezogen. Dafür waren die Wirbelkörper von oben nach unten mittig durchbohrt worden. Mit einem dünneren Draht (Dm. ca. 1 mm) sind u. a. zusammengehörige Mittelhandknochen, das Becken mit dem Kreuzbein und die Rippen in ihrer anatomischen Abfolge serienweise untereinander verbunden. Die benachbarten Einzelteile wurden entweder perforiert oder mit Draht eingefasst. Im Vergleich dazu werden moderne Anatomieskelette weniger offensichtlich, knochenschonender und in den meisten Partien der natürlichen Beweglichkeit entsprechend hergerichtet.

Ob noch weitere nach Färbung und Erhaltungszustand ähnliche Schädelreste zu diesem Ensemble gehören, ist fraglich. Sie stammen von mindestens drei Personen, je einem jüngeren und älteren Erwachsenen sowie einem Kind. Einige Teile weisen Grünverfärbungen auf, die

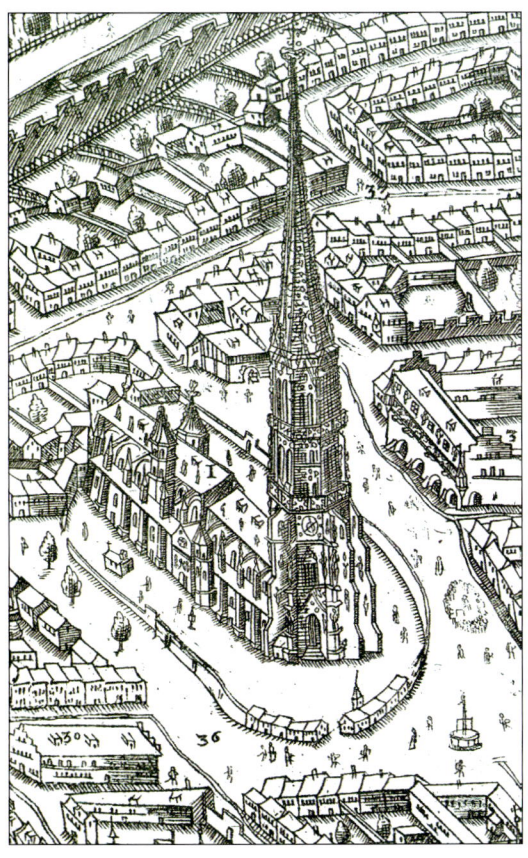

9.1 (oben links): Ausschnitt aus der Freiburger Stadtansicht des Gregorius Sickinger von 1589. Das Münster umgeben von der Kirchhofmauer. Links neben dem Chor die ‚Andreaskapelle'.

9.2 (oben rechts): Als Beinhaus genutztes Untergeschoss der ‚Andreaskapelle' nach der Freilegung. Die ehemals östlich davon aufgeschichteten Skelettreste sind über den Altar gerutscht.

9.3 (unten): Teile von im 17./18. Jahrhundert bei der Medizinerausbildung verwendeten Anatomieskeletten. a) Wirbelsäulenabschnitte. b) Wirbel- und Rippenbruchstücke. c) Handknochen.

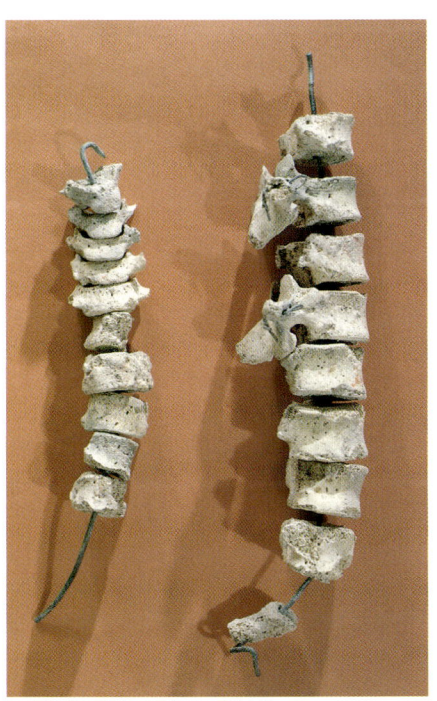
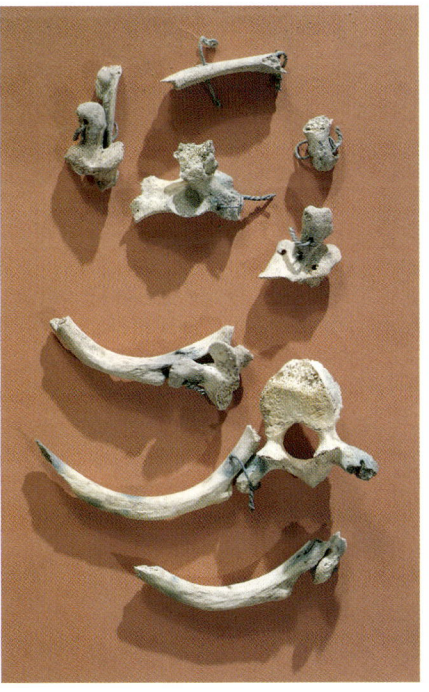
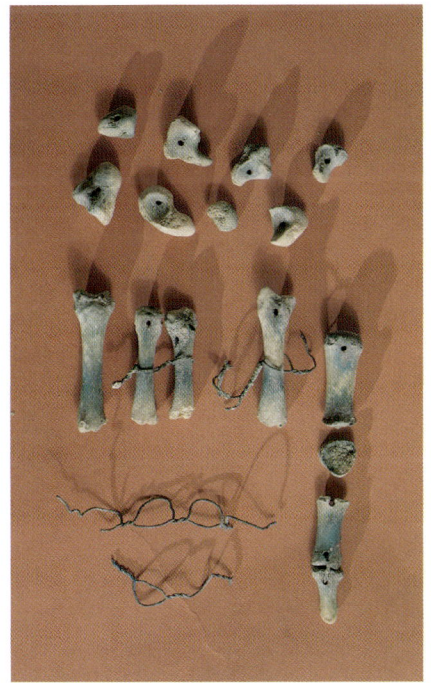

womöglich nur auf nahebei gelegene Kupferdrähte zurückzuführen sind. Individuelle Form- und Größenmerkmale an den zweifelsfrei zugehörigen Stücken lassen darauf schließen, dass unter den ehemals wahrscheinlich für den Anschauungsunterricht präparierten Knochen die Überreste von mindestens zwei erwachsenen Personen vertreten sind: ein graziles, jüngeres Individuum von etwa 25 Jahren und ein etwas robusteres. Im ersten Fall dürfte es sich um eine Frau mit einer Größe von etwa 1,62 m, im zweiten um einen Mann von um oder über 1,65 handeln. Dazu kommen Teile eines kindlichen Individuums. Mindestens ein Schädelfragment weist Sägespuren auf, die von einer

Sektion herrühren. Bei der partiell, v. a. auf der Ventralseite der Brustwirbelkörper erhaltenen roten Beschriftung handelt es sich um Zahlen, die der korrekten anatomischen Abfolge entsprechend bis „12" durchnummeriert sind.

Die medizinische Fakultät reicht in Freiburg bis ins 16. Jahrhundert zurück. Man darf annehmen, dass schon damals zu Lehrzwecken angefertigte Präparate menschlicher Knochengerüste bei der Ausbildung der Ärzte verwendet wurden. Weshalb die Stücke dann ins Beinhaus gelangten, ist heute nicht mehr nachvollziehbar. Immerhin war für eine pietätvolle Beseitigung des ehemaligen Unterrichtsmaterials gesorgt worden.

Literatur

X.1

J. Wahl, Menschliche Skelettreste aus Erdwerken der Michelsberger Kultur. In: M. Kokabi u. E. May (Hrsg.), Beitr. zur Archäozoologie u. Prähist. Anthropologie II (Konstanz 1999) 91–100.

J. Wahl, Leben und Sterben in der Steinzeit. Der Kampf ums Dasein im Spiegel anthropologischer Forschung. In: N. J. Conard (Hrsg.), Woher kommt der Mensch? (Tübingen 2004) 231–265.

X.2

U. Genz, Neolithische Skelettreste vom Michelsberg bei Untergrombach, Kr. Bruchsal (Ausgrabungen von 1955–1961). Unpubl. Manuskript.

J. Wahl, Manipulierte Menschenknochen aus Baden-Württemberg. In: M. Kokabi, B. Schlenker u. J. Wahl, ‚Knochenarbeit'. Artefakte aus tierischen Rohstoffen im Wandel der Zeit. Arch. Inf. Baden-Württemberg 27 (Stuttgart 1994) 129–140.

X.3

C. Oeftiger u. J. Wahl, Eine schnurkeramische Zierscheibe aus menschlichem Schädelknochen – Versuch einer Interpretation. Fundber. Baden-Württemberg 24, 2000, 177–190.

L. Hansmann u. L. Kriss-Rettenbeck, Amulett und Talismann. Erscheinungsform und Geschichte (²München 1977).

V. Dresely, Schnurkeramik und Schnurkeramiker im Taubertal. Forsch. u. Ber. Vor- u. Frühgesch. Baden-Württemberg 81 (Stuttgart 2004).

S. Ortolf, Das schnurkeramische Gräberfeld von Lauda-Königshofen im Taubertal (Magisterarbeit Freiburg 2004).

O. Röhrer-Ertl, Über urnenfelderzeitliche Schädel-Rondelle aus Bayern. In: Beiträge zur Archäozoologie und Prähistorischen Anthropologie. Forsch. u. Ber. Vor- u. Frühgesch. Baden-Württemberg 53 (Stuttgart 1994) 269–295.

X.4

J. Wahl, Die Menschenknochen von der Heuneburg bei Hundersingen, Gde. Herbertingen, Kr. Sigmaringen. In: E. Gersbach, Baubefunde der Perioden IVc–IVa der Heuneburg. Röm.-Germ. Forsch. 53 (= Heuneburgstud. IX) (Mainz 1995) 365–383.

X.5

A. von Berg, Der eisenzeitliche Schädelkult der Hunsrück-Eifel-Kultur an Mittelrhein und Mosel. In: N. Benecke (Hrsg.), Beiträge zur Archäozoologie und Prähistorischen Anthropologie V (Weißbach 2006) 32–44.

J.-L. Brunaux, Menschenopfer und Trophäen. Die keltischen Heiligtümer in Frankreich. In: H.-P. Kuhnen (Hrsg.), Morituri. Menschenopfer – Totgeweihte – Strafgerichte. Schriftenr. Rhein. Landesmus. Trier 17 (Trier 2000) 39–47.

S. Fiedler, Die menschlichen Skelettreste vom Rappenplatz auf der Achalm bei Reutlingen (Magisterarbeit Tübingen 2005).

A. Haffner (Hrsg.), Heiligtümer und Opferkulte der Kelten (Stuttgart 1995).

U. Veit, A. Willmy u M. Seitz, Siedlungsspuren und ein ‚Trophäenschädel‘ der Späthallstatt- und Frühlatènezeit von der Achalm bei Reutlingen. Arch. Ausgr. Baden-Württemberg 2001, 69–71.

U. Veit u. J. Wahl, Spuren von Gewalt. In: Kelten & Co. Fundgeschichten rund um die Achalm. Hrsg. Heimatmuseum Reutlingen, Begleitschrift z. Ausstellung vom 20.5.–03.10.2004 im Heimatmuseum Reutlingen (Reutlingen 2004) 54.

J. Wahl, Anthropologische Untersuchung der menschlichen Skelettreste aus den Grabungen bei Mengen. In: Archäologie im Umland der Heuneburg. Arch. Inf. Baden-Württemberg 40 (Stuttgart 1999) 56–68.

X.6

J. Wahl u. D. Planck, Ein menschliches Kalottenbruchstück als Schöpf- oder Grabgerät. Fundber. Baden-Württemberg 14, 1989, 373–385.

J. Wahl, Römerzeitliche Menschenknochen mit Spuren von Gewalteinwirkung und Manipulation. In: M. Kokabi (Hrsg.), Beiträge zur Archäozoologie und Prähistorischen Anthropologie I (Konstanz 1997) 77–85.

X.7

K. Gerhardt, Neue Studien an der Kalotte vom Röthekopf bei Säckingen. In: P. Schröter (Hrsg.), Festschrift 75 Jahre Anthropologische Staatssammlung München 1902–1977 (München 1977) 105–112.

B. Kaufmann u. A. R. Furger, Menschenknochen. In: J. Schiebler u. A. R. Furger, Die Tierknochenfunde aus Augusta Raurica (Grabungen 1955–1974). Forsch. Augst 9 (Augst 1988) 178–192.

P. Schröter, Skelettreste aus zwei römischen Brunnen von Regensburg-Harting als archäologische Belege für Menschenopfer bei den Germanen der Kaiserzeit. Arch. Jahr Bayern 1984, 118–120.

J. Wahl, Menschliche Knochenreste aus mehreren römischen Brunnen aus Pforzheim. Fundber. Baden-Württemberg 16, 1991, 509–525.

J. Wahl, H. G. König u. S. Wahl, Die menschlichen Skelettreste aus einem Brunnen des Legionslagers in Bonn, ‚An der Esche 4‘. Bonner Jahrb. 202/203, 2002/2003, 199–226.

X.8

Chr. Brade, Die mittelalterlichen Kernspaltflöten Mittel- und Nordeuropas. Göttinger Schr. Vor- u. Frühgesch. 14 (Neumünster 1975).

I. Ulbricht, Die Verarbeitung von Knochen, Geweih und Horn im mittelalterlichen Schleswig. Ausgr. Schleswig, Ber. u. Stud. 3 (Neumünster 1984).

J. Wahl, Ein mittelalterliches Flöten(?)-Halbfabrikat aus Menschenknochen. Denkmalpfl. Baden-Württemberg. Nachrichtenblatt des Landesdenkmalamtes 19/3, 1990, 131–134.

E. Schmidt, Archäologische Untersuchungen im ehemaligen Kornhaus der Stadt Tübingen. Denkmalpfl. Baden-Württemberg. Nachrichtenblatt des Landesdenkmalamtes 19/3, 1990, 125–130.

X.9

P. Schmidt-Thomé, S. Krais u. J. Wahl, Die ehemalige Beinhauskapelle St. Andreas auf dem Freiburger Münsterplatz und Reste von frühneuzeitlichen Anatomieskeletten. Fundber. Baden-Württemberg 29, 2007, 731–744.

J. Wahl, Manipulierte Menschenknochen aus Baden-Württemberg. In: M. Kokabi, B. Schlenker u. J. Wahl, ‚Knochenarbeit‘. Artefakte aus tierischen Rohstoffen im Wandel der Zeit. Arch. Inf. Baden-Württemberg 27 (Stuttgart 1994) 129–140.

XI. Zufällige Eindrücke und sonstige Hinterlassenschaften –

Spuren des Menschen für die Nachwelt fixiert

1. Die Vorläufer von Spearmint & Co. – Steinzeit-Kaugummis *en masse* aus der Pfahlbausiedlung Hornstaad-Hörnle

Unter den einheimischen Bäumen verdient die Birke spezielle Beachtung. Sie liefert Rohstoffe für verschiedenartigste Anwendungen medizinischer und technischer Art, die z. T. bereits dem paläolithischen Menschen bekannt gewesen sein dürften. Birkenblättertee entwässert, hilft bei Harnwegsinfektionen, Gonorrhoe, Rheuma und wirkt gegen Skorbut und Darmschmarotzer. Birkensaft ist wohlschmeckend, enthält Weinstein sowie Traubenzucker und lässt sich zu Wein vergären. Pastillen aus Birkensaft findet man in Finnland auch heute noch. Birkenrindentee hilft gegen Gicht und Lungenleiden. Die zarte gelbe Innenrinde ist essbar, enthält Zucker, Öl und Vitamin C. Getrocknet und gemahlen kann sie zu Fladenbrot verarbeitet werden. Aus Birkenrinde können kleinere, leichte Transportbehälter angefertigt werden, wie auch der berühmte Gletschermann ‚Ötzi‘ einen bei sich trug.

Herausragende Bedeutung kommt der Rinde jedoch zu als Ausgangsmaterial für die Herstellung von Birkenteer. Dieser enthält u. a. Gerbstoffe, Salizylverbindungen und ätherische Öle und ist ein wahres Universalmittel bei der Behandlung von Hautekzemen, als Klebstoff für Werkzeuge und Kittsubstanz für Keramik, zum Tränken bzw. Abdichten von Leder (‚Juchtenleder‘) und beim Kauen als leichtes Betäubungsmittel gegen Zahnschmerzen, als Reinigungs- und mildes Desinfektionsmittel. Ähnlich wie Betelnuss oder Kautabak wird ihm eine narkotisierende Wirkung zugeschrieben.

Die Herstellung von Holzteer wurde u. a. von dem bekannten Naturforscher, Philosophen und Theologen Albertus Magnus, der eigentlich Albert Graf Bollstädt hieß und aus dem schwäbischen Lauingen stammte, im 13. Jahrhundert in seinem Pflanzenbuch „De vegetabilibus" beschrieben. Man gewinnt ihn durch trockene Destillation. Dabei werden kurze Streifen Birkenrinde unter Luftabschluss bei Temperaturen um 400 °C zu Pech verschwelt. Das Ende des Prozesses ist nach 30–45 Minuten durch eine typische Geruchsänderung erkennbar. Eine größere Menge Birkenrindenteer wurde z. B. auch im Handelshaus des römischen Walheim gefunden.

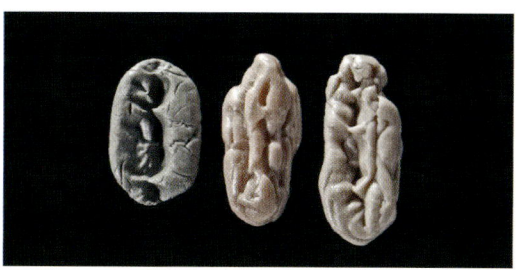

1.1: Fünf Beispiele von inzwischen über 200 in der Pfahlbausiedlung Hornstaad-,Hörnle‘ ausgegrabenen ‚Steinzeit-Kaugummis‘ aus Birkenpech.
1.2: Experimentell, unter Laborbedingungen gekaute Kaugummis der Marken ‚Airwaves‘ und ‚Spearmint‘ mit typischen Faltungen und Impressionen je nach Kauregion.

Dass Birkenpech tatsächlich bereits in frühen Zeiten gekaut wurde, beweisen Funde aus England, Norwegen, Finnland, Schweden und Dänemark, die teilweise bis ins frühe Mesolithikum zurückdatieren und menschliche Zahnabdrücke aufweisen. Für die Jungsteinzeit sind sie auch aus Osteuropa bis Sibirien oder vom Bodensee bekannt. Anhand des Zahnstatus (Zahnposition, -durchbruch, -abkauung usw.) lässt sich ableiten, dass neben Erwachsenen häufig Kinder zwischen 6 und 15 Jahren ihre Bissspuren hinterließen. Demnach könnte die Verwendung dieser Prieme im Zusammenhang mit dem Zahnwechsel stehen. Andere Deutungsversuche zielen auf den Effekt der Gebissreinigung, da Kaugummis helfen, die Bildung von Plaque zu reduzieren, die Interpretation als reines Genussmittel, Kauen zum Zeitvertreib oder – am wahrscheinlichsten – als

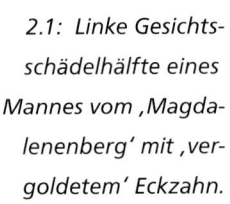

2.1: Linke Gesichts-schädelhälfte eines Mannes vom ‚Magdalenenberg‘ mit ‚vergoldetem‘ Eckzahn.

technischer Prozess zur Geschmeidigmachung des späteren Klebstoffs. Nach Selbstversuchen verschiedener Experimentalarchäologen soll der Geschmack von Birkenpech an Kautabak oder Schwarzwälder Schinken erinnern.

Aus der jungneolithischen Pfahlbausiedlung Hornstaad liegen alleine über 200 Birkenteerklumpen vor, deren Zahnabdrücke zur Zeit systematisch erfasst werden. Eine Voruntersuchung an zwei Dutzend zufällig ausgewählten Stücken ergab, dass sie von Menschen im Alter zwischen etwa 15 und ca. (30-)40 Jahren, v. a. aber von Jugendlichen und jüngeren Erwachsenen, gekaut wurden. Die stark variierenden Zahngrößen lassen erkennen, dass beide Geschlechter vertreten sind. Gekaut wurde hauptsächlich im Bereich zwischen dem ersten Prämolaren und dem zweiten Molaren. Die meisten Personen waren ‚Linkskauer‘. Bei einem älteren, eher männlichen Individuum war der erste Backenzahn links unten möglicherweise kariös. In diesem Fall hat sich auf dem Teerklümpchen eine deutliche Kaverne abgebildet. Ein vergleichbarer Befund ist aus

dem 6500 Jahre alten schwedischen Bökeberg bekannt.

Die große Menge an Birkenpechkaugummis aus Hornstaad, die letztlich keinem technischen Verwendungszweck zugeführt, sondern ausgespuckt wurde, weist vielleicht doch mehr in Richtung Zahnpflege und Zeitvertreib.

2. Ein Schelmenstreich unter Kollegen – Die vermeintlichen Goldzähne vom Magdalenenberg

Im Herbst 2003 erreichte die Denkmalpflege in Baden-Württemberg eine Eilmeldung aus dem anthropologischen Institut der Universität Mainz. Anlässlich einer Nachuntersuchung der Zahnreste aus den hallstattzeitlichen Gräbern vom Magdalenenberg, die teilweise schon Ende des 19. Jahrhunderts, größtenteils aber im Rahmen systematischer Ausgrabungen über mehrere Kampagnen in den 1970er Jahren hinweg, geborgen worden waren, waren im Gebiss zweier Personen Goldzähne entdeckt worden. Der ‚Magdalenenberg‘ bei Villingen, der größte Grabhügel seiner Zeit in Mitteleuropa, enthielt im Zentrum eine 6 m x 8 m große, nach dendrochronologischen Vergleichen auf das Jahr 616 v. Chr. datierte, bereits in antiker Zeit beraubte Fürsten-Grabkammer und im Hügelmantel 126 Nachbestattungen. Er diente offenbar den Bewohnern der auf dem nahe gelegenen ‚Kapf‘ vermuteten keltischen Siedlung als Friedhof. Das Skelettmaterial der Toten vom ‚Magdalenenberg‘ war schlecht erhalten. Heute sind nurmehr spärliche Überreste aus 91 Gräbern, in insgesamt neun Kartons verpackt, überliefert. Der Fürst ist im Alter von etwa 30–40 Jahren gestorben. Er war schätzungsweise 1,75 m groß und Rechtshänder, hatte bereits zu Lebzeiten einige Zähne verloren, eine Knochenhautentzündung am linken Schienbein überstanden und litt unter rheumatisch-entzündlichen Prozessen im Bereich der Halswirbelsäule. Eine charakteristische Bruchkante am rechten Schienbein beweist, dass die Plünderung seines Grabs schon innerhalb weniger Jahre nach der Beisetzung stattfand.

Die seinerzeit zur Bearbeitung verfügbaren Knochenreste von 104 Personen gliedern sich altersmäßig in 17 Kinder und Jugendliche zwischen zwei und 19 Jahren, 65 Erwachsene der Altersstufe adult, 21 Individuen zwischen 40 und 60 Jahren sowie eine Frau, die deutlich über 60 Jahre alt geworden ist. Neugeborene und Säuglinge bis zum Alter von zwei Jahren fehlen gänzlich. Männer und Frauen sind etwa paritätisch vertreten. Der geringe Anteil an Nichterwachsenen und das über dem Durchschnitt liegende Sterbealter der Erwachsenen beiderlei Geschlechts lassen vermuten, dass die überlieferte Populationsstichprobe lediglich einen Teil der Bevölkerung – möglicherweise nur die Mitglieder privilegierter Familien – repräsentiert.

Die besagten Goldzähne waren bei der ersten anthropologischen Untersuchung nicht vermerkt worden. Da diese sehr akribisch durchgeführt wurde und alle Kollegen Frau G. Gallay als ausgesprochen gewissenhaft beschreiben, war kaum zu vermuten, dass sie einen derart auffallenden Befund übersehen haben könnte. Andererseits wären Goldzähne für die Mitte des ersten Jahrtausends v. Chr. eine echte Sensation gewesen. Aus diesem Grund wurde von R. Dehn (seinerzeit Landesdenkmalamt Freiburg) beim ‚Institut für zerstörungsfreie Analytik und Archäometrie' (IfZAA) in Basel eine Materialprüfung veranlasst. Dabei konnten Kupfer und Zink als Hauptkomponenten und die Farbe als neuzeitliches Produkt identifiziert werden. Gold war auch nicht in Spuren nachweisbar. Die Zähne, auf die D. Muller anlässlich ihres Forschungsaufenthalts in Mainz gestoßen war, waren offenbar mit goldener (Sprüh-)Farbe, wie sie z. B. für Weihnachtsdekorationen verwendet wird, behandelt worden. Wer sich allerdings im Laufe der vergangenen 30 Jahre diesen Scherz erlaubte, lässt sich heute nicht mehr eruieren.

Ähnlich Kurioses tritt den Archäologen/Anthropologen immer wieder einmal entgegen. Mit das berühmteste Beispiel ist der so genannte Piltdown-Mensch, seinerzeit von der Fachwelt als *missing link* zwischen Affe und Mensch gefeiert, aber inzwischen längst als Fälschung (Kalvarium eines modernen Menschen, Unterkiefer eines Gorillas) erkannt und möglicherweise dem Erfinder von Sherlock Holmes, Sir Arthur Conan Doyle, zuzuschreiben. In dieselbe Schublade gehören Begegnungen mit Esoterikern, die sich vermeintlich kultischer Plätze und Funde bedienen, um magische Kräfte zu beschwören. Demnach soll z. B. der Schädel des Keltenfürsten von Hochdorf dieselbe Macht ausstrahlen, wie ein Maya-König in Mittelamerika ...

3. Flüchtige Momente in gebranntem Ton – Hand-, Fuß- und Schuhabdrücke auf römischen Ziegeln

Fußspuren sind üblicherweise kurzlebige Hinterlassenschaften des Menschen. Nur in Ausnahmefällen werden sie für Jahrhundert(tausend)e fixiert und liefern damit Momentaufnahmen der Anwesenheit oder Aktivität von Personen, die real existiert haben. Als älteste und gleichzeitig bekannteste Funde dieser Art gelten die 1979 gefundenen, ca. 3,6 Millonen Jahre alten Spuren, die drei unserer Australopithecus-Vorfahren in später erhärteter Vulkanasche im afrikanischen Laetolil hinterlassen haben. Über die Größe dieser Trittsiegel, ihre Ausrichtung sowie die Schrittlänge lässt sich einiges zu deren Körpergröße und Gewicht aussagen. Sie liefern nicht zuletzt den schlagenden Beweis für den aufrechten Gang dieser Hominiden.

Die mit rund 350 000 Jahren ältesten Belege auf europäischem Boden wurden erst kürzlich in der Nähe des süditalienischen Vulkans ‚Roccamonfina' entdeckt.

Deutlich jünger, aber nicht minder interessant, sind Belege aus der römischen Kaiserzeit. Durch die massenhafte Produktion von Töpferwaren

3.1: Ziegelplatte aus Lauffen a. N. mit rechtem Fußabdruck eines/r Jugendlichen. Zehen, Ballen und Ferse sind mit gleichmäßigem Druck abgebildet. Das Fehlen einer Abrollbewegung könnte auf eine absichtliche Entstehung des Abdrucks hinweisen.

3.2: Hohlziegel mit Abdruck der rechten Hand eines grazilen Erwachsenen oder Jugendlichen aus dem Kastell Aalen. Die Heizkachel wurde vor dem Brennen offenbar auf der hohlen Hand balancierend transportiert.

3.3: Tegula-Bruchstück mit Abdrücken von Hundepfoten aus Stettfeld.

3.4: a) Gesamtansicht und b) Ausschnitt aus der Lochtenne eines römischen Töpferofens aus dem Kastellvicus von Schloßau mit deutlich eingesunkenem rechtem, aber nur schwach abgebildetem linkem Schuhabdruck. Es scheint, als ob die Person zwei verschiedene Schuhe getragen hätte. Sie entsprechen in etwa der heutigen Schuhgröße 44.

liegen uns zahlreiche, absichtlich angebrachte, auf den Herstellungsprozess zurückgehende oder zufällig entstandene Fingerabdrücke auf Gefäßen, Wischmarken, Hand- und Fußspuren auf Ziegeln sowie Abdrücke aus den Töpferöfen selbst vor. Die Leisten der Dachziegel (tegulae) sind z. B. immer mit dem Daumen angedrückt worden. Die Ziegel wurden dann vor dem Brennen in Trockenhallen oder im Freien ausgelegt. In diesem Zustand waren sie noch verformbar und – wie verschiedenartige Trittspuren erkennen lassen – für Mensch und Tier zugänglich. Am häufigsten finden sich Abdrücke von Hunden, Katzen und Vögeln aller Art, aber auch diverse Wildtiere haben sich auf diese Weise verewigt.

Ein eindrucksvolles Beispiel menschlicher Aktivität ist eine so genannte suspensura aus dem römischen Kastell Saalburg im Taunus. Diese Ziegelplatte trägt nicht nur eine bemerkenswerte Ritzinschrift, sondern zwei gleich große Abdrücke von je 14,5 cm x 5,5 cm, die vom linken und rechten Fuß derselben Person stammen dürften. Nach heutigen Vergleichstabellen ergibt sich daraus Schuhgröße 21–22. Demnach wäre hier ein etwa zwei bis drei Jahre altes Kind über die noch ungebrannten Ziegel gelaufen.

Aus Südwestdeutschland seien drei interessante Funde genannt. Der erste stammt aus dem Entwässerungsgraben des ehemaligen Staabsgebäudes des Kastells Aalen. Im Bauschutt stießen die Archäologen im Jahr 1981 auf einen Hohlziegel mit dem Abdruck einer rechten Hand. Von dieser sind lediglich die Fingerkuppen sowie die Handballen zu erkennen. Nach deren Größe zu urteilen, wurde das Stück von einer grazilen/jugendlichen Person auf der hohlen Hand balanciert.

Die römische Villa von Lauffen a. N. barg einen kleinen Ziegel (later), der in einem Pfeiler der Fußbodenheizung verbaut war. Er trägt den Abdruck eines rechten Fußes, dessen Ferse nicht vollständig abgebildet ist, also beim Darüberlaufen über den Rand des Stückes hinausragte. Nach den Maßen ergibt sich Schuhgröße 35–36. Es handelt sich demnach erneut um die Spur eines Jugendlichen oder einer Frau, der/die in der Ziegelei als Handwerker oder Hilfskraft tätig gewesen sein könnte. Der Fuß ist tief eingesunken und weist eine leichte Tendenz zum Plattfuß auf. Der Ziegel war also erst kurz vorher ausgelegt worden. Da keine Abrollbewegung festzustellen ist, könnte es sich hier – wie in anderen Fällen – auch um eine bewusste Markierung gehandelt haben.

Das dritte Beispiel wurde im Jahr 2003 in Mudau-Schlossau entdeckt. Bei der Ausgrabung einer römischen Ziegelei und Töpferei kamen u. a. vier gut erhaltene Töpferöfen zu Tage. Auf der Lochtenne eines dieser Öfen sind deutlich zwei Schuhabdrücke zu erkennen, wobei das Hauptgewicht eindeutig auf dem rechten Fuß lag. Sie entstanden beim Aufbau des Brennofens, als dieser Bereich noch nicht durchgehärtet war, und sind damit wohl dem Erbauer des Ofens zuzuschreiben. Mit einer geschätzten Schuhgröße von 44 lebte er für seine Zeit auf ziemlich großem Fuß.

Die Neigung des Menschen, bewusst Spuren in verformbaren und sich später verfestigenden Medien zu hinterlassen, findet man bisweilen auch heute noch auf privaten Baustellen beim Gießen von Estrichen oder der Herstellung von Handabdrücken im Kindergarten.

4. Konturen im Kalk – Möglichkeiten und Folgen der Leichenbeseitigung

In den westlichen Industrieländern ist der Umgang mit einem Leichnam bis ins Kleinste reglementiert. In diesem Zusammenhang seien nur das Ausstellen des Totenscheins, festgelegte Fristen zur Aufbahrung sowie der in Deutschland seit 1934 bestehende Friedhofszwang erwähnt. Der Tod als solcher und seine Begleitumstände werden aus dem öffentlichen Leben verdrängt und im konkreten Fall häufig als unangenehme Randerscheinung rasch abgehandelt. Diese Vermeidungsstrategie im Hinblick auf echte Leichen geht in unserer Gesellschaft interessanterweise einher mit einer steigenden Faszination gegenüber Leichen, die über die Medien (Nachrichten, Kino) oder aus (prä)historischem Kontext (z. B. Mumien) präsentiert werden.

Im 18. Jahrhundert war man der Meinung, dass alleine die bei der Autolyse eines Leichnams durch körpereigene Enzyme und Bakterien entstehenden Gase giftig und krankheitserregend seien. Gemeint war der typisch ammoniakalische Leichengeruch. Der Friedhof, auf dem früher Läden standen, Märkte abgehalten und Tänze aufgeführt wurden, wurde daraufhin aus der Stadt verbannt. Im 19. Jahrhundert änderte sich die Einstellung dann von Angst vor den Toten hin zu angemessener Repräsentation. Die Friedhöfe kamen zurück in die Städte. Zu allen Zeiten war es jedoch höchst erstrebenswert und in der Regel mit einer ansehnlichen Spende erreichbar, in oder zumindest im unmittelbaren Umfeld der Kirche bestattet zu werden. Das führte nicht nur zu chaotischen Belegungen auf engstem Raum, sondern verursachte auch einen schauderhaften Totengeruch, dem man während des Gottesdienstes durch Räucherkerzen oder mitgebrachte Gewürzsträußchen zu begegnen suchte.

Eine andere Möglichkeit war die Verwendung von gebranntem Kalk. So genannter Branntkalk wird durch Erhitzen von Kalk (Calciumcarbonat) auf über 1000 °C hergestellt. Er ist stark hygroskopisch und setzt sich mit Wasser unter starker Wärmeentwicklung und Volumenzunahme zu Calciumhydroxid (‚gelöschter Kalk‘) um. Branntkalk ist durch seine Alkalität keimtötend und wirkt infolge des Wasserentzugs der Umgebung zersetzungs- und damit geruchshemmend. Im Straßenbau macht man sich die

4.1: Durch Ausgießen der Kalkabdeckung entstandene Halbbüste des ‚Obristen‘ de la Porte aus ‚St. Dionysius‘ in Esslingen.

4.2: Der Leichnam des über 60jährigen Mannes aus dem ‚Nonnenkirchle‘ in Waiblingen wurde in ein Kalkbett abgelassen.

Effekte von Austrocknung und Ausdehnung zunutze, die eingebrachte Kalkschicht führt zu einer Verfestigung des Untergrunds.

Die Kalkung spätmittelalterlicher und frühneuzeitlicher Gräber ist sowohl aus der schriftlichen Überlieferung als auch aus Grabfunden hinlänglich bekannt. Man findet sie bei Massengräbern im Außenbereich ebenso wie bei Einzelgrablegen in Kirchen. Da die zugrunde liegenden biochemischen Prozesse noch nicht bekannt waren, dürfte eine derartige Behandlung weniger als seuchenhygienische Maßnahme im modernen Sinne als zur Verminderung der Geruchsentwicklung durchgeführt worden sein, zumal üble Gerüche (,Miasma') selbst als krankheitserregend galten.

4.3: Lediglich im Bereich des Oberkörpers gekalkte, sehr schlecht erhaltene Bestattung in der ,St. Martinskirche' von Zeutern, Gemeinde Ubstadt-Weiher.

Ein in diesem Zusammenhang besonders interessanter Fund ist bei Ausgrabungen in der Stadtkirche ,St. Dionysius' in Esslingen in Schnitt 53 freigelegt worden. Unter der Bezeichnung „745a1" wurde die Bestattung eines im Alter von etwa 50 Jahren gegen Mitte/Ende des 17. Jahrhunderts verstorbenen Mannes geborgen, der als Angehöriger der Familie de la Porte identifiziert werden konnte. Über seinem Leichnam war Kalk ausgebracht worden. Dieser hatte sich verfestigt und – einer Totenmaske vergleichbar – einen Negativabdruck von Oberkörper und Gesicht des Toten bewahrt. Der ähnlich wie bei den Hohlräumen in Pompeji (den sog. *calchi*) angefertigte Gipsausguss lieferte eine Halbbüste des Mannes, die noch Details seiner Gesichtszüge, u. a. eine markante ,Adlernase', erkennen lässt.

Nicht ganz so spektakulär ist ein Befund aus dem Ende des 15. Jahrhunderts erbauten ,Nonnenkirchlein' in Waiblingen. In einer äußerst schmalen und tief angelegten Grabgrube stießen die Ausgräber auf bestens erhaltene Skelettreste eines 60–70jährigen Mannes. Er war Rechtshänder, etwa 1,65 m groß und hatte drei kariöse Zähne. Trotz fortgeschrittenen Alters wies er nur schwache degenerative Veränderungen sowie kaum abgekaute Zähne auf. Dies sowie die zentrale Lage seines Grabes weist ihn als Vertreter einer privilegierten Schicht aus. Nach Recherchen des rührigen Heimatforschers vor Ort handelt es sich vermutlich um den Stifter der Kapelle. Sein Leichnam war offensichtlich ohne Sarg in ein Kalkbett eingelassen worden, das insbesondere in der Kopf- und Schulterregion sowie zwischen den Beinen den Faltenwurf des Leichentuchs konserviert hat. Im Frühjahr 1988 gefunden, wurden seine Überreste 20 Monate später am selben Ort wiederbestattet.

Als drittes Beispiel sei ein Grab aus der ,St. Martinskirche' in Zeutern, Gemeinde Ubstadt-Weiher, aufgeführt. Bei dieser Bestattung lässt sich erkennen, dass die Kalkung – evtl. aus Gründen der Sparsamkeit – nur im Bereich des Oberkörpers erfolgte, wo am meisten Fäulnisgase entstehen.

Bei Wasserleichen oder in feuchten Gräbern ohne ausreichende Sauerstoffzufuhr kommt es zur Bildung so genannter Fettwachsleichen. Viele moderne Friedhöfe leiden unter diesem Phänomen. Eine Zersetzung des Leichnams ist dann innerhalb der festgelegten Ruhezeiten nicht mehr möglich. Solches Leichenlipid ist weitgehend wasserunlöslich und -abweisend. Es kann nur durch nachträgliche Belüftung zur Förderung mikrobieller Aktivitäten oder die Applikation chemischer Zusätze abgebaut werden. Dazu wird auch heute wieder Branntkalk verwendet, wobei die beschriebene Temperaturerhöhung das Fettwachs schmelzen lässt.

5. Schatzkammer „schissgruob" – Abfälle und Fäkalien liefern Hinweise auf das tägliche Leben

Für manchen mag die Beschäftigung mit ,Koprolithen' oder Latrinenfüllungen etwas Anrüchiges haben, den Fachleuten liefern diese Hinterlassenschaften jedoch unmittelbare Einblicke in den Speiseplan, Hinweise auf den

Gesundheitszustand und das Umfeld des jeweiligen Produzenten. In (spät)mittelalterlich-frühneuzeitlichen Abortgruben finden sich Essensreste, Kehricht und andere häusliche Abfälle ebenso wie versehentlich beim Gang zur Verrichtung der Notdurft verlorene Gegenstände: nicht nur zu Bruch gegangenes Geschirr, Glas, Besteck und sonstigen Hausrat, sondern auch Schreibutensilien, Brillen, Schmuck, Geldbörsen, Zahnprothesen oder auf diese Weise entsorgte Früh/Totgeburten und chirurgischen Abfall. Fäkalien unter Luftabschluss üben einen konservierenden Einfluss auf organische Materialien aus. So überdauern auch Holz, Leder, Textilien und Eier von Eingeweidewürmern. Latrinen sind eine wahre Fundgrube zur Rekonstruktion der Lebensverhältnisse ihrer einstigen Anwohner.

In der mittelalterlichen Stadt, z. B. in Villingen, Ulm, Breisach, Freiburg i. Br., Zürich und Schaffhausen, in Konstanz etwa ab der Mitte des 13. Jahrhunderts, lassen sich verschiedene Arten von Entsorgungseinrichtungen nachweisen. Am häufigsten waren private Latrinen (auch „schissgruob" oder „privathüslin" genannt) auf den einzelnen Hofraiten in Form einfacher Erdgruben, bretterverschalter und mit Querhölzern ausgesteifter oder Faschinengeflecht ausgekleideter oder in Trockenmauerweise steingefasster Gruben. Daneben gab es die halböffentlichen, als ‚Eh- oder Wüstgräben' bezeichneten Trenngräben zwischen den Grundstücken, die im bäuerlichen Flurrecht eigentlich zur Entwässerung gedacht waren, in den Städten jedoch als enge Gassen zwischen den Häusern der allgemeinen Abfallbeseitigung dienten, und Ehgruben, die von mehreren Wohngemeinschaften gleichzeitig genutzt wurden und je nach Größe der beteiligten Wohneinheiten nach festgelegten Regeln zu leeren waren. Das Ausräumen hatte nachts zu geschehen, um die Geruchsbelästigung der Nachbarschaft so gering wie möglich zu halten. Die Fäkalien wurden in Flüsse eingeleitet, zur Düngung auf die Felder ausgebracht oder – wie in Konstanz – auch als Auffüllungsmaterial in den Flachwasserzonen verwendet.

Die archäologisch dokumentierten Abortgruben hatten einen rechteckigen, quadratischen oder runden Querschnitt mit einer Grundfläche zwischen 1 m² und 10 m² oder einem Durchmesser bis zu 5 m, dürften ursprünglich mehrere Meter tief gewesen sein und ein Fassungsvermögen von 50 m³ und mehr gehabt

haben. Die Böden waren nicht ausgekleidet. Über den Kloaken sind Holzkonstruktionen, in Einzelfällen auch eine Bedachung, anzunehmen. Zwischen dem Abtritt und der Grundstücksgrenze musste ein gewisser Mindestabstand eingehalten werden.

Die Hauptverschmutzer in den Straßen und Gassen waren die herumstreunenden Schweine der städtischen Viehhaltung und gewerbliche Betriebe wie Metzger, Gerber und Färber. Auch in klösterlichen Anlagen, z. B. dem ‚Augustiner-Eremitenkloster' in Freiburg, wurden Latrinen entdeckt. Dort fand sich ein mit Mörtel aufgemauertes Rechteck mit ursprünglich über 25 m² Grundfläche. Burgen hatten meist Aborterker an der Außenmauer.

Doch die Menschen wurden nicht nur von Gestank geplagt, noch lästiger – bisweilen sogar tödlich – konnten Eingweideparasiten und deren Folgeerkrankungen sein, die auf Grund der mangelhaften hygienischen Verhältnisse in den Städten weit verbreitet waren. Durch ‚Kopfdüngung' und vielmals lediglich in geringer Entfernung von den Sickergruben angelegten Zisternen zur Wasserversorgung war der Befall fast vorprogrammiert. Dabei geschieht die Infektion direkt durch die Aufnahme von Eiern der Eingeweideparasiten. Die Würmer bewirken Abgeschlagenheit, Koliken und anämische Zustände, schwächen die Immunabwehr und können lebenswichtige Organe schädigen.

Ende der 1980er Jahre wurden aus Konstanz insgesamt 176 Sedimentproben, meist direkt aus Kloaken, (z. B. Grabungen in der Oberen Augustinergasse, Münzgasse und am Fischmarkt) im ‚Institut für Anthropologie' der Uni-

5.1: Darstellung aus der Mitte des 16. Jahrhunderts: Baschi Hegner, Mönch des Klosters Rüti, stürzt auf dem Weg zum doppelsitzigen Abtritt die Treppe hinunter.

6.1: Detail einer Stadtansicht von Konstanz aus dem Jahr 1601. Das Haus „Zur Stiege' ist blau gekennzeichnet.
6.2: Isometrische Aufnahme des Hauses mit Blick von Nordosten. Die Lage der ‚Konstanzer Bühne' im 2. OG ist farblich markiert.

menschenspezifisch sind davon nur der Spulwurm und der Madenwurm, die anderen können auch bei Haustieren, der Leberegel z. B. bei Schafen, vorkommen. Eine Infektion mit dem Fischbandwurm geht auf den Genuss rohen oder halbgaren Fischs zurück. Eier oder Finnen des Rinder- und Schweinebandwurms (‚Taenia'), denen der Mensch ebenfalls als Endwirt dient, wurden nicht detektiert.

Differenziert nach feinstratigraphischer Schichtung innerhalb der Abortgruben zeichnen sich scheinbar saisonale Ernährungsgewohnheiten ab. So könnte das im vertikalen Vergleich begrenzte Vorkommen von ‚Diphyllobothrium' in der Latrine des Freiburger Augustinerklosters mit vermehrtem Verzehr von Speisefischen in der Fastenzeit einhergehen.

Die Aufbereitung von Kloakenproben zur mikroskopischen Untersuchung wird ausführlich von B. Herrmann beschrieben. Sie liefert ebenso wie die Analyse von Magen- und Darminhalten z. B. des ‚Tollund-Mannes' oder bei ‚Ötzi' bzw. die Aufbereitung von Exkrementen aus Hallstatt oder dem römischen Xanthen detaillierte Einblicke in die Seuchen-, Umwelt- und Sozialgeschichte einer bestimmten Region und Zeit.

versität Göttingen untersucht. Darin fanden sich mit Abstand am häufigsten Eier des Spulwurms (‚Ascaris') sowie des Peitschenwurms (‚Trichuris'), etwas seltener Hinweise auf den Kleinen Leberegel (‚Dicrocoelium') und den Fischbandwurm (‚Diphyllobothrium') und nur wenige Eier vom Madenwurm (‚Enterobius') und Großen Leberegel (‚Fasciola'). Eindeutig

6. Kinderarbeit oder Freizeitvergnügen?
Spuren in einem traditionsreichen Konstanzer Haus

Bevor es amtliche Hausnummern und Straßennamen gab, wurde das Haus Sigismundstraße 10 in Konstanz schlicht „Zur Stiege" genannt. Vermutlich im 13. Jahrhundert errichtet und möglicherweise von einem Kaufmann genutzt, nahm es beim Stadtbrand im Februar 1398 erheblichen Schaden. Infolgedessen wurde es nötig, alle hölzernen Teile zu ersetzen – was durch dendrochronologische Daten bestätigt werden konnte. Erd- und erstes Obergeschoss bestanden und bestehen auch heute noch aus Wackenmauern. Ob bereits von Anfang an ein in Holz ausgeführtes zweites Obergeschoss existierte, ist unsicher. Spätestens beim Wiederaufbau kam es jedoch zu dieser Aufstockung.

Vor wenigen Jahren fanden in besagtem Gebäude umfangreiche Sanierungsarbeiten statt. Dabei entdeckten die Bauforscher im Estrich

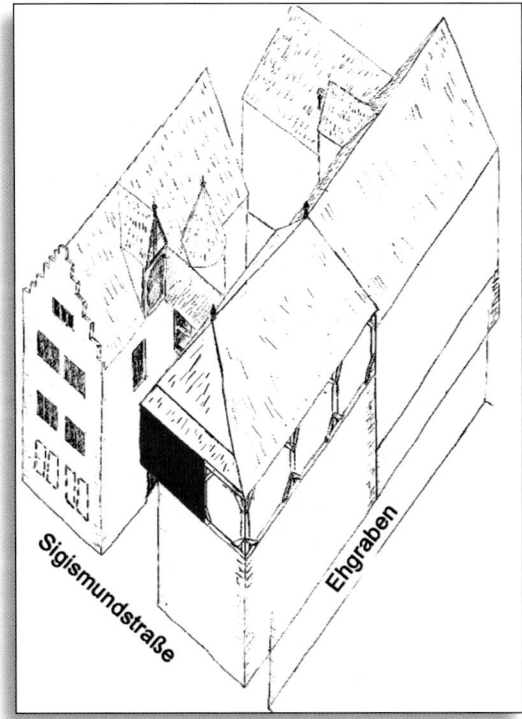

des nach seiner Gestaltung ‚Konstanzer Bühne' genannten, ca. 21 m² großen Raumes im zweiten Stock zahlreiche Schuh- und Fußabdrücke, die offensichtlich bei der Renovierung Ende des 14. Jahrhunderts entstanden sind, bevor das Material abgebunden hatte. Der kalkgebundene Mörtelestrich war in vier Abschnitten zwischen mächtigen Balken in einer Schichtdicke von mindestens 10 cm über einer Sandsteinpackung zur Isolierung eingebracht worden. Darin fanden sich Barfuß- und Schuhspuren unterschiedlicher Maße und Formen, die von mindestens sieben verschiedenen Personen stammen. Bei der aktuellen Sanierung wurde der Estrich entfernt.

Die Länge dieser über 600 Jahre alten Abdrücke schwankte zwischen 16 cm und knapp 31 cm, entsprechend heutigen Schuhgrößen von 24, 26, 30–32, 38, 39, ca. 41 und 45. Im Detail lassen sich damit drei Kinder im Alter von etwa 3, 5–7 und 9–10 Jahren, zwei Jugendliche oder kleinere Erwachsene (Frauen?), ein mittelgroßer Erwachsener sowie ein für die damalige Zeit ziemlich großer Mann nachweisen. Die Jüngsten liefen ohne Schuhe, Größe 39 war ein Bundschuh, einer hatte seine Füße lediglich mit einem Lappen umwickelt, und die beiden Größten trugen Schuhe mit Absätzen. Ob die Kinder zum Arbeiten eingesetzt waren, lässt sich nicht erkennen. Es wäre für diese Zeit nicht ungewöhnlich, wenn Minderjährige mitgearbeitet hätten. Zumindest die/der Dreijährige dürfte wohl kaum aktiv beteiligt gewesen sein. Vielleicht handelte es sich auch um die Kinder des Bauherrn oder der Handwerker, die ihren Vätern/Eltern das Mittagessen brachten und aus Spaß über den Estrich hüpften.

Weitere Details über das Schuhwerk und seine Träger können alleine aus den Abdrücken nicht abgelesen werden. Anders bei den stark abgetretenen Schuhen aus dem Kloster Alpirsbach, die zwischen Holzbalken im Zellentrakt der Mönche gefunden wurden und z. T. aufschlussreiche Abnützungen und Schadstellen aufweisen. Die ledernen Überreste dokumentieren unterschiedliche Deformierungen von Füßen und Zehen bzw. bestimmte Fußbeschwerden ihrer ehemaligen Träger ebenso wie die Tatsache, dass einige der Schuhe offenbar von verschiedenen Personen getragen wurden.

Wie Harnische, Helme und andere Ausrüstungsgegenstände liefern Schuhe und Stiefel zudem wichtige Informationen über die Größe und Körperproportionen ihrer Besitzer. Trotzdem ist die ‚Calzeologie' (historische Schuhkunde; abgeleitet von lat. *calceus* = Schuh) über die Fachkreise hinaus kaum bekannt.

Der Bundschuh gilt bis ins 16./17. Jahrhundert als einfaches Schuhwerk der Landbevölkerung. Ab Mitte des 15. Jahrhunderts namengebend für die aufständischen Bauernverbände wurde er als Erkennungszeichen auf deren Banner getragen. Es handelt sich um ein Stück Leder, das mittels eines Riemens um den Knöchel zusammengebunden bzw. befestigt wurde.

6.3: Der Estrichboden ist im Jahr 1398 eingebracht worden.
6.4: Detailaufnahme weiterer Einzelspuren.

Literatur

XI.1

E. Czarnowski, D. Neubauer u. P. Schwörer, Zur Herstellung von Birkenpech im Neolithikum. Acta Praehist. et Arch. 22, 1990, 169–173.

C. Heron, R. P. Evershed, B. Chapman u. A. M. Pollard, Glue, Disinfectant and 'Chewing Gum' in Prehistory. Arch. Sciences 1989, Oxbow Monograph 9 (Bradford 1991) 325–331.

U. Körber-Grohne, Teer aus Birkenrinde im römischen Handelshaus von Walheim am Neckar. Fundber. Baden-Württemberg 17/1, 1992, 347–354.

L. Kroeber, Das neuzeitliche Kräuterbuch. Die Arzneipflanzen Deutschlands in alter und neuer Betrachtung Band I (Stuttgart, Leipzig 1934).

E.-M. Mertens, Pflanzliche Ressourcen des Mesolithikums in Dänemark und Schleswig-Holstein (Kiel 1993).

H. Schlichtherle u. B. Wahlster, Archäologie in Seen und Mooren. Den Pfahlbauten auf der Spur (Stuttgart 1986).

XI.2

A. Auer, „Ruhestörung" im Franziskanermuseum. Die Neukonzeption der Abteilung „Keltisches Fürstengrab Magdalenenberg". In: Almanach 2002. Heimatjahrbuch des Schwarzwald-Baar-Kreises 26 (Villingen-Schwenningen 2002) 158–161.

A. Billamboz u. M. Neyes, Das Fürstengrab von Villingen-Magdalenenberg im Jahrringkalender der Hallstattzeit. In: Der Magdalenenberg bei Villingen. Ein Fürstengrabhügel des 7. vorchristlichen Jahrhunderts. Führer Arch. Denkmäler Baden-Württemberg 5 (Stuttgart 1999) 97.

G. Gallay, Die Körpergräber aus dem Magdalenenberg bei Villingen. In: K. Spindler, Magdalenenberg V. Der hallstattzeitliche Fürstengrabhügel bei Villingen im Schwarzwald (Villingen 1977) 79–118.

I. Kühl, Die Leichenbrände aus dem Magdalenenberg bei Villingen im Schwarzwald. In: K. Spindler, Magdalenenberg V. Der hallstattzeitliche Fürstengrabhügel bei Villingen im Schwarzwald (Villingen 1977) 119–135.

J. Wahl, Gräber beherbergen wertvolle Informationen. Der Fürst vom Magdalenenberg und die gewonnenen Erkenntnisse. In: Almanach 2002. Heimatjahrbuch des Schwarzwald-Baar-Kreises 26 (Villingen-Schwenningen 2002) 131–135.

XI.3

S. M. Karlisch, Das Mama-Papa-Kind-Syndrom – Botschaften über die Fußspuren von Laetolil. In: B. Auffermann u. G.-C. Weniger (Hrsg.), Frauen – Zeiten – Spuren. Neanderthal-Museum (Mettmann 1998) 141–160.

D. Planck, Ausgrabungen im Stabsgebäude des Kastells Aalen, Ostalbkreis. Arch. Ausgr. Baden-Württemberg 1981, 175–179.

B. Rabold, Eine neue römische Ziegelei und Töpferei am Odenwaldlimes in Mudau-Schlossau, Neckar-Odenwald-Kreis. Arch. Ausgr. Baden-Württemberg 2003, 103–107.

T. Spitzing, Die römische Villa von Lauffen a. N. (Kr. Heilbronn). Materialh. Vor- u. Frühgesch. Baden-Württemberg 12 (Stuttgart 1988).

XI.4

S. Fiedler u. M. Graw, Versuche zur Beschleunigung des ‚Abbaus' von Leichenlipid in Erdgräbern durchgeführt. Friedhofskultur 7, 2004.

W. Schwerd (Hrsg.), Kurzgefasstes Lehrbuch der Rechtsmedizin für Mediziner und Juristen (Köln-Lövenich 1976).

C. Thomas, Berührungsängste? Vom Umgang mit der Leiche (Köln 1994).

H. Wild, Das Waiblinger Nonnenkirchlein und sein unbekannter Toter. Waiblingen in Vergangenheit und Gegenwart 14, 2000, 132–148.

XI.5

B. Herrmann, Parasitologisch-epiemiologische Auswertungen mittelalterlicher Kloaken. Zeitschr. Arch. Mittelalter 13, 1985, 131–161.

B. Herrmann u. H. Rötting, Menschliche Skeletteile aus mittelalterlichen Kloaken. Arch. Korrbl. 16, 1986, 485–487.

B. Herrmann, Parasitologische Untersuchungen mittelalterlicher Bodenproben aus drei Grabungskomplexen in Konstanz. Unpubl. Untersuchungsbericht 1989.

B. Herrmann, Krankheitserreger in historischen Latrinen. Arch. Deutschland 1992/1, 32 f.

E. Höfler u. M. Illi, Versorgung und Entsorgung im Spiegel der Schriftquellen. In: Stadtluft, Hirsebrei und Bettelmönch. Die Stadt um 1300. Hrsg. Landesdenkmalamt Baden-Württemberg u. Stadt Zürich, Katalog zur Ausstellung (Stuttgart 1992) 351–364.

M. Illi, Von der Schîssgruob zur modernen Stadtentwässerung (Zürich 1987).

Landkreis Tuttlingen (Hrsg.), Hygienische Verhältnisse und Krankheiten auf dem Lande in früherer Zeit. Begleitband z. Ausstellung 19.4.–1.11.1992, Schr. Freilichtmuseum Neuhausen ob Eck 3 (Tuttlingen 1992).

J. Oexle, Versorgung und Entsorgung nach dem archäologischen Befund. In: Stadtluft, Hirsebrei und Bettelmönch. Die Stadt um 1300. Hrsg. Landesdenkmalamt Baden-Württemberg u. Stadt Zürich, Katalog zur Ausstellung (Stuttgart 1992) 364–374.

P. Schmidt-Thomé, Die Abortgrube des Klosters der Augustinereremiten in Freiburg. Arch. Ausgr. Baden-Württemberg 1983, 240–244.

XI.6

B. Flügel, H. Greil u. K. Sommer, Anthropologischer Atlas. Grundlagen und Daten. Alters- und Geschlechtsvariabilität des Menschen (Frankfurt/Main 1986).

Chr. Schnack, Schuhe und Schuhhandwerk. In: Stadtluft, Hirsebrei und Bettelmönch. Die Stadt um 1300. Hrsg. Landesdenkmalamt Baden Württemberg u. Stadt Zürich, Katalog zur Ausstellung (Stuttgart 1992) 424–427.

M. u. S. Volken, Spuren kranker Füße. Eine Analyse der archäologischen Schuhfunde. In: Alpirsbach – Zur Geschichte von Kloster und Stadt. Forsch. u. Ber. Bau- und Kunstdenkmalpflege Baden-Württemberg 10, Textbd. 2 (Stuttgart 2001) 819–829.

XII. Vom Stützpessar bis zur Piratenstelze –

Therapeutische Möglichkeiten unserer Vorfahren

1. Überleben ist Glückssache – Medizinische Versorgung zwischen Aderlass und Schröpfkuren

Die Bemühungen, einen verletzten oder behinderten Mitmenschen zu versorgen, reichen weit in die Menschheitsgeschichte zurück. Einer der ältesten und gleichermaßen ergreifenden Belege dafür ist der Fall des ca. 30–40jährigen Neandertalers aus der Shanidar-Höhle im Nordirak, dessen rechter Arm von Geburt an verkümmert war und im Bereich des Ellenbogengelenks amputiert worden sein soll, der zeitlebens von seinem Clan mitversorgt wurde und möglicherweise durch einen Steinversturz in der Höhle sein Leben verlor. Neben dem Schwerbehinderten ('Shanidar 1') fanden sich noch Überreste von acht weiteren Neandertalern, u. a. das 'Grab' des bekannteren Mannes 'Shanidar 4', bei dem Funde verschiedener Blütenpollen seinerzeit als Blumenbeigabe gedeutet wurden, heute jedoch eher als zufälliger Eintrag durch die 'Persische Wüstenmaus' interpretiert werden.

Spätestens seit der Jungsteinzeit häufen sich Hinweise auf wundchirurgische Eingriffe, die auf Grund der diagnostizierbaren Überlebensraten sowie der Tatsache, dass nur selten entzündliche Reaktionen festgestellt werden können, auf einen großen Erfahrungsschatz der Operateure und Heilkundigen schließen lassen. Sie müssen hervorragende Kenntnisse sowohl über die menschliche Anatomie als auch die pharmakologische Wirkung von Pflanzen besessen haben.

Fliegenpilz- oder Schlafmohnextrakte als Rausch- oder Betäubungsmittel dürften den Menschen schon früh bekannt gewesen sein. Bereits aus der Römerzeit sind medizinische Gerätschaften überliefert, die z. B. den heutigen Sonden, Skalpellen, Spekula und Wund-haken in nichts nachstehen. Schriftliche Überlieferungen beschreiben Zahnextraktionen, Kaiserschnitte, Starstiche und Amputationen. Es konnte nachgewiesen werden, dass nicht nur Männer, sondern auch Frauen dem Arztberuf nachgingen.

Im Mittelalter tun sich himmelweite Unterschiede zwischen der europäischen und der arabischen Medizinalgeschichte auf. Dazu ein Stimmungsbild aus Heidelberg um das Jahr 1300:

Die Zeiten sind schlecht. Rapides Bevölkerungswachstum hat die Nahrungsressourcen erschöpft. Es folgen Hungersnöte und zwei verheerende Pestwellen, die die Bevölkerung in einigen Regionen um bis zu 70% dezimieren. Das Pariser Medizinalkollegium stellt im Oktober 1348 fest, dass dafür u. a. verendete

1.1: Der Herr von Sachsendorf, der sich im Dienst seiner Dame angeblich Fuß und Bein gebrochen hat, wird verarztet. Aus der 'Manesseschen Liederhandschrift'.

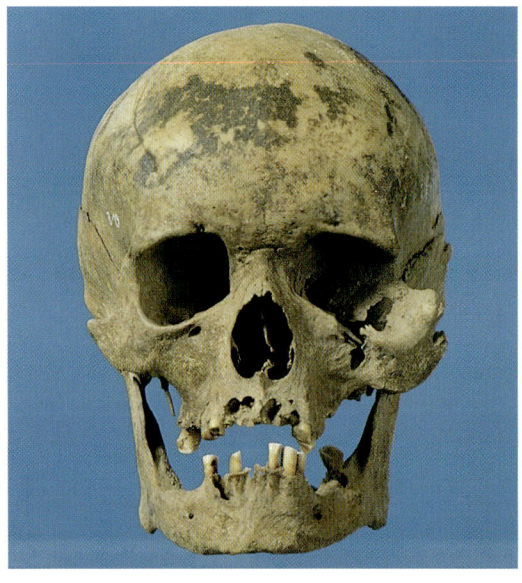

1.2: a) und b) Frontal- und linke Seitenansicht des Schädels eines etwa 50jährigen Mannes aus dem Spitalfriedhof in Heidelberg mit Spuren einer verheilten scharfkantigen Gewalteinwirkung im Bereich des linken Jochbeins. Die Verletzung dürfte ihm sein linkes Auge gekostet haben, ist aber ohne entzündliche Reaktionen abgeheilt. Das Os zygomaticum ist nicht reponiert worden

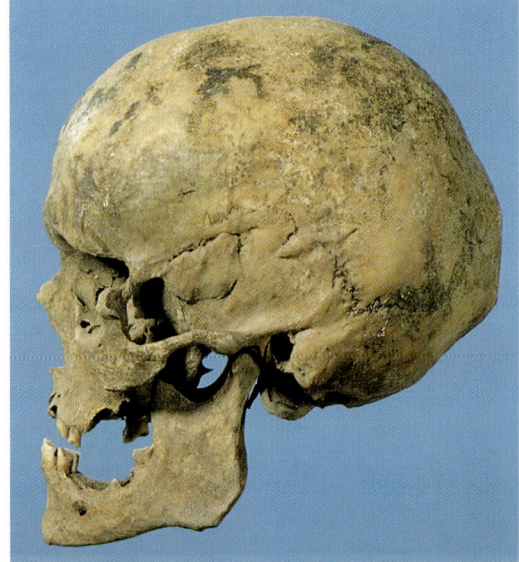

1.3: Chirurgische Eingriffe, wie sie an der Medizinschule von Salerno vorgenommen wurden: Ausbrennen von Hämorrhoiden, Entfernung von Nasenpolypen und Starstich.

Fische, zuviel Bewegung, Trunkenheit oder das Baden ursächlich verantwortlich seien. Erst bei der zweiten Pestwelle, ca. 30 Jahre später, erkennt man – lange nach den Arabern – auch bei uns das Phänomen der Ansteckung.

Die Stadt zählt zwischen 3000 und 5000 Einwohner. Vier bis fünf Personen pro Haushalt wohnen auf engstem Raum. Die hygienischen Verhältnisse sind katastrophal. Schmutzwasser, Fäkalien, gewerbliche und Schlachtabfälle werden auf dem eigenen Grundstück in Abfallgruben oder Latrinen entsorgt, die in unmittelbarer Nähe des Hausbrunnens liegen. Eingeweideparasiten sind an der Tagesordnung. Die mittlere Lebenserwartung liegt für Frauen bei knapp über 30 Jahren, für Männer nur wenig höher. Auf jedes Elternpaar kommen im Durchschnitt elf Geburten. Mehr als die Hälfte der Kinder stirbt vor Erreichen des Erwachsenenalters. Die Ernährung ist karg und eintönig. Sie besteht bei den Ärmeren v. a. aus Brot, Getreidegrütze, Schmalz, Zwiebeln, Kohl und Hülsenfrüchten. Wer es sich leisten kann, verzehrt Fleisch und kauft sich importierte Gewürze, Datteln oder Granatäpfel.

Im Gesundheitswesen wird unterschieden zwischen studierten Ärzten, die ausschließlich auf theoretisches Buchwissen zurückgreifen, und Praktikern wie Chirurgen, Wundärzte und Bader, die ähnlich den Scharfrichtern zu den unehrlichen Berufen zählen, sowie reisenden Spezialisten wie Zahnreißer und Steinschneider.

Bei den Arabern sind bereits dreihundert Jahre früher als bei uns Prüfungen für Mediziner vorgeschrieben. Im Jahr 931 findet man alleine in Bagdad 860 Ärzte, zur gleichen Zeit im ganzen Rheingau nicht einen einzigen.

Außerhalb der Stadt steht eines der europaweit geschätzten 20000 Leprosenhäuser, in das Personen mit ansteckenden Krankheiten eingewiesen werden. Die ‚Lepraschau‘ erfolgt anhand eines 16 Punkte umfassenden Katalogs in der Art eines Gerichtsprozesses. Zu den verdächtigen Symptomen zählen neben Hautausschlägen und Schwellungen Phänomene wie ‚betrügerisches Wesen‘, Haarausfall oder Gänsehaut bei Luftzug. Der Betroffene wird offiziell für tot erklärt.

Im Abendland sterben die Patienten reihenweise, weil seit Hippokrates als ‚der Weisheit letzter Schluss‘ gilt, in den Wunden den „guten und löblichen Eiter“ hervorzurufen. Dagegen kennt man im Orient schon lange die keimtötende Wirkung warmer Rotweinkompressen – eine Methode, die in Europa erst 1959 ‚neu entdeckt' werden wird. Bereits die vorislamischen Araber verarbeiteten Schimmelstoffe des Penicilliums und Aspergillus, die sie von den Geschirren ihrer Lastesel ‚ernteten', zu antibiotischen Salben. Ende des ersten Jahrtausends entstehen dort bedeutende medizinische Lehrbücher, in denen alleine 130 verschiedene Augenkrankheiten beschrieben werden. Gleichzeitig befinden wir uns in Mitteleuropa in einem Stadium erbärmlichen Pseudowissens, das die Patienten nicht nur Geld, sondern oft auch das Leben kostet.

Mancher später als genial beurteilte spätmittelalterliche oder frühneuzeitliche Mediziner hat schlicht aus alten arabischen Werken abgeschrieben.

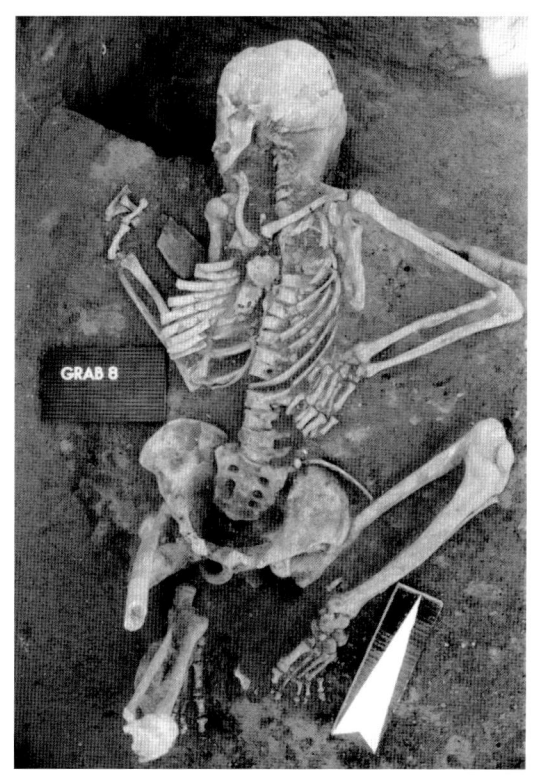

2. Schmuck, Amulett oder Stützpessar?
Zur Interpretation tönerner Ringe aus der vorrömischen Eisenzeit

Das Gräberfeld ‚Viesenhäuser Hof' in Stuttgart-Mühlhausen wurde im Zuge mehrerer Grabungskampagnen v. a. in den frühen 1980er und 1990er Jahren untersucht. Die Mehrzahl der Grablegen datiert in die Bandkeramik. Daneben stießen die Archäologen auch auf Bestattungen der schnurkeramischen Kultur sowie Skelettreste von etwa einem Dutzend Individuen der vorrömischen Eisenzeit. Zu Letzteren gehört der als „Grab 8" bezeichnete Befund aus der Verfüllung einer späthallstattzeitlichen Kellergrube.

Schon die Fundsituation ließ darauf schließen, dass es sich hier nicht um eine reguläre Bestattung handelte. Die Totenhaltung deutete in dieselbe Richtung. Das Skelett wurde in schräger Rückenlage angetroffen. Beide Beine waren angewinkelt, die Füße bis an das Gesäß herangezogen. Das rechte Knie zeigte nahezu senkrecht nach oben, das linke war seitwärts abgekippt. Der linke Ellenbogen wies ebenfalls zur Seite, die Hand lag im Hüftbereich, der rechte Arm angwinkelt unmittelbar am Oberkörper und die Hand auf Höhe des Halses.

Es handelt sich um die Skelettreste einer ca. 1,56 m großen Frau mit niedrig-breitem Gesicht und auffallend starker Prognathie. Im Profil ist eine postbregmatische Eindellung zu

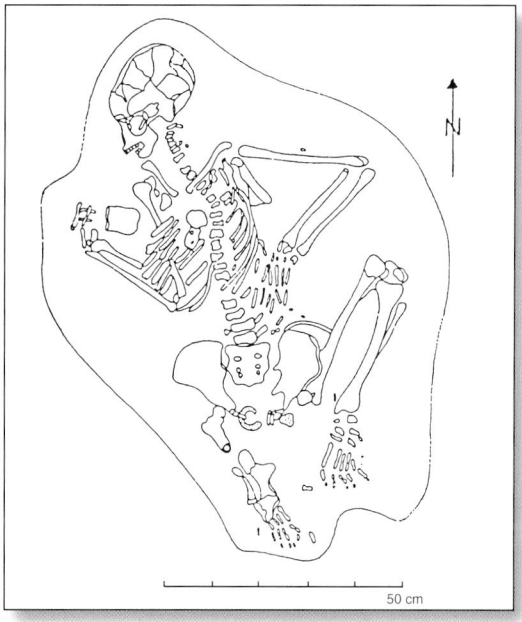

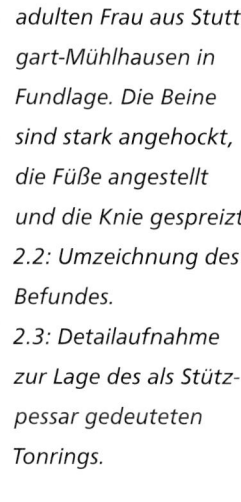

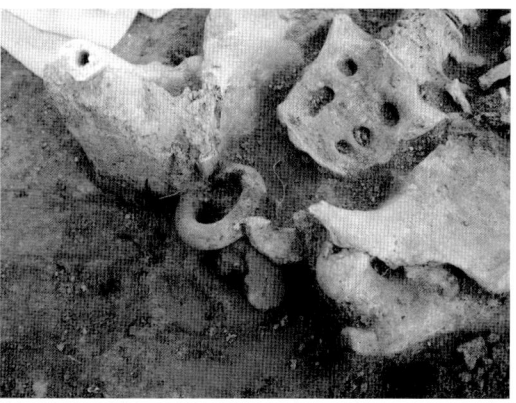

2.1: Späthallstatt-zeitliches Grab einer adulten Frau aus Stuttgart-Mühlhausen in Fundlage. Die Beine sind stark angehockt, die Füße angestellt und die Knie gespreizt.
2.2: Umzeichnung des Befundes.
2.3: Detailaufnahme zur Lage des als Stützpessar gedeuteten Tonrings.

erkennen, die wahrscheinlich auf das Tragen schwerer Lasten mittels Stirnband zurückzuführen ist. Tiefe geburtstraumatische Veränderungen am Becken zeigen, dass sie mindestens eine, wahrscheinlich mehrere Geburten hinter sich hatte. Die Bestimmung ihres Sterbealters ist auf Grund des ausgesprochenen Krankheitsbilds problematisch, sie dürfte etwa 30, maximal 40 Jahre alt geworden sein.

Wie bei der Mehrzahl ihrer Zeitgenossen ist das Gebiss der Frau in schlechtem Zustand. Sechs Zähne, darunter fünf Backenzähne, waren bereits zu Lebzeiten ausgefallen, zwei weitere zeigen profunde Karies, ein halbes Dutzend anderer Zähne Abszesshöhlen infolge von Wurzelvereiterungen. Dazu kommen Anzeichen heftiger Parodontopathien und mächtige Zahnsteinablagerungen. Besonders hervorzuheben sind jedoch starke entzündlich degenerative Veränderungen im Bereich der Wirbelsäule und Gelenke, Wachstumsstörungen, Hinweise auf Osteoporose, Osteomyelitis, Rippenfellentzündung, Pseudarthrosen an Wirbeln und Schulterblättern sowie zahlreiche Exostosen an verschiedenen Skelettelementen, die als verknöcherte Sehnenansätze anzusprechen sind. Einige Aspekte des Krankheitsbildes könnten auf eine Osteomalazie hindeuten, einen durch Mangel an Vitamin D, Kalzium oder eine Nierenerkrankung bedingten ungenügenden Einbau von Mineralstoffen, der Verformungen und mangelhafte Knochenheilung zur Folge hat. Dazu kommt ein schwerwiegendes infektiöses Geschehen, das verschiedene Ursachen und letztlich zum Tode geführt haben könnte.

Im Becken der Frau, unmittelbar im Symphysenbereich, fand sich ein 77 g schwerer Ring aus geglättetem Ton. Sein Außendurchmesser beträgt etwa 73 mm, der Innendurchmesser um 38 mm. Hinsichtlich ihrer Fundlage in der Beckenregion weiblicher Individuen sowie ihrer Dimensionen sind vergleichbare eisenzeitliche Funde z. B. aus dem Elsass bekannt. Alsbald versuchte man, sie gegenüber Ringen, die als Trachtbestandteile oder Schmuckgegenstände zu deuten sind, abzusetzen und brachte eine Interpretation als Amulette von Frauen im reproduktiven Alter oder Pessare gegen Gebärmuttervorfall ins Gespräch. Es ist nicht auszuschließen, dass einem Uterusprolaps schon in der Hallstattzeit mittels eines Pessars begegnet wurde. Spätestens seit der römischen Kaiserzeit ist die Methode zweifelsfrei überliefert.

Der vorliegende Fall gab Anlass zu einer erneuten Studie in dieser Richtung. Demnach bestehen heutige Stützpessare zwar aus Hartgummi, Porzellan oder Glas, entsprechen aber in ihren Dimensionen zwanglos den bei besagten Tonringen gefundenen Werten. Deren Deutung als Stützpessare ist damit sehr naheliegend.

Als Ursachen für eine Gebärmuttersenkung und späteren Vorfall gelten v. a. eine Erschlaffung des Band- und Haftapparates im Bereich der Beckenbodenmuskulatur, häufige Unterleibspressungen bzw. Geburten, mangelnde Gewebefestigkeit im Unterleib sowie schwere körperliche Arbeit. Und einige davon könnten durchaus auf die Frau aus ‚Grab 8' zutreffen.

3. Leben mit einem Leistenbruch – Zur Funktions- und Trageweise frühmittelalterlicher Bruchbänder

Das merowingerzeitliche Reihengräberfeld von Villingen-Schwenningen ‚Auf der Lehr' wurde vor mehr als zehn Jahren ausgegraben; die Skelettreste sind bislang nur punktuell untersucht. Wie in den meisten Nekropolen dieser Zeit stießen die Archäologen auch dort auf einen großen Anteil von Grablegen, die bereits in antiker Zeit ausgeplündert worden waren. Ob dies ebenso für das hier zu besprechende Grab 168 gilt, kann nur vermutet werden, da es zusätzlich durch einen neuzeitlichen Bodeneingriff erheblich in Mitleidenschaft gezogen war.

Vom Skelett sind lediglich noch wenige, stark fragmentierte und unvollständige Elemente erhalten, Oberarmknochen, Scapula und Clavicula der linken Seite, die zwar mit leichtem Versatz zueinander, aber immer noch annähernd in anatomischer Abfolge lagen. Sie erlauben auf Grund ihrer Robustizität eine Be-

3.1: Detailansicht des antik gestörten Grabes eines spätadulten, eher männlichen Individuums aus dem frühmittelalterlichen Gräberfeld von VS-Schwenningen ‚Auf der Lehr'. Neben dem Bruchband sind lediglich noch Teile des linken Oberarmknochens und Schulterblatts erhalten.

stimmung als ,eher männlich'. Ohne weitere Anhaltspunkte als die Verwachsung der proximalen Humerusepiphyse sowie deren Spongiosastruktur lässt sich das Sterbealter lediglich als ,wahrscheinlich spätadult' schätzen. Horizontalstratigraphische Bezüge stellen das Grab auch ohne datierende Beigaben in die zweite Hälfte des 7. Jahrhunderts. Einziger Beifund ist ein noch 24 cm langes und etwa 2 cm breites Eisenband, das über ein ca. 5 cm langes, rechtwinklig abknickendes Stück in einer rund-ovalen Platte mit einem Durchmesser von 4–5 cm endet und offensichtlich aus einem Stück geschmiedet wurde. Nach typologischen Kriterien, die auch an rezenten Stücken dieser Art zu finden sind, handelt es sich um den Rest eines Bruchbands, das ursprünglich am dorsalen Ende mit einem Endhaken oder einer Öse zur Befestigung eines Haltegurts sowie einer (Leder-)Polsterung im Bereich der ,Pelotte' genannten Druckplatte versehen gewesen sein dürfte.

Eiserne Bruchbänder, die – bevor man ihren Verwendungszweck erkannte – als „fassreifen-ähnliche" Stücke angesprochen wurden, sind vergleichsweise häufig aus frühmittelalterlichen Gräbern überliefert. Man kennt inzwischen rund zwanzig Exemplare, vor allem aus dem Raum Elsass, Lothringen sowie aus der Schweiz, die meist dem 6. und 7. Jahrhundert n. Chr. zugeordnet werden können. Sie wurden und werden auch heute noch überwiegend von Männern benötigt und waren zeitgenössischen Schriftquellen zufolge bereits in der Antike bekannt.

Das Bruchband umgreift den Körper halbseitig auf Höhe der Taille und wird nach den individuellen Gegebenheiten des Trägers angepasst. Die Druckplatte ist nach unten abgewinkelt und drängt den Bruch bzw. die so genannte Hernie zurück, deren Entstehung durch harte körperliche Arbeit oder das Heben schwerer Lasten begünstigt wird. Solche Hernien können im Bereich der vorderen Bauchwand an verschiedenen Stellen lokalisiert sein. Dabei kommt es zu einem Vortreten von Eingeweiden aus der Bauchhöhle bzw. einer Ausstülpung des Bauchfells infolge einer angeborenen Gewebeschwäche, übermäßigen Bauchpressdrucks bei andauerndem Husten oder aufbrechender Narben.

Der Mann aus Grab 168 litt offenbar an einer Hernie in der linken Leistengegend, konnte diese Beeinträchtigung aber durch eine wir-

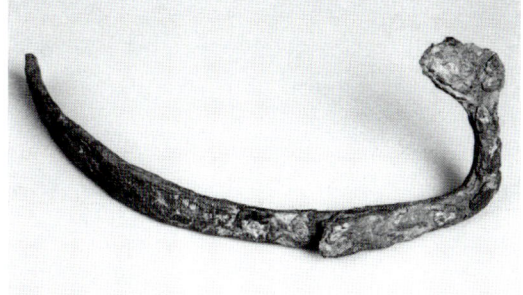

3.2: Bruchstück des eisernen Bruchbands aus VS-Schwenningen, Grab 168, nach der Restaurierung.
3.3: Gut erhaltenes Bruchband aus dem frühmittelalterlichen Bülach zum Vergleich.
3.4: Typische Lokalisation von Hernien im Bereich der vorderen Bauchwand.

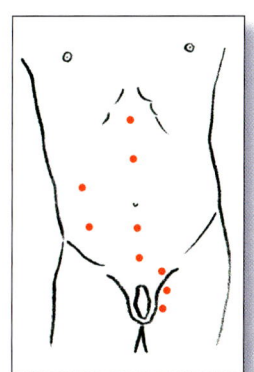

kungsvolle prothetische Maßnahme abmildern. Vergleicht man die Beigaben anderer Bruchbandträger mit den üblichen Ausstattungen in Männergräbern, scheint sich abzuzeichnen, dass eher weniger privilegierte und daher im Vergleich zum Durchschnitt härter arbeitende Personen betroffen waren.

4. Krücken und Prothesen – Hinweise auf Gehhilfen aus frühmittelalterlichen Gräbern

Neben Verletzungen am Schädel werden in den ältesten Rechtsaufzeichnungen der Germanen insbesondere solche der Hand detailliert beschrieben und, entsprechend den daraus resultierenden funktionellen Beeinträchtigungen, abgestufte Bußen festgelegt, die derjenige dem Geschädigten zu leisten hatte, der für die Verletzung verantwortlich war. Zu Läsionen im Fußbereich liest man im ,Pactus legis alamannorum' aus der ersten Hälfte des 7. Jahrhunderts, Titel 11,1–3:

„Wenn einer dem anderen den Fuss abhaut, zahlt er 40 Schilling; Und wenn er (ihn) lähmt, zahlt er 20 Schilling; Und wenn er außerhalb des Gehöftes gehen kann und auf dem Felde mit einer Stelze gehen kann, zahlt man 25 Schilling."

Dabei stellt sich die Frage, ob der im Original verwendete Ausdruck *cum stelzia* im Sinne

4.1: Die Skelettreste des
25–30jährigen Mannes
aus VS-Schwenningen
,Auf der Lehr', Grab 73,
in Fundlage.
4.2: Detailaufnahme mit
nahezu rechtwinkliger
Ankylose
des rechten Kniege-
lenks in situ.
4.3 (unten links): Die
Unterschenkelprothese
des maturen Mannes
aus dem fränkischen
Gräberfeld von Gries-
heim, Grab 226, war
am unteren Ende mit
einer Bronzeblechhülse
versehen.
4.4 (daneben): Eine
Möglichkeit der prothe-
tischen Versorgung bei
Amputation im Unter-
schenkel-/Fußbereich.
Der Patient kniet auf
einem Stelzbein.

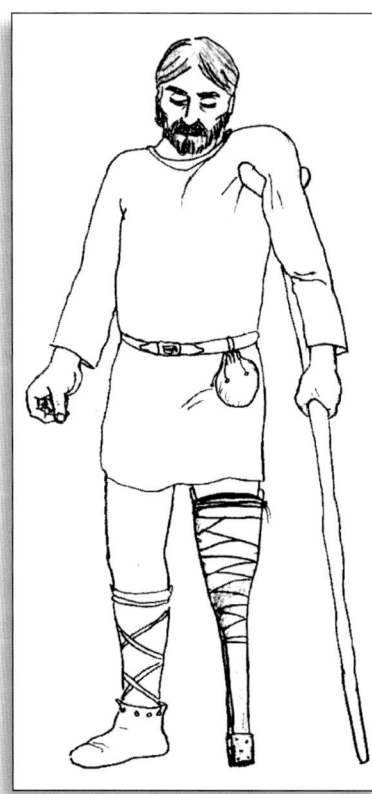

einer Prothese oder einer Krücke übersetzt werden kann. Etymologische Vergleiche sowie die Tatsache, dass Krücken und Stöcke als Gehhilfen auch bei einer Vielzahl anderer Behinderungen wie z. B. Frakturen, Gicht, Rheuma oder rachitischen Deformierungen zum Einsatz kommen, sprechen jedoch eher für eine Bedeutung als Ersatzgliedmaße.

Im archäologischen Kontext sind derartige Befunde eine absolute Rarität, zumal Anfertigungen aus Holz in der Regel im Boden nicht überdauern.

Am bekanntesten ist ein Fall aus dem fränkischen Gräberfeld im hessischen Griesheim. Grab 226 barg dort die Skelettreste eines 50–60jährigen Mannes, der um das Jahr 700 n. Chr. mit Schwertbeigabe in einer hölzernen Kammer niedergelegt worden war. Sein linker Unterschenkel war im Kniegelenk abgesetzt worden und anstelle des Fußes fand man eine mit Nägeln versehene quaderförmige Tülle aus Bronzeblech, die offenbar als Beschlag eines Stelzfußes zu deuten ist. Die Prothese dürfte in der Art einer Piratenstelze zu rekonstruieren sein. Der linke Oberschenkelknochen ist im Vergleich zum rechten atrophiert, was bedeutet, dass der Unterschenkel bereits einige Zeit vor dem Tode des Mannes entfernt wurde und dieser sein linkes Bein durch die Verwendung einer Krücke o. ä. entlastet und geschont hat. Hinsichtlich der Ursache für die Abnahme des Unterschenkels lässt sich nur spekulieren: eine Trümmerfraktur, Quetschung, Mutterkornvergiftung, Erfrierung oder eine infizierte Wunde, bei der die Gefahr einer tödlichen Sepsis bestand.

Ein anderes spektakuläres Beispiel ist aus der mehr als 700 Gräber umfassenden Nekropole des 4.–6. Jahrhunderts von Bonaduz im Kanton Graubünden (Schweiz) überliefert. Dem frühmaturen Mann aus Grab 248 war der rechte Fuß im oberen Sprunggelenk abgenommen worden. Die distalen Enden von Tibia und Fibula sind auf einer Länge von ca. 5 cm miteinander verwachsen. Deutliche Anzeichen einer chronischen Osteomyelitis dokumentieren eine über Monate offene, eitrige Stumpfwunde. Als Fußersatz fanden sich Reste einer Prothese, die aus einem mit Heu und Moos gefüllten Lederbeutel bestand, dessen Lauffläche mit einer eisenbeschlagenen Holzkufe verstärkt und der mit umlaufenden Riemen am Unterschenkel befestigt war. Dabei diente die Polsterung sowohl zur Stoßdämpfung beim Gehen als auch zum Aufsaugen des Eiters. In Anbetracht des Krankheitsbildes sowie fehlender Atrophie der Unterschenkelknochen kann der 40–50jährige diesen schmerzhaften und das Immunsystem äußerst belastenden Zustand kaum länger als einige Monate überstanden haben.

Nachdem in beiden Fällen der zu entfernende Extremitätenabschnitt im Gelenkspalt abgesetzt wurde, handelt es sich um Exartikulationen. Bei Amputationen im eigentlichen Sinne wird demgegenüber direkt durch den Knochen geschnitten bzw. gesägt. Amputationen sind häufig Folge tätlicher Auseinandersetzungen mit scharfen Gegenständen, als Strafmaßnahme zwar im westgotischen, aber nicht im alamannischen Recht verankert. Zudem ist ein Amputationsstumpf kaum belastbar.

Ein weniger eindeutiger Befund ist aus Baden-Württemberg überliefert, aus Grab 73 des frühmittelalterlichen Friedhofs von Villingen-Schwenningen. Die Skelettreste eines 25–30jährigen Mannes sind zwar relativ schlecht erhalten, dokumentieren aber zweifelsfrei eine Ankylose des rechten Kniegelenks. Femur und Tibia sind, unter Einbeziehung der Patella und wahrscheinlich infolge einer Verletzung, fast rechtwinklig miteinander verwachsen. Die Röntgenaufnahme zeigt eine relativ homogene Spongiosastruktur im Verschmelzungsbereich. Gleichzeitig erscheint der betroffene Oberschenkelknochen nicht atrophiert. Das bedeutet, dass die Verwachsung schon längere Zeit vor dem Tode des jungen Mannes bestand und er sein rechtes Bein nicht besonders geschont hat. Das distale Ende der Tibia ist leider nicht erhalten. Es wäre denkbar, dass er sich auf einem Stelzbein kniend fortbewegte, wie es z. B. auf einem alten Stich von Hiernonymus Bosch überliefert ist. Da er ungewöhnlich tief beigesetzt wurde, könnte er – vielleicht gerade wegen seiner Behinderung – als ‚gefährlicher Toter‘ gegolten haben.

5. Reine Kosmetik oder Funktion mit Biss?
Spätmittelalterlicher Zahnersatz aus der Oberhofenkirche in Göppingen

Ursachen für vorzeitigen Zahnverlust sind v. a. bakterielle, chemische oder mechanische Einflüsse sowie Vitamin-C-Mangel. Als bekanntes-

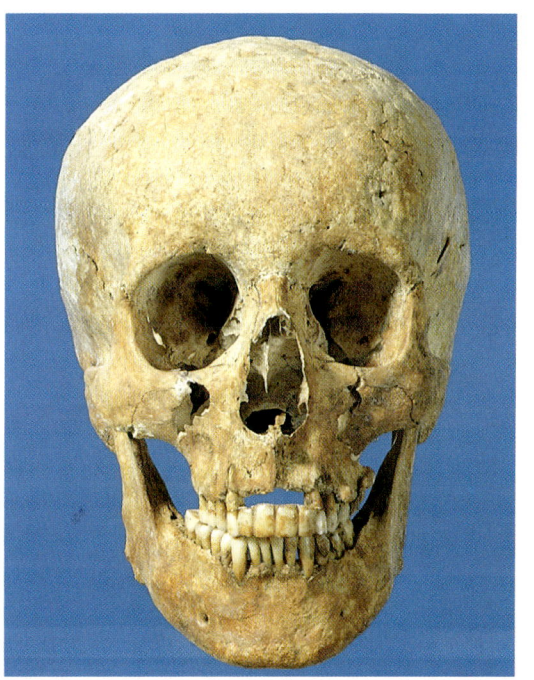

5.1: Schädel eines älteren Mannes aus der ‚Oberhofenkirche‘ in Göppingen mit aus einem Flusspferdzahn geschnitzter Frontzahnprothese.

te Befunde seien Parodontitis, Karies, Wurzelvereiterung, Lepra oder Skorbut genannt. Beschleunigt werden diese Prozesse bei älteren Menschen durch den mit höherem Alter fortschreitenden Abbau des Alveolarknochens, der mit einer zunehmend schwächeren Verankerung der Zähne einhergeht. Traumatische Ereignisse wie Stürze oder tätliche Auseinandersetzungen betreffen meist das Frontgebiss, kariöse Defekte manifestieren sich bevorzugt im Bereich der Backenzähne.

Über die Behandlungsmethoden bei Zahnschmerzen wissen wir aus der schriftlosen Zeit wenig. Am einfachsten war wohl das Kauen, Applizieren oder Einnehmen betäubender Substanzen wie z. B. Nelkenwurzel oder Alkohol.

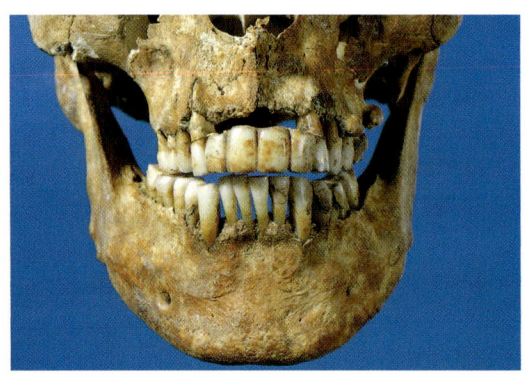

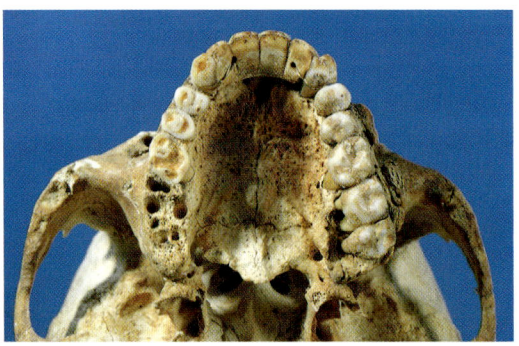

5.2: Detailaufnahme des mit Golddraht im Oberkiefer befestigten Zahnersatzes.
5.3: Die Frontzahnprothese von der Kaufläche aus gesehen.
5.4: Zahntechnischer Abguss des Gebisses ohne die Brücke.

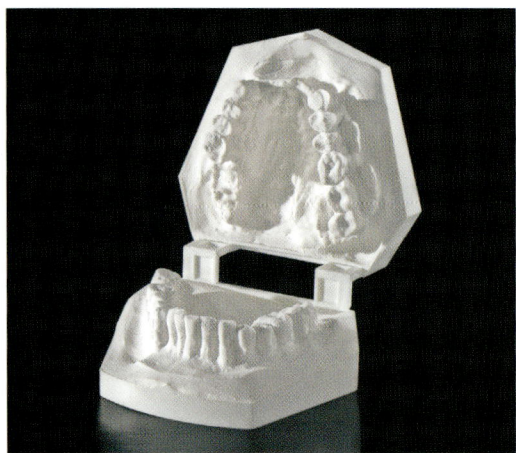

Spätestens seit der Jungsteinzeit dürften kranke Zähne auch gezielt extrahiert oder ausgeschlagen worden sein. Die Anfertigung von Zahnersatz ist von den alten Ägyptern überliefert. Er wurde wahrscheinlich aber erst post mortem angefertigt und für das Leben nach dem Tode eingesetzt. Die Etrusker kannten Zahnprothesen aus zugeschliffenen Tierzähnen, die – auf Goldblechstreifen genietet – weniger für aktives Kauen geeignet waren und eher aus ästhetischen Gründen getragen wurden. Ein möglicherweise gewollter Begleiteffekt war die Schmuckwirkung bzw. das Zurschaustellen der Prosperität des Trägers, wie es auch heute noch bei manchen Volksgruppen der Fall ist. Antike

Schriftquellen und Funde belegen Zahnersatz oder Haltevorrichtungen zur Schienung lockerer Zähne für die römische, byzantinische und arabische Welt. Im Spätmittelalter gab es kaum ausgebildete Zahnärzte. Nur reiche Leute konnten sich Zahnersatz leisten. Die Grundversorgung für die Normalbevölkerung besorgten fahrende Barbiere oder so genannte Zahnreißer.

Ein in diesem Zusammenhang außergewöhnlich interessantes Stück konnte 1980 bei Renovierungsarbeiten in der ‚Oberhofenkirche' in Göppingen geborgen werden. Der Baubeginn der Kirche datiert in das Jahr 1436. Die Zahnprothese gehört zu dem Skelett eines über 60jährigen Mannes aus dem 16./17. Jahrhundert. Es handelt sich dabei um eine aus einem Stück geschnitzte Frontzahnbrücke als Ersatz für die oberen vier Schneidezähne, die auf Grund fehlender Korrosionserscheinungen und Verfärbungen ursprünglich wahrscheinlich mit Golddraht an den noch vorhandenen Eckzähnen befestigt war. Als Rohmaterial diente der Zahn eines Flusspferds. Die knapp 3 cm breite, bis zu 9 mm dicke und 10,7 mm hohe Brücke wurde als individuelle Sonderanfertigung mit höchster Präzision gearbeitet und optimal zwischen den Canini eingepasst. Wie Abnutzungsspuren auf der Kaufläche zeigen, scheint sie auch in diesem Bereich beschliffen oder tatsächlich beim Beißen und Kauen verwendet worden zu sein.

Als Ursachen für den Zahnverlust bei dem senilen Mann aus der Oberhofenkirche kommen vorrangig parodontale Veränderungen in Betracht. Vor allem die Zähne der linken Seite sind mit starken Konkrementablagerungen überkrustet. Die beiden rechten unteren Schneidezähne sind leicht nach lingual verkippt. Der ältere Herr litt zudem unter einer krankhaften Verdickung der Knochen (sog. Morbus Paget), die ausschließlich bei Menschen in den Altersgruppen ‚matur' und ‚senil' auftritt. Die ‚wolkige' Struktur des Schädels, die im Röntgenbild als fleckige Osteosklerose erscheint, war bei ersten Untersuchungen mit ähnlichen Symptomen der Syphilis in Verbindung gebracht worden.

Vorneuzeitliche Zahnprothesen waren unter funktionalen Aspekten kaum belastbar. Sie dürften v. a. aus kosmetischen Erwägungen heraus angefertigt worden sein.

Literatur

XII.1

B. Herrmann u. R. Sprandel (Hrsg.), Determinanten der Bevölkerungsentwicklung im Mittelalter. Acta humaniora (Weinheim 1987).

S. Hunke, Allahs Sonne über dem Abendland. Unser arabisches Erbe (Frankfurt/Main 1994).

H. Schott (Hrsg.), Die Chronik der Medizin (Dortmund 1993).

J. Wahl, Der Heidelberger Spitalfriedhof. Einblick in das mittelalterliche Gesundheitswesen. Denkmalpfl. Baden-Württemberg. Nachrichtenblatt des Landesdenkmalamtes 30/3, 2001, 132–138.

A. Hensen, J. Wahl, E. Stephan u. C. Berszin, Eine Ärztin aus dem römischen Heidelberg. Arch. Korrbl. 34, 2004, 81–100.

XII.2

S. Ehrhardt u. P. Simon, Skelettfunde der Urnenfelder- und Hallstattkultur in Württemberg und Hohenzollern. Naturwiss. Unters. Vor- u. Frühgesch. Württemberg u. Hohenzollern 9 (Stuttgart 1971).

G. G. Koenig, Schamane und Schmied, Medicus und Mönch: Ein Überblick zur Archäologie der merowingerzeitlichen Medizin im südlichen Mitteleuropa. Helvetia Archaeologica 51/52, 1982, 75–154.

L. Pauli, Keltischer Volksglaube. Amulette und Sonderbestattungen am Dürrnberg bei Hallein und im eisenzeitlichen Mitteleuropa (München 1975).

D. Scherzler, Der tönerne Ring vom Viesenhäuser Hof. Ein Hinweis auf medizinische Versorgung in der Vorrömischen Eisenzeit? Fundber. Baden-Württemberg 22/1, 1998, 237–294.

XII.3

K. W. Alt u. G. Oehmichen, Ein frühmittelalterliches Bruchband von Schwenningen, Schwarzwald-Baar-Kreis. Fundber. Baden-Württemberg 17/1, 1992, 405–422.

G. Oehmichen u. G. Weber-Jenisch, Die Alamannen an der Neckarquelle. Das frühmittelalterliche Gräberfeld von Schwenningen ‚Auf der Lehr'. Arch. Inf. Baden-Württemberg 35 (Stuttgart 1997).

XII.4

R. Baumgartner, Fussprothese aus einem frühmittelalterlichen Grab aus Bonaduz. Helvetia Archaeologica 51/52, 1982, 155–162.

A. Niederhellmann, Arzt und Heilkunde in den frühmittelalterlichen Leges. In: R. Schmidt-Wiegand (Hrsg.), Die volkssprachigen Wörter der Leges barbarorum III. Arbeiten Frühmittelalterforsch. 12 (Berlin, New York 1983).

XII.5

C.-P. Adler, Knochenkrankheiten. Diagnostik makroskopischer, histologischer und radiologischer Strukturveränderungen des Skeletts (Berlin, Heidelberg, New York 1998).

K. W. Alt, Odontologische Befunde aus Archäologie und Anthropologie. Zahnärztl. Mitt. 79, 1989, 785–796.

A. Czarnetzki u. K. W. Alt, Eine Frontzahnbrücke aus Flußpferdzahn – Deutschlands älteste Prothese. Zahnärztl. Mitt. 81, 1991, 216–219.

W. Hoffmann-Axthelm, Die Geschichte der Zahnheilkunde (Berlin 1973).

XIII. Forschungsgeschichte –

Kleines ‚Who is who' zur Anthropologie im Südwesten

1. Die Anfänge

Die Geschichte der Anthropologie reicht in Teilaspekten weit in die klassische Antike und darüber hinaus zurück. Demnach müssen den altägyptischen Einbalsamierern schon in der Mitte des 3. Jahrtausends v. Chr. detaillierte Kenntnisse über den Aufbau des menschlichen Körpers zugestanden werden, ohne dass sie im Einzelnen über die Funktion bestimmter Organe Bescheid gewusst hätten. Spätestens seit Hippokrates (um 460–370 v. Chr.), Plato (427–347 v. Chr.) und Aristoteles (384–322 v. Chr.) beschäftigten sich dann auch in Europa Ärzte und Philosophen mit grundsätzlichen Fragen des Mensch-seins unter mehr naturwissen-

schaftlichen Gesichtspunkten. Aristoteles wird auch die erste Nennung des Begriffes *anthropologos* zugeschrieben – allerdings in einem Kontext mit der wenig schmeichelhaften Bedeutung von ‚Schwätzer'.

Besonders aufschlussreich sind die Schriften des Römers Plinius d. Ä. (23–79 n. Chr.), dessen Neffe und Adoptivsohn einen detailgenauen Augenzeugenbericht über den Ausbruch des Vesuv hinterließ. In seiner 37 Bände umfassenden Naturgeschichte widmete er sich auch intensiv dem Menschen. Für die Zeit danach sei Galen (um 129–199 n. Chr.) genannt. In Pergamon geboren, lehrte er an der Universität von Alexandria und verwendete bereits Skelette als Demonstrationsmaterial. Seine Aus-

1.1: Die „Haupttypen der Menschheit". Darstellung aus dem Jahre 1912.

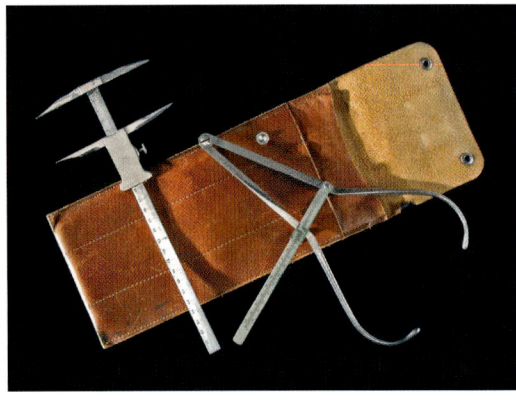

1.2: Original-Mess-besteck von Eugen Fischer. Rechts ‚Tas-terzirkel‘, links ‚Gleit-zirkel‘. Mit derartigen Geräten werden auch heute noch die anthro-pologischen Standard-maße erfasst.

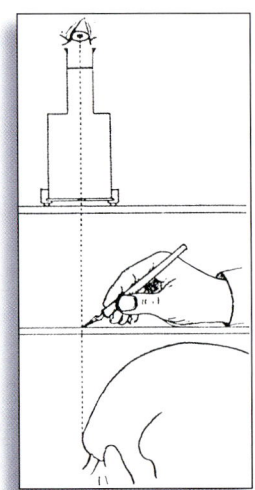

1.3: So genannter Dioptrograph. Über Jahrzehnte in Fach-kreisen verwendetes Gestell mit Glasplatten und Peileinrichtung zur Anfertigung ver-zerrungsfreier Zeich-nungen im Maßstab 1:1.

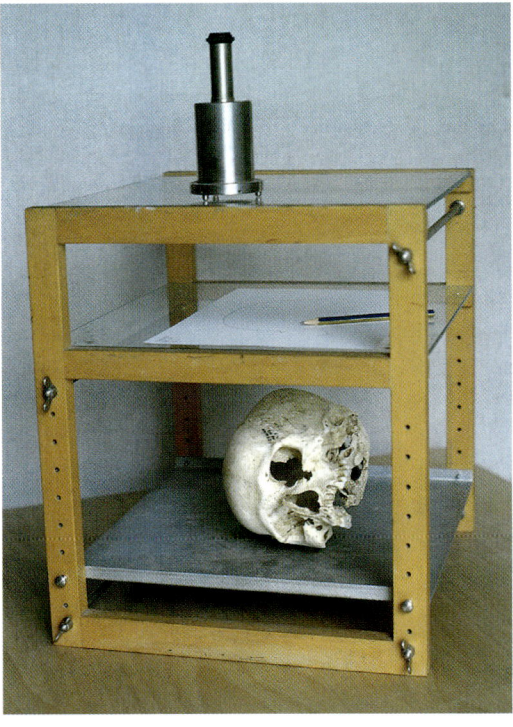

haltensforschung, Primatologie, Industrie- und Sportanthropologie, Vererbungs- und Evoluti-onslehre gehören, machen es schwierig, eine allgemeingültige Definition des Faches zu ge-ben. Die meisten Teilbereiche lassen sich unter dem Titel ‚Variabilität der Hominiden in Raum und Zeit sowie Vergleich zwischen Mensch und Tier‘ einordnen.

In Mitteleuropa steht eindeutig die physische Anthropologie im Vordergrund. Der vorran-gig naturwissenschaftliche Bezug ergibt sich daraus, dass der typische Anthropologe ein Biologiestudium absolviert hat. In den angel-sächsischen Ländern subsummiert man unter ‚*anthropology*‘ auch Fächer wie Archäologie, Ethnologie, Ur- und Frühgeschichte, die hier-zulande zu den Kulturwissenschaften zählen und mit die häufigsten Kooperationspartner der Anthropologie darstellen. Engere Ver-flechtungen bestehen auch zur (Gerichts-)Me-dizin, Geologie/Paläontologie, Bodenkunde, Soziologie, Psychologie, Philosophie und zu modernen Forschungsrichtungen wie *gender-studies* und Alternsforschung. Die v. a. in Ame-rika etablierte ‚forensische Anthropologie‘ ist im alten Europa noch kaum institutionalisiert. Eine entsprechende Konstellation ergibt sich hier durch die Zusammenarbeit zwischen ent-sprechend erfahrenen Anthropologen und der Kriminalpolizei bzw. Staatsanwaltschaft.

In den Berührungszonen sind die Übergänge zwischen den jeweiligen Fachrichtungen in-nerhalb der Anthropologie fließend. So z. B. zwischen der ‚Palä(o)anthropologie‘, die sich streng genommen ausschließlich mit mensch-lichen Fossilfunden des Paläolithikums beschäf-tigt, und der ‚(Prä-)Historischen Anthropolo-gie‘, die für nacheiszeitliche Skelettreste vom Mesolithikum bis in die frühe Neuzeit zustän-dig ist.

sagen zur Anatomie behielten rund tausend Jahre Gültigkeit. Überaus bemerkenswert wa-ren später die bekannten anatomischen Stu-dien des Allroundgenies Leonardo da Vinci (1452–1519), der – obwohl von der Kirche mit massiven Sanktionen bedroht – für seine Studien offensichtlich Leichenöffnungen vor-genommen hat. Anschließend machte sich Vesalius (1514–1564) in Italien einen Namen als eifriger Sezierer. Ihm wird im Nachhinein eine schizoide Persönlichkeit mit sadistischen Zügen bescheinigt.

2. Definitorisches

Die vielfältigen Forschungszweige der Anthro-pologie als ‚Lehre vom Menschen‘, zu der u. a. so unterschiedliche Disziplinen wie die Ver-

3. Historisches

Die Entstehung der Anthropologie, ihre Institu-tionalisierung sowie die Entwicklung ihrer Teil-gebiete liest sich informativ und detailgetreu in der umfangreichen und mit weit mehr als 400 Zitaten gespickten Darstellung von Ilse Schwi-detzky aus dem Jahre 1988. Nachfolgend seien lediglich einige wenige wichtige Namen und Stationen genannt.

Die ersten Anthropologen waren Ärzte und Anatomen. So auch Johann Friedrich Blumenbach (1752–1840), Medizinprofessor an der Universität Göttingen, dem von der Nachwelt der Titel „Vater der Anthropologie" verliehen wurde. Er organisierte die erste große Schädelsammlung mit Vergleichsstücken aus allen Teilen der Welt. Er brach eine Lanze für die Schwarzafrikaner und stellte sie – entgegen dem Zeitgeist – hinsichtlich Schönheit und Intelligenz auf eine Stufe mit den Europäern. Und er entwickelte die so genannte Domestikationshypothese, wonach der Mensch auf Grund seiner großen Variabilität, weltweiter Verbreitung und Anpassung an verschiedene Umwelten am ehesten dem Schwein vergleichbar, als Haustier einzustufen sei. Der Unterschied zu allen anderen Haustieren bestünde allerdings darin, dass es keine Wildform des Menschen gäbe und er sich quasi selbst domestiziert habe. Der berühmteste Zeitgenosse Blumenbachs war Johann Wolfgang von Goethe (1749–1832), der sich bekanntermaßen ebenfalls mit Naturwissenschaften und der vergleichenden Biologie des Menschen beschäftigte.

Das erste Anthropologentreffen in Deutschland fand 1861 in Göttingen statt. Fünf Jahre später wurde unter dem Namen „Archiv für Anthropologie" mit dem Untertitel „Archiv für Natur- und Urgeschichte des Menschen" die erste deutschsprachige Fachzeitschrift ins Leben gerufen. Sie war von vornherein interdisziplinär angelegt. Als Herausgeber fungierten der Anatom Alexander Ecker und der Prähistoriker Ludwig Lindenschmitt. 1869 konstituierte sich die ‚Berliner Gesellschaft für Anthropologie, Ethnologie und Urgeschichte', 1870 die ‚Deutsche Anthropologische Gesellschaft'. Eine der maßgebenden Persönlichkeiten dieser Zeit war der bekannte Rudolf Virchow (1821–1902).

Der erste Lehrstuhl für Anthropologie wurde 1886 an der Universität München eingerichtet. Lehrstuhlinhaber waren nacheinander Johannes Ranke (1836–1916), Rudolf Martin (1864–1925) und Theodor Mollison (1874–1952), die allesamt umfangreiche Lehrbücher verfassten und deren methodische Grundlagen und Standardisierungsvorschläge auch heute noch über weite Strecken Gültigkeit haben. Nach der Jahrhundertwende erfolgten weitere Neugründungen, z. B. 1928 in Frankfurt/Main mit Franz Weidenreich (1873–1948), dem Erstbeschreiber der Sinanthropusfunde aus China, oder 1930/34 in Tübingen mit Wilhelm Gieseler (1900–1976), der sich in München habilitiert hatte.

In den ersten Jahrzehnten des 20. Jahrhunderts vollzog sich dann eine Verschwisterung zwischen Anthropologie und Humangenetik und gleichzeitig die vorübergehende Ablösung der naturwissenschaftlichen Anthropologie von den Kulturwissenschaften. Seit einigen Jahrzehnten arbeiten diese Fächer jedoch wieder mit großem Erfolg zusammen.

Nach dem Zweiten Weltkrieg, der aus bekannten Gründen eine strikte Tabuisierung des Rassenbegriffs und aller damit verknüpften Ideologien zur Folge hatte, begann man, sich vom Einzeltypus zu lösen und der Population als kulturtragender Einheit zuzuwenden.

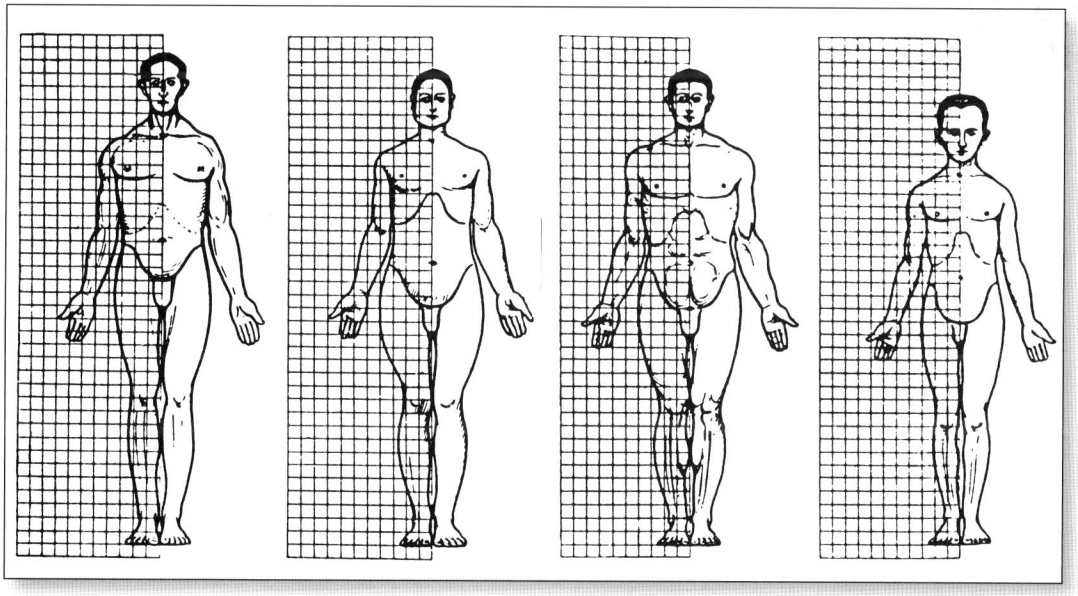

3.1: In den ersten Jahrzehnten des 20. Jahrhunderts wurde eine Vielzahl neuer Klassifizierungsschemata entwickelt. Hier die französischen Konstitutionstypen: Typus respiratorius, digestivus, muscularis und cerebralis nach Chaillou 1910.

4. Ein Dutzend ‚Knochologen' – Wer, wann, wo und was in Baden-Württemberg?

Die nachfolgenden Kurzbiographien über ehemalige und aktive Forscherpersönlichkeiten auf dem Gebiet der Anthropologie in Südwestdeutschland ermöglichen interessante Einblicke nicht nur in das thematische Spektrum des Fachs, sondern auch in die Zeitgeschichte, die Forschungsrichtungen sowie die regionalen Tätigkeitsschwerpunkte der genannten Wissenschaftler/innen. Die Reihenfolge der Beschreibungen richtet sich dabei nach deren Geburtsjahr.

Aus insgesamt weit mehr als tausend Publikationen wurden für jede/n der Genannten fünf Veröffentlichungen ausgewählt, die ihr/sein Schaffen grob umreißen sollen. Eine Reduktion in dieser Größenordnung geht zwangsläufig mit subjektiven Kriterien einher. Die Autoren/innen selbst hätten vielleicht eine andere Auswahl getroffen. Die vorliegende Zitatensammlung entspricht damit eher der Zielsetzung, ein möglichst vielschichtiges Sortiment aufzuzeigen als besonders voluminöse Werke zu nennen. Der Autor dankt den Kolleginnen und Kollegen, die für den nachfolgenden Abschnitt freundlicherweise biographische Daten und Literaturlisten zur Verfügung gestellt haben.

4.1: Blick in die historische Schädelsammlung von Alexander Ecker.

Die erste Nennung in diesem Kreis gebührt *Alexander Ecker* (1816–1887). Er war Anatom, wurde von Fachkollegen aber auch als „ausgezeichneter" Anthropologe, Kraniologe oder Physiologe bezeichnet und deckte sehr verschiedene Teildisziplinen des Fachs ab.
Im Jahre 1850 an die Universität Freiburg berufen, begann er alsbald mit dem Aufbau einer Schädel- und Abgusssammlung, die nach bescheidenen Anfängen laufend durch Ankauf über internationale Kontakte und Übernahme diverser Privatbestände ergänzt wurde, alsbald zu einer der größten Kollektionen dieser Art avancierte und später u. a. von E. Fischer und K. Gerhardt betreut und erweitert wurde. Diese Sammlung überstand zwei Luftangriffe (1917 und 1944) und zählte Mitte der 1950er Jahre über 1100 Schädel sowie 100 Abgüsse aus allen Teilen der Welt, darunter z. B. Stücke aus Grönland, Ozeanien, dem Ural oder von nordamerikanischen Flatheadindianern. Einige hundert Exemplare stammen aus prähistorischen Fundstellen, insbesondere aus dem Raum Freiburg, ein anderer Teil besteht aus alters- und geschlechtsbekannten Anatomieschädeln. Trotz mehrerer Umzüge und

zwischenzeitig wechselnder Zuständigkeiten ist die Sammlung auch heute noch in weiten Teilen erhalten. Vergleichbare Einrichtungen existierten damals auch in Bonn, Göttingen sowie im europäischen und außereuropäischen Ausland. Sie spielten eine wesentliche Rolle bei vergleichenden Untersuchungen zu den ethnohistorischen Fragen dieser Zeit.

Alexander Ecker befasste sich sowohl mit Schädelmaterial als auch mit Lebenden, mit der Morphologie des menschlichen Hirns, relativen Fingerlängen, Besonderheiten des Haarwuchses ebenso wie mit dem Greiffuß von Affen. Er fand u. a. heraus, dass blonde und brünette Badener keine Unterschiede hinsichtlich ihrer Körperhöhe und ihres Brustumfangs aufweisen, widmete sich der Weichteilrekonstruktion am Schädel, thematisierte als einer der ersten das Brachykephalisationsproblem und konstatierte die auffallende Langköpfigkeit der völkerwanderungszeitlichen Germanen. Auch Methodisches geht auf ihn zurück, z. B. die so genannte ‚Göttinger Horizontale', eine Bezugslinie für Schädelmessungen, die sich am Oberrand der Jochbögen orientiert und in etwa der später verbindlichen ‚Frankfurter Ebene' (Ohr-Augen-Ebene) entspricht, die Benennung des ‚Torus occipitalis', eines quer verlaufenden Wulstes im Bereich der Ansatzfläche der Nackenmuskulatur, oder der Hinweis auf die hohe Stirnwölbung bei weiblichen Schädeln im Vergleich zu männlichen Gegenstücken.

Literatur

A. Ecker, Über eine charakteristische Eigentümlichkeit in der Form des weiblichen Schädels und deren Bedeutung für die vergleichende Anthropologie. Archiv für Anthropologie 1, 1866, 81.

A. Ecker, Über die verschiedene Krümmung des Schädelrohres und über die Stellung des Schädels auf der Wirbelsäule beim Neger und beim Europäer. Archiv für Anthropologie 4, 1870, 287.

A. Ecker, Die Höhlenbewohner der Renntierzeit von Les Eyzies (Höhle von Cro-Magnon) in Perigord. Archiv für Anthropologie 4, 1870, 109.

A. Ecker, Zur Geschichte der Füße der Chinesinnen. Archiv für Anthropologie 5, 1872, 355.

A. Ecker, Über gewisse Überbleibsel embryonaler Formen in der Steißbeingegend beim ungeborenen, neugeborenen und erwachsenen Menschen. Archiv für Anthropologie 11, 1879, 281.

Für die Geschichte des Heilbronner Raumes war *Alfred Schliz* (1849–1915) zweifellos eine der prägendsten Persönlichkeiten. Er begann sein Medizinstudium in Tübingen und wurde Mitglied der Burschenschaft Germania, setzte seine Studien in Leipzig, Freiburg und in Italien fort, meldete sich als Feldarzt im deutsch-französischen Krieg, trat dann in die Fußstapfen seines Vaters und wurde Stadtarzt in Heilbronn. In dieser Position bemühte er sich mit großem Engagement um die öffentliche Gesundheitspflege, organisierte schulärztliche Einrichtungen, Erste-Hilfe-Kurse, initiierte, entwarf und betreute den Bau eines Erholungshauses für Rekonvaleszente, die sich einen regulären Kuraufenthalt nicht leisten konnten. Angesichts solcher Verdienste zeichnete man ihn 1899 im Alter von 50 Jahren mit dem Titel ‚Hofrat' aus. Im selben Jahr wurde er Vorsitzender des Historischen Vereins Heilbronn und widmete sich ab nun auch verstärkt seinen kulturhistorischen Interessen.

Er war künstlerisch außerordentlich begabt und als Archäologe Autodidakt, führte eigene Ausgrabungen durch, beschrieb als erster die jungsteinzeitliche ‚Großgartacher Kultur', beschäftigte sich mit keltischer Salzgewinnung, römischen Lampen und frühmittelalterlichen

4.2: Alfred Schliz.

Perlen. In der anthropologischen Fachwelt machte er sich v. a. einen Namen als Typologe. Er hatte den Drang zu kategorisieren und versuchte, alte Schädelformen im rezenten Erscheinungsbild nachzuweisen bzw. einzelne Völker und Kulturen mit bestimmten morphognostisch unterscheidbaren Formvarianten zu verknüpfen. Zu seiner Typologie gehörten z. B. der „Hinkelsteintypus", die „Alt-Alamannen" oder die „Megalith-, Pfahlbau- und Zonenbecherform". Überdauert hat davon einzig der so genannte „Glockenbechertypus", der später von K. Gerhardt präzisiert wurde.

Seine fachliche Reputation festigte Alfred Schliz 1911 als Ausrichter der Tagung der Deutschen und Wiener Anthropologischen Gesellschaft in Heilbronn. Sein publizistisches Werk umfasst über 100 Veröffentlichungen, von denen sich knapp ein Drittel mit anthropologischen Fragen beschäftigt. Das thematische Spektrum reicht dabei von Messungen an Schulkindern und Einwohnerstatistiken über künstlich deformierte Schädel, die seiner Meinung nach eine Folge unbeabsichtigten, ständigen Tragens eines zu engen Haarbandes waren, bis hin zu germanischen Reihengräbern, „Rassenfragen"

und „diluvialen" Menschenresten. Zu mittelalterlichen, extrem kurzköpfigen Frauenschädeln aus dem Klarakloster schrieb er: „Diese Nonnen waren wohl Bauerntöchter der kurzköpfigen dunklen Rasse der Römerzeit entstammend." Besonders charakteristisch dafür seien heute noch die Heilbronner Winzer.

Literatur

A. Schliz, Messungen und Untersuchungen an Schulkindern. Correspondenzbl. Dt. Ges. f. Anthrop., Ethnol. U. Urgesch. 30, 1899, 102 f.

A. Schliz, Der Entwicklungsgang der Erd- und Feuerbestattung in der Bronze- und Hallstattzeit in der Heilbronner Gegend. Histor. Verein Heilbronn, Jahresber. 6, 1900, 1–18.

A. Schliz, Die vorgeschichtlichen Schädeltypen der deutschen Länder in ihrer Beziehung zu den einzelnen Kulturkreisen der Urgeschichte. Archiv für Anthropologie N. F. 9, 1910, 202–251.

A. Schliz, Die Systeme der Stichverzierung und des Linienornaments innerhalb der Bandkeramik. Prähist. Zeitschrift 2, 1910, 105–144.

A. Schliz, Die Vorstufen der nordisch-europäischen Schädelbildung. Archiv für Anthropologie N. F. 13, 1915, 169–201.

Der nächstälteste Fachvertreter, der im Südwesten tätig war, ist *Eugen Fischer* (1874–1967). Geboren in Karlsruhe, studierte er zusammen mit O. Schlaginhaufen zunächst in Zürich, promovierte 1898, wurde 1900 Privatdozent und lehrte dann für längere Zeit an der Universität in Freiburg. Er war Vorsitzender der ,Deutschen Gesellschaft für Rassenhygiene' und später Mitherausgeber der ,Zeitschrift für Morphologie und Anthropologie'. In seinen Diskussionen griff er z. B. die bereits erwähnte Domestikationshypothese von J. F. Blumenbach wieder auf. Der Höhepunkt seiner Karriere dürfte 1927 seine Berufung zum Leiter des neu gegründeten ,Kaiser-Wilhelm-Instituts für Anthropologie, menschliche Erblehre und Eugenik' in Berlin-Dahlem gewesen sein. Mit dieser fachlichen Ausrichtung zeichnete sich schon früh die Verbindung zwischen physischer Anthropologie und Genetik ab, die später in der entsprechenden Benennung der meisten Universitätsinstitute in Deutschland ihren Niederschlag fand.

Die bekannteste Publikation Eugen Fischers, die ihn offensichtlich auch für die Leitung des Berliner Instituts (bis 1942) prädestinierte, ist

seine Abhandlung über die „Rehobother Bastards", in der er belegen konnte, dass sich „Rassenmerkmale" auch beim Menschen nach den Mendelschen Regeln vererben, und die 1961, u. a. auf Empfehlung von W. Gieseler, als „Klassiker der anthropologischen Literatur" fast 50 Jahre nach ihrem Erscheinen als unveränderter Nachdruck in Graz neu aufgelegt wurde. Gegenstand seiner akribischen Studien in Südwestafrika war eine Mischlingspopulation von etwa 30 Familien, die aus Verbindungen zwischen Burenmännern und Hottentottenfrauen hervorgegangen waren und sich in dem Ort Rehoboth niedergelassen hatten. Fischer konnte Familienstammbäume rekonstruieren, die sich über mehrere Generationen erstrecken. Erst nach derartigen „Kreuzungsstudien" schreibt er zusammenfassend, „... dürfen wir – und müssen wir – praktische Eugenik – Rassenhygiene – treiben."

Noch Jahrzehnte später äußerte er sich ablehnend gegen „... jeden Einschlag fremder Rassen ..." und machte keinen Hehl daraus, „... die nordische Rasse als die geistig leistungsfähigste, schöpferischste und darum höchste ..." hervorzuheben.

Literatur

E. Fischer, Die Rehobother Bastards und das Bastardisierungsproblem beim Menschen (Jena 1913).

E. Fischer, Rasse und Rassenentstehung beim Menschen (Berlin 1927).

E. Fischer, Das Kaiser-Wilhelm-Institut für Anthropologie, menschliche Erblehre und Eugenik. Zeitschr. f. Morphologie u. Anthropologie 27, 1930, 147–152.

E. Fischer, Die gesunden körperlichen Erbanlagen des Menschen. In: E. Baur, E. Fischer u. F. Lenz, Menschliche Erblehre und Rassenhygiene. Bd. 1 (München 1936).

E. Fischer, Rassenkundliche Probleme in Weißafrika. In: G. Wolff (Hrsg.), Beiträge zur Kolonialforschung. Tagungsband I (Berlin 1943) 130–139.

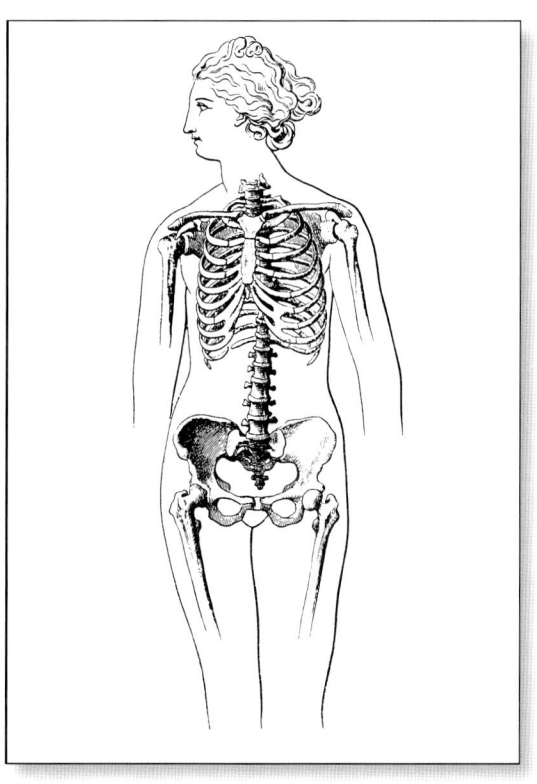
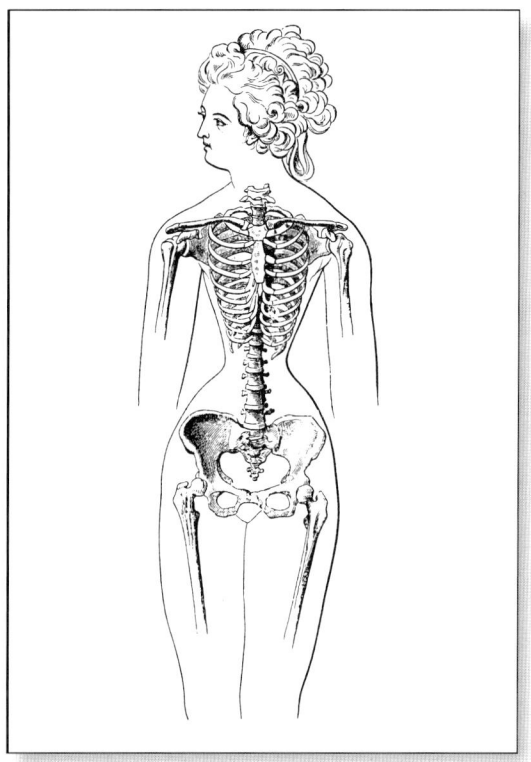

4.3: Normales (a) und durch Schnüre „deformiertes Brustgerüst" (b) nach Sömmering 1793 in Ranke 1911.

Wilhelm Gieseler (1900–1976) wusste offenbar schon früh, was er wollte. Geboren in Hannover, studierte er Medizin und Naturwissenschaften in Göttingen, Freiburg und ab 1922 (bis 1930) in München. In Freiburg traf er auf E. Fischer, in München promovierte er bei dem alles beherrschenden R. Martin. Bereits im Alter von 25 Jahren habilitierte er sich bei Martins Nachfolger Th. Mollison. Damit war er durch drei ‚Lichtgestalten' des Fachs geprägt. Ende der 1920er Jahre erstellte er Vaterschaftsgutachten, Anfang der 1930er Jahre kam er nach Tübingen, war zunächst Dozent am anatomischen Institut und versah die Anthropologie mit einem Lehrauftrag. 1934 verselbstständigte sich die Anthropologie. Ein Extraordinariat wurde geschaffen und Wilhelm Gieseler als außerordentlicher Professor berufen. Vier Jahre später folgte seine Ernennung

zum ordentlichen Professor. Da hatte er bereits die erste deutschsprachige Fossilgeschichte des Menschen geschrieben, die in Fachkreisen auf ein besonders positives Echo gestoßen war. Zwei Wochen nach der Besetzung Tübingens durch die französische Armee wurde Wilhelm Gieseler Anfang Mai 1945 interniert, zehn Jahre danach erneut auf seinen alten Lehrstuhl berufen. Das Anthropologische Institut, das später in ‚Institut für Anthropologie und Humangenetik' (danach ‚Institut für Humangenetik und Anthropologie') umbenannt wurde, residierte zunächst im Tübinger Schloss. Nach einigen Jahren zog man in die Wilhelmstraße 27 um, wo sich das Institut noch bis vor kurzem befand. Die zugehörige Sammlung, zum Wintersemester 2006/2007 zusammen mit dem Lehrbetrieb der Paläoanthropologie ausgegliedert in die ehemalige Kinderklinik, ist eine der größten in Deutschland. Sie birgt sowohl rezente Schädel und Skelette als auch umfangreiches Knochenmaterial aus archäologischen Ausgrabungen im Südwesten sowie von zahlreichen außereuropäischen Fundorten.

Wilhelm Gieseler war Vorsitzender der ‚Deutschen Gesellschaft für Anthropologie', die mittlerweile zweimal umbenannt wurde und jetzt ‚Gesellschaft für Anthropologie' heißt, zehn Jahre lang Mitherausgeber (mit E. Breitinger) und ab 1966 bis zu seinem Tod alleiniger Herausgeber der Fachzeitschrift ‚Anthropologischer Anzeiger', die 1924 von seinem Lehrer R. Martin begründet worden war und bis in unsere Tage kontinuierlich erscheint. Er vertrat stets die gesamte Breite des Fachs. So entstanden Arbeiten zur Paläanthropologie, Primatologie, Populations- und Evolutionsgenetik. Bereits Mitte der 1960er Jahre war eine ‚Abteilung für Chromosomenforschung' geplant, heute gibt es in Tübingen ein DNA-Labor. Wilhelm Gieselers bevorzugtes Arbeitsgebiet war und blieb jedoch die Fossilgeschichte. Als Gründungsmitglied der ‚Gesellschaft für Vor- und Frühgeschichte in Südwürttemberg und Hohenzollern' bewies er darüber hinaus sein besonderes Interesse an der Archäologie. Am 1.10.1968 wurde er emeritiert.

4.4: Wilhelm Gieseler.

Literatur

W. Gieseler, Meßtechnik der langen Gliedmaßenknochen der Anthropoiden. In: St. Oppenheim, A. Remane u. W. Gieseler, Methoden zur Untersuchung der Morphologie der Primaten. Handb. Biol. Arbeitsmethoden, Abt. VII, H. 3, Lfg. 236, 1927, 635–682.

W. Gieseler, Die süddeutschen Kopfbestattungen (Ofnet, Kaufertsberg, Hohlestein) und ihre zeitliche Einreihung. Naturwiss. Monatsschrift ‚Aus der Heimat' 59, 1951, 291–298.

W. Gieseler, Schädelverletzungen, Kannibalismus und Bestattungen im europäischen Paläolithikum. Naturwiss. Monatsschrift ‚Aus der Heimat' 60, 1952, 161–173.

W. Gieseler u. A. Czarnetzki, Die menschlichen Skelettreste aus dem Magdalénien der Brillenhöhle. In: G. Riek, Das Paläolithikum der Brillenhöhle bei Blaubeuren (Schwäbische Alb). Forsch. u. Ber. Vor- u. Frühgesch. Baden-Württemberg 4/I (Stuttgart 1973) 165–168.

W. Gieseler, Die Fossilgeschichte des Menschen (Stuttgart 1974).

4.5: a) und b) Die wichtigsten anthropologischen Messpunkte am Schädel nach Glowatzki 1973.

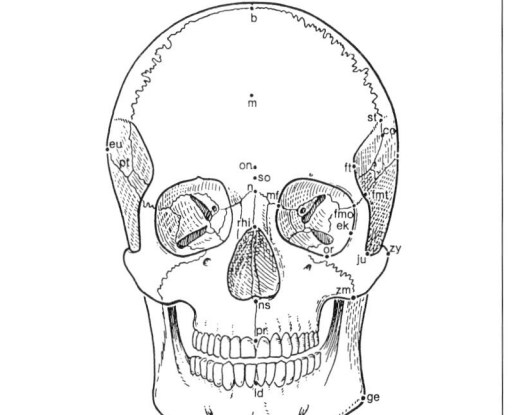

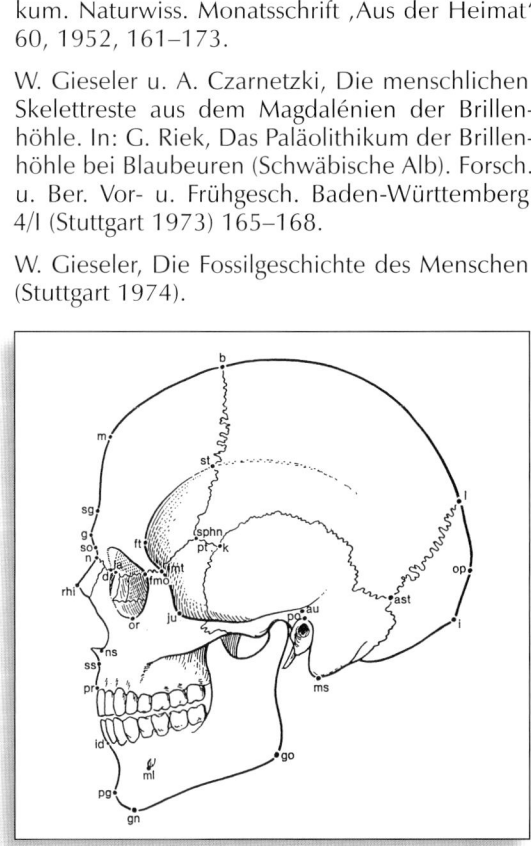

Sophie Ehrhardt (1903–1990) stammte aus Kasan/Russland. Sie lebte zeitweise in Kasachstan, studierte Zoologie und promovierte in München, arbeitete bei Th. Mollison und kam 1942 nach Tübingen. Am dortigen anthropologischen Institut war sie bis zu ihrer Pensionierung 1968 tätig. Ihr Hauptarbeitsgebiet waren zwar rezente Populationen, doch einige ihrer Publikationen beschäftigen sich mit Skelettmaterial. Außerdem war sie für die Inventarisation der osteologischen Neuzugänge zuständig. 1942 führte sie eine groß angelegte Untersuchung zur Erfassung verschiedener Körpermerkmale an Litauern und Setukesen (russisch-orthodoxe Esten) durch. 1943 war sie an der Ausgrabung und Bearbeitung menschlicher Knochenfunde aus dem Bereich der Jakobuskirche in Tübingen beteiligt.

Nach kriegsbedingter Unterbrechung wurde im Oktober 1945 der Lehrbetrieb an der Universität Tübingen wieder aufgenommen und noch im selben Jahr wurden auch Vaterschaftsgutachten erstellt. Erste Gerichtsgutachten dieser Art waren 1938 von W. Gieseler durchgeführt worden, später wurden v. a. die Assistenten mit dieser Aufgabe betraut. Im Zuge solcher Untersuchungen gelang es nun auch, durch die Wirren des Krieges getrennte Familien wieder zusammen zu führen. 1946 widmete sich Sophie Ehrhardt dann der Erblichkeit morphologischer Merkmale bei kinderreichen Familien. Eine weiterführende Untersuchung zur Optimierung von Vaterschaftsgutachten blieb unpubliziert.

Anfang 1950 habilitierte sie sich bei G. Just, der für zwei Jahre den Lehrstuhl in Tübingen inne hatte. In der Lehre vertrat sie, ähnlich wie ihr Kollege H. Fleischhacker, Populationsgenetik, Rassensystematik und Rassenevolution aus genetischer Sicht sowie die praktische Anwendung anthropologischer Methoden. Ende der 1950er Jahre führte sie ein Forschungsaufenthalt an das Deccan College ins indische Poona, wo sie eine Fischerbevölkerung aus der Nähe von Bombay erfasste und gleichzeitig Skelettreste bearbeitete. Ab 1966 lief in Tübingen ein von der DFG gefördertes Forschungsprojekt über die morphologischen Eigenschaften deutscher „Zigeunerstämme" im Vergleich zu „Nichtzigeunern" und anderen, auch außereuropäischen Gruppen, speziell aus Indien.

Frau Ehrhardt betreute über ihre Pensionsgrenze hinaus Doktoranden und fungierte auch viele Jahre später noch als Koautorin gemeinsamer Publikationen mit ihrem ehemaligen Institutskollegen A. Czarnetzki.

Literatur

S. Ehrhardt, Zigeuner und Zigeunermischlinge in Ostpreußen. Volk und Rasse 3, 1942, 52–57.

S. Ehrhardt, Zur Frage der richtigen Beurteilung morphologischer Merkmale am Lichtbild von Kopf und Gesicht. Acta Genet. Med. Gemell. 5, 1956, 104–112.

S. Ehrhardt, Schlagspuren, Brüche und Sprünge an den Skeletten von Langhnaj im nördlichen Gujarat, Vorderindien. Anthrop. Anzeiger 24, 1960, 178–183.

S. Ehrhardt, Der Schädel des ‚Mesolithischen' Grabes vom Limburger ‚Gänsberg'. Mitt. Histor. Verein Pfalz 65, 1967, 154–162.

S. Ehrhardt u. P. Simon, Skelettfunde der Urnenfelder- und Hallstattkultur in Württemberg und Hohenzollern. Naturwiss. Unters. Vor- u. Frühgesch. Württemberg u. Hohenzollern 9 (Stuttgart 1971).

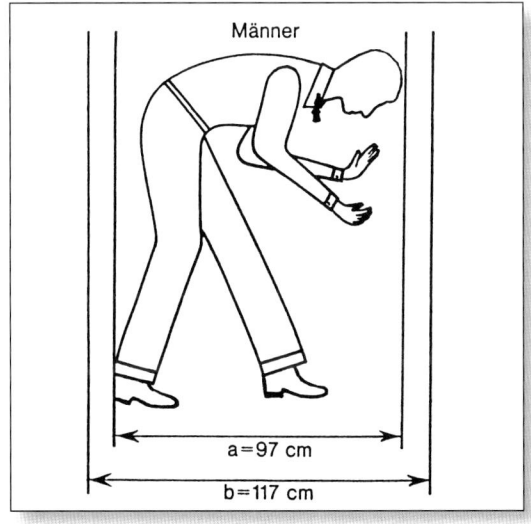

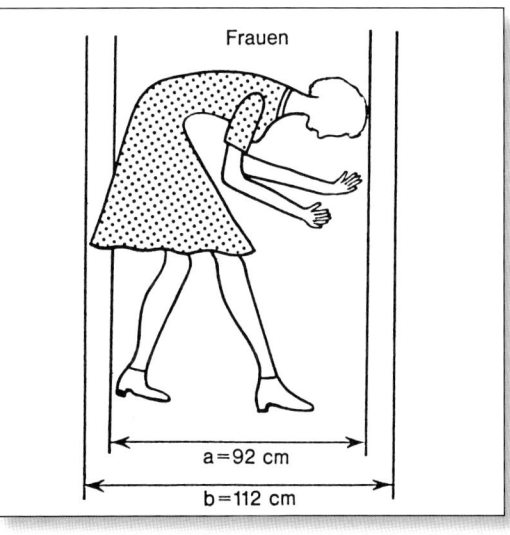

4.6: Anthropometrie und Arbeitswelt: minimaler und optimaler Raumbedarf für eine gebückte Arbeitshaltung nach Grandjean 1972 in Jürgens 1973.

Obwohl von eher zierlicher Statur, war *Kurt Gerhardt* (1912–1992) einer der Großen des Fachs. Er stammte aus einfachen Verhältnissen aus der damaligen Provinz Posen. 1932 begann er mit dem Studium der Medizin in Berlin, wechselte alsbald zur Anthropologie sowie den Nebenfächern Vorgeschichte und Archäologie und promovierte sechs Jahre später bei E. Fischer mit einer Untersuchung „Zur Frage Brachykephalie und Schädelform". Nur wenig später wurde er Soldat, nahm als Regimentszeichner von Generalfeldmarschall Rommel am Afrikafeldzug teil und geriet für einige Jahre in britisch-kanadische Kriegsgefangenschaft. Danach arbeitete er für einige Zeit als Tagelöhner in einer Gärtnerei und als Maurergeselle. Mit Unterstützung der ‚Notgemeinschaft der Deutschen Wissenschaft' konnte er in Münster/Westphalen das gerettete Schädelmaterial bearbeiten, und 1953 erschien eines seiner bekanntesten Bücher über die Glockenbecherleute in Mittel- und Westdeutschland, in dem der „planoccipitale Steilkopf" geprägt wurde. 1952 in Münster mit Studien über bandkeramische Skelettreste habilitiert, wurde er zugelassener Sachverständiger für erbbiologische Vaterschaftsgutachten, 1956 für mehr als dreißig Jahre Mitherausgeber der Zeitschrift ‚Homo', kommissarischer Leiter des anthropologischen Instituts der Universität Freiburg und kurz darauf zum außerplanmäßigen Professor ernannt.

Entgegen allen Erwartungen wurde der Lehrstuhl in Freiburg dann 1961 mit einem Human-genetiker besetzt. Kurt Gerhardt, durch und durch prähistorischer Anthropologe, suchte und fand seine neue Heimat in der Zusammenarbeit mit dem Institut für Ur- und Frühgeschichte, reduzierte seine Beziehungen zu den Fachkollegen und trat in diesem Kreis letztmalig 1966 auf dem Neolithikum-Symposium in Mainz auf. Umso mehr engagierte er sich bei den Prähistorikern, betreute die Nebenfachstudenten mit großer Hingabe. 1977 emeritiert, trieb er seine Studien auf privater Ebene weiter. Eines seiner Steckenpferde war das Alte Ägypten, insbesondere die Anthropo-Typologie Echnatons und seiner Familie. Als seine wissenschaftliche Heimat betrachtete er aber stets die Nordschweiz und den süddeutschen Raum. Er deckte ein immenses thematisches Spektrum ab: Von Altersveränderungen bei Zwillingen über die Typologie der Etrusker, über Aggression und Studien an Neandertalerresten bis hin zu künstlich deformierten Schädeln und Arbeiten über ein vermeintliches Selbstbildnis Albrecht Dürers. Ein besonderer Wurf gelang ihm noch 1985 mit der Veröffentlichung seiner „Anatomie für Ausgräber und Sammler", inzwischen längst vergriffen, die alle seine Erfahrungen in Lehre und Forschung widerspiegelt.

Kurt Gerhardt war ein vehementer Vertreter der ganzheitlichen Anthropologie, viel gereist, belesen, mehrsprachig, künstlerisch hoch begabt, pedantisch genau und ein hervorragender Erzähler. Seine Fachkollegin I. Schwidetzky bezeichnete ihn einst als einen der „eigenständigsten und eigenwilligsten" Anthropologen Deutschlands.

Literatur

K. Gerhardt, Frühbronzezeitliche ‚rundköpfige Flachgesichter' aus dem Osten? Arch. Austriaca 12, 1953, 1–4.

K. Gerhardt, Die Glockenbecherleute in Mittel- und Westdeutschland. Ein Beitrag zur Paläanthropologie Eurafrikas (Stuttgart 1953).

K. Gerhardt, Schnurkeramiker in Südwestdeutschland. In: E. Sangmeister u. K. Gerhardt, Schnurkeramik und Schnurkeramiker in Südwestdeutschland. Badische Fundberichte Sonderh. 8 (Freiburg 1965) 55–120.

K. Gerhardt, Anthropologie als Wurzelgrund der Menschenrechte. Sonde 1/2, hrsg. Komitee der Aktion für Menschenrechte (Zürich 1970) 26–28.

K. Gerhardt, Anatomie für Ausgräber und Sammler. Materialhefte Vor- u. Frühgesch. Baden-Württemberg 3 (Stuttgart 1985).

4.7: Kurt Gerhardt.

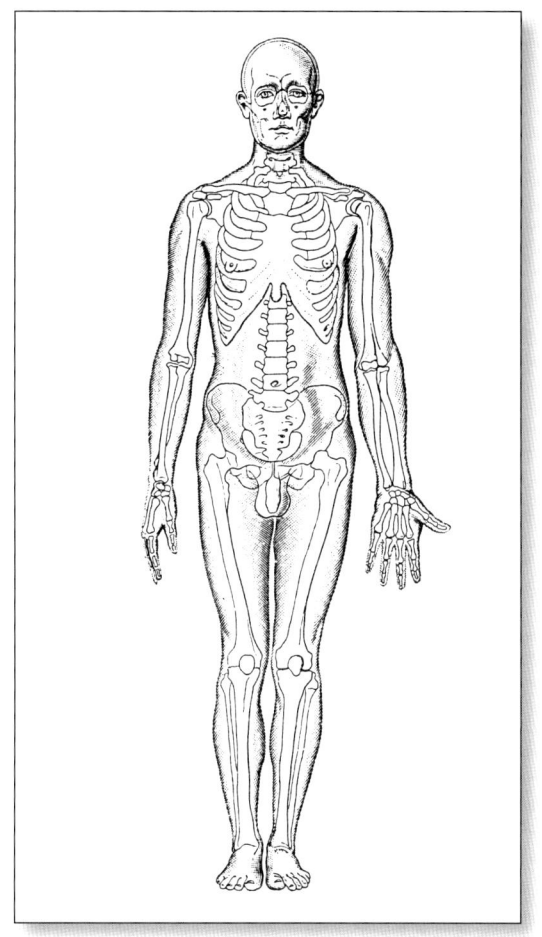 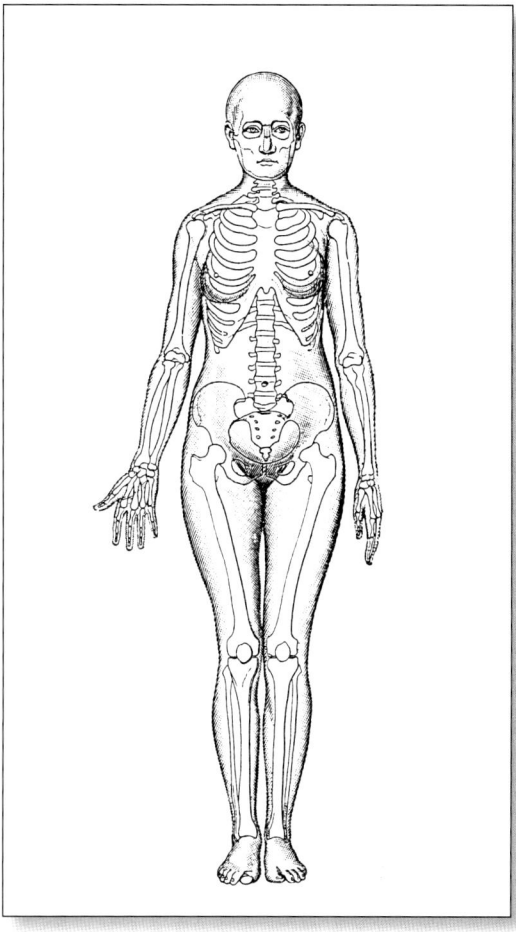

4.8: „Männliche (a) und weibliche (b) Normgestalt" nach Stratz 1926.

Karl Dietrich Adam (Jahrgang 1921) wurde schon mit achtzehn Jahren zum Arbeits- und Wehrdienst herangezogen. Nach dem Krieg verschrieb er sich voll und ganz der Urgeschichte. Er studierte Mineralogie, Geologie und Paläontologie an den Universitäten Erlangen, Göttingen, Stuttgart und Tübingen und promovierte bereits 1948 mit einer Arbeit über das Gebiss von *Elephas antiquus* im Diluvium Mitteleuropas. Nach einer kurzen Assistentenzeit in Erlangen kam er 1950 zum Staatlichen Museum für Naturkunde in Stuttgart, wo er bis zu seiner Pensionierung 1986 als Hauptkonservator für quartäre Säugetiere und Abteilungsleiter Paläontologie tätig war. Fast zeitgleich (seit 1951) war er Lehrbeauftragter, und nach seiner Habilitation (1967) ab 1971 außerplanmäßiger Professor für Paläontologie und Urgeschichte an der TH Stuttgart. In seiner Habilitationsschrift präsentierte er die mittelpleistozäne Säugetierfauna aus dem so genannten Heppenloch bei Gutenberg (heute Lenningen, Landkreis Esslingen). Die Hauptarbeitsgebiete Karl D. Adams waren und sind Paläontologie, Paläanthropologie und Wissen-

schaftsgeschichte, aber sein Herz gehörte dem Urmenschen von Steinheim an der Murr. Ihm widmete er über fünfzig Jahre hinweg unzählige Pubikationen (die bislang letzte 2004). Der seinerzeit von Fritz Berckhemer erstmals beschriebene Fossilfund ist untrennbar mit dem Namen Adam verknüpft. Ab 1968 war er Kurator des eigens eingerichteten Urmensch-Museums, 1983 wurde eine von ihm selbst entworfene Neukonzeption der Schau eingeweiht und etwa gleichzeitig ein kleiner Straßenzug (Karl-Dietrich-Adam-Weg) in der Nähe des Fundortes nach ihm benannt, eine Ehre, die nur wenigen Persönlichkeiten noch zu Lebzeiten zuteil wird.

Karl D. Adam ist im Kollegenkreis als streitbarer Diskutant und eigensinniger Kopf bekannt. So gehen seine und die Meinungen anderer Spezialisten nicht nur hinsichtlich der Todesumstände und des Geschlechts des Steinheimers, sondern auch bezüglich der Bedeutung, Bestimmung und Datierung von Zahnfragmenten aus Stuttgart-Bad Cannstatt, eines Schädelteils aus Reilingen sowie der Skelettreste aus der Vogelherd-Höhle weit auseinander.

Literatur

K. D. Adam, Die ‚Artefakte des ‚*Homo steinheimensis*' als Belege urgeschichtlichen Irrens. Stuttgarter Beitr. Naturkunde B-6 (Stuttgart 1973) 1–99.

K. D. Adam, Die mittelpleistozäne Säugetier-Fauna aus dem Heppenloch bei Gutenberg (Württemberg). Stuttgarter Beitr. Naturkunde B-3 (Stuttgart 1975) 1–245.

K. D. Adam, Der vermeintliche Fossilbeleg eines Urmenschen aus mittelpleistozänem Travertin von Stuttgart-Bad Cannstatt. Stuttgarter Beitr. Naturkunde B-125 (Stuttgart 1986).

K. D. Adam, Der Urmensch von Steinheim an der Murr und seine Umwelt. Ein Lebensbild aus der Zeit vor einer viertel Million Jahren. Jahrb. RGZM Mainz 35, 1988, 1–23.

K. D. Adam, Vom Erforschen des Eiszeitalters im süddeutschen Raum. Eine Gedenkschrift zum 50. Todestag von Albrecht Penck am 7. März 1995. Jahresh. Ges. Naturkunde Württemberg 153 (Stuttgart 1997) 1–129.

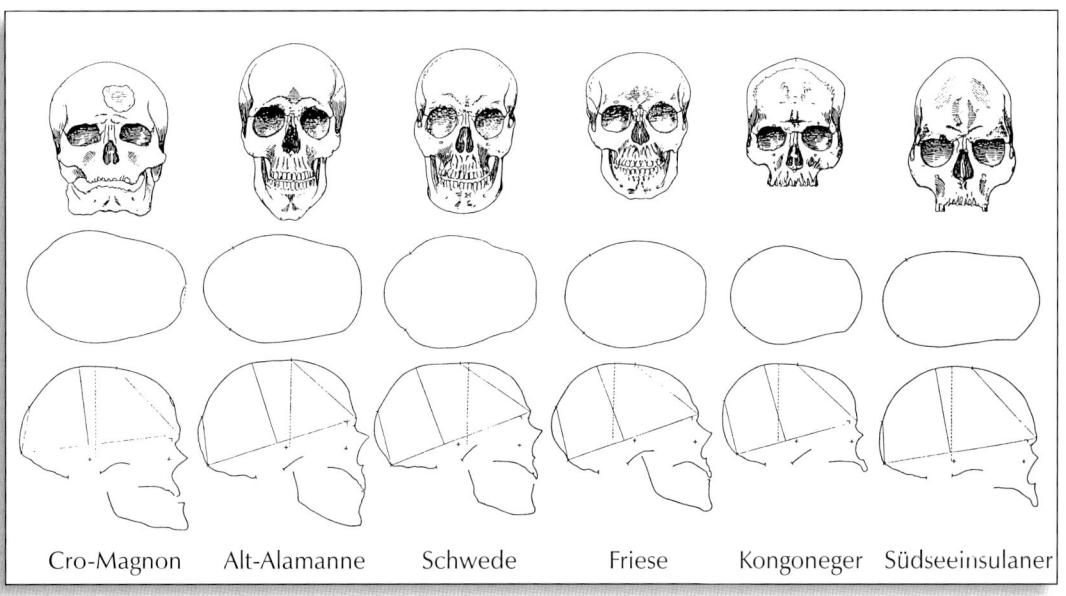

4.9: Charakteristische Vertreter der Schlizschen Typologie: jeweils Frontalansicht, Schädelumriss in Vertikalansicht und so genannter Sagittalriss mit verschiedenen Bezugslinien und -winkeln nach Schliz 1909.

Cro-Magnon   Alt-Alamanne   Schwede   Friese   Kongoneger   Südseeinsulaner

Alfred Czarnetzki (Jahrgang 1937) ist von seinem Werdegang her ein ‚klassischer Anthropologe'. Er studierte biologische Anthropologie, Geologie/Paläontologie sowie Ur- und Frühgeschichte an den Universitäten Köln und Tübingen, promovierte 1966 bei W. Gieseler mit einer Arbeit über neolithische Steinkistenpopulationen aus Hessen und Niedersachsen und lehrte zwischen 1974 und seiner Pensionierung 2002 auf dem gesamten Gebiet der Paläanthropologie und prähistorischen Anthropologie v. a. in Tübingen, aber auch mit Lehraufträgen an den Universitäten Freiburg, Frankfurt und Beirut (Libanon). Weitere Studienaufenthalte führten ihn in die Tschechische Republik sowie nach Spanien. 1973 übernahm er die Leitung der Osteologischen Sammlung der Universität Tübingen und 1982 die Leitung der selbstständigen Lehr- und Forschungseinheit ‚Paläanthropologie/Osteologie' ebendort. 1981 wurde er zum Akademischen Oberrat ernannt. In den Jahren vor seiner Pensionierung war er maßgebend an der Gestaltung des neuen Nebenfachstudiengangs ‚Paläoanthropologie' beteiligt.

Alfred Czarnetzki zeichnet verantwortlich für zwei außerordentlich erfolgreiche Ausstellungen zur Paläopathologie, bis heute rund 150 Publikationen sowie die Betreuung von mehr als zwei Dutzend (v. a. zahnmedizinischen) Dissertationen. Zu seinen ‚Entdeckungen' zählen ein holsteinzeitlicher Hominidenzahn aus Stuttgart-Bad Cannstatt und das Schädelfragment von Reilingen, das einer eigenen Subspecies von *Homo erectus* zugeschrieben wird. Von herausragender Bedeutung sind zudem die Erstbeschreibungen von Neandertalerresten aus Warendorf-Neuwarendorf und Sarstedt sowie seine Grundlagenforschung zum hydrodynamischen Prinzip der Kraft-Impuls-Übertragung in der Spongiosa von Gelenkenden. Die Bandbreite seiner Arbeiten reicht von der Erfassung und Beschreibung epigenetischer Varianten, Studien zu deren Erbgang und der Evaluation knöcherner Merkmale zur Geschlechtsbestimmung über die Differentialdiagnose pathologischer und adaptiver Veränderungen, Fragen zur Fossilgeschichte, zur Traumatologie und zum Kinderdefizit in frühmittelalterlichen Skelettserien bis hin zu Prozessen der Populationsdifferenzierung, Bearbeitung (prä)historischer Skelettreste von der Steinzeit bis zur frühen Neuzeit und DNA-Analysen.

Alfred Czarnetzki konnte seine Studenten für die Anthropologie begeistern, er war und ist auch heute noch ausgesprochen rührig, methodenkritisch und jederzeit diskussionsbereit.

Literatur

A. Czarnetzki, On the question of correlation between the size of epigenetic distance and the degree of allopatrie in different populations. Journal of Human Evolution 4, 1975, 483–489.

A. Czarnetzki, Artefizielle Veränderungen an den Skelettresten aus dem Neandertal? In: P. Schröter (Hrsg.), 75 Jahre Anthropologische Staatssammlung München 1905–1977 (München 1977) 215–219.

F. Copf u. A. Czarnetzki, Die hydrodynamische Komponente im Gelenk: Nachweis eines Membranen-Zisternen-Systems in der kalzifizierten Zone des Knorpels am Femurkopf. Acta Anatomica 136, 1989, 248–254.

A. Czarnetzki, Die Bewertung taxonomischer Einheiten und phylogenetischer Prozesse in der Paläanthropologie [Festschrift Hansjürgen Müller-Beck]. Tübinger Monographien Urgesch. 11 (Tübingen 1996) 407–414.

M. Graw, A. Czarnetzki u. H. T. Haffner, The form of the supraorbital margin as a criterion in identification of sex from the skull: Investigations based on modern human skulls. American Journal Phys. Anthrop. 108, 1999, 91–96.

Mit *Friedrich Wilhelm Rösing* (Jahrgang 1944) beginnt die Reihe der noch im aktiven Dienst stehenden Anthropologen im Land. Als Sohn von I. Schwidetzky in Breslau geboren, hat er die Anthropologie quasi per Muttermilch aufgesogen. Er studierte Biologie, Archäologie, Publizistik und Soziologie in Mainz, Düsseldorf und Hamburg, promovierte 1975 mit einer Arbeit über merowingerzeitliche Germanengruppen Europas und habilitierte sich 1987 an der Universität Ulm. Seit 1994 ist er als außerplanmäßiger Professor am Institut für Humangenetik und Anthropologie am Universitätsklinikum Ulm tätig und hat bis heute über fünfzig Zulassungs- und Diplomarbeiten, Dissertationen usw. betreut. Darunter ca. ein Dutzend detaillierte Studien über die Skelettreste des frühmittelalterlichen Friedhofs von Kirchheim/Teck, der damit zu den besterforschten Serien des Landes zählt. Er hatte und hat stets ein offenes Ohr für den wissenschaftlichen Nachwuchs.

Friedrich W. Rösing ist seit 1990 Mitherausgeber und seit 1999 erster Schriftleiter der von E. von Eickstedt 1949 begründeten Zeitschrift ,Homo – Journal of Comparative Human Biology' (seit 2002 auch gleichzeitig offizielles Organ der ,Australasian Society for Human Biology'). Seine Hauptarbeitsgebiete sind: biologische Geschichte und Taxonomie von Europa, Bevölkerungsgeschichte Ägyptens, osteologische und forensische Methoden. Die Lehre umfasst zudem die Evolution des Menschen, (Paläo-)

Demographie, Umweltgeschichte sowie Ethik und Politik in der Anthropologie. In seinen Publikationen kommen des Weiteren sozialanthropologische Aspekte, epigenetische Merkmale, das Brachykephalisationsproblem sowie Fragen der Alters- und Geschlechtsbestimmung am Skelett zur Sprache. Hervorzuheben sind auch seine vergleichend-statistischen Arbeiten

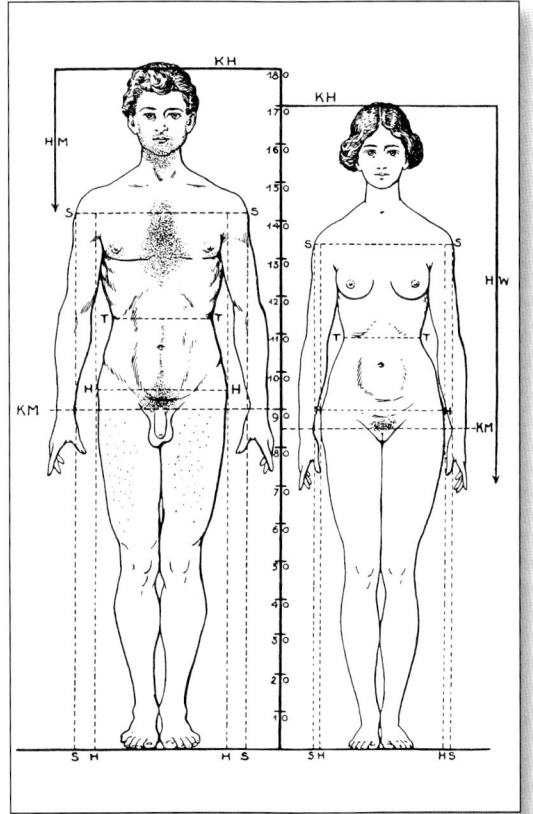

4.10: Typologisierung und vermeintliche Idealmaße der Geschlechter: „Normalfigur von Mann und Weib, schematisiert" nach Stratz 1926.

zur Anthropologie der Römerzeit sowie des Früh- und Hochmittelalters sowie sein komparativer Beitrag zur Körperhöhenrekonstruktion aus Skelettmaßen in dem 1988 von R. Knußmann, einem seiner ehemaligen Lehrer, herausgegebenen ,Handbuch der vergleichenden Biologie des Menschen'.

Besondere Verdienste gebühren Friedrich W. Rösing noch auf einem Tätigkeitsfeld, das in Deutschland, im Gegensatz z. B. zu den angelsächsischen Ländern, kaum vertreten wird, der ,Forensischen Anthropologie'. Im Auftrag der Staatsanwaltschaft fertigt er Gutachten zur Identifikation von exhumierten Skelettresten sowie von Verdächtigen anhand vorliegenden Bildmaterials. Zusätzlich führt er regelmäßig Weiterbildungskurse für Leichensachbearbeiter an der Landespolizeiakademie Baden-Württemberg durch.

Literatur

F. W. Rösing, Methoden und Aussagemöglichkeiten der anthropologischen Leichenbrandbearbeitung. Archäologie u. Naturwiss. 1, 1977, 53–80.

F. W. Rösing, Qubbet el Hawa und Elephantine. Zur Bevölkerungsgeschichte von Ägypten (Stuttgart, New York 1990).

F. W. Rösing, Geschichte, Grundprobleme und Zukunft der Anthropologie. Mitt. Anthr. Ges. Wien 128, 1998, 1–14.

F. W. Rösing, Gesundheit und Krankheit: eine evolutionäre Perspektive. In: W. Schlicht u. H. H. Dickhuth (Hrsg.), Gesundheit für alle. Fiktion oder Realität? (Stuttgart 1999) 82–100.

F. W. Rösing, Forensische Altersdiagnose: Grundlagen, Statistik und Darstellung. In: M. Oehmichen u. G. Geserick (Hrsg.), Osteologische Identifikation und Altersschätzung. Research in Legal Medicine 26 (Lübeck 2001) 263–275.

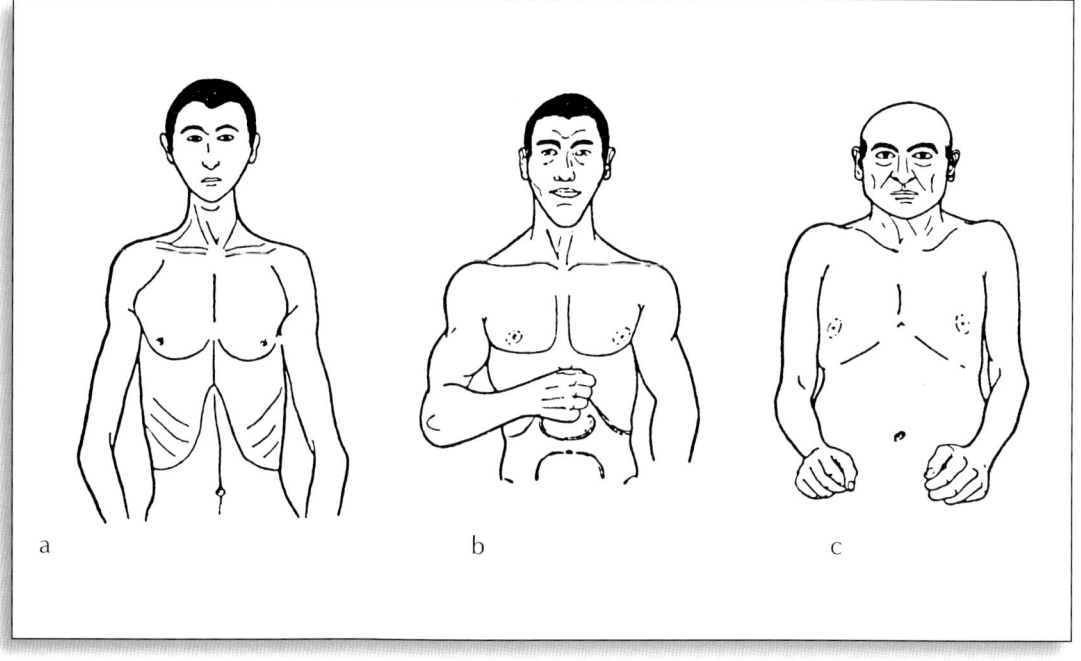

4.11: Im Sinne der Typologen entworfene und in abgewandelter Form z. B. in der Sportmedizin auch heute noch verwendete Klassifizierung. Die Konstitutionstypen nach Kretschmer 1955: a) Leptosomer, b) Athletiker und c) Pykniker.

Kurt Werner Alt (Jahrgang 1948) wandte sich zunächst der Physik und Zahnheilkunde zu. Nach Staatsexamen und Approbation in Zahnmedizin an der FU Berlin arbeitete er als Assistenzarzt und promovierte 1983 mit einem Thema zur Medizingeschichte. Im selben Jahr begann er sein Zweitstudium: Anthropologie, Ur- und Frühgeschichte sowie Ethnologie an der Universität Freiburg. Er erhielt verschiedene Stipendien und habilitierte sich Ende 1992 am Institut für Humangenetik und Anthropologie in Freiburg. Dort war er später auch als wissenschaftlicher Assistent u. a. in der Lehre tätig, davor für fünf Jahre Forschungsassistent am Institut für Rechtsmedizin der Universität Düsseldorf. Seit 1999 ist er Professor und geschäftsführender Leiter am Institut für Anthropologie der Universität Mainz.

Die Forschungsschwerpunkte von Kurt W. Alt sind weit gestreut. Sie berühren die (prä-)historische und forensische Anthropologie ebenso wie die molekulare Genetik menschlicher und tierischer Skelettreste, die Wechselwirkungen zwischen Mensch und Umwelt und – entsprechend seinem Werdegang – stets dentalanthropologische Fragen. Größere Forschungsarbeiten stützen sich auf die Untersuchung frühmittelalterlicher und jungsteinzeitlicher Gräberfelder wie z. B. Eichstetten, Kirchheim und Jechtingen. Dazu kommen detaillierte Studien an hallstatt- und römerzeitlichen Bestattungen.

Einen großen Raum seines Schaffens nehmen Arbeiten über odontologische Verwandtschaftsanalysen und andere Phänomene des Kauapparates wie Zahnretentionen, odontometrische Geschlechtsbestimmung oder Variationen im Bereich des Zahnschmelzes ein. Besonders erwähnenswert ist der dentalmorphologische Vergleich des 1,9 Millionen Jahre alten Unterkiefers von Dmanisi (Georgien) mit anderen Fossilfunden, die als *Homo erectus* eingestuft werden. Daneben beschäftigt sich Kurt W. Alt mit ägyptischen Mumien, Spurenelementuntersuchungen, paläopathologischen Befunden sowie dem Bleigehalt von Knochen und Zähnen. Ganz aktuell sind molekulargenetische Analysen zur Phylogenese oder Domestikation von Tieren. Unter der großen Zahl von Publikationen seien seine Arbeiten über die mittelalterliche Bergbaubevölkerung aus Sulzburg (Kr. Breisgau-Hochschwarzwald) und seine mannigfachen Beiträge für das Reallexikon der Germanischen Alterstumskunde hervorgehoben.

Literatur

K. W. Alt, Zur Paläopathologie maligner Tumoren. Ein Fall von Knochenkrebs im Frühmittelalter. Mitt. Berliner Ges. Anthr., Ethnol. u. Urgesch. 12, 1991, 39–42.

K. W. Alt u. W. Vach, Rekonstruktion biologischer und sozialer Strukturen in ur- und frühgeschichtlichen Bevölkerungen. Prähist. Zeitschr. 69, 1994, 56–91.

K. W. Alt, Odontologische Verwandtschaftsanalyse. Individuelle Charakteristika der Zähne in ihrer Bedeutung für Anthropologie, Archäologie und Rechtsmedizin (Stuttgart 1997).

K. W. Alt u. B. Lohrke, Ernährung und (Zahn-)Gesundheitszustand einer Bergbaubevölkerung des 12. Jhs. aus Sulzburg, Kr. Breisgau-Hochschwarzwald. Bulletin Soc. Suisse Anthr. 42, 1998, 39–55.

R. Bollongino, J. Burger u. K. W. Alt, Import oder sekundäre Domestikation? Der Ursprung der europäischen Hausrinder im Spiegel molekulargenetischer Analysen an neolithischen Knochenfunden. In: N. Benecke (Hrsg.), Beiträge zur Archäozoologie und Prähistorischen Anthropologie IV (Konstanz 2003) 211–217.

Joachim Wahl (Jahrgang 1954), studierte Biologie (ab dem Vordiplom mit Schwerpunkt Anthropologie), Vor- und Frühgeschichte sowie Paläontologie zunächst in Frankfurt/Main, dann in Mainz und promovierte 1982 bei W. Bernhard über eine mehr als 900 Gräber umfassende kaiser- bis völkerwanderungszeitliche Leichenbrandserie aus Schleswig-Holstein. Die Faszination, derart unscheinbaren Überresten alle nur erdenklichen Informationen abzuringen, ließ ihn nicht mehr los. Dazu gehörten Untersuchungen im modernen Krematorium, auf deren Ergebnisse wesentliche methodische Ansätze zur metrischen und morphognostischen Beurteilung verbrannter Knochen zurückgehen. Seit seinen ersten Untersuchungen auf diesem Gebiet zu Beginn der 1980er Jahre gilt er als ‚Entdecker‘ des Geschlechtsdimorphismus am menschlichen Felsenbein.

Während seiner gesamten Studienzeit war er an verschiedenen Ausgrabungs- und Auswertungsprojekten beteiligt, u. a. im Ausland (Syrien, Jordanien) sowie der berühmten Fossilfundstelle ‚Grube Messel‘ bei Darmstadt. Ab 1979 (bis 1982) beschäftigte er sich mit Skelettresten aus dem keltischen Oppidum von Manching, davon ein Jahr mit einem Stipendium der Stiftung Volkswagenwerk. Es folgte ein Jahr als wissenschaftlicher Mitarbeiter des Forschungsvorhabens ‚Hafen von Troja (Besik-Tepe)‘ bei M. Korfmann, zuletzt die Untersuchung der Skelettreste aus dem Troja-VI-zeitlichen Friedhof. Ende 1983 wurde Joachim Wahl als Referent für Anthropologie beim Landesdenkmalamt Baden-Württemberg eingestellt. Bei dieser Behörde (seit 2005 ‚Landesamt für Denkmalpflege‘ beim Regierungspräsidium Stuttgart) arbeitet er bis heute. Gemeinsam mit seiner Kollegin E. Stephan (davor M. Kokabi) betreut er das umfangreiche osteologische Fundarchiv und ist die ‚Drehscheibe‘ für die Untersuchung und Vermittlung menschlicher Skelettreste aus Südwestdeutschland. In diesem Kontext bestehen vielfältige Kontakte zu musealen und universitären Einrichtungen, darunter gerichtsmedizinischen Instituten, die ihn speziell bei Gutachten zu rezenten Skelettfunden als Berater hinzuziehen.

Seit ihrem Gründungsjahr 1994 ist er Vorstandsmitglied der ‚Gesellschaft für Archäozoologie und Prähistorische Anthropologie e. V.‘, seit 1992 nimmt er Lehraufträge an verschie-

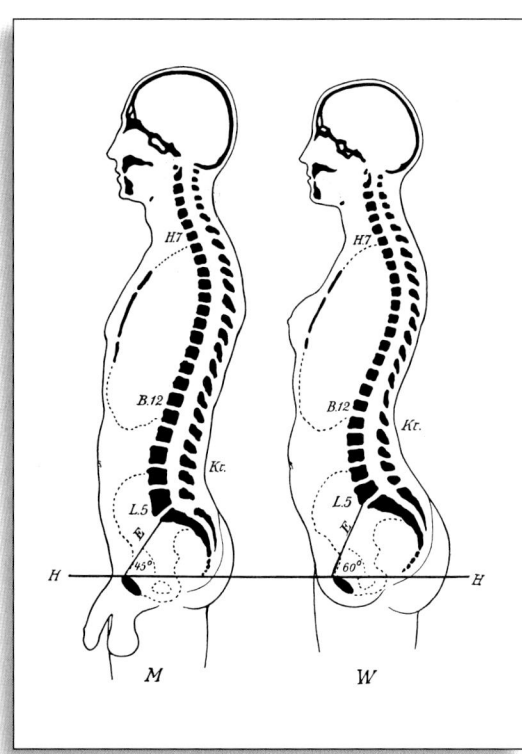

4.12: Unterschiede in der Ausprägung der Lendenlordose und der Stellung des Beckens als Zeichen des Geschlechtsdimorphismus. „Medianschnitt durch das Stammskelett von Mann und Weib" nach Stratz 1926.

Talheim genannt, die der Fachwelt erstmalig vor Augen führte, dass die frühen Ackerbauern und Viehzüchter in unserem Raum nicht so friedlich waren, wie lange Zeit angenommen worden war. Seit einigen Jahren ist er in überregionale Projekte, z. B. zu Isotopenuntersuchungen, DNA-Analysen und ^{14}C-Datierung, eingebunden.

Literatur

J. Wahl, Beobachtungen zur Verbrennung menschlicher Leichname. Über die Vergleichbarkeit moderner Kremationen mit prähistorischen Leichenbränden. Arch. Korrbl. 11, 1981, 271–279.

J. Wahl, Zur metrischen Altersbestimmung von kindlichen und jugendlichen Leichenbränden. Homo 34, 1983, 48–54.

U. Wittwer-Backofen, J. Wahl, V. Dresely, T. H. Schmidt-Schultz u. M. Schultz, Das spätbronzezeitliche Gräberfeld von Besik-Tepe/Troas – Anthropologische Ansätze zur Sozialstruktur. In: M. A. Basedow, Besik-Tepe – Das spätbronzezeitliche Gräberfeld. Studia Troica Monographien Bd. 1, hrsg. M. Korfmann (Mainz 2000) 197–245.

E. M. Wild, P. Stadler, A. Häußer, W. Kutschera, P. Steier, M. Teschler-Nicola, J. Wahl u. H. J. Windl, Neolithic massacres: local skirmishes or general warfare in Europe? Radiocarbon 46, 2004, 377–385.

M. Graw, J. Wahl u. M. Ahlbrecht, Course of the meatus acusticus internus as criterion for sex differentiation. Forensic Science Internat. 147, 2005, 113–117.

denen Universitäten wahr. 2002 habilitierte er sich an der Universität Tübingen. In seiner Publikationsliste finden sich Arbeiten über Skelettmaterial vom Neandertaler über das Mesolithikum und die Römerzeit bis hin zu historischen Persönlichkeiten. Sein Schwerpunkt liegt jedoch eindeutig im Neolithikum. Hier sei insbesondere die Bearbeitung der Skelettreste aus dem bandkeramischen Massengrab von

Ursula Wittwer-Backofen (Jahrgang 1957) ist die Zweitjüngste in diesem Kreis, aber schon seit mehr als zwanzig Jahren ‚im Geschäft'. Sie studierte zunächst in Berlin und Mainz Chemie und Biologie mit dem Hauptfach Anthropologie und widmete sich bereits in ihrer Diplomarbeit (1982) einer frühdynastischen Skelettserie aus dem Irak (Tell Ahmed al-Hattu). Später folgten das Studium der Ur- und Frühgeschichte in Heidelberg sowie 1987 die Promotion am Institut für Anthropologie in Mainz. Dazwischen lagen mehrere Forschungsaufenthalte im vorderen Orient sowie u. a. die Bearbeitung frühbronzezeitlicher und byzantinischer Gräber aus der Türkei, stets mit einem besonderen Augenmerk auf Fragen der Repräsentanz bzw. deren Auswirkung auf verschiedene (paläo)demographische Parame-

ter. Folgerichtig beschäftigte sie sich auch in ihrer Dissertation mit der Rekonstruktion vorgeschichtlicher Bevölkerungen, speziell mit der Aussagekraft kleinerer Populationsstichproben. Im Anschluss daran erhielt sie ein Stipendium der Deutschen Forschungsgemeinschaft und war wissenschaftliche Assistentin am Institut für Anthropologie der Universität Gießen, wo sie sich 1998 habilitierte. Kurz darauf lehrte sie als Gastprofessorin in Merida (Mexico) und war Research Scientist am ‚Max Planck Institut für demographische Forschung' in Rostock, dem sie auch heute noch als Gastwissenschaftlerin angehört.

Ursula Wittwer-Backofen war mehrere Jahre im Vorstand der ‚Gesellschaft für Anthropologie' aktiv, 2006 und 2007 deren Vorsitzende, ist bereits einige Zeit Mitglied des Editorial

Board der Zeitschrift ‚Anthropologischer An-zeiger' und Reviewer verschiedener interna-tionaler Fachzeitschriften. Im Dezember 2001 erhielt sie den Ruf nach Freiburg und ist dort Professorin für biologische Anthropologie an der medizinischen Fakultät.

Ihr fachliches Spektrum spiegelt sich in einer großen thematischen Vielfalt an Publikationen. Dazu gehören z. B. die Untersuchung morpho-logischer Merkmale bei einer kurdischen Dorf-bevölkerung, die Bearbeitung von römischen Leichenbränden aus dem Rheinland oder von Skelettresten aus Troia, Betrachtungen über die Fertilität zwischen biologischer und demogra-phischer Forschung sowie die Anwendung his-tologischer Methoden zur Altersbestimmung. Zudem gilt sie als eine der Kapazitäten auf dem Gebiet der Gesichtsrekonstruktion mit Hilfe der Computersuperposition und wird zur Klärung von Vermisstenfällen vom Bundes- und den Landeskriminalämtern angefragt. Eines ihrer jüngsten Projekte ist die Mitherausgabe eines 2005 erschienenen, modernen Lehrbuchs zur Anthropologie.

Literatur

U. Wittwer-Backofen, Anthropologische Unter-suchungen der Leichenbrände aus der Nekropo-le Troisdorf-Sieglar, Rhein-Sieg-Kreis. Beitr. Arch. Rheinland 27, 1987, 41–62.

U. Wittwer-Backofen, Disparitäten der Alters-sterblichkeit im regionalen Vergleich: biolo-gische versus sozioökonomische Determinan-ten; regionale Studien für den Raum Hessen. In: Bundesinstitut für Bevölkerungsforschung beim Statistischen Bundesamt (Hrsg.), Materialien zur Bevölkerungswissenschaft 95 (Wiesbaden 1999).

U. Wittwer-Backofen, Demircihüyük-Sariket. An-thropologische Bevölkerungsrekonstruktion. In: J. Seeher, Die bronzezeitliche Nekropole von De-mircihüyük-Sariket. Istanbuler Forsch. 44, DAI Istanbul (Tübingen 2000) 239–299.

U. Wittwer-Backofen, Kinderreich und kinder-arm – Aspekte der Fertilität zwischen biologischer und demographischer Forschung. In: K. W. Alt u. A. Kemkes-Grottenthaler (Hrsg.), Kinderwelten (Köln 2002) 264–280.

G. Grupe, K. Christiansen, I. Schröder u. U. Witt-wer-Backofen, Anthropologie. Ein einführendes Lehrbuch (Berlin, Heidelberg 2005).

4.13: Ein Aspekt moderner Geschichts-darstellung: Die De-monstration zeitgenössischer Kampf- und Waffen-technik.

Miriam Noël Haidle (Jahrgang 1966) ist in Sachen Anthropologie eine Quereinsteigerin, aber in vielfältigen Teilbereichen ausgesprochen aktiv. Sie studierte im Hauptfach Urgeschichte, als Nebenfächer Vor- und Frühgeschichte, Ethnologie, Physische Anthropologie sowie Geologie an den Universitäten Tübingen und Basel und promovierte im Jahr 1996 bei H. Müller-Beck und P. Bennike (Kopenhagen). Im Anschluss daran war sie freiberuflich tätig, u. a. als freie Mitarbeiterin beim Neanderthal-Museum Mettmann und dem Staatlichen Museum für Naturkunde in Stuttgart oder dem Landesamt für Denkmalpflege Speyer. Daneben nahm sie mehrere DAAD-Kurzzeitdozenturen an der Royal University of Fine Arts Phnom Penh, Kambodscha, und Lehraufträge am Institut für Ur- und Frühgeschichte und Archäologie des Mittelalters in Tübingen wahr, wo sie sich u. a. mit Studien zum Ernährungs- und Gesundheitszustand prähistorischer Gebisse beschäftigte. Seit 1998 ist sie im Rahmen eines DFG-Projektes an der Erforschung des jüngstbandkeramischen Grabenwerks von Herxheim/Pfalz beteiligt, seit dem Ausscheiden von A. Czarnetzki kommissarische Leiterin der Osteologischen Sammlung der Universität Tübingen, seit 2004 wissenschaftliche Assistentin am Institut für Ur- und Frühgeschichte und seit 2005 verantwortliche Koordinatorin des Studiengangs ‚Paläoanthropologie'. Zwischen 2001 und 2007 war sie Stipendiatin des Margarethe von Wrangell-Habilitationsprogramms des Landes Baden-Württemberg und der Alexander von Humboldt-Stiftung an der Universität Århus. Im Jahr 2006 folgte ihre Habilitation an der Geowissenschaftlichen Fakultät in Tübingen.

Miriam N. Haidle nahm an zahlreichen archäologischen Ausgrabungen in Südwestdeutschland, der Schweiz sowie in Kambodscha teil und sammelte auf diese Weise praktische Erfahrungen im Umgang mit Funden und Befunden vom Paläolithikum bis zur Römerzeit. Dazu kommen weltweit gestreute Kooperationen mit universitären und musealen Einrichtungen u. a. in Innsbruck, Kopenhagen, Basel, Moskau und auf den Philippinen. Ihr thematisches Spektrum reicht von Werkzeugverhalten bei Tieren sowie im Laufe der Evolution und Mikrostrukturen am menschlichen Zahnschmelz über „Paläolithforschung im Spiegel der Medien", Pfahlbauten, Steinartefakten und Eiszeitschmuck bis hin zu Fragen der Sprachentwicklung, Umweltwahrnehmung und des Soziallebens in frühen Gesellschaften. Als Mitglied der Jury des ‚Tübinger Förderpreises für Eiszeitforschung', des wissenschaftlichen Beirats der Hugo-Obermaier-Gesellschaft, des Programmbeirats des Hochschuldidaktikzentrums der Universitäten des Landes Baden-Württemberg und nicht zuletzt des Gemeinderats von Niefern-Öschelbronn zeigt sie ihr außerordentlich weit gespanntes Engagement.

Literatur

M. N. Haidle, Krebs im Spätmittelalter. Ein medulläres Plasmozytom von Unterregenbach, Stadt Langenburg, Kreis Schwäbisch Hall. Fundber. Baden-Württemberg 20, 1995, 837–844.

M. N. Haidle, Mangel – Krisen – Hungersnöte? Ernährungszustände in Süddeutschland und der Nordschweiz vom Neolithikum bis ins 19. Jahrhundert. Urgesch. Materialh. 11 (Tübingen 1997).

G. Albrecht, M. N. Haidle, Chhor Sivleng, Heang Leang Hong, Heng Sophady, Heng Than, Mao Someaphyvath, Sirik Kada, Som Sophal, Thuy Chanthourn u. Vin Laychour, Circular Earthwork Krek 52/62: Recent Research on the Prehistory of Cambodia. Asian Perspectives 39, 2000, 20–46.

M. N. Haidle, Familientreffen, Konkurrenzkampf oder Techtelmechtel? Begegnungen zwischen Neandertalern und anatomisch modernen Menschen. In: N. J. Conard, S. Kölbl u. W. Schürle (Hrsg.), Vom Neandertaler zum modernen Menschen (Ostfildern 2005) 99–108.

A. Häußer, M. N. Haidle u. J. Orschiedt, Die menschlichen Skelettreste des jüngstbandkeramischen Grabenwerks von Herxheim (Rheinland-Pfalz, Deutschland). Zeugen eines Massakers oder einer neuen Bestattungssitte? In: K. W. Alt, R.-M. Arbogast, Chr. Jeunesse u. S. van Willigen (Hrsg.), Grab- und Bestattungssitten des donauländischen Neolithikums. Neue Fragen, Neue Strategien. Cahier de l'Association pour la Promotion de la Recherche Archéologique en Alsace 20, 2006, 107–120.

Rechte Seite: 4.14: Seinerzeit idealisierte, heute eher fragwürdige und kurios anmutende Eigenschaften zur Charakterisierung der Geschlechter: „Die sekundären Geschlechtsmerkmale" bei Mann und Frau (nach Kahn1931).

Literatur

XIII.1–3

S. Braunfels, G. Glowatzki, K. Herzog, F. Hiller, H. W. Jürgens, H. W. Müller, E. Röhm, H. Ruelius, Chr. Pieske, A. Schinz u. U. Unschuld, Der »vermessene« Mensch. Anthropometrie in Kunst und Wissenschaft (München 1973).

E. Frhr. von Eickstedt, Die Forschung am Menschen. Teil 1: Geschichte und Methoden der Anthropologie (Stuttgart 1940).

Ch. Keller, Der Schädelvermesser. Otto Schlaginhaufen – Anthropologe und Rassenhygieniker. Eine biographische Reportage (Zürich 1995).

R. Knußmann, Die heutige Anthropologie. In: R. Knußmann (Hrsg.), Anthropologie. Handbuch der vergleichenden Biologie des Menschen. Begründet von Rudolf Martin. Bd. I/1. Teil (Stuttgart, New York 1988) 3–46.

R. Martin, Lehrbuch der Anthropologie in systematischer Darstellung. 3 Bände (²Jena 1928).

C. Niemitz, K. Kreutz u. H. Walter, Wider den Rassenbegriff in Anwendung auf den Menschen. Anthrop. Anz. 64, 2006, 463–464.

J. Ranke, Der Mensch. Band 1. Entwickelung, Bau und Leben des menschlichen Körpers. Band 2. Die heutigen und die vorgeschichtlichen Menschenrassen (³Leipzig, Wien 1911/1912).

K. Saller, Die Rassenlehre des Nationalsozialismus in Wissenschaft und Propaganda (Darmstadt 1961).

I. Schwidetzky, Geschichte der Anthropologie. In: R. Knußmann (Hrsg.), Anthropologie. Handbuch der vergleichenden Biologie des Menschen. Begründet von Rudolf Martin. Bd. I/1. Teil (Stuttgart, New York 1988) 47–126.

XIII.4

A. Chaillou, Considérations générales sur quatre types morphologiques humains. Bull. Mém. Soc. Anthrop. Paris I, Sér. VI, 1910, 141–150.

A. Czarnetzki, Nachruf Wilhelm Gieseler. Fundberichte Baden-Württemberg 4, 1979, 418 f.

S. Ehrhardt u. A. Czarnetzki, Zum 50jährigen Jubiläum des Instituts für Anthropologie und Humangenetik in Tübingen. Gründung und erste 35 Jahre. Homo 36, 1985, 84–94.

K. Gerhardt, Die 100jährige Alexander-Ecker-Sammlung: Ihre Bedeutung für die Anthropologie der Gegenwart. Verhandl. Anatom. Ges. auf d. 54. Versammlung in Freiburg/Br. vom 22. bis 25. Sept. 1957 (Jena 1957) 129–132.

G. Glowatzki, Wissenschaftliche Anthropometrie – Anthropologische Meßmethoden und ihre Anwendung. In: S. Braunfels et al. (siehe oben XIII.1–3) 107–122.

E. Grandjean, Wohnphysiologie (Zürich 1972).

H. W. Jürgens, Anthropometrie in Industrie und Arbeitswissenschaft. In: S. Braunfels et al. (siehe oben XIII.1–3) 161–179.

F. Kahn, Das Leben des Menschen. Bd. 5 (Stuttgart 1931).

E. Kretschmer, Körperbau und Charakter (Berlin, Göttingen, Heidelberg 1955).

C. Niemitz, K. Kreutz u. H. Walter, Wider den Rassenbegriff in Anwendung auf den Menschen. Anthrop. Anz. 64, 2006, 463–464.

A. Schliz, Die vorgeschichtlichen Schädeltypen der deutschen Länder in ihrer Beziehung zu den einzelnen Kulturkreisen der Urgeschichte. Archiv für Anthropologie N. F. 7, 1909, 239–267.

C. H. Stratz, Lebensalter und Geschlechter (Stuttgart 1926).

J. Wahl, Nachruf Kurt Gerhardt. Fundberichte Baden-Württemberg 18, 1993, 629–632.

J. Wahl, Alfred Schliz, der Typologe. Zur Anthropologie um die Jahrhundertwende. In: Chr. Jacob u. H. Spatz (Hrsg.), Schliz – ein Schliemann im Unterland? 100 Jahre Archäologie im Heilbronner Raum. Veröff. Städt. Museen Heilbronn, museo 14 (Heilbronn 1999) 78–97.

W. Hansch (Hrsg.), Eiszeit – Mammut – Urmensch .... und wie weiter? Veröff. Städt. Museen Heilbronn, museo 16 (Heilbronn 2000) 228 mit biograph. Daten zu K. D. Adam und E. Czarnetzki.

XIV. Dokumentation, Interpretation und Rekonstruktion

Zur Aufnahme, Beurteilung und Behandlung menschlicher Skelettreste

1. Vom Buntstift zur Digital-aufnahme – Die Dokumentation von Skelettresten in situ

Eine Ausgrabung hat unweigerlich die Zerstörung des Fundzusammenhangs zur Folge. Es ist daher oberstes Gebot der Archäologen, die vorgefundenen Details so gut wie irgend möglich zu beschreiben, jeden Fund hinsichtlich Lage und Kontext zu erfassen und zu dokumentieren. Idealerweise ermöglicht die archivierte Dokumentation zusammen mit den geborgenen und restaurierten Fundstücken auch Jahrzehnte nach der Arbeit im Gelände noch eine dreidimensionale Imagination der Grabungsbefunde.

Als Voraussetzung dafür dienten über Jahrzehnte hinweg das Anfertigen maßstabgetreuer Handzeichnungen auf Millimeterpapier, Fotografien in Schwarz-Weiß (für Publikationen) und als Diapositive (für Vorträge) sowie das Einmessen der Funde mit Hilfe von Nivelliergerät oder Theodolit bezogen auf die Höhe über dem Meeresspiegel (N.N.) und die Landeskoordinaten (sog. Gauß-Krüger-System). Im Computerzeitalter hat sich mit Tachymeter (programmierbarer, elektronischer Theodolit), Digitalkamera und leistungsfähigem Rechner, gestützt auf die entsprechende Software (z. B.

1.1: Trotz allen technischen Fortschritts erfolgt die Freilegung der Knochenreste immer noch von Hand mit Kelle, Stukkateureisen, Pinsel usw., die Verpackung der Skelettteile am besten extremitätenweise ohne Verwendung von Plastikbeuteln, um ein Verdunsten der Restfeuchte zu ermöglichen.

1.2 (oben): Aufnahme eines Skeletts mit Hilfe des Zeichengitters/ Messrahmens.

1.3 (Mitte): Zeichnerische Erfassung eines Planumsdetails unter Verwendung des Feldpantographen.

1.4 (unten): Der Tachymeter im Einsatz.

„AutoCAD" und „ArchäoCAD"), zwar der zeitliche Aufwand direkt vor Ort reduziert und auf eine längere Nachbearbeitungsphase verlagert, dafür wurde die Genauigkeit der Aufnahme erheblich verbessert. Ein immenser Zugewinn besteht dabei in der Anlage von Datenbanken, erweiterten Verknüpfungsmöglichkeiten verschiedener Datensätze, der Erstellung verschiedenartigster zwei- und dreidimensionaler Darstellungen (z. B. als Drahtmodell), der Möglichkeit nachträglicher Abnahme von Detailmaßen sowie Fehlerkorrektur und Entzerrung.

Für die anthropologische Bearbeitung von Skelettresten ist die Dokumentation des Grabbefundes von großer Bedeutung. Ermöglicht sie doch u. a., die Totenhaltung oder evtl. postmortale Eigenbewegungen anzusprechen, bei gestörten Gräbern unterscheiden zu können, ob Verlagerungen einzelner Partien noch im Sehnenverband stattfanden oder nicht oder einfach nur die Identifizierung des Knochenmaterials bei unzureichender Beschriftung oder Verdacht auf Vertauschung. Nicht unerheblich sind weiterhin die Lagebeziehung zu einzelnen Beigaben oder anatomische Details wie z. B. eine Hand in Greifhaltung, die ohne Grabbeschreibung, -zeichnung und/oder -foto alleine anhand des knöchernen Materials nicht zu erkennen wären, aber wichtige Anhaltspunkte hinsichtlich des Bestattungsrituals zu liefern vermögen.

Am Anfang der Skelettdokumentation standen einfache Handskizzen, den Knochen selbst wurde wenig Aufmerksamkeit zuteil, manchmal wurden lediglich die Schädel geborgen. Später erfolgte die Zeichnung unter Zuhilfenahme zweier Meterstäbe in Anlehnung an eine Messlinie. Um die Genauigkeit zu erhöhen, kamen 1 m² große Zeichengitter ins Spiel, die in 10 cm x 10 cm große Felder untergliedert waren und über den Knochenverband gelegt wurden. Standard waren Zeichnungen im Maßstab 1 : 20, in denen sich aber bei einem original 1,60 m langen Skelett, das auf 8 cm reduziert abgebildet wird, kaum Lagedetails darstellen lassen. Besser sind Zeichnungen im Maßstab 1 : 10 oder 1 : 5, v. a. wenn die Position bestimmter Beigaben zu einzelnen Körperpartien festgehalten werden soll.

Zur Erfassung einer größeren Fläche entwickelte man den Feldpantographen und den Kartomaten, die beide nach dem Prinzip des ‚Storchenschnabels' funktionieren, wobei der Abtaststift bei Ersterem über Schnüre und bei

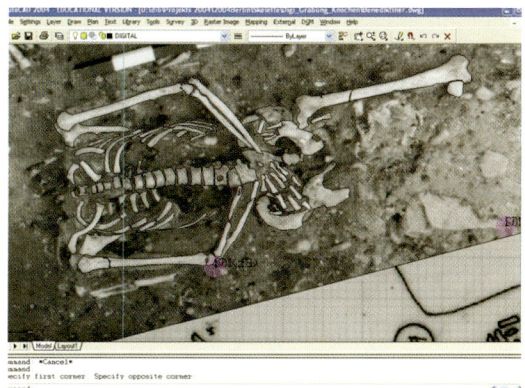

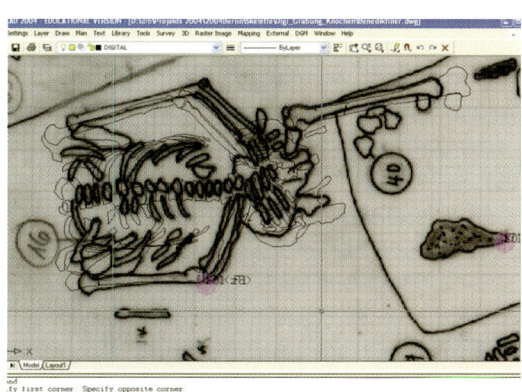

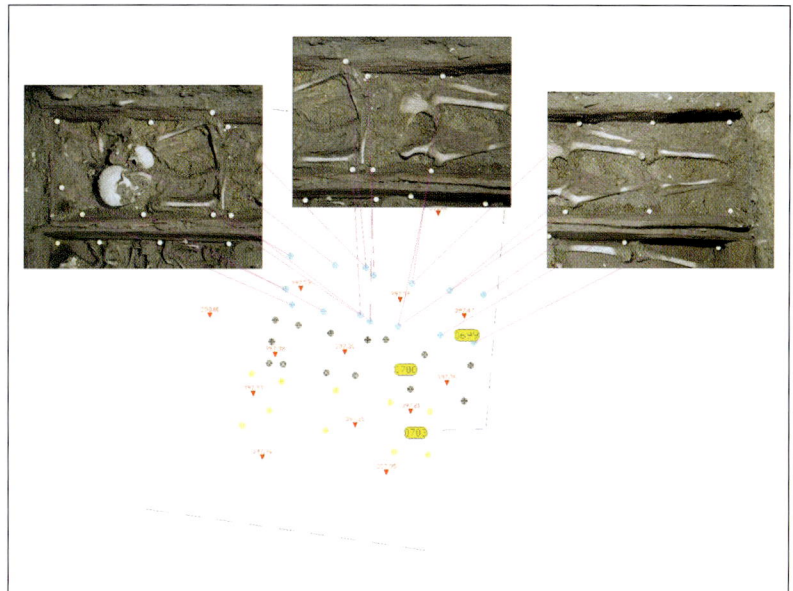

Letzterem über einen Auslegearm in Form einer ‚Nürnberger Schere' mit der Zeichenein-
heit verbunden ist. Der Kartomat, nach seinem
Erfinder E. Gersbach auch liebevoll „Gersbachi-
um" oder nach seinem primären Einsatzgebiet,
der Grabung auf der Heuneburg, „Heunomat"
genannt, erlaubt bei einmaliger Positionierung
die Aufnahme einer Fläche mit einem Radius
von immerhin 3,5 m, ist jedoch mit 60 kg Gewicht nicht leicht zu versetzen.

In Baden-Württemberg erfolgt der Ausbau der
EDV-gestützten Grabungsdokumentation kontinuierlich seit 1995 unter dem maßgeblichen
Engagement von D. Bibby. Die Ausstattung mit
modernstem Gerät und die Schulung des technischen Personals erfordern zwar einen hohen

*1.5 (oben): Mit Passpunkten aufgenommene und entzerrte Detailaufnahmen
vor dem Zusammenfügen zum Gesamtbild.*

*1.6 (links oben und Mitte): a) Entzerrte und digitalisierte Aufnahme eines
Teilskeletts vom Benediktinerplatz in Konstanz, b) Vergleich des digital erstell-
ten Bildes (dünn) mit der Handzeichnung (fett) desselben Befundes.*

*1.7 (links und rechts unten): Das derzeitige Non-plus-ultra ist die Aufnahme
per Streifenlichtscanner; a) Modell von 2003 im Einsatz, b) das zugehörige
3D-Ergebnis.*

finanziellen und zeitlichen Aufwand, die Vor-
teile der neuen Erfassungsmethode zahlen sich
jedoch rasch aus. Die Objektkartierung ist gegenüber dem traditionellen Handaufmaß nicht
nur schneller, sondern auch exakter. Direkte
Vergleiche zeigten auch bei geübten Zeichnern

2.1: Das Osteologische Archiv in der Gartenstraße 70 in Rottenburg am Neckar aus nordwestlicher Richtung im Herbst 2006.
2.2: Die Innenansicht des Archivs erinnert einem Zeitungsartikel aus dem Jahr 1999 zufolge an „das Lager eines Schuhverkäufers".
2.3: Das Gebäude Stromeyersdorfstraße 3 in Konstanz aus Nordosten im Frühjahr 2000.

über ein Skelett hinweg Abweichungen bis zu mehreren Zentimetern gegenüber den tatsächlichen Maßen. Die Unterschiede zu entsprechend aufbereiteten Digitalaufnahmen liegen dagegen im Millimeterbereich. Es entstehen keine handgezeichneten Pläne mehr am Objekt, dafür lassen sich über vorher eingemessene Passpunkte mehrere, vorher entzerrte Fotos zusammenfügen und zweidimensionale fotogrammetrische Profil- oder Planumszeichnungen erstellen. An Genauigkeit kaum mehr zu übertreffen ist derzeit die Aufnahme mit einem 3-D-Scanner, der in relativ kurzer Zeit eine große Fläche abzutasten vermag.

Was aus alten Zeiten überdauert hat, ist der Farbcode, die auf Plänen verwendete standardmäßige Kolorierung von Knochenresten mit gelber Farbe, früher ‚Faber-Castell' Nr. 104 (‚lichtgelb') oder 105 (‚cadmiumgelb hell'), heute PC-generiert.

2. Knochen als biologische Geschichtsquelle – Das osteologische Archiv und die Arbeitsstelle Konstanz des Landesamts für Denkmalpflege

Für die im Rahmen archäologischer Ausgrabungen geborgenen Menschen- und Tierknochenfunde verfügt die Denkmalpflege in Baden-Württemberg seit Januar 1989 über ein EDV-gestütztes Magazin in Rottenburg am Neckar. In diesem im Jahr 1918 errichteten und mit ca. 30 m Straßenfront ausgesprochen imposanten Gebäude, das mit einer Laderampe sowie einem Lastenaufzug ausgestattet ist, stehen über vier Stockwerke verteilt ca. 1000 m² Nutzfläche zur Verfügung. Es war zunächst als „Getreidehaus" konzipiert, beherbergte in den 1950er Jahren einen „Edeka-Großhandel", wurde später zum Lagerhaus umgebaut und diente, bevor die Knochen kamen, als Sanitätslager für den Zivilschutz des Landes Baden-Württemberg. Das Knochenmaterial war bis dato in verschiedenen, über das gesamte Land verteilten und bisweilen wenig geeigneten Depots untergebracht gewesen: Das Hauptkontingent in der Kapfenburg im Ostalbkreis in den Räumen des ehemaligen Forstamts der Stadt Lauchheim; daneben existierten zahlreiche Keller, Garagen und sonstige Abstellmöglichkeiten im Umfeld der jeweiligen

Außen- und Arbeitsstellen des Landesdenkmalamts. Infolge reger Grabungsaktivitäten in den 1990er Jahren stieß das osteologische Archiv knapp zehn Jahre nach Inbetriebnahme an seine Kapazitätsgrenzen, und erste Fundkomplexe mussten in das inzwischen eingerichtete Zentrale Fundarchiv des Archäologischen Landesmuseums Baden-Württemberg im ehemaligen Festungslazarett von Rastatt ausgelagert werden. Dorthin wird es in Kürze auch gänzlich umziehen.

Die Knochen werden in der Regel direkt von der Ausgrabung in normierten Kartons angeliefert, bis auf das Fundnummern-Niveau erfasst und in Regalen jederzeit zugänglich aufbewahrt. Die Inventarisation erfolgt auf der Grundlage eines eigens entwickelten Computerprogramms. Auf diese Weise sind bis heute über 2500 Fundkomplexe mit insgesamt fast 15 000 Fundkartons aufgenommen worden. Hinsichtlich seiner Datierung streut das Fundmaterial über viele tausend Jahre vom Paläolithikum bis in die frühe Neuzeit. Letzteres stammt überwiegend aus Kirchengrabungen. Die Bronzezeit ist am seltensten vertreten, vergleichsweise häufig dagegen das Neolithikum, die römische Kaiserzeit sowie das frühe Mittelalter, in mittlerer Frequenz die Urnenfelderkultur, Hallstatt- und Latènezeit.

Die Tierknochen dokumentieren in der Regel Siedlungs- und Speiseabfälle sowie Überbleibsel der Artefaktherstellung oder Grabbeigaben. Die Menschenknochen stammen meist aus Gräbern. Der Informationsgehalt beider Fundgruppen kann gar nicht hoch genug eingeschätzt werden. Sie liefern in verschlüsselter Form mannigfache Hinweise zu Herkunft, Aussehen (Körper-, Widerristhöhe, Wuchsform), Arbeitsbelastung, Morbidität, Lebenserwartung (u. a. demographische Parameter), Verwandtschaftsbeziehungen ebenso wie zur Schlachttechnik, Speisezusammensetzung und -zubereitung, Haustierhaltung, zu ökologischen Gegebenheiten, zur Zusammensetzung der Wildfauna u. v. m. und sind daher aus gutem Grund als ‚biohistorische Urkunden‘ anzusehen.

Skelettbestände stehen im Allgemeinen auch Fachkollegen aus dem In- und Ausland als Arbeitsgrundlage oder Vergleichsmaterial zur Verfügung. Häufig werden sie im Rahmen von Magister-, Diplom- und Doktorarbeiten oder im Kontext größerer Forschungsprojekte untersucht. Zu ihrer Betreuung und langfristigen

2.4: Innenansicht des kleineren Arbeitsraumes im 1. Obergeschoss.

2.5: Der größere Arbeitsraum wird vorrangig von der Archäozoologie genutzt.

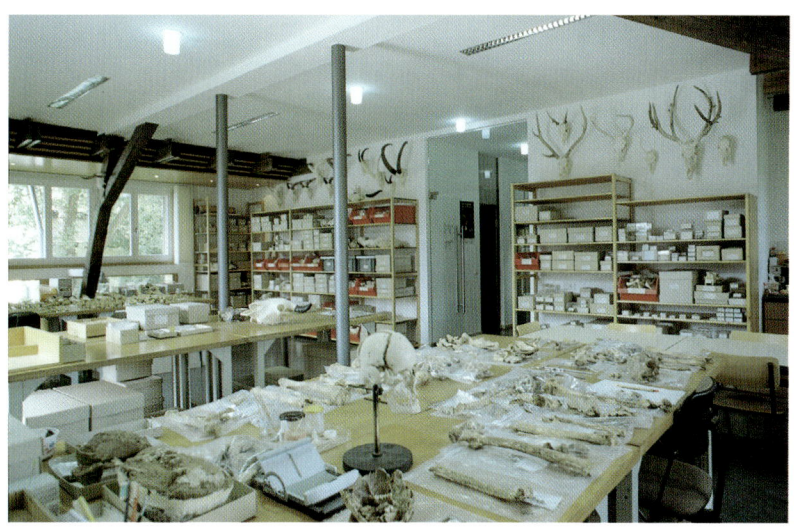

Erhaltung sind neben Personal und Sachmitteln entsprechende Magazinräume unabdingbar, die lediglich geringe Schwankungen hinsichtlich Temperatur und Luftfeuchtigkeit zulassen. Ungünstige Liegebedingungen können zu Rissbildungen, Deformationen, Schimmelbildung und Zerspringen des Zahnschmelzes führen. Infolge fortschreitender Grabungstätigkeiten wächst der Bedarf an adäquater Unterbringung. In diesem Zusammenhang wird immer wieder die Frage nach Entsorgung oder Wiederbestattung größerer Sammlungseinheiten gestellt. Für unstratifiziertes Fundgut könnte das eine Lösung sein, datierte Komplexe sind jedoch zu keinem Zeitpunkt definitiv als ‚ausgeforscht‘ zu betrachten. Gerade nach den me-

3.1 (unten und ganz unten links): Mittelfußknochen (Mt II) der rechten Seite von Bär (re) und Mensch (li); a) proximales Ende in Basalansicht, b) von lateral.

3.2 (unten Mitte): Mit vorgeschichtlichen Funden vergleichbare Beobachtungen unter kontrollierten Bedingungen: Fragmente vom Hinterhauptbein und Humerus (beides Mensch) aus einem modernen Krematoriumsbrand.

3.3 (unten rechts): Femora der rechten Seite von Mensch (li) und Pferd (re), proximaler Dia- und Metaphysenbereich von dorsal im Längsschnitt.

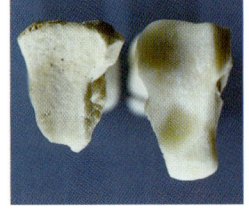

thodischen Fortschritten der letzten Jahrzehnte lässt sich derzeit kaum vorhersagen, welche neuen oder verfeinerten Erkenntnismöglichkeiten in Zukunft noch entwickelt werden. Die Bedeutung einer Skelettserie ermisst sich zudem nicht aus der vorhandenen Stückzahl. Je nach Fragestellung, Region und Zeitstufe kann eine kleine Fundeinheit ebenso repräsentativ sein wie eine große nicht repräsentativ.

Im Zusammenhang mit invasiven Untersuchungsmethoden entsteht allerdings nicht selten eine Konfliktsituation. Es muss stets hinterfragt werden, ob eine Beprobung hinsichtlich des zu erwartenden Erkenntnisgewinns zu rechtfertigen ist oder der konservatorische, auf Erhaltung zielende Charakter einer Sammlung bzw. die geplante museale Präsentation eines Knochen- oder Skelettfunds eine Beschädigung erlaubt. In vielen Fällen lässt der schlechte Erhaltungszustand des Knochenmaterials bereits erahnen, dass bestimmte Verfahren wenig Aussicht auf Erfolg haben. Eine andere Strategie kann die Beprobung an Skelettelementen sein, die für metrische und morphognostische Methoden eher von geringerem Aussagewert sind. Sofern sich zur Klärung eines bestimmten Befundes eine histologische Aufbereitung als unabwendbar erweist, muss das betreffende Stück für die Rekonstruktion der Grab- oder Fundsituation im Museum restauriert und ergänzt werden. Idealerweise steht einem minimalen Substanzverlust ein maximaler Informationsgewinn gegenüber.

Die Osteologie ist beim Landesamt seit mehr als 25 Jahren mit je einem Referenten für Archäozoologie und Anthropologie etabliert. Sie war zunächst in zwei Räumen im Fünfeckturm des Schlosses Hohentübingen, zwischenzeit-

lich im Untergeschoss der Pfahlbauarchäologie in Gaienhofen-Hemmenhofen und dann in der so genannten „Villa Stresemann" in Konstanz untergebracht, die nun vom Deutschen Roten Kreuz genutzt wird. Im Mai 1999 erfolgte der letzte Umzug in die jetzige Dienststelle im Ortsteil Stromeyersdorf. Das unter Denkmalschutz stehende Haus verfügt über große, helle Räume, die optimale Arbeitsmöglichkeiten bieten, u.a. ein Labor, Kühlkammer, Mazerationsanlage und Auslegeflächen. Es gehört zu einem 1905/1906 von dem bekannten Industriearchitekten Phillip Jakob Manz für die „Zelttuchfabrik Ludwig Stromeyer & Co." errichteten, größeren Gebäudeensemble und war seinerzeit als landwirtschaftlicher Betrieb für die Versorgung der firmeneigenen Werkskantine konzipiert. Ab 1960 wurden in dem Haus Wohnunterkünfte eingerichtet, 1980 wurde es vom Land erworben. Eine später geplante Unterbringung der Polizeihundestaffel Konstanz hatte man zum Vorteil für die Denkmalpflege wieder verworfen.

3. Mensch oder Tier? Nicht immer einfach zu unterscheiden

Menschen von Tieren zu unterscheiden vermag jedes Kleinkind. Minimale, individuelle Unterschiede z.B. zwischen den Gesichtern von Halbaffen derselben Spezies erkennt dieses sogar noch schneller als jeder Erwachsene. Auch von Fell bzw. Federkleid und jeglichen Weichteilen befreit, braucht es nicht gleich einen Spezialisten, um Knochen als tierisch zu erkennen, wenn sie sehr groß, ungewöhnlich

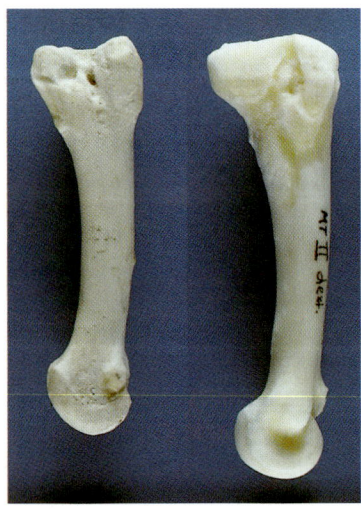

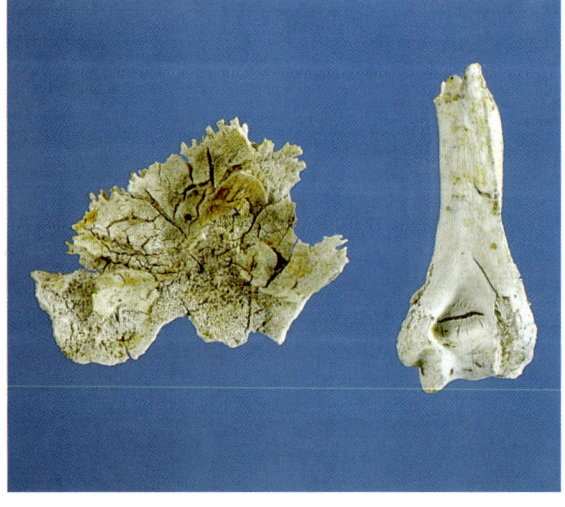

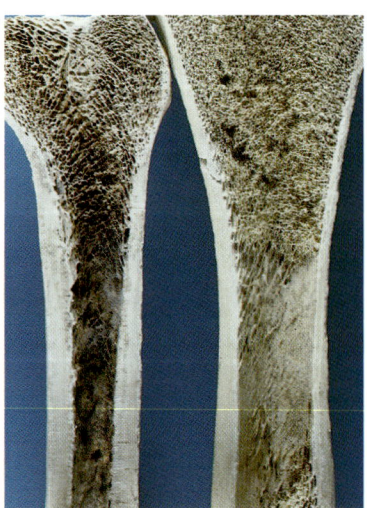

geformt, besonders zierlich, mit imposanten Zähnen, Hornzapfen, Geweihstangen, Schnabel- oder Krallenbeinen versehen sind. Das Problem stellt sich in der Regel auch seltener, wenn vollständige Skelettreste eines Individuums vorhanden sind. Die Crux ist allerdings, dass Tierknochen meist isoliert oder bruchstückhaft im Zusammenhang mit Menschenknochen oder einzelne menschliche Skelettteile zwischen dem tierischen Siedlungsabfall auftreten. Hinsichtlich der Größe gilt, dass es auch kleine Menschen gibt: Kinder, Säuglinge, Föten, deren knöcherne Strukturen dann z. B. doch mit ‚Hühnerbeinen‘ verwechselt werden können. Noch schwieriger gestaltet sich die Untersuchung verbrannter Knochen, die besonders stark fragmentiert und verformt sein können und bei denen keine anatomische Abfolge mehr zu erkennen ist. In diesen Fällen sind Experten gefragt.

Für den Anthropologen sind Kenntnisse über die morphologischen Unterschiede zwischen Menschen- und Tierknochen vor allem bei der Bearbeitung von Leichenbränden von entscheidender Bedeutung, da nur die Tierknochen, die er als solche erkennt und für die Weitergabe an den Archäozoologen entnimmt, entsprechend näher untersucht werden können. Je größer oder typischer die Bruchstücke sind, umso mehr steigt die Wahrscheinlichkeit einer korrekten Diagnose. In Zweifelsfällen sind auch Gerichtsmediziner gut beraten, von Pilzsuchern eingelieferte Skelettteile von Fachleuten begutachten zu lassen, bevor zur Klärung eines (vermeintlichen) Kriminalfalls eine Sonderkommission ins Leben gerufen wird, da sie seltener mit reinem Knochenmaterial konfrontiert sind.

Die Ähnlichkeiten zwischen Mensch und Tier zeigen sich in Form und Feinbau bestimmter Knochen- oder Zahnabschnitte v. a. hinsichtlich Bär und Schwein, seltener z. B. bei Pferd, Huhn oder Hirsch. Sie hängen u. a. damit zusammen, dass Bären und Schweine wie Menschen Allesfresser und Bären wie Menschen Sohlengänger sind und sich daher im Laufe der Evolution bei diesen Spezies vergleichbare Strukturen entwickelt haben. So werden immer wieder einmal zunächst als menschlich deklarierte jungpaläolithische Höhlenfunde bei Nachuntersuchungen als Bärenknochen identifiziert.

Die Ähnlichkeiten zwischen Schweinen und Menschen sind seit längerer Zeit bekannt. Sie beziehen sich weniger auf die Intelligenz oder

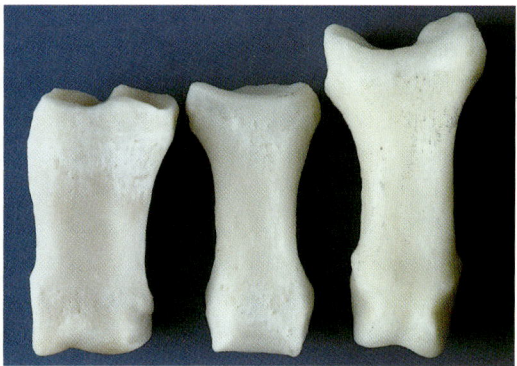

3.4: Proximale Phalangen von Schwein (li), Mensch (Mitte) und Bär (re).

3.5: Der ‚Klassiker‘ der Verwechslung von Menschen- und Tierknochen: lose proximale Femurepiphysen von Mensch (obere Reihe) und Schwein (untere Reihe); a) von oben, b) von der Unterseite.

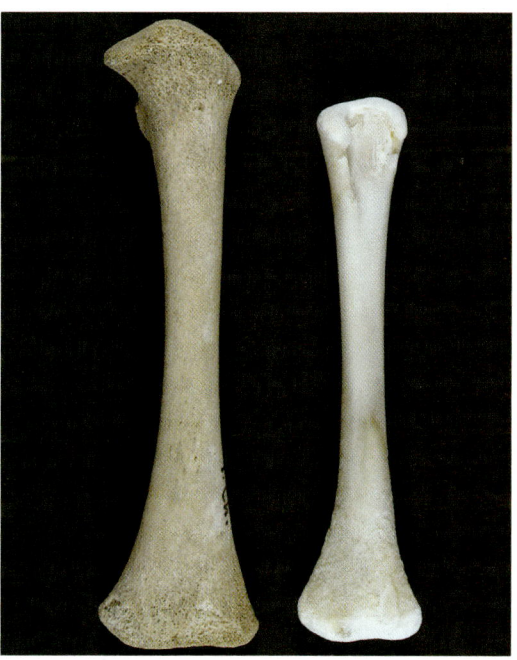

3.6 Linker Oberschenkelknochen eines Neugeborenen (li) und linker Tibiotarsus eines Huhns (re).

bestimmte Verhaltensweisen, sondern auf physiologische Phänomene. Man nutzt diese bei Transplantationen oder Experimenten zur Traumatologie oder Rekonstruktion von Scheiterhaufenverbrennungen, bei denen Schweinekadaver stellvertretend für menschliche Leichname Verwendung finden.

Die Unterscheidung von Menschen- und Tierknochen basiert im Wesentlichen auf morphologischen, histologischen und bei frischem Material auch serologischen Verfahren. Für Tierknochen charakteristisch sind u. a. relativ größeres Gewicht, dichtere Kompakta mit glatter erscheinender In- und Externseite sowie meist gröberes Gebälk im Bereich der Metaphyse. Die epiphysäre Spongiosa ist dagegen auch bei großen Haus- und Wildsäugern eher feiner strukturiert. Eine Ausnahme stellt z. B. das Pferd dar. Hier ist die Verteilung der Spongiosa im Längsschnitt derjenigen des Menschen außerordentlich ähnlich. Bruchstücke des Schädeldachs können eher durch typische Strukturen auf der Innenseite oder den Verlauf und weniger kompliziert gezackte Schädelnähte auseinander gehalten werden. Im mikroskopischen Schnitt zeigen sich deutliche Unterschiede in Größe, Form und Anordnung der Haversschen Kanälchen zwischen Menschen und Tieren einerseits und verschiedenen Tierarten andererseits.

4.1: Ebenerdige Rekonstruktion eines Steinkistengrabes aus dem Gräberfeld von VS-Schwenningen ‚Auf der Lehr‘ mit originalen Einfassungssteinen.

Schweineknochen kommen in 80–90% aller römischen Leichenbrände vor, Bärenknochen sind in Brandgräbern ganz allgemein eine echte Rarität. Krallenbeine vom Bären ohne jegliche Spuren von Manipulationen dokumentieren in diesen Fällen wahrscheinlich, dass der Leichnam auf dem Scheiterhaufen zusammen mit einem Bärenfell aufgebahrt war. Die Tierbeigaben lassen in der Regel eine bestimmte Abstufung nach Alter, Geschlecht und sozialem Rang des Verstorbenen erkennen. Doch nicht alle Tier(rest)e sind absichtlich ins Grab mitgegeben worden. Knochen z. B. von Maulwurf, Maus, Kröte, Frosch und Schildkröte sind eher der ‚Thanatozönose‘ zuzuordnen und liefern Hinweise auf Fuchsbauten oder andere tierische Aktivitäten im Untergrund.

4. Zum letzten Mal (um)gebettet? Der Nachbau von Grabsituationen im Museumsbetrieb

Die Rekonstruktion eines Grabfundes für museale Zwecke wirft – wenn die Skelettreste ebenfalls präsentiert werden sollen – nicht selten ethisch-moralische und/oder religiöse Fragen auf. Es ist zwar eine Selbstverständlichkeit, dass die knöchernen Relikte unserer Vorfahren mit Respekt und in jeder Hinsicht pietätvoll behandelt werden, doch dürfen wir sie überhaupt ausgraben, geschweige denn ausstellen? Sollten sie (eingesegnet und) wieder bestattet werden?

Es ist fraglich, ob sich z. B. ein Vertreter der Hallstattzeit einem christlichen Begräbnisritual unterworfen hätte. Um die Totenruhe nicht zu stören, dürfte man streng genommen auch die Beigaben der Bestatteten nicht aus dem Grab nehmen. Aber ausgesuchter Schmuck, Waffen, Trachtbestandteile und sonstige Ausrüstungsgegenstände werden in Museen bedenkenlos gezeigt und gerne betrachtet. Ohne die zugehörigen Toten wären sie zweifellos nie in dieser Kombination gefunden worden. Beides gehört also zusammen. Für wen die Totenruhe prinzipiell unantastbar ist, der darf in letzter Konsequenz weder in ehemaligen Friedhofsbereichen noch sonstwo im Boden graben. Er könnte zufällig auf ein Grab stoßen.

Das Ausstellen oder ‚Zurschaustellen‘ menschlicher Gebeine berührt neben dem religiösen Aspekt auch das persönliche Gefühlsleben jedes Betrachters und kann schon deswegen nicht pauschal oder dogmatisch beurteilt werden. Die Scheu oder Faszination ist meist umso größer, je besser der Erhaltungszustand, d. h. je lebensnäher die Relikte sind. Dabei geht es im Museum nicht um die Befriedigung von Sensationsgier, sondern um das Informationsrecht der Öffentlichkeit, die letztlich mit ihren Steuern die Ausgrabungen finanziert, und es lässt sich darüber streiten, ob die Aufbewahrung von Knochen in einem Pappkarton pietätvoller ist als eine sachgemäße Präsentation in wissenschaftlichem Kontext.

Die Reaktionen, mit denen Archäologen, Anthropologen und Ausstellungsmacher in diesem Zusammenhang konfrontiert werden, reichen vom Vorwurf der Totenschändung bis hin zu wiederholten Blumengrüßen an den Bestatteten. Jeder von uns befindet sich auf irgendeiner Position in diesem Spannungsfeld und hat ein Recht auf seine Meinung.

Daneben stellen sich im konkreten Fall auch technische Probleme, wenn der Nachbau so ‚lebensecht' wie möglich, d. h. dem bei der Ausgrabung angetroffenen Befund so ähnlich wie möglich gestaltet werden soll. Ein wesentlicher Punkt sind dabei zunächst die Vorgaben seitens der Ausstellungsgestaltung sowie der räumlichen Situation vor Ort: Soll das Grab mit der originalen Steineinfassung errichtet, mit ähnlichem Material nachempfunden oder

entsprechend dem Befund mit neuen, evtl. auf alt getrimmten Holzbrettern umschlossen werden? Soll es mit einer Glasabdeckung oder gänzlich offen, auf einem Sockel zur besseren Betrachtung oder realitätsnäher in den Boden eingetieft dargeboten werden? Sind statische Gegebenheiten zu beachten? Welches Medium, in/auf dem die Knochen gebettet werden sollen, ist vorgesehen?

Als Sediment zur Rekonstruktion der ursprünglichen Totenhaltung hat sich nach bisherigen Erfahrungen normaler Bausand am besten bewährt. Auf einer festen, ebenen Fläche verkippen die Knochen. Die Verwendung von grobem Kies setzt eine relativ gute Knochenerhaltung voraus und Quarzsand rieselt zu leicht, beide lassen sich nicht gut anhäufeln und formen. Für die optische Wirkung sollte der Sand nicht gewaschen, sondern am besten noch mit kleineren Verunreinigungen wie Wurzelresten u. ä. versehen sein. Er vermittelt sonst einen ‚steril' neutralen Eindruck. Während des Aufbaus hat er idealerweise noch eine gewisse Restfeuchte. Damit die Knochen nicht ‚wie gelegt' erscheinen, sollten sie mindestens bis zu ihrem halben Durchmesser wieder ‚eingegraben' werden. Die Gesamtwirkung steht und fällt meist mit der Nachbildung des Brustkorbs sowie der Hände und Füße, da in diesen Regionen viele Einzelteile auf engstem

 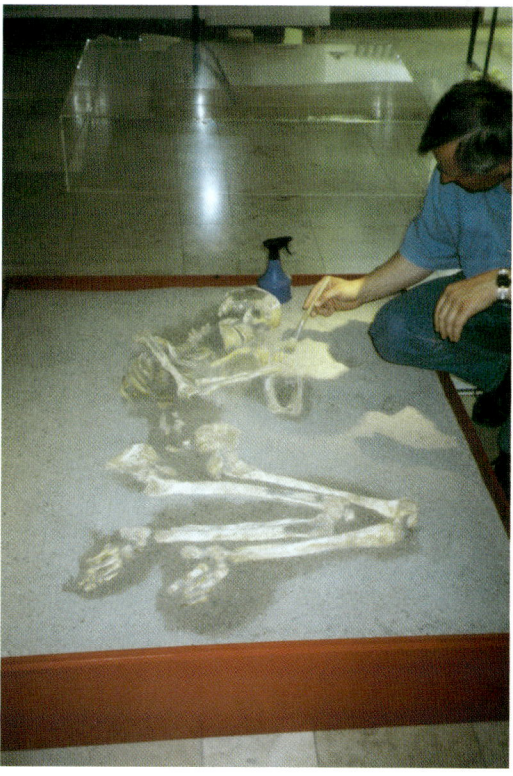

4.2: Nachbau einer bandkeramischen Hockerbestattung aus Klingenberg auf einem Metallsockel.
a) Arbeitsfoto,
b) Endbearbeitung.

4.3: In den Boden eingetiefte Rekonstruktion einer urnenfelderzeitlichen Doppelgrablege aus Neckarsulm.

4.4: Eine echte Herausforderung: Die Nachbildung der Doppelbestattung zweier Männer aus Bietigheim (vgl. Kap. VII.7).

Raum zu arrangieren sind. Die Feinarbeiten erfolgen dann mit einem Pinsel o. ä. Gerät. Ist die Sandoberfläche nach der Endbearbeitung zu glatt/eben, wirkt sie – abweichend von den meisten Originalbefunden – eher ‚künstlich‘. Eine gewisse Krustenbildung erreicht man am Schluss durch Übersprühen mit fein dosiertem Wassersprüher. Müssen einzelne Skelettpartien stark angeböscht unterfüttert werden und soll das Arrangement für einen längeren Zeitraum am Ort verbleiben, kann dem Sprühwasser ein geringer Anteil Weißleim beigefügt werden, um Rieselungseffekte und evtl. spätere Verrutschungen zu vermeiden. Meist reicht ein Sandbett mit einer Tiefe von 10–15 cm. Der einzige Nachteil des Sands ist seine Feuchtigkeit. Sie kann zur Bildung von Kondenswasser an Glasabdeckungen führen, wenn diese zu

früh geschlossen werden oder keine Entlüftungsmöglichkeiten bestehen. Zur nachträglichen Andeutung ehemaliger Holzstrukturen o. ä. kann unterschiedliches Sediment oder Farbpulver aufgestreut werden, wie es auch im Modellbau Verwendung findet.

Als Richtschnur dient stets die Grabungsdokumentation. Dass bei derartigen Rekonstruktionen die Knochen in korrekter anatomischer Abfolge arrangiert werden müssen, ist selbstverständlich, doch – wie regelmäßige Ausstellungsbesucher mit erfahrenem Blick schnell erfassen – beileibe nicht immer der Fall. Es kommt gar nicht so selten vor, dass z. B. Teile von Wadenbeinen als Ersatz für Unterarmknochen dienen, Knochen der rechten und linken Seite vertauscht werden oder falsch herum liegen. Auch wenn die jeweilige Präsentation nur für kurze Dauer gezeigt werden soll, darf es in puncto Genauigkeit keine Zugeständnisse geben.

Bei schlechtem Erhaltungszustand des originalen Knochenmaterials muss überlegt werden, ob als ‚Dummy‘ womöglich ein fremdes oder ein Kunststoffskelett in Frage kämen oder auf die Rekonstruktion letztlich doch besser verzichtet werden sollte. Bei Altfunden trifft man bisweilen auch auf Skelette, deren Einzelteile von verschiedenen Personen stammen. In anderen Fällen, z. B. wenn neben den Beigaben und der Grabkammer auch die Kleidung des Toten gezeigt werden soll, haben sich die Ausstellungsmacher für die Verwendung einer Puppe o. ä. Figur mit neutralen Gesichtszügen entschieden.

Der Nachbau von Grabsituationen ermöglicht dem interessierten Laien nicht nur einen Einblick in die Grabungspraxis der Archäologen, sondern eine Vorstellung hinsichtlich der Bestattungspraktiken unserer Vorfahren – und dies in eindringlicherer Form, als es ein Foto oder lediglich eine isolierte Präsentation der Grabbeigaben je könnten. Erfahrungswerte aus der musealen Praxis zeigen, dass sie stets eine große Anziehungskraft besitzen.

5. Vom Totenkopf zum Gesicht – Probleme und Möglichkeiten der Weichteilrekonstruktion

Fast in jeder Familie existieren Fotoalben, die über einige Generationen zurückreichen und immer dann hervorgeholt werden, wenn es zu belegen gilt, dass das markante Kinn, die

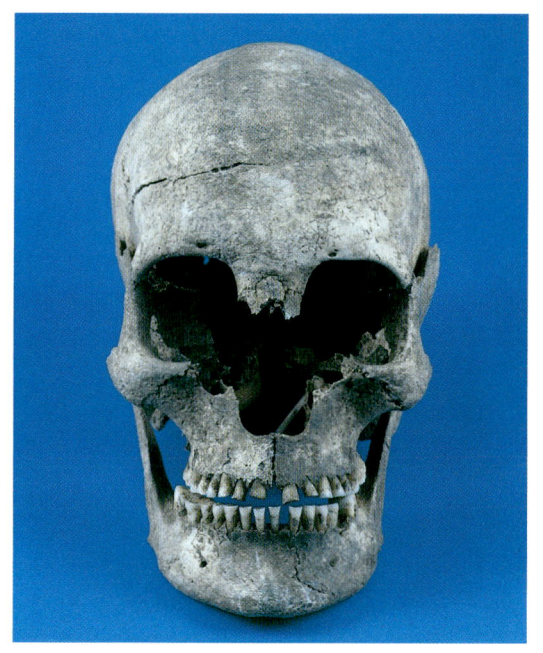

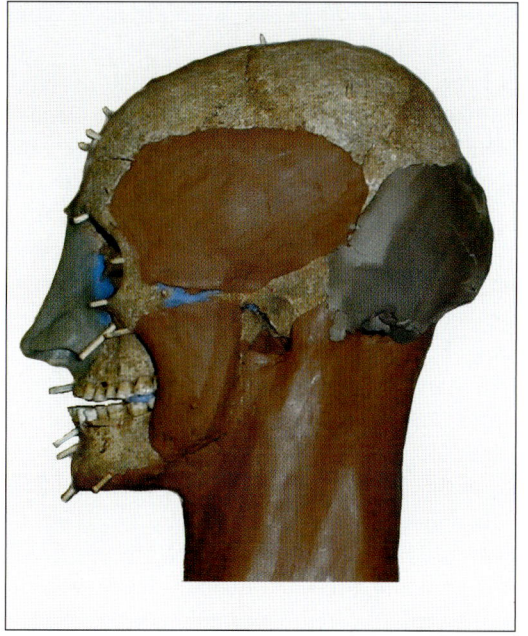

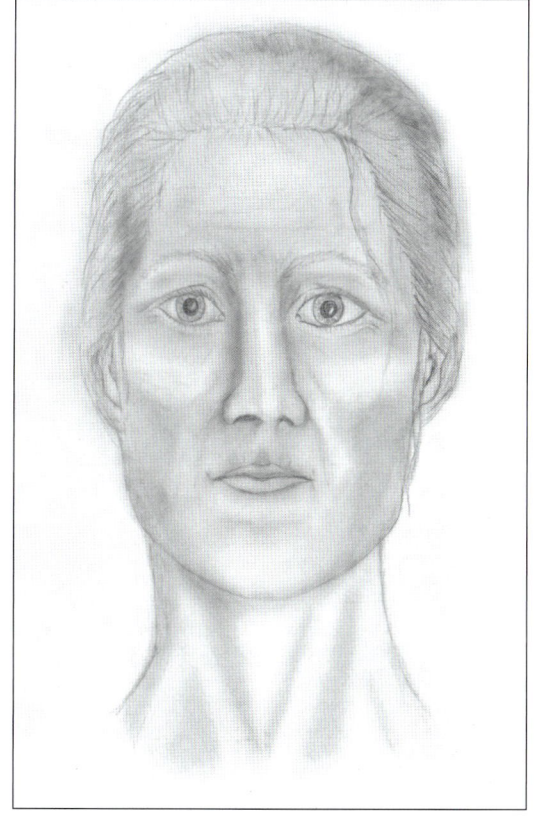

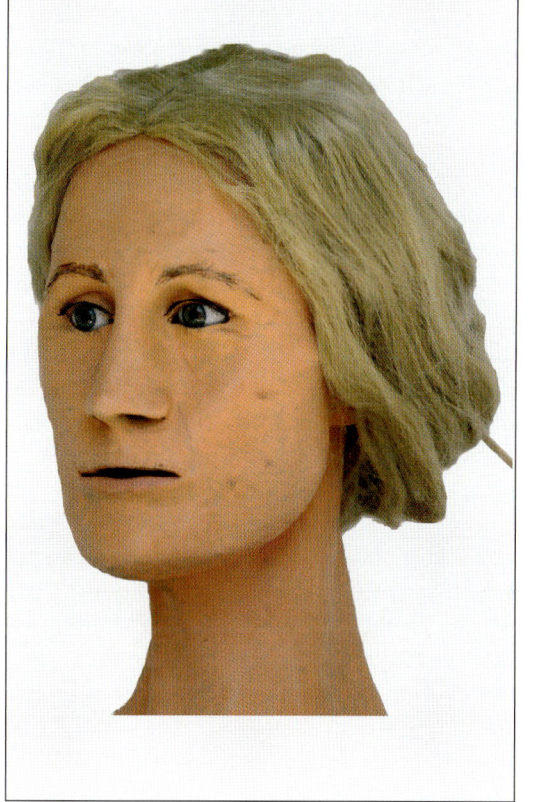

5.1 (links oben): Der Schädel der ca. 40jährigen, etwa 1,63 m großen Frau aus Lauda-Königshofen, Grab 53.

5.2 (links unten): Zeichnerische 2-D-Rekonstruktion des Gesichts als Vorstudie zur dreidimensionalen Ausführung.

5.3 (rechts oben): Zwischenschritt nach Aufbringung der Abstandhalter und mit teilweisem Weichteilauftrag.

5.4 (rechts unten): Fertige Gesichtsrekonstruktion mit Glasaugen und blonder Perücke im Halbprofil.

prachtvolle Lockenpracht oder andere körperliche Eigenschaften aus dieser oder jener Abstammungslinie herzuleiten seien. Die Jüngeren betrachten diese auf Platte gebannten Portraits ihrer Altvorderen meist mit fasziniertem Staunen. Doch, wie unsere Urahnen z. B. um die Zeitenwende oder deren Vorfahren in der Steinzeit ausgesehen haben, davon können wir uns nur auf indirektem Weg ein Bild machen: durch Rekonstruktion der Weichteile auf einem entsprechend alt datierten Schädel. Diese ermöglicht zwar nur in geringem Maße die Darstellung individueller Details, beispielsweise einer Narbe auf der Wange, wenn am Jochbein eine verheilte Verletzung festgestellt werden konnte, oder rechts-links-Unterschiede, vermittelt aber insoweit einen realistischen Eindruck der Proportionen des Gesichts, dass

Menschen, die die Person kannten, diese wohl auch wieder erkannt hätten.

Solche Möglichkeiten machen sich ebenso die Gerichtsmediziner zunutze, wenn sie das Schicksal (weitgehend) skelettierter Leichen aufzuklären versuchen. Dabei basieren die Erkenntnisse zur Äbhängigkeit bestimmter Weichteilformen und -dicken von spezifischen knöchernen Strukturen auf nicht-invasiven Untersuchungen an Lebenden oder Reihenmessungen an Leichnamen von dicken und dünnen Männern und Frauen verschiedenen Alters, unterschiedlicher Herkunft und Konstitution. Diese Basisdaten müssen vorher möglichst auch für den zur Identifizierung anstehenden Schädel eruiert werden.

Eventuell noch vorhandene Weichteilreste werden mit Hilfe fett- und eiweißlöslicher Enzyme entfernt. Früher verwendete man zu diesem Zweck Speckkäfer – eine Methode, die dem Kinogänger aus dem Film „Gorky Park" bekannt ist. An mehr als 30 genau definierten Punkten des Gesichtsschädels werden dann die je nach Typus ermittelten mittleren Weichteildicken zunächst mit kleinen Abstandhaltern aufgetragen, z. B. 7,5 mm an der Glabella eines fettleibigen Mannes, 8,5 mm an der Kinnspitze einer abgemagerten oder 7,5 mm auf dem Jochbogen einer normalgewichtigen Frau. Diese werden dann miteinander verbunden und die Zwischenräume flächig ausgefüllt. Man nennt dies die „amerikanische Methode". Daneben steht die weitaus aufwändigere Vorgehensweise, bei der die Stränge der wichtigsten Gesichtsmuskeln, z. B. des Musculus orbicularis oris, der zusammen mit anderen die Mimik des Mundes ermöglicht, oder des Musculus levator anguli oris, der von der Fossa canina zu den Mundwinkeln zieht und fürs Lächeln zuständig ist, dem vorliegenden Muskelmarkenrelief entsprechend einzeln aufgetragen werden („Manchester-Methode").

Besonders schwierig sind die Positionierung der Augen und die Länge der Lidspalte, die Konstruktion des Nasenprofils sowie die Abschätzung von Mundbreite und Lippendicke, wobei Letztere vielfach mit der Zahnhöhe der Frontzähne korreliert wird. Hinsichtlich der Proportionen weisen die meisten Gesichter zwar u. a. ein gleichseitiges Dreieck zwischen den äußeren Augenwinkeln und der Mitte der Unterkante der Unterlippe, eine etwa dem Irisabstand entsprechende Mundbreite und der Nasenhöhe vergleichbare Ohrhöhe auf, doch halten sich

6.1: Die spärlichen Skelettreste des Major Rehling, die im Februar 1919 bei Abbrucharbeiten im ehem. Augustinerkloster „vor den Stufen des früheren Hochaltars" gefunden wurden. Rechts vorne ein Tierknochen.

selbstverständlich nicht alle daran. Dass Gesichtsrekonstruktionen nur einen gewissen Näherungscharakter erreichen können, hängt daneben noch von kaum objektiv abschätzbaren Parametern ab wie der Haargrenze, schwach oder stark ausgebildeten Tränensäcken, der Dicke und Form der Augenbrauen. Gänzlich subjektiv sind Farbe und Form der Haare, Augenfarbe und evtl. Barttracht oder Details der Ohrmuschel. Als letztes fließen noch eine gewisse künstlerische Note und persönliche Erfahrungen des Bearbeiters in die Rekonstruktion mit ein. Im angelsächsischen Raum spricht man folgerichtig auch von „facial approximation".

Alles zusammen erklärt, warum jede Weichteilrekonstruktion ein Unikat darstellt. Manche Spezialisten, wie z. B. der berühmte M. Gerassimov, lassen dabei eine persönliche Handschrift erkennen und ein Ringversuch unter Beteiligung von zwanzig weltweit ausgewiesenen Fachleuten erbrachte auf der Grundlage eines für jeden identischen Schädelmodells zwanzig unterschiedliche Gesichter.

Versuche dieser Art wurden mit verschiedenen Materialien und Methoden in einem Seminar im Studiengang Paläoanthropologie im Wintersemester 2006/2007 an der Universität Tübingen durchgeführt. Als Beispiel sei hier die Gesichtsrekonstruktion auf dem Schädel einer spätadult/frühmaturen Frau aus dem schnurke-

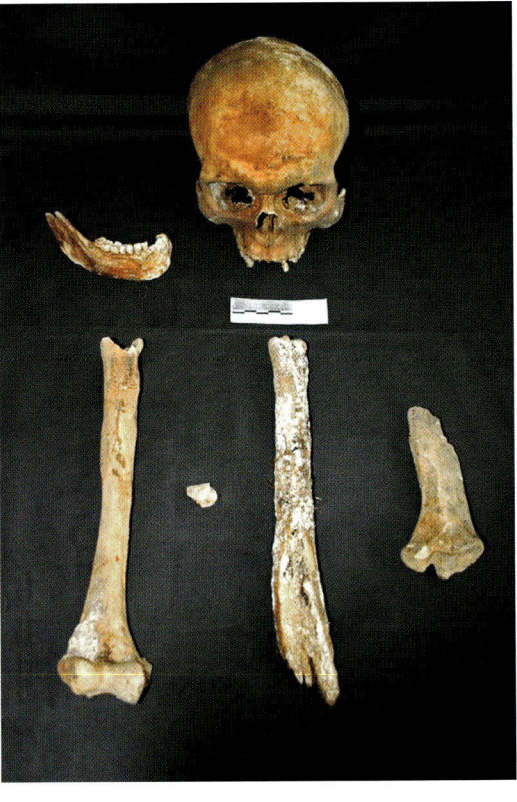

ramischen Gräberfeld von Lauda-Königshofen im Taubertal präsentiert, die von M. Menninger unter Mitarbeit von Z. Obertová und I. Trautmann nach einer thematischen Einführung von N. Speith erstellt worden ist. Bis auf eine Fehlstelle im mittleren Bereich der knöchernen Nase sowie eine postmortale Impression in der linken hinteren Seitenregion ist der Schädel nahezu optimal erhalten. Es wurde versucht, die vorgefundene Gesichtsasymmetrie, eine rechtsseitige, schwache Kiefergelenksarthrose, einen nicht ganz optimalen Ernährungszustand sowie den Zahnbefund in der Rekonstruktion zum Ausdruck zu bringen. Die verstärkte Abnutzung der oberen Frontzähne und die Kaumuskelansätze weisen darauf hin, dass die Frau ihr Gebiss zur Materialbearbeitung verwendet und dadurch u. a. eine stärkere Ausbildung der Nasolabialfalte bewirkt hat.

Dass körperliche Eigenschaften häufig auch mit dem Grabungsbefund korrelieren, zeigen z. B. arthrotische Veränderungen an den Fußskeletten der mittelalterlichen Mönche von der Reichenau, die mit häufigem Knien einhergehen könnten, und auffallend kräftig ausgeprägte Muskelansatzstellen in einem als männlich bestimmten Leichenbrand aus dem römischen Heidelberg-Neuenheim, die zusammen mit der Beigabe einer ‚Strigilis' die Bearbeiter veranlassten, ihn vorläufig als „Athleten" zu bezeichnen.

6.2: Folium 5 aus dem Stammbuch des Ruperti-Ritterordens. Unten die Eintragung des Majors und des Wappens derer von Rehlingen und Haltenberg.

6. Die ‚Rehlingstraße' in Freiburg im Breisgau – Erinnerung an einen wenig bekannten Helden der Spanischen Erbfolgekriege

Museumsbestände werden häufig erst Jahrzehnte nach ihrer Entdeckung einer genaueren Begutachtung unterzogen und gelangen noch später ins Blickfeld der interessierten Öffentlichkeit. So geschehen mit den Gebeinen, die aller Wahrscheinlichkeit nach Major von Rehling zuzuschreiben sind, dem die Stadt Freiburg i. Br. eine kleine Straße südwestlich der Altstadt gewidmet hat.

Die Knochen wurden zusammen mit Sargteilen, Kleidungsresten, u. a. eines Seidenhemds und von Stulpenstiefeln sowie zweier Steigbügel aus Eisen und einer „Medaille" im Jahr 1919 bei Abbrucharbeiten im ehemaligen Augusti-

nerkloster „vor den Stufen des früheren Hochaltars" entdeckt und vom Augustinermuseum über die Bau- und Kunstdenkmalpflege Freiburg an ein Forschungsteam des Instituts für Humangenetik und Anthropologie der Universität Freiburg zur Untersuchung übergeben. Im Rahmen eines Praktikums förderten S. Golla, M. Kästner und M. Karcher unter der Anleitung von S. Krais jede Menge interessanter Details über das Leben und Sterben ihres Protagonisten ans Tageslicht und hatten zudem über ihre Institutschefin die Möglichkeit, beim Bundeskriminalamt ein Phantombild erstellen zu lassen.

Franz Anton Ludwig von Rehling, geboren am 25. August 1677, wandte sich zunächst dem Studium der Rechtswissenschaften an der Universität Salzburg zu, entschied sich dann aber bald für eine militärische Laufbahn und erklomm rasch die Karriereleiter. Er wurde 1703 zum Salzburger Vizestallmeister, dann mit 33 Jahren zum Kriegsrat ernannt und ein Jahr später zum

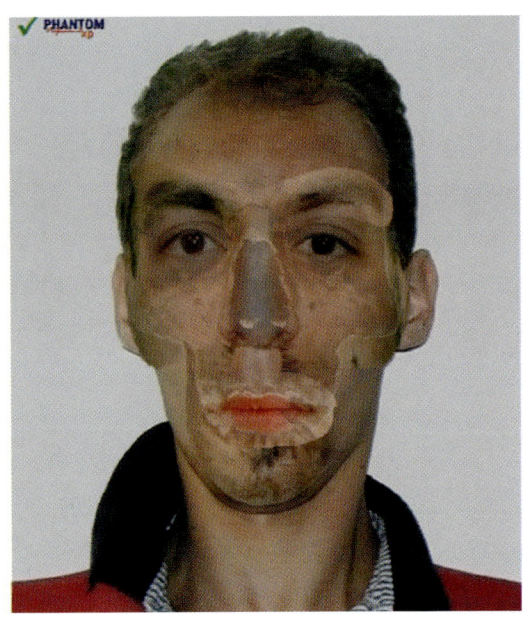

6.3: Ein Zwischenschritt bei der Erstellung eines Phantombilds durch das Bundeskriminalamt in Wiesbaden: Schädelebene (Fund) und Gesichtsebene (ähnliches Vergleichsbild) mit noch unangepassten Gesichtsweichteilen z. B. in der Wangen- und Überaugenregion.

6.4: Das fertige Phantombild Major von Rehlings mit moderner Frisur und Kleidung.

Obristwachtmeister beim Regiment Salzburg befördert. Daneben war er bereits früh in den St.-Ruperti-Ritterorden aufgenommen worden und 1710 zu dessen Komtur aufgerückt. Die Voraussetzungen für die Aufnahme in diesen geistlichen Ritterorden waren physische Belastbarkeit, adelige Herkunft sowie die Bereitschaft, unverheiratet zu bleiben. Mit seiner Beförderung 1711 wurde er in das habsburgische Freiburg abkommandiert und kam bei der Belagerung und Einnahme der Stadt durch die Franzosen im Rahmen der Spanischen Erbfolgekriege am 14. Oktober 1713 zu Tode.

Bei der Verteidigung Freiburgs hatten nur rund 10 000 Mann unter Feldmarschall-Lieutenant Harrsch dem übermächtigen Heer von 150 000

Soldaten unter dem Befehl von Marschall Villars wochenlang tapferen Widerstand geleistet. Durch gezielte Ausfälle war es den Eingeschlossenen immer wieder gelungen, die Aktionen der Angreifer zu stören. Im Stammbuch des St. Ruperti-Ordens steht verzeichnet, dass Major Rehling „… gegen den Erzfeind des Heiligen Römischen Reiches mit dem Degen in der Hand … heldenmütig seinen Geist aufgegeben hat." Man fand seinen Leichnam, aller Kleider beraubt, und beerdigte ihn vier Tage später mit militärischen Ehren im Chor der Augustinerkirche. Die genaue Todesursache ist nicht bekannt. Trotz der überlieferten, nasskalten Witterung dürften sich die Leichenstarre nach dieser Zeit bereits gelöst haben und erste Verwesungsanzeichen festgestellt worden sein.

Bei den Skelettresten, die zur Identifizierung herangezogen werden können, handelt es sich ausschließlich um den relativ gut erhaltenen Schädel mit teilweiser Bezahnung, den rechten Humerus sowie einen stark in Mitleidenschaft gezogenen weiteren Langknochen. Ein seinerzeit versehentlich mit aufgesammelter Tierknochen konnte als Radius eines großen Paarhufers gleich ausgesondert werden. Die Knochen insbesondere der linken Körperseite haben während der Liegezeit offenbar unter der Verwendung von Löschkalk bei der Beisetzung gelitten.

Die Betrachtung der sexualtypischen Formmerkmale liefert überwiegend Hinweise auf männliches Geschlecht. Stirnneigung und Stirnbeinhöcker sind uneindeutig. Lediglich der Unterkiefer weist grazile Tendenzen auf. Die Bestimmung des Sterbealters kann anhand der Verwachsung der großen Schädelnähte (30–40 Jahre), der Zahnkronenabrasion (ca. 25–30 Jahre) sowie der TCA-Methode (35,6 ± 2,5 Jahre) eingegrenzt werden. Letzteres ist nahezu identisch mit dem aus den Lebensdaten von Major Rehling resultierenden Sterbealter. Die Körperhöhe lässt sich anhand des vorliegenden Oberarmknochens nur grob auf etwa 1,70 m schätzen. Dazu liegen allerdings keine Vergleichsdaten über den Lebenden vor.

Der Gesichtsschädel kann über die Methode der Superimposition ohne größere Schwierigkeiten in eine Portraitzeichnung von Major Rehling, die wahrscheinlich im Jahre 1711 entstanden ist, eingepasst werden. Es ergeben sich keine Ausschlusskriterien hinsichtlich der Proportionen. Wie er realitätsnäher ausgesehen haben könnte, zeigt das Phantombild, das anhand der knöchernen Konturen des Schädels von Spezialisten beim Bundeskriminalamt in Wiesbaden erstellt wurde. Man müsste Kopf und Schultern jetzt nur noch mit zeittypischer Barock-Perücke und -Bekleidung versehen.

Alles in allem sprechen die meisten an den Skelettresten fassbaren Indizien für eine positive Identifikation mit Major Rehling, keines explizit dagegen. Ein endgültiger Beweis wäre allerdings nur über eine DNA-Analyse beim Vergleich mit lebenden Nachkommen möglich. Bei der seinerzeit unter dem Schädel gefundenen „Medaille", die seit 1932 als verschollen gilt, scheint es sich tatsächlich um ein Ehrenzeichen des St.-Ruperti-Ordens gehandelt zu haben.

Literatur

XIV.1

D. Bibby, Ulm-Grüner Hof: Eine Stadtkerngrabung unter Anwendung von ArchäoCAD. Arbeitsblätter für Restauratoren 2000/2, 381–388.

D. Bibby, Digital Excavation in the Real World. In: Magistrat der Stadt Wien (Hrsg.), 9. Workshop Archäologie und Computer, Wien 3.–5. November 2004 (Wien 2005) CD.

J. Biel u. D. Klonk (†) (Hrsg.), Handbuch der Grabungstechnik (Stuttgart 1998).

St. Conrad, GIS-Einsatz bei der Denkmaldokumentation. Diplomarbeit an der Hochschule für Technik (Stuttgart 2006).

H. Lang u. A. Striffler, Ausgrabungen – digital dokumentiert. In: M. Dumitrache u. G. Legant, „Neues aus der Neuen Straße!" Begleitheft zu den Ausgrabungen in der Neuen Strasse in Ulm, hrsg. Landesdenkmalamt Baden-Württemberg (Ulm 2003) 15–23.

St. Papadopoulos, CAD-gestützte Dokumentation auf archäologischen Ausgrabungen. Arbeitsblätter für Restauratoren 1998/2, 339–343.

M. Schaich, Vom 3D-Scan zur strukturierten Denkmaldokumentation – Innovative Technologien bei der 3D-Bestandsaufnahme in der Archäologie, Bau- und Kunstdenkmalpflege. In: A. Riedel, K. Heine u. F. Henze (Hrsg.), Von Handaufmaß bis HighTech II. Informationssysteme in der historischen Bauforschung (Mainz 2006) 100–109.

XIV.2

K. Frank, M. Kokabi und J. Wahl, Das osteologische Fundarchiv der Archäologischen Denkmalpflege in Rottenburg a. N. Arch. Ausgr. Baden-Württemberg 1990, 340–344.

G. Grupe, J. Peters, E. Stephan und J. Wahl, Curatorial responsibility for bioarchaeological collections. In: G. Grupe u. J. Peters (Hrsg.), Conservation Policy and Current Research. Documenta Archaeobiologiae, Jahrb. d. Staatssammlung f. Anthropologie und Paläoanatomie München Bd. 2 (Rahden/Westf. 2004) 63–65.

D. Preuß, Prähistorische Anthropologie und Ethik – eine moralphilosophische Reflexion über den Umgang mit Skeletten in der Anthropologie. In: N. Benecke (Hrsg.), Beiträge zur Archäozoologie und Prähistorischen Anthropologie V (Langenweißbach 2006) 214–218.

C. S. Sommer und T. Weski, „Ui, Der hat ja noch Zähne" – der Mensch in der Archäologie. In: G. Grupe u. J. Peters (Hrsg.), Conservation Policy and Current Research. Documenta Archaeobiologiae, Jahrb. d. Staatssammlung f. Anthropologie und Paläoanatomie München Bd. 2 (Rahden/Westf. 2004) 49–54.

J. Wahl und E. Stephan, … Knochen, nichts als Knochen - Das osteologische Fundarchiv in Rottenburg am Neckar. Denkmaplflege in Baden-Württemberg. Nachrichtenbl. der Landesdenkmalpfl. 2007/2, 111–115.

XIV.3

M. Becker, H.-J. Döhle, M. Hellmund, R. Leineweber u. R. Schafberg, Nach dem großen Brand. Verbrennung auf dem Scheiterhaufen – ein interdisziplinärer Ansatz. Ber. RGK 86, 2005, 61–195.

L. Harsányi, Unterscheidung von Menschen- und Tierknochen. In: H. Hunger u. D. Leopold (Hrsg.), Identifikation (Berlin, Heidelberg, New York 1978) 100–112.

I. Kühl, Eine Leichenbrandbestattung mit Bärenkralle aus der mittleren Bronzezeit. Gemeinde Nützen, Kreis Segeberg. Die Heimat 88, 1981, 215–227.

D. W. Owsley, A. M. Mires u. M. S. Keith, Case Involving Differentiation of Deer and Human Bone Fragments. Journal For. Science 30, 1985, 572–578.

R. Rämsch u. E. Zerndt, Vergleichende Untersuchungen der Havers'schen Kanäle zwischen Menschen und Haustieren. Archiv Kriminol. 131, 1963, 74–87.

E. Turner, M. Street, W. Henke u. Th. Terberger, Neandertaler oder Höhlenbär? Eine Neubewertung der „menschlichen" Schädelreste aus der Wildscheuer, Hessen. Arch. Korrbl. 30, 2000, 1–14.

J. Wahl, Bemerkungen zur kritischen Beurteilung von Brandknochen. In: E. May und N. Benecke (Hrsg.), Beiträge zur Archäozoologie und Prähistorischen Anthropologie III (Konstanz 2001) 157–167.

A. Werner, Versuche zur Rekonstruktion provinzialrömischer Brandbestattungen vom Typ Bustum. In: Experimentelle Archäologie in Deutschland. Arch. Mitt. aus Nordwestdeutschland, Beih. 4 (Oldenburg 1990) 227–230.

XIV.4

Bisher unpubliziert.

XIV.5

W. A. Aulsenbrook, M. Y. Iscan, J. H. Slabbert u. P. Becker, Superimposition and reconstruction in forensic facial identification: a survey. Forensic Sci. Int. 75, 1995, 101–120.

J. Bongartz u. T. M. Buzug, Die Gesichtsweichteilrekonstruktion. Vorbereitung, Durchführung und Bewertung. Zeitschr. f. Kriminalistik 10, 2006, 588–593.

J. G. Clement u. M. K. Marks (Hrsg.), Computer-Graphic Facial Reconstruction (Amsterdam 2005).

M. Y. Iscan u. R. P. Helmer (Hrsg.), Forensic Analysis of the Skull. Craniofacial Analysis, Reconstruction, and Identification (New York 1993).

K. J. Reichs (Hrsg.), Forensic Osteology. Advances in the Identification of Humen Remains (Springfield, Il. 1998).

E. Simpson u. M. Henneberg, Variation in Soft Tissue Thicknesses on the Human Face and Their Relation to Craniometric Dimensions. Am. Journal of Phys. Anthrop. 118, 2002, 121–133.

H. Ullrich, Kritische Bemerkungen zur plastischen Rekonstruktionsmethode nach Gerasimov auf Grund persönlicher Erfahrungen. Ethnogr. Archäol. Zeitschr. 7, 1966, 111–123.

C. M. Wilkinson, Forensic Facial Reconstruction (Cambridge 2004).

U. Wittwer-Backofen, Gesichtsrekonstruktion mit Verfahren der Computersuperposition. In: Bundeskriminalamt Deutschland et al. (Hrsg.), Die Gesichtsweichteil-Rekonstruktion (Wiesbaden 2004) 55–65.

Z. Zupanič Slavec, New Method of Identifying Family Related Skulls. Forensic Medicine, Anthropology, Epigenetics. (Wien, New York 2004).

XIV.6

P. Albert, Obrichtwachtmeister von Rehlingen. Der Leonidas Freiburgs beim Sturm der Franzosen am 14. Oktober 1713. Zeitschr. d. Ges. für Beförderung der Geschichts-, Altertums- und Volkskunde 36, Freiburg 1920, 68.

T. M. Buzug, K.-M. Sigl, J. Bongartz u. K. Prüfer (Hrsg.), Facial Reconstruction – Gesichtsrekonstruktion. Polizei und Forschung 35 (München 2007).

S. Golla, M. Kästner u. M. N. Karcher, Major Rehling – Die Rekonstruktion einer Freiburger Persönlichkeit. Unveröff. Abschlussbericht, Anthropologisches Forschungspraktikum, Sommersemester 2006.

Glossar

adult	eigentl. ,adultus', Bezeichnung für die Altersgruppe der 20–40jährigen
Allele	verschiedene Ausprägungen eines Gens, die am gleichen Genort lokalisiert sind
Ätiologie	Lehre zur Erforschung von Krankheitsursachen
akromial	Richtungsbezeichnung: zum Akromion (Teil des Schulterblatts) hinweisend
Ankylose	knöcherne Gelenkversteifung
Akromion	äußeres Ende der Spina scapulae am Schulterblatt; eine der Ursprungsstellen des Deltamuskels
Akzeleration	Beschleunigung/Vorverlegung der Entwicklung
akzessorisch	zusätzlich
Alveole	Zahnfach im Kieferknochen
Apophyse	bis zum Abschluss des Wachstums separates Knochenteil ohne Gelenkfunktion
Approximalkaries	Karies an den Berührungsflächen der Zahnkronen zwischen Nachbarzähnen
Atrophie	Rückbildung
Autolyse	Abbau/Auflösung durch eigene, freiwerdende Zellenzyme
Autopodium	(die Knochen der) Hände und Füße, untergliedert nach Basipodium: Hand-/Fußwurzel, Metapodium: Mittelhand/-fuß und Akropodium: Finger-/Zehenglieder
Biodistanzanalyse	mathematisches Verfahren zur Berechnung von Ähnlichkeiten einzelner Individuen oder Populationen anhand anatomischer Varianten
Brachykephalisation	Tendenz zur Verrundung des Hirnschädels
Bregma	anthropologischer Messpunkt am Schädel (Berührungspunkt von Kranz- und Pfeilnaht)
Caninus	Eckzahn
caudal	Richtungsbezeichnung: zum unteren Ende der Wirbelsäule hin
Clavicula	Schlüsselbein
cranial	Richtungsbezeichnung: zum Schädel hin
Cribra orbitalia	porotische Knochenveränderungen im Bereich des Augehöhlendachs
Cribra cranii	porotische Knochenveränderungen im Bereich des Schädeldachs
Crista nasalis	Ansatz der Nasenscheidewand
diachron	die geschichtliche Entwicklung betreffend; über die Zeiten hinweg
Diagenese	eigentl. geologischer Fachausdruck: Veränderung eines Sediments durch Druck und Temperatur; verwendet als Sammelbegriff für alle durch interne Prozesse und externe Einflüsse ausgelösten postmortalen Veränderungen eines Organismus
Diaphyse	Mittelstück der Röhrenknochen
Diploe	spongiöse mittlere Schicht des Schädelknochens
distal	Richtungsbezeichnung: vom Körper weg zeigend
DNA	Abkürzung für Desoxy-Ribonucleine-Acid (deutsch: DNS); Erbsubstanz; aDNA = ancient DNA, mt-DNA = mitochondriale DNA
dorsal	Richtungsbezeichnung: zur Rückenseite hin
endokranial	das Innere/die Innenseite des Schädels betreffend
ektokranial	die Außenseite des Schädels betreffend
Epiphyse	Gelenkende
Exartikulation	Absetzung eines Gliedabschnitts durch Auslösung im Gelenkspalt; im Unterschied zu Amputation: Absetzung direkt durch den Knochen
Exostose	knöcherner Fortsatz auf der Außenoberfläche des Knochens

Femur	Oberschenkelknochen
Fibula	Wadenbein
Finne	Larvenstadium der Bandwürmer
Fossa canina	konkave Einziehung des Oberkieferknochens oberhalb des Eckzahns
frühadult	Bezeichnung für die Altersgruppe der 20–30jährigen
frühmatur	Bezeichnung für die Altersgruppe der 40–50jährigen
Gagat	fossiles Holz
Gonorrhoe	Tripper
Gravettien	nach dem französischen Fundort ‚La Gravette' benannte jungpaläolithische Kultur aus der Zeit vor etwa 28 000 bis 21 000 Jahren
Havers'sches Kanälchen	zentrale Struktur eines Osteons
Horizontalstratigraphie	zeitliche Abfolge im horizontalen Vergleich
Humerus	Oberarmknochen
Hypertrophie	Vergrößerung
Hypophyse	Hirnanhangdrüse
Hypovitaminose	infolge Vitaminmangels entstandener Krankheitszustand
Incisivus	Schneidezahn
infantil	kindlich; ‚infans I' bzw. ‚infans II' Bezeichnung für die Altersgruppen der 0–6jährigen bzw. 7–14jährigen
Inhumation	*inhumation* im angelsächsischen im Sinne von Körperbestattung meist als Gegenpol zu *cremation* (Einäscherung) verwendet.
Inhumierung	Einbringung in die Erde (Ggs. Exhumierung)
Inkohlung	Umbildung pflanzlicher Substanz über die Stadien Torf – Braunkohle – Steinkohle
Inkrustation	Verzierung durch Einlage anderer Materialien in Rillen, Vertiefungen o. ä.
Involution	Rückbildung
juvenil	eigentl. ‚juvenis'; Bezeichnung für die Altersgruppe der 15–19jährigen
Kalibration	Eichung z. B. einer ¹⁴C-Alterbestimmung mit Hilfe einer Jahrringkurve
Kalotte	Schädeldach; älter: Calva
Kalvaria	Schädel ohne Gesichtsschädel und Unterkiefer
Kalvarium	Schädel ohne Unterkiefer
Konkrement	verhärtete Ablagerung, hier für Zahnstein
Koprolithen	fossilisierte Exkremente
Kranium	Schädel inklusive Unterkiefer
Kremation	Einäscherung, Verbrennung
Kyphose	(runder) Buckel, nach dorsal konvexe Krümmung der Wirbelsäule
Leichenlipid	Fett- oder Leichenwachs; entsteht durch die chemische Umwandlung von Weichteilen von Leichen, die unter Luftabschluss und in feuchtem Milieu lagern
lingual	Richtungsbezeichnung: zur Zunge hin
Lunarmonat	‚Mondmonat' mit einer Dauer von 28 Tagen; im Unterschied zum Kalendermonat mit wechselnden Längen zwischen 28 und 31 Tagen
Metaphyse	Übergangsbereich zwischen Diaphyse und Epiphyse
Metopismus	persistierende Schädelmittelnaht (Sutura frontalis)
Miasma	überriechende, vermeintlich giftige und krankheitserregende Gerüche/Ausdünstungen
Mitochondrium	Organelle zur Energieversorgung der Zelle
Molar	Backenzahn oder Mahlzahn
Morbus Paget	Paget-Krankheit: zu Verdickungen und Verkrümmungen des Knochens führende und mit rheumatischen Beschwerden und Beeinträchtigungen neuronaler Funktionen einhergehende Veränderung
Morbidität	Krankheitshäufigkeit innerhalb einer Bevölkerungsstichprobe
Morbus	Krankheit; Krankheitsbezeichnung, z.B. Morbus Bechterew
Mt	Abkürzung für Metatarsus: Mittelfußknochen
Mukosa	Schleimhaut
Myelom	vom Knochenmark ausgehende Geschwulst

Nasolabialfalte	Nasen-Lippen-Falte: beidseitig von den Nasenflügeln zu den Mundwinkeln ziehende Gesichtsfalten
nekrotisch	absterbend
neonatus	Bezeichnung für neugeboren
Obliteration	Verwachsung der Schädelnähte
Os frontale	Stirnbein
Os occipitale	Hinterhauptbein
Os parietale	Scheitelbein
Os temporale	Schläfenbein
osteoklastisch	knochenabbauend
osteolytisch	knochenauflösend
Osteomyelitis	Knochenmarkentzündung
Osteon	auch Havers'sches System genannt; Grundbaustein des Knochengewebes mit Zentralkanal und konzentrisch angeordneten lamellären Strukturen
osteoplastisch	knochenaufbauend
Osteosklerose	Knochenverdichtung durch Vermehrung mineralisierten Knochengewebes
Os zygomaticum	Jochbein
pädomorph	typisch kindlichen Formen ähnlich
parasagittal	seitlich und parallel zur Mediansagittalebene, die den Körper in zwei spiegelbildliche Hälften teilt
Parodontopathie	Sammelbegriff für Erkrankungen des Zahnbetts ,Parodontium' (z. B. Parodontose, Parodontitis)
pastoral	ländlich, idyllisch; Pastorale = Hirten- oder Schäferszene in der Malerei; im Sinne von (halb)nomadischer Lebens- und Wirtschaftsweise
Patella	Kniescheibe
Penroseabstand	nach dem englischen Spezialisten L. S. Penrose benanntes, 1954 eingeführtes, statistisches Verfahren zur Berechnung von Ähnlichkeiten zwischen verschiedenen Populationen über Form- und Größenabstand von Mittelwerten
perimortal	um den Todeszeitpunkt herum
Periost	Knochenhaut
Pithos	großes, bis zu mannshohes Vorratsgefäß aus Ton (insbesondere im Mittelmeerraum), das zuweilen als Leichenbehältnis verwendet wird
Plasmozytom	auch multiples Myelom; Wucherung von Plasmazellen
Polymorphismus	Vielgestaltigkeit
postbregmatisch	hinter dem ,Bregma' genannten Messpunkt am Schädel gelegen
Postkranium	Skelett ohne Schädel
postmortal	nach Eintritt des Todes
Prädilektionsstelle	bevorzugte Stelle für das Auftreten bestimmter Phänomene oder Symptome
Prämolar	Vorbackenzahn
Primer	spezifisches Startermolekül für die Polymerase eines bestimmten DNA-Abschnitts
profund	tief greifend
Prognathie	früher eingedeutscht als „Vorschnäuzigkeit"; schräg nach vorne stehendes Frontgebiss
proximal	Richtungsbezeichnung: zur Körpermitte hin weisend
Pulpa	eigentl. ,Pulpa dentis', Zahnhöhle zur Aufnahme von Nerven u. a. Gefäßen
Pseudarthrose	ausbleibende knöcherne Überbrückung nach Fraktur
Radius	Speiche
Retention	unvollständige oder fehlende Entwicklung eines Organs/Körperteils
Sacrum	Kreuzbein
Scapula	Schulterblatt
Schmelzhypoplasie	Wachstumsstörung im Bereich des Zahnschmelzes
senil	genauer ,senilis', Bezeichnung für die Altersgruppe der über 60jährigen
Sinus frontalis	Stirnhöhle
Sinus maxillaris	Nasennebenhöhle im Oberkiefer

spätadult	Bezeichnung für die Altersgruppe der 30–40jährigen
spätmatur	Bezeichnung für die Altersgruppe der 50–60jährigen
Spondylarthrose	auch Spondylarthrosis deformans; Arthrose der Zwischenwirbelgelenke als Folgeerscheinung fortgeschrittener Bandscheibenschäden
Spondylose	auch Spondylosis deformans; u. a. durch Leisten- oder Zackenbildung an den Rändern der Wirbelkörper gekennzeichnete arthrotisch degenerative Veränderung
Starstich	operativer Eingriff zur Behandlung der Augenkrankheit ‚Grauer Star‘; mit einer seitlich der Iris eingeführten Nadel wird die eingetrübte Linse erfasst und nach unten in den Glaskörper des Auges gedrückt
Sternum	Brustbein
Strigilis	Schabeisen zur Körperpflege bei den Römern
Superimposition	forensisches Verfahren zur Identifizierung von Skelettfunden; Projektion des Schädels in das Foto eines Vermissten
Sutura coronalis	Naht zwischen dem Stirn- und Scheitelbein (Kranznaht)
Sutura frontalis	Naht zwischen den beiden Hälften des Stirnbeins
Sutura lambdoidea	Naht zwischen den Scheitelbeinen und dem Hinterhauptbein (Lambdanaht)
Sutura occipitomastoidea	Naht zwischen dem Hinterhaupt- und Schläfenbein im Bereich des Warzenfortsatzes (Processus mastoideus)
Sutura sagittalis	Naht zwischen dem rechten und linken Scheitelbein (Pfeilnaht)
Sutura squamosa	Naht zwischen dem Scheitel- und Schläfenbein
Symphyse	Knochenverbindung durch Faserknorpel z. B. im Bereich der Schambeinfuge
Synostose	knöcherne Verbindung eigentlich separater Skelettelemente, angeboren posttraumatisch oder -infektiös
Tabula externa	äußere Schicht des Schädelknochens
Tabula interna	innere Schicht des Schädelknochens
Thanatozönose	(natürliche) Totengemeinschaft (Ggs. Biozönose: Lebensgemeinschaft)
Taphonomie	Fossilisationskunde; Untersuchung aller auf einen toten Körper einwirkenden Prozesse vor und während der Sedimentierung und Versteinerung
Tibia	Schienbein
topisch	örtlich (Anwendung eines Heilmittels)
Ulna	Elle
Ustrine	mehrfach verwendeter Platz zur Errichtung von Scheiterhaufen
vc	Abkürzung für vertebra cervicalis: Halswirbel
ventral	Richtungsbezeichnung: zur Bauchseite hin
vl	Abkürzung für vertebra lumbalis: Lendenwirbel
vt	Abkürzung für vertebra thoracica: Brustwirbel

Hinsichtlich der Primärliteratur möchte ich für erste Informationen über medizinische Fachausdrücke vor allem das Standard Nachschlagewerk der Mediziner empfehlen: ‚Pschyrembel Klinisches Wörterbuch‘ ([258]Berlin 1998 oder eine jüngere Auflage). Diese Enzyklopädie war und ist bei Fragen zu diesem Fachgebiet die erste Wahl. Darüber hinaus tut sich unter Nutzung einschlägiger Medien eine große Palette von Fachzeitschriften auf.

Abbildungsnachweis

Regierungspräsidium Stuttgart, Landesamt für Denkmalpflege (Esslingen)

I.2.1, IV.1.1, IV.4.1, IV.7.2, V.7.1/3, V.7.1/4, IX.1.7, IX.2.4, X.6.1, XI.3.2

Regierungspräsidium Stuttgart, Landesamt für Denkmalpflege (Konstanz)

I.1.1, I.1.2, I.2.2, I.3.11
II.2.1–2.3, II.3.6, II.5.2, II.6.1, II.6.2, II.8.3
III.3.3
IV.1.2, IV.1.3, IV.1.7, IV.1.8, IV.2.2a–c, IV.2.3,
IV.3.2, IV.3.3, IV.3.5, IV.3.6, IV.8.3, IV.10.1a+b,
IV.10.2, IV.10.4a+b, IV.10.5, IV.11.1a+b,
IV.11.4, IV.11.5
V.1.2a+b, V.1.3, V.2.2, V.3.3, V.4.2–4.4, V.5.2–
5.4, V.6.2, V.6.4, V.7.3, V.7.2/2, V.7.2/3, V.7.3/2
VI.1.1–1.4, VI.3.1-3.4, VI.4.2, VI.4.3, VI.5.3–
5.5, VI.6.2, VI.7.2–7.4, VI.8.2, VI.8.3
VII.2.2, VII.3.2, VII.3.3, VII.6.4, VII.6.5, VII.6.7,
VII.7.5, VII.8.4, VII.9.5
VIII.1.1, VIII.2.1, VIII.2.2, VIII.2.4, VIII.2.5,
VIII.3.1, VIII.3.2, VIII.3.3a), VIII.3.5, VIII.3.6a,
VIII.4.1–4.3, VIII.6.1, VIII.7.2, VIII.7.3
IX.1.5, IX.2.2, IX.3.2
X.1.1–1.3, X.1.5, X.2.1–2.4, X.3.2–3.4, X.4.1,
X.4.2, X.6.2, X.6.4, X.7.1–7.4, X.8.1, X.8.2
XI.4.2
XII.1.2
XIV.2.4, XIV.3.1–3.5

Regierungspräsidium Freiburg, Referat 25 Denkmalpflege

I.3.2, IV.7.1, V.7.1/1, V.7.1/2, VI.6.1, X.9.1,
X.9.2, XII.4.2

Regierungspräsidium Karlsruhe, Referat 25 Denkmalpflege

I.3.3, I.3.4, I.3.5, I.3.7–3.10, IV.2.1, V.2.1,
VI.2.1, VII.3.1, VII.3.4, IX.2.1, XI.3.4

Regierungspräsidium Stuttgart, Referat 25 Denkmalpflege

IV.8.1, IV.8.2, V.5.1, V.7.2/1, V.7.3/1, VI.5.1,
VI.5.2, VI.5.6, VI.5.7, VI.6.5, VI.9.3, VII.5.3,
VII.7.1–7.3, VII.8.1-8.3, IX.3.1, X.3.1

Regierungspräsidium Tübingen, Referat 25 Denkmalpflege

IV.5.2, VI.4.1, VI.9.1, VI.9.2, VII.6.1, VII.6.3

Archäologisches Landesmuseum Baden-Württemberg, Konstanz (M. Schreiner)

II.1.1, II.1.2, II.2.4, II.3.1–3.3, II.3.5, II.4.3,
II.5.1, II.7.2–7.6, II.9.3, II.10.1, II.10.2
III.6.2
IV.6.2, IV.7.6, IV.11.2, IV.11.3

VI.2.2, VI.2.3, VI.6.4a+b
VII.6.2, VII.6.6, VII.10.4
VIII.1.2, VIII.2.3, VIII.3.3b, VIII.3.7, VIII.4.4,
VIII.5.1, VIII.5.4–5.6, VIII.6.2, VIII.7.4
IX.1.1, IX.1.2–1.4, IX.1.6, IX.2.3, IX.4.2
X.9.3
XI.1.1, XI.1.2, XI.4.1, XI.5.1
XII.5.4
XIII.1.2

Deutsches Archäologisches Institut, Außenstelle Athen (DAI-Neg.nr. 1970/2)

IV.6.3 (G. Hellner)

Heimatmuseum Schwenningen

II.1.5, XIV.4.1

Institut für Anthropologie der Universität Mainz

IV.9.2a+b (N. Nicklisch/K.W. Alt)
XI.2.1 (D. Muller/K.W. Alt)
XIII.4.7 (K.W. Alt)

Institut für Gerichtliche Medizin der Universität Tübingen

II.1.3 (A. Knoblich u. M. Schulz)
V.1.1 (M. Graw)

Institut für Humangenetik und Anthropologie der Universität Freiburg

II.3.4a (U. Wittwer-Backofen)
XIV.6.1 (S. Golla/M. Kästner/M. Karcher)

Institut für Paläoanatomie und Geschichte der Tiermedizin der Universität München

II.3.4b (S. Doppler)

Institut für Ur- und Frühgeschichte und Archäologie des Mittelalters der Universität Tübingen

III.1.1, III.4.1, III.4.5a), III.5.1, III.6.3, VII.4.1,
VII.4.2, XIII.4.4

Katholische Gemeinde St. Moriz, Rottenburg-Ehingen

II.1.4

Kurpfälzisches Museum Stadt Heidelberg

IV.6.1, (Ph. Dolmazon)
VII.5.1 (B. Heukemes)

Landschaftsverband Rheinland/Rheinisches Landesmuseum Bonn

VI.6.3 (Entwurf und Zeichnung F. Hilscher-Ehlert)

Reiss-Engelhorn-Museen Mannheim (Figurenre-konstruktion W. Schnaubelt & N. Kieser, Wild-life Art/Breitenau)

II.5.3, IV.9.1 (W. Rosendahl)
III.1.3a, III.3.5b, III.4.4 (J. Christen)
III.1.3b, III.2.2b (W. Rosendahl u. G. Polikeit)

Skulpturensammlung Dresden, Inv.-Nr. 415

II.9.1 (Foto J. Karpinski)

Staatliches Museum für Naturkunde Stuttgart

III.2.1

Städtische Museen Heilbronn

XIV.4.2

Universität Tübingen, Zahnmedizinische Werk-stoffkunde und Technologie

V.2.3 (W. Lindemann)

Württembergisches Landesmuseum Stuttgart

II.9.2, V.6.1

U. Bause (Kirchzarten)

IV.5.1, V.4.5, V.6.3 oben, V.7.1, V.7.2, VII.7.4,
VII.7.6, X.1.4, X.6.3, XII.3.4, XII.4.3, XII.4.4

A. Beck (Institut für Röntgendiagnostik und Nu-klearmedizin, Krankenanstalten Konstanz)

IV.10.3

C. Berszin (Konstanz)

IV.7.3

D. Bibby (Esslingen a. N.)

VI.7.1, XI.6.3, XI.6.4, XIV.1.1–1.6

A. Czarnetzki (Tübingen)

III.4.2a), III.7.3, VIII.5.3

F. Damminger (Karlsruhe)

VI.8.1

R. Dick (Ubstadt-Weiher)

XI.4.3

M. Fassnacht (Restaurator, Horb a. N.)

VII.10.1–10.3, VII.10.5

I. Fingerlin (Freiburg i. Br.)

VII.9.2–9.4

M. Francken (Tübingen)

IV.7.5

M. Held (Ausstellungsbauten, Immenstadt)

XIV.4.4

W. Henke (Institut für Anthropologie der Uni-versität Mainz)

III.3.5a

H. Jensen (Universität Tübingen)

III.4.2b, III.7.7, X.5.1

W. Joachim (Stuttgart)

VIII.7.1

F. Löbbecke (Baukern-Architektur und Ge-schichte, Freiburg i. Br.)

XI.6.1, XI.6.2

M. Menninger (A & O – Anthropologie und Osteoarchäologie, Tübingen)

IX.3.3, XIV.5.1–5.4

A. Neth (Kreisarchäologie, Lauffen a. N.)

I.3.6, IV.3.1, IV.3.4, XIV.4.3

G. Oehmichen (WHP Archäologie Büro, Neu Löwenburg)

XII.3.1, XII.4.1

O. Peschel u. M. Graw (Institut für Rechts-medizin der Universität München)

IV.7.4

A. Preuschoft-Güttler (Präparationstechnik, Tübingen)

IV.4.3

H. Rupp (Neue Presse, Heidenheim)

VII.5.2b

D. Schabirosky (Tübingen)

XIII.4.13, S. 250

M. Schaich (ArcTron 3D GmbH, Altenthann)

XIV.1.7

M. Scholz (Esslingen a. N.)

VII.5.2a

B. Schorer (Rottenburg a. N.)

XIV.2.1, XIV.2.2

M. Seitz (Archaeo-Service, Rottenburg a. N.)

I.3.1, III.3.2, III.7.4, III.7.5, IV.1.4–1.6, IV.1.9,
IV.4.2, V.3.1, V.3.2, VIII.5.2, X.5.2, XII.5.1–5.3

E. Stephan (Konstanz)

XIV.2.3, XIV.2.5

J. Wahl (Konstanz)

II.4.1, II.4.2, III.3.4, III.6.1, VIII.4.5, X.5.4, X.5.5

G. Wieland (Karlsruhe)

III.7.1, VII.8.6

F. Wippich (Konstanz)

II.3.7, IX.4.1, IX.4.3–4.5

Vorlagen (Literatur in den entsprechenden Kapiteln)

II.7.1	H. von Gersdorff, Feldtbuch der Wundartzney 1517
II.8.1	Informationen zur politischen Bildung 282, 2004, S. 21
II.8.2	http://de.wikipedia.org/ sowie aktuelle Zahlen des statistischen Bundesamts, Wiesbaden
III.1.2	Umzeichnung nach W. Gieseler 1974, Abb. 45, 46
III.2.2a	K. D. Adam 2000, Abb. 9
III.3.1	R. Wetzel 1938, Abb. 2
III.4.3	A. Czarnetzki 1983, Abb. 132
III.4.5b	E. Schmid 1989, Abb. 29
III.5.2–5.5	F. J. Gietz 2001, Taf. 40-42, Abb, 61
III.7.2	R. Wetzel 1938, Abb. 3
III.7.6	W. Gieseler 1951, S. 294
IV.1.10	T. Leonhardt (Wangen-Öhningen)
IV.2.4	B. Heukemes (Heidelberg)
IV.9.3	A. Ponsold 1967, S. 329
IV.10.4c	Postkarte: Verein für württembergische Kirchengeschichte Stuttgart
V.2.4	Anzeigentitel für die Zeitschrift Evolutionary Anthropology (Ausschnitt aus einem Diorama im American Museum of Natural History)
V.4.1	B. Scholkmann 1981, Abb. 15a
V.6.3 unten	D. Campillo, La enfermedad en la prehistoria – Introducción a la paleopatología (Barcelona 1983) Fig. 12-3
V.7.4	H. von Gersdorff, Feldtbuch der Wundartzney 1517
VI.7.5	Berner ‚Tschachtlan'-Chronik (1. H. 5. Jh.), Schweizer Bilderchroniken, Zürich 1941; Ausschnitt aus Bild Nr. 36
VI.8.4	BYK-Gulden-Lomberg GmbH (Hrsg.), Die Medizin in Geschichte und Kultur ihrer Zeit (Konstanz 1970) S. 45
VII.2.1	Fundber. Schwaben N. F. IX, 1935–1938, Taf. V
VII.8.5	Urs Graf 1513
VII.9.1	Arch. Inf. 23, Abb. 3 (Foto Erzbischöfliches Bauamt Freiburg)
VIII.3.4a	W. Kramer (Hrsg.), Hygienische Verhältnisse und Krankheiten auf dem Lande in früherer Zeit. Schr. Freilichtmuseum Neuhausen ob Eck 3 (Tuttlingen 1992) S. 49
VIII.3.4b	H. Helferich 1910, /Abb. 139, 140, 277
VIII.3.6b	Arch. Inf. Baden-Württemberg 40 (Stuttgart 1999) Abb. 43 (Zeichnung A. Moll)
X.1.6	J. Augusta u. Z. Burian, Menschen der Urzeit (⁴Dausien, Czechoslovakia 1971) Taf. 22
X.5.3	Arch. Inf. Baden-Württemberg 40 (Stuttgart 1999) Abb. 47
XI.3.1	T. Spitzing 1988, Abb. 46
XI.3.3	P. Knötzele, Zur Topographie des römischen Stettfeld (Landkreis Karlsruhe) Grabungen 1974–1987. Forsch. u. Ber. Vor- u. Frühgesch. Baden-Württemberg 97 (Stuttgart 2006) Taf. 69,13
XI.5.1	M. Illi 1987, Titelbild
XII.1.1	Landesdenkmalamt Baden-Württemberg u. Stadt Zürich (Hrsg.), Stadtluft, Hirsebrei und Bettelmönch – Die Stadt um 1300 (Stuttgart 1992) S. 482
XII.1.3	H. Schott 1993, S. 88
XII.2.1–2.3	D. Scherzler 1998, Abb. 2.3, 3.1, 3.2
XII.3.2	K. W. Alt u. G. Oehmichen 1992, Abb. 3a
XII.3.3	Archäologisches Landesmuseum Baden-Württemberg (Hrsg.), Die Alamannen (Stuttgart 1997) Abb. 382; Foto Schweizerisches Landesmuseum Zürich
XIII.1.1	J. Ranke 1912, Taf. S. 142 u. 143
XIII.1.3	J. Wahl 1999, Abb. 93
XIII.3.1	E. von Eickstedt, Rassenkunde und Rassengeschichte der Menschheit Bd. 1: Die Forschung am Menschen (²Stuttgart 1939) Abb. 491
XIII.4.1	Bildpostkarte des Universitätsarchivs der Universität Freiburg

*Experimental-
archäologische
Studien mit origi-
nalgetreuer Ausrüs-
tung erlauben die
Rekonstruktion der
Kampfweise sowie
damit verbundener
Verletzungsarten und
-risiken: die Gruppe
‚ASK-Alamannen‘ stellt
einen Zweikampf
nach.*